U0880533

中国科学院科学与社会系列报告

2012高技术发展报告

2012 High Technology Development Report

中国科学院

科学出版社
北京

内 容 简 介

本书是中国科学院面向公众、面向决策人员的系列年度报告——《高技术发展报告》的第十三本。全书在综述2011年高技术发展动态的同时，以信息技术为主题，着重介绍了信息技术和信息化新进展、战略性新兴产业技术发展情况与方向、高技术产业创新能力与国际竞争力、高技术与社会等人们普遍关注的重大问题，提出了若干促进我国高技术及高技术产业发展的思路和政策建议。

本报告有助于社会公众了解高技术，特别是信息技术、信息化、战略性新兴产业技术的发展动态与思路，可供各级领导干部、有关决策部门和社会公众参考。

图书在版编目(CIP)数据

2012高技术发展报告/中国科学院编．—北京：科学出版社，2012. 3

（中国科学院科学与社会系列报告）

ISBN 978-7-03-033574-6

Ⅰ．①2… Ⅱ．①中… Ⅲ．①高技术发展－研究报告－中国－2012 Ⅳ．①N12

中国版本图书馆CIP数据核字（2012）第023737号

责任编辑：侯俊琳 牛 玲 李 㚖 胡升华

责任校对：钟 洋／责任印制：赵德静／封面设计：无极书装

科学出版社 出版

北京东黄城根北街16号

邮政编码：100717

http://www.sciencep.com

中国科学院印刷厂 印刷

科学出版社发行 各地新华书店经销

*

2012年3月第 一 版 开本：787×1092 1/16

2012年3月第一次印刷 印张：25 插页：2

字数：500 000

定价：65.00元

（如有印装质量问题，我社负责调换）

新科技革命的拂晓

（代序）

白春礼

胡锦涛总书记曾多次指出：一个国家的科技竞争力决定了其在国际竞争中的地位和前途。世界范围内的生产力、生产方式、生活方式、经济社会发展格局正在发生深刻变革。培育新的经济增长点、抢占国际经济科技制高点已经成为世界发展大趋势，科技竞争在综合国力竞争中的地位更加突出。他还指出："进入 21 世纪，世界新科技革命发展的势头更加迅猛，正孕育着新的重大的突破。"

温家宝总理在 2011 年第 14 期《求是》杂志上发表的《关于科技工作的几个问题》中指出："科技是经济发展的强大动力，我们国家要真正强大起来，屹立于世界民族之林，必须要有强大的科技、有众多高水平人才，这是国家发展的力量所在、后劲所在，没有科技的发展，就没有中国的发展，科技发展的未来，决定着中国的未来。"他还指出："当今世界正处于新科技革命的前夜，新技术革命和产业革命初现端倪。一些重要科技领域显现发生革命性突破的先兆"，"新科技革命将依赖现代化进程和国际竞争的强大需求拉动，也必将与新兴产业发展更加紧密融合、互相推动促进"，"科技创新的竞争成为国际竞争空前激烈的一个重要的特点和趋势"。

胡锦涛总书记和温家宝总理在讲话中不约而同地强调了我们正处于一个新科技革命的前夜。什么是科技革命？科技革命在现代人类文明发展历程中占据着特殊位置，它能够塑造人类的思想观念、生活方式与生产方式，改变科学技术的结构体系，牵动全球科技中心转移，推动世界现代化发展进程。更重要的是，它直接影响着国家的兴衰以及国家地位在全球竞争格局中的升降。

科技革命的历史意义

科学革命是能够引发人类生活观念深刻变化的科学巨变。技术革命是引发人类生产方式深刻变化的技术巨变。产业革命一般是指由于重大的科技突破，使国民经济的产业结构发生重大变化，进而使经济社会各方面出现崭新面貌。

人类文明发展到现在，共有五次科技革命。第一次是 16 ~ 17 世纪以哥白尼、伽利略、牛顿等为代表的科学革命，建立了近代科学的理论体系；第二次是发生在 18 世纪中叶，以蒸汽机为标志的工业革命，突破了人类体能极限，开辟了生产力的巨大发展空间；第三次是 19 世纪下半叶，以电动机和内燃机为标志的电气革命，大幅拓展了人类的活动空间，人类进入电气时代；第四次是 19 世纪后期至 20 世纪中叶，以相对论、量子论等为标志的科学革命，引发了原子能、信息通讯、航空航天等一系列技术和产业的兴起，极大地延伸了人类的认知空间；第五次是 20 世纪 90 年代以来的信息通信技术革命，极大地促进了网络经济、知识经济的形成和发展，并催化了整体经济的转型升级，人类进入了新的信息社会。

根据科技史的研究，上述五次科技革命中包括两次科学革命、三次技术革命。科技革命的判断标准主要包括三个方面：科学革命应该显著改变人类的思想观念；技术革命则主要显著改变人类的生产和生活方式；上述两者的影响率和覆盖率都应超过 50%。

《左传》讲到“其兴也勃焉，其亡也忽焉”，其辩证地说明了能否抓住科技革命的机遇已成为一个国家兴衰的关键。比如，英国引领了第一、二、四次科技革命，抓住了机遇，成为世界强国，现为发达国家。德国在英国之后，引领了第三次和第四次科技革命，曾经是世界上最发达的国家，现为发达国家。美国引领了第三、四、五次科技革命，成为世界强国，也是当代最发达国家。俄罗斯抓住了第三次和第四次科技革命的机遇，成为世界强国。日本抓住了第三、四、五次科技革命的机遇，升级为发达国家。芬兰和爱尔兰也抓住了第五次科技革命的机遇，成为发达国家。

也有一些例证表明，如果错失了机遇，发展速度可能就受到制约。苏联忽视了第五次科技革命，科技发展遇到了瓶颈。葡萄牙忽视了第一次和第二次技术革命，降级为一个中等发达国家。印度和中国则错失了一、二、三、四次科技革命，印度沦为殖民地，中国在 1949 年前则是一个半殖民地半封建的社会。

与西方发达国家相比，苏联领导人对信息技术革命的性质、范围、特征、作用等一直缺乏应有的清醒认识。认识上的滞后导致行动上的落后，其结果是在信息技术革命中被西方发达国家远远地甩在了后面，加速了苏联的衰落。

历史深刻地说明了一个道理：科技革命对国家的兴衰具有重大影响。具体到我国的情况如何呢？

中国错失前四次科技革命，以社会生产力（按购买力平价计算的人均国内生产总值）为指标，中国的世界排名在1700年排名在18位，1820年排在48位，1900年排在71位，1950年排在99位。以上数据充分说明，由于我们错失了前四次科技革命的机遇，人均国内生产总值的指标急剧下降。到了20世纪后半叶，我们抓住了第五次科技革命的机遇，升级为工业化和经济增长较快的国家，在世界发生经济危机的形势下，中国仍然保持了较好发展态势。

我们必须做到“前事不忘”，必须认识到科技革命的机遇不能再错失；同时要做到“后事之师”，必须认识到科技革命是可预先洞察的。

钱学森先生在20世纪80年代初就提出，以信息科技为核心的第五次科技革命，将影响整个国民经济发展。近30年来信息技术的深度应用、信息产业的迅猛增长，有力地证明了他的远见卓识。科技的变革已成为社会进步的原动力。

目前，世界正处于第六次科技革命前夜、新一轮科技革命的“拂晓”。中国再不能与新科技革命失之交臂，必须密切关注和紧跟世界科技发展的大趋势，在新的科技革命中赢得主动，有所作为。第六次科技革命将是中华民族复兴的伟大历史事业的一次难得战略机遇期，值得科技界和全社会重视和思考。

洞察科技革命新趋势

对于科学革命，第一次科学革命的主体是天文学、物理学，前后历时144年，主要包括：哥白尼发表的《天体运行论》和伽利略提出把实验方法与数学相结合的科学理论；牛顿发表《自然哲学的数学原理》，建立了现代理论体系和实验研究方法，为近代科学的形成和发展奠定了基础。

第二次科学革命的主体部分涉及物理学，具体表现为相对论和量子论的提出，以及伦琴发现X射线和汤姆逊发现电子，又扩展到天文学、遗传学、地学、计算机科学等。相对论和量子论的应用，产生了原子结构、分子物理、核能、激光、半导体、超导体、超级计算机等理论和应用，没有相对论和量子论，就没有今日的科技文明。

对于技术革命，第一次技术革命的主体部分是动力技术（蒸汽机）和机器制造（纺织机和工作母机），带动部分涉及煤炭、冶金、化工和运输等。第二次技术革命的主体部分是电力技术、内燃机和电讯技术，带动部分包括钢铁、石化等。从发电机到无线电广播，持续 70 多年。第三次技术革命包括电子技术革命和信息技术革命两个阶段，并有交叉，都包括主体部分和带动部分，而且带动部分或辐射面比前两次技术革命要宽得多，两个阶段加起来 70 多年。

人类发展和世界现代化的科技需求是全方位的，但也只有部分需求可以引发科技革命。一般而言，它与人类文明的前沿特征有关，与科技革命的判断标准有关。21 世纪的科技重点将是改造人类自身和使人类适应宇宙环境。

当今世界科技正处在新一轮革命性变革的拂晓。进入 21 世纪以来，一些重要科技领域发生革命性突破的先兆已经初现端倪。我个人认为，新一轮科技革命将表现出新技术革命与新科学革命相伴、互动、多点突破的生动景象。它将既依赖现代化进程强大需求的拉动，又源于知识与技术体系内在逻辑的突破和创新。

第六次科技革命的方向在哪里？新科技革命的特征主要包括：深刻影响人类的生活方式和思维方式；不断涌现出一批重大的理论突破；具有重大的经济效益，涵盖多数的人群。

从有重大经济效益和社会效益的角度看，第一次科技革命中科学的启蒙为未来的机械革命等奠定理论基础；第二次科技革命开始了以工厂大生产方式为特征的工业革命；第三次科技革命拓展了新兴市场，开拓了现代化的工业时代；第四次科技革命推动了 20 世纪绝大部分的科技文明；第五次科技革命促进了经济全球化，知识进入了爆炸时代。

根据上述特征，我认为，第六次科技革命方向很有可能得益于第五次信息科技革命的推动，在物质科学、生命科学等学科及其交叉领域开辟出新的空间。

就科学领域来说，在外部技术变革和内部自身的重大问题或者挑战的推动下，一些重要科学问题的研究孕育着未来的大突破。比如，对物质结构的研究可能使人类走向对原子、分子甚至电子进行调控的时代，进而产生新的科技突破；对暗物质、暗能量、反物质的探测很可能在 21 世纪取得突破性进展，这将极大地改变人类对宇宙的认识，有可能颠覆我们现有的世界观。

就技术领域来说，在现代化进程强力需求的拉动和科学的支持下，将促成技术革命和产业变革。比如，对大脑思维和信息处理的机制及其数字化模拟和仿真的研究，将可能导致人脑与电脑之间实现信息直接转换；量子通信将引发一场通信领域的变革；新型网络技术将继续深刻改变人际间交流和信息共享的基本模式，触发经济、社会、文化领域的变迁；纳米仿生材料、仿生器官的设计和制造等，将可能使人类获得新的生存形式和手段。

把握未来战略机遇期

对于中华民族复兴的伟大事业而言，即将到来的科技革命为我国提供了一次难得的战略机遇期。

2008 年国际金融危机爆发后，世界各国纷纷将复苏希望寄托在即将来临的新科技革命上。谁能提前判断科技革命发生的领域，据以进行前瞻谋划和重点部署，谁就很可能在新一轮全球竞争中抢占先机。

中国现代化建设是世界现代化进程的重要组成部分，也是中华民族复兴的必然道路。面对时代赋予的历史使命，我们必须及时把握新一轮科技革命的战略机遇期。

首先，要侧重研究科技发展，特别是学科发展的内在规律。深入分析各国科技革命的竞争力与创新潜力，全面把握科技发展的态势，前瞻并掌握全球科技发展的大趋势。需要建立全面的学科发展研究体系与数据平台，系统把握全球科技发展大趋势：

第一，梳理 500 多年来科学技术发展的学科史，追寻科学技术发展的历史轨迹，认知科技发展的规律，分析科技发展的宏观态势；第二，运用计量学等研究方法，探寻近几十年来科技发展的规律；第三，发挥中国科学家在洞悉科技发展态势方面的重要作用，请院士和其他前沿科学家分析科技发展的走势和突破口。

通过上述三个方面，将以定性为主的长周期历史研究与计量学的定量统计研究、前沿科学家对现状与未来的判断等结合起来，达到三种方法相互结合、相互补充、相互印证，揭示学科体系的宏观演变与规律性特征，认识新兴学科与交叉学科产生和演化的动力与方向等问题。

其次，要侧重研究科技内在发展与外部环境的关系。以意大利、英国、法国、德国、美国、俄国、日本、中国为案例，深入研究“科技革命与国家现代化的关系”：发挥科技史、科技哲学与科学社会学等学科的优势，研究科学革命、技术革命的内在机制与外在条件等问题；发现科学革命、技术革命与国家现代化究竟存在怎样的作用机制；认知科技创新与经济发展的关系、科学中心形成与转移机制的关系、知识发展与制度创新的关系、新学科与新兴产业的关系；探讨目前我国科技发展水平与我国在现代化进程中所处的阶段，分析两者的对应关系。通过比较，判断我国在文化传统、体制建设等方面的优劣势，讨论怎样选择科技的发展路径和战略。

面对新科技革命的历史机遇期，必须走出一条既符合科技发展内在规律，又能有效提升国家竞争力的道路，才能推动中国现代化第三步战略目标的顺利实现。

新科技革命的拂晓，挑战与机遇并存。第五次科技革命，中国是一个跟踪者，发挥的作用有限。第六次科技革命，涉及科学和技术的深刻变革，为中国科技发展提供了难得的机遇。科技工作者身处时代潮流，肩负伟大历史使命，理应将目光投向黎明，勇做第六次科技革命的“领头羊”。我们希望中国学者的名字和第六次科技革命一起载入史册，在新科技革命中创造一个“中国奇迹”！

（本文根据作者 2011 年 9 月在天津召开的中国科协年会上的报告整理而成，全文曾发表在 2012 年 1 月 1 日出版的《中国科学报》上，个别文字略有修改。）

前言

2011 年是“十二五”开局之年，也是我国高技术发展史上极为不平凡的一年。《中华人民共和国国民经济和社会发展第十二个五年规划纲要》和《国家“十二五”科学和技术发展规划》相继发布，要求坚持把科技进步和创新作为转变经济发展方式的重要支撑，对高技术发展提出了新的要求。“天宫一号”与“神舟八号”成功实现交会对接，“蛟龙”号载人潜水器成功突破5000 米，百亩超级杂交稻试验田亩产突破900 公斤，首座超导变电站建成，世界最大激光快速制造装备问世，首座快堆成功实现并网发电，首座超深水钻井平台在上海交付，等等，标志着我国取得了一大批具有国际影响力的重大自主创新成果，为经济社会发展注入了新力量。

《高技术发展报告》是中国科学院面向决策、面向公众的系列年度报告之一，每年聚焦一个主题，四年一个周期。《2012 高技术发展报告》以“信息技术”为主题，共分六章。第一章“2011 年高技术发展综述”，系统回顾2011 年国内外高技术研究和发展最新进展。第二章“信息技术和信息化新进展”，介绍信息技术和信息化最新发展情况。第三章“高技术与战略性新兴产业发展”，介绍战略性新兴产业技术开发情况和未来发展方向。第四章“高技术产业创新能力和国际竞争力评价”，监测我国通信设备制造业创新能力和电子计算机及办公设备制造业国际竞争力。第五章“高技术与社会”，探讨剖析互联网、物联网、转基因和核能等公众关心的热点问题。第六章“专家论坛”，结合国家“十二五”国民经济社会规划纲要总体部署，邀请国内知名专家就自主创新能力建设、战略性新兴产业发展、工业转型升级、信息化发展和社会服务创新能力建设等重大问题发表见解和观点。

《2012 高技术发展报告》是在中国科学院院长白春礼院士亲自指导和众多两院院士及有关专家的热情参与下完成的。报告由中国科学院副秘书长曹效业和潘教峰总策划，中国科学院规划战略局对报告的提纲和内容提出了许多宝贵意见。中国科学院规划战略局陶宗宝、刘剑等同志在报告完成过程中给予了慷慨的支持和帮助。报告的组织、研究和编撰工作由中国科学院科技政策与管理科学研究所承担。课题组组长是穆荣平，副组长是任中保，成员有李真真、张久春、曲婉、杜鹏、陈芳、樊永刚和王慧中等。

中国科学院《高技术发展报告》课题组

2012 年 2 月 13 日

目　录

Contents

第一章 2011年高技术发展综述

2011 年高技术发展综述

任中保
（中国科学院科技政策与管理科学研究所）

2011 年，美国发布《美国创新战略：确保经济增长与繁荣》，日本围绕“绿色创新”和“生活创新”两个主题实施 329 项最尖端研究开发项目，俄罗斯总统令确定未来几年科技发展优先方向并出台《俄罗斯联邦 2020 年前创新发展战略》，德国实施《纳米技术 2015 行动计划》、《生物经济 2030 国家研究战略》、《面向环保、可靠和廉价的能源供应研究》和《可再生原料研究计划》等计划，韩国公布《2020 年产业技术创新战略思路》和《云计算扩散和加强竞争力的战略计划》，巴西宣布实施《巴西更大计划》，这些都昭示着世界高技术研发掀起了新一轮的激烈竞争。2011 年是我国“十二五”规划的开局之年，国家发布了《中华人民共和国国民经济和社会发展第十二个五年规划纲要》和《国家“十二五”科学和技术发展规划》，为高技术研发指明了方向。回顾 2011 年世界高技术发展成就，总体呈现出一片生机盎然的景象，正在深刻地改变人类的生产生活方式。

一、信息技术

回顾 2011 年，信息技术仍在继续向国民经济和社会的各个领域渗透，石墨烯片集成电路、三维芯片结构、慢速内存和快速内存“合二为一”的新存储器、新的数据传输方式等重大成果的不断涌现，为开辟信息技术发展新空间提供了新思路，重要先进成果的应用也正在改变着信息产业的发展方向。

1. 高性能计算机

2011 年 6 月，国际 TOP 500 组织网站上公布了全球超级计算机 TOP 500 排行榜，日本超级计算机“京”以 8162 万亿次/秒的实测运算速度跻身榜首，中国的“天河一号”排名降至第二。“京”由日本富士通公司和日本理化研究所合作开发，共用 864 座机柜，连接超过 8.8 万块 CPU，运算速度可以达到 1.051 万万亿次/秒，是全球首款运算速度越过 1 万万亿次/秒大关的超级运算机器。11 月，我国首台实测性能超千万亿次/秒的超级计算机曙光“星云”在国家超级计算深圳中心正式运行。该计算机的运算能力相当于 20 万台个人电脑运算能力的总和，能大大缓解我国华南地区乃至东南亚地区高性能计算能力紧张的局面，将在新能源开发、新材料研制、自然灾害预警分析、气象预报、地质勘探、工业仿真模拟等众多领域发挥重要作用。12 月，美国普度大学研发出“无源光学二极管”，它由直径为头发直径 1/10 的两个微小硅质环状物制成，具有体积极小、无需外部能源就能传播信号的优点，有望大大提高超级计算机的信息处理速度和能力。12 月，韩国高等研究院（Korea Institute for Advanced Study）利用“Tachyon 二号”超级计算机完成了迄今为止规模最大的宇宙模拟，历时 20 天，对大约 3740 亿个颗粒进行了分析，涵盖区域相当于可观测宇宙的 2/3 左右。

2. 量子通信

2011 年 1 月，加拿大卡尔加里大学首次成功在一种特殊晶体中存入光量子纠缠态的编码信息。该项研究成果是量子网络发展的一个里程碑，有望在不久的将来使量子网络变成现实[1]。2 月，美国国家标准与技术研究院的科学家首次在两个分隔的带电原子之间建立了直接运动耦合，实现了原子之间的单量子能量交换，简化了信息处理过程，这一技术有望用在量子网络中[2]。3 月，美国加利福尼亚大学（简称加州大学）圣塔芭芭拉分校的科学家采用 RezQu 架构，研发出了一块 6 厘米 ×6 厘米的芯片，该芯片中的 9 块量子设备均有 4 个量子比特执行运算。虽然距离 100 个量子比特执行运算的目标还很远，但这种具有很强可扩展性的架构有望让量子计算机问世。5 月，德国马克斯普朗克协会量子光学研究所的科学家首次成功实现了单原子存储量子信息——将单个光子的量子状态写入一个铷原子中，180 微秒后将其读出。该项研究成果将有助于设计出功能强大的量子计算机，以及远距离联网构建“量子网络”。9 月，英国剑桥大学的科学家实现了单个电子在两点间往返运动，有望解决电子携带的量子信息丢失问题。10 月，美国莱斯大学的科学家研制出一种微型的“电子高速公路”——量子自旋霍尔拓扑绝缘体。这种微型设备可用于制造量子计算机所需的量子比特，这一成果将大大促进量子计算机发展。

3. 信息传输

2011 年 2 月，美国英特尔公司推出了名为“雷霆”的新型高速连接技术。该技术将计算机和其他设备连接在一起，理论最大数据传输速率可达 10Gbps，使用户方便地获得高速数据传输和高清屏幕显示服务。3 月，德国弗朗霍夫协会海因里希－赫兹研究所与丹麦技术大学在长度为 29 千米的单一玻璃光纤线路上，创造了每秒传输 10.2 太比特（相当于 240 张 DVD 光盘存储的数据量）的光纤传输速率纪录。5 月，美国加州大学伯克利分校的研究人员将石墨烯铺展在一个硅波导管的顶部，研制出能打开或关闭光的光调制器，目前的调制速度达到 1 吉赫兹，理论调制速度可达 500 吉赫兹。该项研究成果有望在实际应用中大幅提高数据包传输速度，实现超快数据通信。5 月，德国卡尔斯鲁厄理工学院的科学家成功完成了在一秒钟内为 26 太比特的数据编码、输出 50 千米再成功解码的实验，这是迄今用单一激光束传输的最大数据量，每秒传输约 700 张 DVD 光盘的数据。7 月，IBM 公司演示了最新的多位相变存储器，使用 4 个不同的阻值区来存储字节组合“00”、“01”、“10”和“11”，具有速度快、耐用、非挥发性和高密度性等多种优点，读写数据和恢复数据的速度是现有闪存的 100 倍。

4. 信息存储

2011 年 1 月，美国北卡罗来纳州立大学的研究人员开发出可使慢速内存和快速内存“合二为一”的新器件。它能同时执行易失性和非易失性器件的功能，将其用于主存储器中，有望彻底改变计算机内存技术。8 月，南安普敦大学的科学家用激光使玻璃块中的原子重新排列，让其“变身”为新式存储器，其具有体积小、存储能力强、防水、耐高温等优点，寿命可达几千年，使海量信息长时间安全存储成为可能。8 月，通用电气全球研发中心研发出 500GB 大容量全息光盘，达到了蓝光光盘相同的刻录速度，同时全息光盘的最高容量可以达到蓝光或 DVD 光盘的 20 ~ 50 倍，极大地提升了光盘存储容量。10 月，新加坡科学家发现了一种新的硬盘制造方法，通过添加氯化钠即可将硬盘数据记录密度增加到每英寸记录 3.3 太比特，是现有存储密度的 6 倍。

5. 集成电路

2011 年 4 月，中国科学院上海微系统与信息技术研究所研制成功我国第一款具有自主知识产权的相变存储器（PCRAM）芯片，存储容量为 8MB，有望被广泛应用于手机、射频识别等多种消费电子产品中。4 月，西安交通大学研制成功集成度约 350 万门的高清立体显示处理芯片 HMD100，具有体积小、功耗低、视场大（60 ~ 70 英寸）、沉浸感强等特点，在消费电子、虚拟现实、国防、医疗、远程教育等领域都具有广阔的应用前景。5 月，美国英特尔公司研发出可大规模生产的“三栅”晶体管，它是一种三维晶体管，不仅可以实现电子平面传导，而且还可以实现电子沿鳍状突起物三面传导。同时，英特尔公司还展示了采用该三维晶体管制成的 22 纳米微处理器——常春藤桥，与目前处理器相比，它的运算性能可提高 37%，耗电降低约一半，这是集成电路领域发展中十分重要的突破。6 月，美国 IBM 公司在一块碳化硅晶圆的硅面上种植石墨烯，研制出了首款由石墨烯制成的集成电路，混频最多可达 10 吉赫兹，且可承受 125℃的高温，把用石墨烯圆片来替代硅晶片制造计算机芯片的梦想推向了前进。8 月，美国 IBM 公司公布了最新研究成果——一种可以模拟人脑处理信息方式的认知计算机芯片。该芯片由两个没有任何生物成分、完全由硅电路组成的芯片构成，能够让计算机具有导航、机器视觉、模式识别、联系记忆及分类等功能。

6. 互联网与移动通信

2011 年 1 月，中国互联网地图服务网“天地图”正式上线运行。它集成了海量基础地理信息资源，可以向社会公众提供权威、可信、统一的在线地图服务，是中国区域内基础地理信息数据资源最全的互联网地图服务网站。8 月，英国爱丁堡大学的科学家在普通灯泡中植入电子装置，研发出一种被称之为“light fidelity”（Li-fi）的全新无线数据传输装置，它利用光线强度的微弱变化来传输数据，成本却比 Wi-Fi（wireless fidelity）廉价很多。8 月，英国南安普敦大学的科研人员发布了一个零成本向万维网发送大型文件的新系统。该系统可以帮助用户把大型文件传送到网上，发送速度比通过电子邮件快很多。9 月，美国莱斯大学的科学家通过改造多输入输出天线系统，研制出全双工（数据发送和接收同步进行）无线网络技术，能在不新建发射塔情况下使无线网络吞吐量增加一倍。10 月，欧盟委员会决定整合各成员国资源，大力发展泛欧卫星移动通信服务，实现欧洲“无死角”通话、高速上网和收看电视。

二、生物和医药技术

2011 年，合成生物领域的若干重大发明正在改变人们对世界的认识，多种致病基因的发现正在积累破解重大疾病难题的关键信息，癌症和艾滋病（人类获得性免疫缺陷综合征）等重大疾病防治研究取得了系列重要突破，疟疾、病毒性肝炎新的治疗手段的出现，以及广谱抗菌新药的发现和上市正在改变人们的生活，全球生物技术开发已经成为最为活跃的高技术研究领域。

1. 致病基因发掘

2011 年 2 月，我国医学免疫学国家重点实验室的研究人员通过深度测序技术进行人正常肝脏、病毒性肝炎肝脏、肝硬化肝脏和人肝癌肝脏微小 RNA（microRNA）组学分析，发现了 microRNA-199 表达高低与肝癌患者预后密切相关，证明 microRNA-199 能够靶向抑制促肝癌激酶分子 PAK4 从而显著抑制肝癌生长，为肝癌的预后判断与生物治疗提供了新的潜在靶标[3]。2 月，英国布里斯托尔大学的科学家通过数据分析发现，PLA_2R1 和 $HLA-DQA1$ 基因与特发性膜性肾病密切相关，携有这两个基因的人发生特发性膜性肾病的可能性高达 78.5%，这为治疗特发性膜性肾病提供了新信息。3 月，英国剑桥大学和加拿大不列颠哥伦比亚大学的研究人员通过乳腺癌肿瘤细胞与正常健康细胞中基因活性对比，发现 *ZNF703* 基因在雌激素受体阳性乳腺癌肿瘤中极其活跃，该项发现对于乳腺癌的治疗具有重要意义。[4] 8 月，由英国和美国等国家组成的一个国际研究小组对 9772 名多发性硬化症患者以及 17 376 名健康人群进行了 DNA 分析研究，确认了此前已知的 23 个与多发性硬化症有关的基因，并发现了 29 个与此疾病相关的新基因。8 月，英国科学家通过基因对比发现，*RAD51D* 基因有缺陷的女性患卵巢癌的几率为 1/11。该发现对于寻找卵巢癌预防方法和治疗新药具有重要意义。[5] 9 月，由英国和美国等国家科学家组成国际研究小组发现，*C9orf 72* 基因与运动神经元疾病密切相关，有近 40% 的运动神经元疾病由该基因变异引起[6]。

2. 基因组测序

2011 年 1 月，英国帝国理工学院的科学家攻克了超快 DNA 隧道测序设备的关键技术，第一次证明能在纳米孔平台上同时进行隧道检测和 DNA 分子的离子电流检测，开发出了纳米孔测序原型装置，以此开发出的大装置理论上能在几分钟内完成个人基因组的测序，且测序成本将大大下降[7]。2 月，美国印第安纳州大学科学家领导的国际研究小组完成了对水蚤的基因组测序，发现其基因数量比已知所有动物还要多，这是科学家第一次完成的甲壳类动物基因组测序[8]。7 月，由中国科学家牵头，共 14 个国家 97 名研究人员组成的国际研究团队经过 6 年的努力，完成了马铃薯基因组测序，并通过比较基因组分析发现了影响薯块生长发育和病虫害抗性的重要基因，为进一步了解双子叶植物的进化路径提供了分子生物学新知识；8 月，该国际研究小组共同完成了白菜全基因组测序。这项成果有助于白菜类作物和其他芸薹属作物的遗传改良。[9]9 月，英国科学家完成了 17 个关键小鼠基因组的测序工作，发现了广泛的基因变异，为了解功能变异体的分子性质提出了新见解[10]。11 月，马萨诸塞大学医学院的研究人员公布了帝王蝶基因组序列，分析了负责视图、生物钟和方向性飞行的基因，解析了蝴蝶能记住迁徙过程中的时间和空间的原因[11]。

3. 生物合成

2011 年 1 月，美国普林斯顿大学的科学家首次使用人造基因合成出了能维持活细胞生长的人造蛋白质，其功能同自然界中存在的蛋白质相同。这项成果有助于科学家研制出新的生物系统[12]。9 月，美国约翰·霍普金斯大学的研究人员对酵母的两个染色体片段进行改造，在删除其中重复的部分基因序列后，添加了一些人工合成的基因序列，酵母仍能正常存活。这是人类首次人工合成真核生物部分基因组[13]。9 月，美国加利福尼亚萨克生物研究所的科学家把非天然氨基酸整合人蛋白质的多处，成功制造出了一个可用的、拥有多处包含非天然氨基酸的蛋白质细菌菌株。该菌株可广泛应用于药物研发、药物合成、生物燃料等领域[14]。9 月，英国格拉斯哥大学的科学家使用由钨（占大多数）和其他金属原子、氧、磷结合形成的巨型分子，成功地制造出了类似于细胞的气泡，其具有一些类似生命的特征。科学家还希望诱使这些气泡演变成完全无机的能自我复制的实体，以此证明存在着完全基于金属（无机物）的生命[15]。11 月，美国能源部下属的联合生物能源研究所的科学家使用合成生物学方法，修改了大肠杆菌和一个酿酒酵母的菌株，制造出了没药烷的前体物没药烯，对没药烯进行加氢反应后生成的没药烷是一种绿色生物燃料，有替代 D2 柴油的潜力[16]。

4. 干细胞研究

2011 年 3 月，英国爱丁堡大学、剑桥大学和卡地夫大学的科学家利用一种新方法，将人类胚胎干细胞诱导生成了一系列的人体运动神经细胞。这是第一次在实验室利用干细胞生成多种人类运动神经元。这项研究有助于科学家更深入地研究运动神经元疾病，推动运动神经元疾病的有效治疗策略的开发[17]。5 月，美国约翰·霍普金斯大学凯末尔癌症中心的研究人员首次使用成人皮肤及血液中提取的干细胞，培育出了成熟的肝脏细胞，并用其来治疗罹患肝硬化的老鼠，结果显示其表现可媲美正常的肝脏细胞[18]。7 月，美国北卡罗来纳州立大学的研究人员发现了参与 DNA 合成的第 7 种碱基（5-胞嘧啶甲酰）和第 8 种碱基（5-胞嘧啶羧基），并在人体胚胎干细胞和实验老鼠器官染色体组的 DNA 中发现了这两个碱基的踪迹。8 月，加拿大干细胞生物学研究所的科学家使用流式细胞技术，隔离出了单个人类血液干细胞，它能使整个血液系统再生，该项研究成果为癌症和其他严重疾病治疗带来福音。9 月，英国剑桥大学科学家利用实验鼠的卵细胞，首次成功培育出了哺乳动物的单倍体胚胎干细胞。这项成果将会提高基因研究的准确性。10 月，英国剑桥大学韦尔科姆基金会桑格学院研究所的科学家将 2 个调控因子维生素 A 酸受体-γ（RAR-γ）和肝受体同系物（Lrh-1）以及 4 个常用的调控因子引入人体的皮肤细胞中，4 天后得到了重组后的细胞，在人体干细胞的获得效率提高 100 倍的同时，干细胞的质量也大大提高。11 月，美国哈佛大学医学院、布莱根妇女医院和新加坡的研究人员克隆了人类远端干细胞、气管干细胞和鼻上皮干细胞等 3 种不同的干细胞，发现尽管这些干细胞的相似度高达 99%，但只有能表达 p63 蛋白的远端干细胞最后分化出了新的肺泡，这说明成体干细胞的修复功能与其来源部位具有密切关联。该研究成果有助于肺部组织修复的深入研究，也为治疗和预防相关疾病提供了新观点。[19] 12 月，美国加州大学洛杉矶分校的科学家首次通过实验证明，可以在活体体内对血液干细胞进行基因修饰，使其变成“癌症杀手”——T 淋巴细胞，使用该方法治疗人类黑色素瘤的治愈率可高达 40%[20]。

5. 人造器官

2011 年 3 月，美国维克森林大学的研究人员用生物可降解材料制作了一个管状支架，随后将患者本身的膀胱细胞移植上去，让它们沿着支架生长，成功制造出了人的尿道；尿道植入人体内后仍能正常工作。4 月，英国爱丁堡大学的科学家利用人的羊水和动物的胚胎细胞培育出了人体肾脏，其长度同未出生婴儿肾脏的长度相当。这一成果有望让需要接受器官移植的患者按需培育出自己的器官，从而在移植手术中避免发生排斥反应的风险。4 月，日本理化研究所的科研人员在一种特殊的培养介质中，利用实验鼠的胚胎干细胞人工培育出了视网膜的雏形结构，这是迄今人工培育出的最为复杂的生理组织[12]。6 月，日本东京大学的科学家把家鼠的干细胞移植到经过转基因改造、不能产生自己器官的小白鼠的胚胎里，诞生了长着家鼠器官的小白鼠。这项技术将有助于利用患者的干细胞让猪长出人类器官，在大大降低移植手术产生排异的风险的同时，提供充足的人体移植器官。

6. 癌症防治

2011 年 6 月，美国斯隆凯特琳癌症中心公布了名为“Vemurafenib”的新药，该药可抑制 *BRAF* 基因发生变异。对晚期黑色素瘤患者的实验结果显示，服药 6 个月后的患者存活率提高了 20%，有效延长了患者的寿命。6 月，美国施贵宝制药公司研制出一种名为“Ipilumumab”的抗体药物，它与达卡巴嗪配合使用能够有效延长黑色素瘤患者的存活时间。美国食品药品管理局（FDA）分别于 4 月和 8 月批准醋酸阿比特龙和克里唑蒂尼（crizotinib）两种治癌新药，前者联合泼尼松用于治疗预先使用过化疗药物多西紫杉醇的转移性激素难治性前列腺癌，后者用于治疗 *ALK* 基因突变的晚期非小细胞肺癌。10 月，比利时法语布鲁塞尔自由大学的研究人员发现血管生成重要因子——血管内皮生长因子（VEGF）与其一个受体结合后能促进一种皮肤癌干细胞生成和自我更新；使该基因失效后，皮肤癌症干细胞会快速失去自我更新能力，并使肿瘤消退。[22] 11 月，由中国科学院近代物理研究所承担的“重离子治癌关键科学技术问题研究”项目通过验收。该项目完成了 50 例浅层肿瘤和 45 例深部肿瘤患者的临床治疗研究且疗效显著，无明显不良反应。该项研究成果使我国成为世界上第 4 个开展重离子治癌研究的国家。11 月，美国国立癌症研究所公布了一项长达 8 年的调查研究结果，认为与 X 射线筛查相比，低剂量螺旋 CT 扫描可使肺癌死亡率降低 20%。

7. 艾滋病防治

2011 年 2 月，澳大利亚、加拿大和美国的科研人员将免疫系统中的白介素-7（IL-7）注射到感染人类艾滋病病毒的小鼠体内，发现在注射小鼠 T 淋巴细胞的数量大幅增加，60 天后小鼠基本上已经清除了体内艾滋病病毒，为人类治愈艾滋病带来了新思路[23]。5 月，一项由多国科学家参与的研究发现，艾滋病病毒感染者如果在患病初期就接受抗反转录病毒（ARV）治疗，就可以将病毒传染给性伴侣的几率减少 96%。5 月，北京万泰生物药业股份有限公司与厦门大学研制的“艾滋病（1 +2 型）口腔黏膜渗出液抗体检测试剂盒”获批上市，使用者只需用棉签在口腔内蘸取唾液后在试剂盒中加入几种不同的检测试剂，30 分钟就可快速检验出是否感染艾滋病。8 月，美国斯克里普斯研究院等多家研究机构组成的一个联合研究小组与国际艾滋病疫苗倡议组织合作，分离出了 17 种能广泛中和艾滋病病毒变种的新抗体，为设计候选疫苗提供了新标靶[24]。9 月，美国和欧洲的研究人员发现艾滋病病毒会诱使人体采取过于强烈的反应，最终导致人体免疫系统受损，并削弱人体的适应性免疫功能[25]。11 月，美国科学家发现了一种能破坏艾滋病病毒的新化合物 PD 404182。测试结果显示，这种小分子化合物能在艾滋病病毒感染细胞之前将病毒杀死，从而可治疗和预防艾滋病传播[26]。12 月，加拿大西安大略大学研制的艾滋病疫苗获得美国 FDA 批准，这种疫苗能刺激强烈的免疫反应，起到预防艾滋病的作用，预计于 2012 年开展人体试验来检测其预防效果。

8. 重大新药创制

2011 年，美国科学家在非洲的 11 个地区测试了首个疟疾疫苗，结果显示，接种后一年内预防 5 ~ 17 个月婴儿感染疟疾的有效率达到 56%，预防出现严重感染病例的有效率达到 47%。3 月，英国葛兰素史克公司和人类基因组科学公司合作研发的狼疮治疗药物 Benlysta 在美国获批上市，该药可能将是这一疾病治疗领域取得的一大进步，但其安全性和疗效有待于进一步验证。4 月，瑞士诺华制药公司生产的药物 Gilenya 在英国上市。它是一类用于治疗多发性硬化症的口服药物。与其他药物相比，虽然其价格低并能有效降低复发率，但也会引起心脏节律不规则以及肠胃炎等副作用。5 月，美国默沙东公司开发的新一代丙型病毒性肝炎治疗药物 Victrelis 上市。临床试验数据显示，该药与现有治疗丙型病毒性肝炎药物共同使用能有效治愈 60% 以上的丙型病毒性肝炎患者，而仅使用现有药物的治愈率在 20% ~ 40%。8 月，美国麻省理工学院研究人员开发出了一种广谱抗菌新药（DRACO）。在先期测试中，该药对包括引起普通流感的鼻病毒、甲型 H1N1 流感病毒和出血热在内的 15 种病毒均能起效，能引发受病毒入侵的细胞自我毁灭，有望在流行感冒、“非典”等病毒大规模暴发中发挥重要作用。[27] 10 月，英国剑桥大学的研究人员发现名为“I-BET151”的物质可有效治疗实验鼠所患的混合系白血病，在动物实验和试管中的人体细胞实验中都显示这种药物有效[28]。

三、新材料技术

2011 年，各种新奇的纳米材料一如既往地被发现，各种低成本石墨烯制备技术不断涌现，节能、环保和生物医药特种功能材料开发正在把人类引向可持续发展时代，新材料开发领域整体呈现出热闹非凡的景象。

1. 纳米新材料

2011 年 1 月，美国能源部劳伦斯·伯克利国家实验室的科学家“诱导”聚合物自我编织成了束状纳米绳子，基本达到了生物材料所具有的复杂性和功能，非常坚固，足以应付受热和干燥等恶劣环境。这是研制具备天然材料复杂性和功能的自组装纳米材料道路上所取得的重要进展。6 月，德国汉堡大学、赫尔姆霍茨联合会盖斯特赫斯勒中心和中国科学院金属研究所共同开发出一种金属水联体，这种新型纳米材料的机械性质可在软硬两种状态来回切换，有外加电流时硬度增加，切断电流时材料变软，按下按钮几秒钟内就能改变材料的强度，还能预防甚至修复断裂损伤，有望开发出能自动将一些裂痕瑕疵修复平整的高性能智能材料[29]。7 月，加拿大多伦多大学的科学家从植物的光合作用装置——捕光天线中汲取灵感，让某些类型的纳米粒子相互依附在一起，自我组装成名为“人造分子”的纳米天线复合物，填补了“可以使用多种不同类型的纳米量子点构建出复合物”的空白[30]。10 月，美国斯坦福大学的研究人员在一层硅材料表面喷洒一层碳纳米管材料后，研制出一种可拉伸触感材料，多次反复拉伸都不会导致其结构被破坏，重复使用不会起皱。该材料有望用于开发医用绷带甚至人造皮肤。

2. 纳米器件

2011 年 2 月，日本京都大学的科研人员将铂离子与“4，4 - 联吡啶”和乙二胺这两种有机物以及碘在室温下依次混合，以碘为四角“支柱”，层层叠加形成了直径约 1 纳米的筒状纳米管，这是室温条件下高效制造纳米管的新技术[31]。5 月，西北工业大学和西安交通大学的研究人员结合非晶碳纳米管电弧放电法生长特点、高分辨透射电镜观察和碳管结构势能计算，首次建立了非晶碳纳米管生长的物理模型，并利用温控电弧炉大批量制备出了非晶碳纳米管，为非晶碳纳米管的可控制备与应用提供了有效的手段和思路[32]。11 月，美国国家航空航天局利用多层的纳米碳管涂层研制出一种超黑材料，该材料在紫外和可见光波段的光线吸收率高达 99.5%，而在波长稍长的波段以及远红外波段的吸收率也达到了 98%。若该材料用在航天器中，将极大地提升探测器和设备的性能。

3. 石墨烯

2011 年 2 月，由英国、美国和韩国研究人员组成的国际研究小组利用超声波脉冲在几小时之内，将多种 1 毫克的特殊层状材料制成数十亿个只有一个原子厚的石墨烯样纳米微片。该方法具有速度快、效率高和成本低廉等特点，并可进行规模化工业生产。[33]2 月，美国莱斯大学的研究人员将少量的蔗糖放置在一个薄层铜箔上，在加热和低压下让这些蔗糖接触流动的氢气和氩气，10 分钟后这些蔗糖缩减成纯净的单层石墨烯；调整气体的流动可控制石墨烯薄膜的厚度，可以研制出更轻、更快、更廉价、更紧实柔韧的计算机电子设备，可被广泛运用于军用飞机和医疗领域。6

月，美国北伊利诺伊大学的科学家通过在干冰中燃烧纯金属镁直接将二氧化碳转化成多层石墨烯（厚度小于 10 个原子）。该技术成为可大规模生产石墨烯的简单方法。[34] 11 月，英国剑桥大学的科学家制造出一种石墨烯“墨水”，首次使用普通的家用打印机打印出由石墨烯制成的柔性电路，使得大规模廉价制造可穿戴的（wearable）电子设备成为可能，石墨烯应用空间进一步拓展。11 月，美国伦斯勒理工学院的科学家使用石墨烯泡沫，研制出了邮票大小的新型传感器。氨水和二氧化氮探测实验结果显示，其性能远超现在市面上的商用气体传感器。有望用其研制性能优异的炸弹探测器和环境传感器。

4. 超导材料

2011 年 3 月，汉堡大学的科学家成功利用强红外激光脉冲照射，在 -263℃ 时将含稀土的铜氧化物陶瓷材料瞬间转变为高温超导体，持续时间约 1 皮秒，该项研究为材料导电性能产生提供了全新的研究方式[35]。6 月，美国加州大学伯克利分校的研究人员设计了一种有可变折射率的材料，并将其转化为一种自然界中先前并不存在的超材料。利用此材料开发出的首个可见光“隐身斗篷”，能使高 300 纳米、宽 6 微米的物体从可见光中“消失”[36]。10 月，中国科学技术大学的科研人员发现当温度低于 5 开尔文（约 -268℃）时，掺杂了碱金属钾和铷的菲（$C_{14}H_{10}$）出现超导电性，开辟了稠环芳香烃超导体研究的新领域[37]。

5. 特种功能材料

2011 年 5 月，法国国家科研中心研制出一种名为 MIL-101 的新型材料，能够大量吸附 CO_2 气体，体积为 1 立方米的 MIL-101 在 25℃ 的温度下可以储藏 400 立方米的 CO_2。该材料的研制有望为温室气体减排提供新思路。8 月，韩国蔚山科学技术大学和 LG 化学技术研究院开发出 2 分钟内完成充电或者放电的新型电极材料，以此开发出的电池比现有充电电池的电流流量快 200 倍，能在仅 2 分钟内就完成充电，400 次反复充放电后电池的容量仍维持在 98% 左右。10 月，韩国汉阳大学的研究人员利用下一代新材料碳纳米管，成功开发出可旋转的人工肌肉纤维，长度 1 毫米的纤维可旋转 250°，可用于微型机器人的驱动装置中。11 月，美国明尼苏达州立大学的研究人员改变赫斯勒合金 Ni_2MnSn 的基本组成，让其变为 $Ni_{45}Co_5Mn_{40}Sn_{10}$，结果发现其低温相没有磁性，但高温相却拥有强磁性，用小线圈环绕该合金，相变加热后会在线圈产生电流，将热直接转变为电。

6. 其他先进材料

2011 年 4 月，美国圣保罗州立大学的科研人员从植物废料中提取纤维制造出新一代超级塑料，与较传统聚乙烯材料相比，具有重量轻、强度高、符合生态要求等特点，用其制造的产品质量是传统产品的1/30，强度增加3~4倍。4月，瑞士弗里堡大学的科学家发现了一种具有自我修复能力的塑料，在厚度为0.4毫米的新型塑料板上划出深0.2毫米的痕迹，只需要经过两次短时间的紫外线照射划痕就会消失。[38]7月，由中国科学院化学研究所与深圳瑞华泰薄膜科技有限公司合作研发的高性能聚酰亚胺薄膜（被称为“黄金薄膜”）制造技术实现产业化，并建成我国规模最大的高性能聚酰亚胺薄膜生产基地，达到年生产能力350吨。该项研究成果的取得标志着我国在高性能聚酰亚胺薄膜材料的制造技术方面跻身国际先进水平行列。11月，美国加州大学圣地亚哥分校的研究人员开发出一种新的聚合物材料，可在低能近红外光照射下发生响应分解，在临床诊断与治疗、设计新型人体组织方面都有广阔的应用前景[39]。11月，美国加州大学欧文分校和加州理工学院共同开发出了世界上最轻的材料，由约99.99%的空气和0.01%的固体构成，密度仅0.9毫克/立方厘米，是聚苯乙烯泡沫塑料的1/100，能量吸收性能与人造橡胶相仿。

四、新能源技术

2011年，发展可再生能源是世界各国科技界致力的重要方向。太阳能、风能和生物质能的新技术持续不断地被开发出来；日本福岛核电站核泄漏事故并没有动摇各国发展核电的信心，而是促使科学家寻找更为安全和高效的核电新技术；大量廉价的催化剂的发现正在推动氢能和燃料电池走进人类生产生活。总之，能源技术领域正在发生一系列革命性变化，新能源技术在创造巨大财富的同时，正在加速破解能源危机和环境危机。

1. 太阳能

2011年1月，美国能源部劳伦斯·伯克利国家实验室的科研人员用镓氮砷（GaNAs）合金制造出多带型太阳能电池，光电转化效率达到40%以上，且比硅太阳能电池制造简单、成本低廉。2月，日本北陆尖端科学技术大学院的科研人员把液体硅滴到玻璃基板上，在高速旋转和高温加热后形成了非晶硅薄膜，虽然制成的太阳能电池的光电转化效率仅为普通太阳能电池的20%左右，但成本却降低了60%~70%。3月，日本三菱化学展示了世界上第一个有机薄膜太阳能电池模型，具有极佳的灵活性和纳米级别的厚度，生产成本低，而且便于安装，但光电转化效率仅为8.5%。3月，美国芝加哥威利斯大厦的56层南面外墙进行了改造，全部安装透明太阳能光电窗户，项目完成后，该大厦将相当于1个4万平方米的太阳能电站，发电能力可达2兆瓦/小时。6月，加拿大多伦多大学的科学家研发出了一款新式的全光谱太阳能电池。它由分别捕捉可见光和不可见光的两个吸光层组成，理论转化效率可高达42%，超过现有普通太阳能电池31%的理论光电转化效率[40]。6月，美国俄勒冈州立大学的工程师使用喷墨打印技术成功地制造出了铜铟镓硒薄膜太阳能电池，新方法节约原材料90%，显著降低了太阳能电池的制造成本。7月，英国谢菲尔德大学和剑桥大学的研究人员以可循环使用的塑料薄膜为原料，通过“卷对卷印刷”技术制造出塑料太阳能电池，具有成本低廉和环保的优点[41]。11月，日本夏普公司和新能源产业技术综合开发机构联合开发出转换效率很高的化合物型太阳能电池，光电转换效率可达到36.9%。12月，美国北卡罗来纳州立大学的科学家发明了一种新型“敏化剂”染料（NCSV-10)，能量密度比市场上最先进的染料要高出14%以上，有望大幅提高太阳能电池的性能。

2. 风能

2011年年初，中国可再生能源学会宣布中国成为世界风电装机第一大国和新增装机量第一大国。2月，由德国冒险家制造的自身重量为200千克的风能汽车“风行者”，在澳大利亚历时18天完成了近5000千米的行程，最高速度达到了每小时80千米。4月，由中国国网电力研究院清洁能源发电研究所承担的国家“863”课题项目“风电机组低电压穿越技术”通过验收，解决了低电压穿越这一限制我国大规模风电并网的技术难题。5月，丹麦维斯塔斯风力系统有限公司研推出了V164-7.0兆瓦风力发电机，这是一款完整的7兆瓦海上风力发电机，风轮直径长达164米，其中风机叶片长达80米。8月，美国凯斯西储大学的科学家首次制造出碳纳米管增强聚氨酯风电叶片，与传统叶片相比，其使用的材料每单位体积的重量要轻于碳纤维材料和铝，而在抗张强度上是碳纤维材料的5倍和铝的60倍。10月，世界第一座风力－氢气混合发电站在德国启动运行，该混合发电站耗资2100万欧元，可将风大时的“多余”电力用于电解水，将风能以氢的形式储存起来，在无风情况下继续提供绿色能源。

3. 生物质能

世界各国政府推广生物燃料的力度明显加大，德国政府要求自2011年1月1日起全国加油站提供含10%乙醇的汽油；南非政府要求柴油中的生物燃料的掺加比例不少于5%，汽油中生物乙醇的掺加比例至少为2%。10月，中国科学院大连化学物理研究所的研究人员发现一种皮状丝孢酵母能够同步利用葡萄糖和木糖积累油脂，产油酵母的油脂含量约为50%；直接利用玉米秸秆水解液来“喂养”该酵母，其油脂含量也可达 39%。10 月，中国国际航空公司一架载有混合生物燃油的波音飞机在首都机场试飞成功，这是国内首次将生物燃料用于航空飞行试验。11 月，美国海军一艘装备有生物能源动力装置的驱逐舰以海藻为原料，沿加利福尼亚州海岸航行了 20 个小时；12 月，美国海军下达了世界最大的生物能源订单——45 万加仑的生物燃料，将运用在 2012 年绿色军事演习中的舰船、驱逐舰、巡洋舰、飞机、潜艇及航空母舰上。11 月，美国联合航空公司率先完成了航空生物燃料客机首飞，使用的混合燃料 40% 是由海藻油提炼而成的生物燃料。

4. 先进核能

2011 年 1 月，我国制造的第一套国产化率 100% 的百万千瓦级核电站堆内构件在上海完工。该构件是专为“红沿河 1 号”机组配套的核岛主设备，高 9 米，重 138 吨，由 1.2 万多个精密零件精准地焊接在一起。2 月，美国西屋公司正式公布 200 兆瓦小型模块堆，它是一个一体化压水堆，所有主要部件都位于反应堆压力容器内部，完全在工厂制造并可以通过铁路运输。7 月，我国第一个由快中子引起核裂变反应的实验快堆成功实现并网发电，该堆采用先进的池式结构，核热功率 65 兆瓦，实验发电功率 20 兆瓦，是目前世界上为数不多的大功率、具备发电功能的实验快堆。该实验快堆的建设成功标志着我国在占领核能技术制高点、建立可持续发展的先进核能系统上跨出了重要的一步。7 月，日本京都大学和国家辐射科学研究所的研究人员发现了一种低成本辐射探测器新材料，这种塑料树脂材料的价格仅为目前辐射探测器使用的材料的 10%，受到放射源照射时会发出蓝光。8 月，美国能源部爱达荷国家实验室的科学家设计了一个微型核电站。该微型核电站仅有提箱大小，能产生大约 40 千瓦的功率，足够地球上 8 户普通家庭的平均用电，主要用于太空开发。此外，在核聚变能研究领域，3 月中国大连理工大学的研究人员通过大规模计算机模拟给出了核聚变装置中反磁场剪切位形下的无碰撞双撕裂模的定标关系，结果可以较真实地预测真实聚变反应堆中的无碰撞磁场重联的演化速率。

5. 氢能

2011 年 3 月，美国能源部劳伦斯·伯克利国家实验室的科学家将金属镁纳米离子散落在一个聚甲基丙烯酸甲酯（同树脂玻璃有关的聚合物）基质上，开发出一种能在常温下快速地吸收和释放氢气的纳米复合材料[42]。3 月，哈尔滨工业大学的科研人员采用微生物电化学辅助产氢原理，改进系统启动策略率先实现了低温（4℃）生物制氢，突破了传统制氢技术的温度限制[43]。7 月，韩国首尔市利用垃圾填埋场产生的可燃性气体建造了氢能供应站，每天可生产 720 标准立方米的氢能，在世界尚属首例。8 月，美国科学家利用镍和铁研制出了一种人造酶。与天然酶相比，该人造酶能将制氢化学反应的速度加快 10 倍。该项实验成果有望加速制氢过程并降低成本。11 月，美国俄勒冈大学的科学家研制出一种圆环形的名为硼氮－甲基环戊烷的硼氢化合物。该化合物能在室温下安全地储氢，在空气和水中也能保持稳定。该化合物的研制成功有望为解决氢存储和运输难题提供有效方案[44]。

6. 燃料电池

2011 年 1 月，英国清洁动力系统公司成功开发出世界上第一辆燃料电池摩托车。其性能与其他摩托车几乎无异，由几分钟内就能加满的氢气缸提供燃料，行驶近乎静音且只排放水蒸气，最长行驶里程为 350 千米。4 月，美国洛斯阿拉莫斯国家实验室和橡树岭国家实验室通过加热聚苯胺、铁和钴盐生成，开发出了一种新的催化剂。这种催化剂几乎与铂催化剂一样有效耐用，其造价却相对低廉，大大降低了燃料电池的成本。9 月，日本九州大学研究人员开发出了利用镍和钌为催化剂的新型燃料电池，由于催化剂价格不到铂价格的 0.5%，有助于降低燃料电池的成本，从而推动燃料电池车的普及。[45]

五、航空航天技术

2011 年，世界航空航天领域呈现出蓬勃发展的态势。科学家借助太空望远镜，在寻找地球外新的人类生存空间方面取得了一些重要进展；在三大航天飞机退役后，美国正在加紧研制新的航天飞行器；我国发射“天宫一号”和“神舟八号”，并实现交会对接，引起世界关注；“伽利略”和“北斗”导航卫星系统均取得积极进展，凸显了战略必争领域的重要性；大量更小、更快、更节能、更环保的飞机不断涌现，新型飞机开发热情骤然升温。

1. 天文观测

2011 年 1 月，一个国际天文学研究小组利用哈勃太空望远镜发现了已知的最古老星系。该星系诞生于宇宙大爆炸最初的 4.8 亿年，距地球的距离为 128 亿光年，星系中最早的恒星已有 7.5 亿年历史，研究人员推定该星系诞生于 135.5 亿年前。该发现有助于揭开宇宙“黑暗时代”之谜。1 月，英国剑桥大学和美国加州理工学院的科学家使用望远镜，成功地找到了一颗恒星发出的气体云，并捕捉到了一个巨型黑洞散发出来的光线，同时发现了第一批恒星遗留下来的残骸以及一颗正在爆炸的恒星爆炸余波的踪迹，从而弥补了宇宙进化史上大爆炸后和恒星诞生间“缺失的一环”。7 月，俄罗斯联邦航天署在哈萨克斯坦境内的拜科努尔发射场成功将“波谱-R”天体物理观测卫星发射升空。该卫星携带的射电望远镜将同地面台网的射电望远镜构成空地一体观测网络，研究人员可以获取银河系内外天体的高精度图像，观测类星体、黑洞和中子星等。8 月，美国国家航空航天局和欧洲空间局的科学家利用赫歇尔望远镜的远红外外差接收机，在猎户座恒星新生区附近发现了氧分子，且氧分子与氢分子的比例是 1∶100 万，首次确认了氧分子在太空中的存在。12 月，开普勒空间望远镜在 600 光年以外发现了一颗宜居类地行星，科学家将其命名为开普勒-22b，其体积是地球的 2.4 倍，表面温度是温和的 22℃，表面可能有很多岩石和水。

2. 太阳系探测

2011 年 5 月，我国在“嫦娥二号”卫星探月中获得了千米分辨率全月球影像图，是至今为止世界上分辨率最高的月球全影图，可对月球开展更加精细构造及其演化的研究。7 月，欧洲空间局的赫歇尔望远镜在升空两年多后，通过观测首次确认土星周围形成一个巨大的水蒸气圆环来自土卫二的水。8 月，美国国家航空航天局向 32 亿千米外的木星发射了以太阳能为动力的航天器“朱诺”（Juno），这是航天器利用太阳能作为动力旅途最长的一次太空探索。截至 2011 年 12 月 14 日，“朱诺”已经越过了火星轨道，距离地球大约 9820 万千米。8 月，美国国家航空航天局的科学家在火星勘测轨道器传回的图像上发现，火星的一些山坡上有很多黑色条纹，一直延伸到山坡下方的平原，这些条纹通常在相对温暖的时期出现，围绕着岩石且时分时合，有次推断火星中纬度地区可能存在液态水，预示火星“可能支持生命”。9 月，美国国家航空航天局发射了“月球重力恢复和内部实验室”。它由两颗一模一样的“双胞胎”月球探测卫星组成，两者之间在绕月球轨道飞行其间保持固定距离，能以极高的探测精度测量月球的引力场，并绘制出详细的、具有较高分辨率的月球重力分布情况，以推测月球从外壳到核的内部结构。11 月，美国国家航空航天局将“好奇”号火星车发射升空，其大小与小汽车相当，重约 900 千克，着陆点预定在火星盖尔陨坑中心山丘的一处山脚下，主要用于探索火星过去或现在是否存在适宜生命生存的环境。11 月，俄罗斯采用一箭双星发射方式，将我国自主研发的首个火星探测器“萤火一号”发射升空。该探测器重点探测火星高层大气和电离层等空间环境，有助于揭示火星演化历史。由于搭载在俄罗斯“福布斯－土壤”上的主发动机未按计划启动，“萤火一号”未能如期实现变轨。11 月，美国科学家利用“伽利略”探测器发回的数据建模，结果显示尽管木卫二的冰层厚约 10 千米，但冰层内部 3 千米可能存在含盐水，水量与北美洲的五大湖相当。12 月，日本宣布由于主发动机的喷射试验并未获得预想的推力，“晓”号金星探测器无法进入环绕金星的预定轨道，与金星擦肩而过。这是继火星探测器“希望”号之后，日本行星探测器进入轨道再次以失败告终。

3. 载人航天

2011 年 2 月、5 月和 7 月，美国“发现”号、“奋进”号和“阿特兰蒂斯”号航天飞机最终退役，结束了美国 30 年航天飞机发展历程。1 月，日本宇宙航空研究开发机构在种子岛宇宙中心利用 H-2B 火箭成功发射无人补给飞船“鹳”2 号机，该飞船在一个星期的时间里与国际宇宙空间站缓缓接近并对接，实现物资补给和转移。3 月，美国国家航空航天局展示了他们的新飞行器——“猎户座”宇宙飞船（又名“奥赖恩”）的测试版，该飞船最初的设计目的是搭载人类来往于地球和月球之间，目前已经升级为多用途载人飞船，可以搭载宇航员往返于国际空间站和地球之间，甚至可以将宇航员从国际空间站运送到他们所要考察的小行星上。该飞行器最早要到 2019 年才能试飞。9 月，中国无人太空实验舱“天宫一号”由改进后的“长征二号 FT1”火箭成功发射送入低地球轨道，它是可在地球轨道上长期滞留工作的空间站，为我国建设探索太空的前哨——永久载人空间站迈出关键一步。11 月，我国自行研制的“神舟八号”飞船在酒泉卫星发射中心发射升空并成功进入预定轨道。“神舟八号”飞船具备承载 3 人 5 天的独立飞行能力，与“天宫一号”目标飞行器进行了两次交会对接，并进行了一系列科学试验，标志着我国成为继美国和俄罗斯之后世界上第三个掌握完整的太空对接技术的国家。

4. 对地观测

2011 年年末，国务院新闻办公室发布《2011 年中国的航天》白皮书，指出我国初步形成对地观测卫星应用体系，“风云”卫星系列用于台风、雨涝、森林与草原火灾、干旱、沙尘暴等灾害的有效监测，“海洋”卫星系列用于对中国海域和全球重点海域的监测和应用，“资源”卫星系列用于土地、地质矿产、农业、林业、水利等资源及地质灾害调查、监测与管理和城市规划，“遥感”、“天绘”卫星系列用于科学试验、国土资源普查和地图测绘，“环境与灾害监测预报小卫星星座”用于地表水质与大气环境监测、重大环境污染事件处置以及重大自然灾害监测、评估与救援。6 月，欧洲空间局在德国慕尼黑公布了首幅地球重力场图谱。该图谱由地球重力场和海洋环流探测卫星（Goce）传回的数据绘制而成，内容精确且能够反映地球重力场极其微小的变化，有助于科学家更深入了解地球内部结构，对人类研究海洋和气候变化也将有所帮助。12 月，我国成功将“资源一号”02C 卫星送入太空。该卫星装有全色多光谱相机和全色高分辨率相机，可获取全色和多光谱图像数据，将广泛应用于国土资源调查与监测、防灾减灾、农林水利、生态环境、国家重大工程等领域。

5. 导航定位

2011年4月、7月和12月，我国分别将第八颗、第九颗和第十颗“北斗”导航卫星送入太空预定转移轨道，基本完成“北斗”区域卫星导航系统建设；2011年末，我国正式启动“北斗”卫星导航系统试运行，采用专用ASIC（application specific integrated circuit）硬件结合国产应用处理器的方案，使“北斗”卫星导航系统真正拥有了“中国芯”，并具有定位精度高、启动时间快及功耗低等特点。10月，首批两颗“伽利略”全球卫星导航系统在轨验证卫星成功发射，这两颗卫星具备开发服务、公共管理服务等功能。其携带了氢微波激射器的铷原子钟，可以达到每300万年才相差1秒的精度。这两颗卫星的发射成功标志着欧洲“伽利略”计划迈出了具有重要意义的一步，欧盟从此拥有自己的全球卫星导航系统。11月，欧洲“伽利略”全球卫星导航系统首批两颗卫星到达最终运行轨道。欧洲空间局将在随后几年内陆续发射其他26颗卫星，以完成“伽利略”全球卫星导航系统的构建。12月，我国贯通长江2687.8千米干线航道的长江电子航道图正式投入使用。长江电子航道图具备自动识别与定位、导航与辅助决策、自动匹配与显示应用、航道信息动态查询与显示和航行报警提示等功能，有国际通用性强、定位精度高、航道信息内容丰富等特点。

6. 运载火箭

2011年1月，瑞典皇家理工学院的研究人员发现了名为“Trinitramid”的新分子。这种新分子只由氮气和氧气组成，其效率比目前使用最高效的火箭燃料还高20%～30%，可能会成为一种新的火箭燃料组成分子。5月，巴西在阿尔坎特拉发射中心发射了第二颗中级训练火箭，以80°仰角进行发射，飞行高度达到64 729米，后以每小时4850千米的速度（相当于4倍音速）坠落在距基地53 000米的海上。该火箭是巴西“I-2011中级训练火箭”项目的组成部分。9月，美国国家航空航天局公布了研发大推力火箭计划。新火箭将采用航天飞机使用的液氢液氧引擎、燃料箱以及升级后的航天飞机固体燃料推进器，初始推力可达77吨，最终推力可能提升到143吨，它将是美国推力最强的运载火箭，可以运送宇航员前往火星等深空探索目的地。11月，德国航空航天中心在瑞典基律纳航天发射场成功发射了探空火箭TEXUS 48，使用了液氮（－200℃），在6分钟的失重试验中，科学家在微重力下进行了液态金属材料的碰撞过程和鱼卵的方向感两个微重力技术试验。

7. 先进飞机

2011 年 3 月，美国成功研制出一种微型间谍无人机，该机成蜂鸟状，通过振翅飞行，翼展仅 16 厘米，重量比一节 5 号电池还轻，每小时可飞行 17. 70 千米，能抵御住风速为 8. 05 千米/小时的风，能穿过开着的门进入建筑物内，成为人造飞机的新形式。5 月，瑞士洛桑联邦高等工学院研制的“阳光动力”号太阳能飞机在 3600 米海拔高度连续飞行了 13 个小时。该太阳能飞机机身长约 22 米，高约 6 米，重量仅相当于一辆家用汽车，4 台电动发动机由 11 600 块太阳能电池供电，翼展宽度与空中客车 A340 相当，能将 22% 的光能转化为电能，被称为最纯净的绿色飞行。9 月，波音 787 “梦想”飞机终于飞上蓝天。机身采用超轻碳纤维塑料制成，燃料消耗比普通客机减少 20%，机身柔韧性允许更高的舱压，为乘客带来更舒适的飞行体验。11 月，英国剑桥大学的研究人员公布了静音概念飞机（SAX-40）。该飞机大小与波音 767 尺寸相当，采用翼身混合设计，将三台发动机依次安装于飞机机身上，载客 215 名，航程达 5000 海里，巡航马赫数为 0. 8，目标是将飞机噪声减少 25 分贝。11 月，韩国知识经济部和韩国航空宇宙研究院公开了“智能无人机”。该飞机机长 5 米、宽 7 米，最高时速为 500 千米，续航时间为 5 小时，能够在 200 千米外进行遥控操作；安装在两翼的螺旋桨起飞时可像直升机一样向上抬起，向前飞行时又与机翼水平倾斜。该飞机的研制成功标志着韩国成为继美国之后第二个掌握倾转旋翼机技术的国家。此外，在飞机发动机研制方面，美国康涅狄格州的普拉特 - 惠特尼公司研制纯动力 PW1000G 齿轮传动涡扇发动机受到全世界的普遍关注，其燃料燃烧率和碳排放方面将比传统发动机提高 16%，噪声则减少了 50%。

参考文献

[1] Saglamyurek E, Sinclair N, Jin J, et al. Broadband waveguide quantum memory for entangled photons. Nature, 2011, 469: 512 ~ 515

[2] Brown K R, Ospelkaus C, Colombe Y, et al. Coupled quantized mechanical oscillators. Nature, 2011, 471: 196 ~ 199

[3] Hou J, Lin L, Zhou W, et al. Identification of miRNomes in human liver and hepatocellular carcinoma reveals miR-199a/b-3p as therapeutic target for hepatocellular carcinoma. Cancer Cell, 2011, 19 (2): 232 ~ 243

[4] Holland D G, Burleigh A, Git1 A, et al. ZNF703 is a common luminal B breast cancer oncogene that differentially regulates luminal and basal progenitors in human mammary epithelium. EMBO Molecular Medicine, 2011, 3 (3): 167 ~ 180

[5] Loveday C, Turnbull C, Ramsay E, et al. Germline mutations in RAD51D confer susceptibility to ovarian cancer. Nature Genetics, 2011, 43: 879 ~ 882

[6] Hernandez M D, Mackenzie I R, Boeve B F, et al. Expanded GGGGCC hexanucleotide repeat in noncoding region of C9ORF72 causes chromosome 9p-Linked FTD and ALS. Neuron, 2011, 72 (2): 245 ~ 256

[7] Ivanov A P, Instuli E, McGilvery C M, et al. DNA tunneling detector embedded in a nanopore. Nano Lett, 2011, 11 (1): 279 ~ 285

[8] Colbournel J K, Pfrender M E, Gilbert D, et al. The ecoresponsive genome of daphnia pulex. Science, 2011, 331 (6017): 555 ~ 561

[9] The Brassica rapa Genome Sequencing Project Consortium. The genome of the mesopolyploid crop species Brassica rapa. Nature Genetics, 2011, 43: 1035 ~ 1039

[10] Keane T M, Goodstadt L, Danecek P, et al. Mouse genomic variation and its effect on phenotypes and gene regulation. Nature, 2011, 477: 289 ~ 294

[11] Zhan S, Merlin C, Boore J L, et al. The monarch butterfly genome yields insights into long-distance migration. Cell, 2011, 147 (5): 1171 ~ 1185

[12] Fisher M A, McKinley K L, Bradley L H, et al. De novo designed proteins from a library of artificial sequences function in escherichia coli and enable cell growth. PLoS ONE, 2011, 6 (1): e15364

[13] Dymond J S, Richardson S M, Coombes C E, et al. Synthetic chromosome arms function in yeast and generate phenotypic diversity by design. Nature, 2011, 477: 471 ~ 476

[14] Johnson D B F, Xu J F, Shen Z X, et al. RF1 knockout allows ribosomal incorporation of unnatural amino acids at multiple sites. Nature Chemical Biology, 2011, 7: 779 ~ 786

[15] Cooper G J T, Kitson P J, Winter R, et al. Modular redox-active inorganic chemical cells: iCHELLs. Angewandte Chemie International Edition, 2011, 50 (44): 10373 ~ 10376

[16] Yahya P P P, Ouellet M, Chan R, et al. Identification and microbial production of a terpene-based advanced biofuel. Nature Communications, 2011, 2 (11): 483 ~ 494

[17] Patani R, Hollins A J, Wishart T M, et al. Retinoid-independent motor neurogenesis from human embryonic stem cells reveals a medial columnar ground state. Nature Communications, 2011, 2 (3): 214 ~ 219

[18] Liu H, Kim Y, Sharkis S, et al. In vivo liver regeneration potential of human induced pluripotent stem cells from diverse origins. Sci Transl Med, 2011, 3 (82): 39 ~ 82

[19] Kumar P A, Hu Y Y, Yamamoto Y, et al. Distal airway stem cells yield alveoli in vitro and during lung regeneration following H1N1 influenza infection. Cell, 2011, 147 (3): 525 ~ 538

[20] Leeb M, Wutz A. Derivation of haploid embryonic stem cells from mouse embryos. Nature, 2011, 479: 131~134

[21] Eiraku M, Takata N, Ishibashi H, et al. Self-organizing optic-cup morphogenesis in three-dimensional culture. Nature, 2011, 472: 51~56

[22] Beck B, Driessens G, Goossens S, et al. A vascular niche and a VEGF-Nrp1 loop regulate the initiation and stemness of skin tumours. Nature, 2011, 478: 399~403

[23] Pellegrini M, Calzascia T, Toe J G, et al. IL-7 engages multiple mechanisms to overcome chronic viral infection and limit organ pathology. Cell, 144 (4): 601~613

[24] Walker L M, Huber M, Doores K J, et al. Broad neutralization coverage of HIV by multiple highly potent antibodies. Nature, 2011, 477: 466~470

[25] Boassol A, Royle C M, Doumazos S, et al. Over-activation of plasmacytoid dendritic cell inhibits anti-viral T-cell responses: a model for HIV immunopathogenesis. Blood, Published online before print September 19, 2011

[26] Chamoun A M, Chockalingam K, Bobardt M, et al. PD 404, 182 is a virucidal small molecule that disrupts hepatitis C virus and human immunodeficiency virus. Antimicrobial Agents and Chemotherapy, 2011

[27] Rider T H, Zook C E, Boettcher T L, et al. Broad-Spectrum Antiviral Therapeutics. PLoS ONE, 2011, 6 (7): e22572

[28] Dawson M A, Prinjha R K, Dittmann A, et al. Inhibition of BET recruitment to chromatin as an effective treatment for MLL-fusion leukaemia. Nature, 2011, 478: 529~533

[29] Jin H J, Weissmüller J. A material with electrically tunable strength and flow stress. Science, 2011, 332 (6034): 1179~1182

[30] Tikhomirov G, Hoogland S, Lee P E, et al. DNA-based programming of quantum dot valency, self-assembly and luminescence. Nature Nanotechnology, 2011, 6: 485~490

[31] Otsubo K, Wakabayashi Y, Ohara J, et al. Bottom-up realization of a porous metal-organic nanotubular assembly. Nature Materials, 2011, 10: 291~295

[32] Zhao T K, Li G M, Liu L H, et al. Physical model for the growth of amorphous carbon nanotubes. Appl Phys Lett, 2011, 98: 163111 (2011)

[33] Coleman J N, Lotya M, O'Neilll A, et al. Two-Dimensional nanosheets produced by liquid exfoliation of layered materials. Science, 2011, 331 (6017): 568~571

[34] Chakrabarti A, Lu J, Skrabutenas J C, et al. Conversion of carbon dioxide to few-layer grapheme. Mater Chem, 2011, 21: 9491~9493

[35] Faustil D, Tobey R I, Dean N, et al. Light-induced superconductivity in a stripe-ordered cuprate. Science, 2011, 331 (6014): 189~191

[36] Gharghi M, Gladden C, Zentgraf T, et al. A carpet cloak for visible light. Nano Lett, 2011, 11 (7): 2825~2828

[37] Wang X F, Liu R H, Gui Z, et al. Superconductivity at 5 K in alkali-metal-doped phenanthrene. Nature Communications, 2011, 2 (10): 507 ~ 514

[38] Burnworth M, Tang L, Kumpfer J R, et al. Optically healable supramolecular polymers. Nature, 2011, 472: 334 ~ 337

[39] Fomina N, McFearin C L, Sermsakdi M, et al. Low power, biologically benign NIR light triggers polymer disassembly. Macromolecules, 2011, 44 (21): 8590 ~ 8597

[40] Wang X H, Koleilat G I, Tang J, et al. Tandem colloidal quantum dot solar cells employing a graded recombination layer. Nature Photonics, 2011, 5: 480 ~ 484

[41] Staniec P A, Parnell A J, Dunbar A D F, et al. The nanoscale morphology of a PCDTBT: PCBM photovoltaic blend. Advanced Energy Materials, 2011, 1 (4): 499 ~ 504

[42] Murnen H K, Rosales A M, Jaworski J N, et al. Hierarchical self-assembly of a biomimetic diblock copolypeptoid into homochiral superhelices. J Am Chem Soc, 2010, 132 (45): 16112 ~ 16119

[43] Lu L, Ren N Q, Zhao X, et al. Hydrogen production, methanogen inhibition and microbial community structures in psychrophilic single-chamber microbial electrolysis cells. Energy Environ Sci, 2011, 4: 1329 ~ 1336

[44] Luo W, Campbell P G, Zakharov L N, et al. A single-component liquid-phase hydrogen storage material. J Am Chem Soc, 2011, 133 (48): 19326 ~ 19329

[45] Wu G, More K L, Johnston C M, et al. High-performance electrocatalysts for oxygen reduction derived from polyaniline, iron, and cobalt. Science, 2011, 332 (6028): 443 ~ 447

Overview of the High Technology Development in 2011

Ren Zhongbao

(Institute of Policy and Management, CAS)

The year of 2011 is an extraordinary year for China's high technology development, with many major scientific and technological achievements. Major developed countries have addressed their high technology development strategy, and increased the R&D investment on strategic fields which including information technology, biotechnology, new materials, new energy, and space technology. China's government has pointed out the "Twelfth Five-Year Plan for National Economic and Social Development" and "Twelfth Five-Year Plan for National Science and Technology", which put forward the direction for future high technology R&D.

Information technology has changed and is changing the production and human life. Recalling the development of information technology in 2011, supercomputers refreshed the records of speed and application, a number of key technologies about quantum computer and communication network have been created, the speed of optical communication continued to increase, new storage materials of information have been find, microelectronic chips and new materials chips have been developed. All this shows that the information technology revolution does not end, but turn into a new stage of development.

Significant achievements in synthetic biology have changed people's understanding of the world, a variety of pathogenic gene are accumulating to crack key question for major diseases, disease research such as cancer and AIDS made a series of breakthrough, many new drug appear on the market and changed the life of people. Therefore, the biological technology development has become one of the most active research fields in high technology.

A variety of results have emerged in new materials in 2011. A variety of nano-materials have been discovered as in past years, many low cost product technology for grapheme are emerging, large number of functional materials development are introducing human into sustainable development. All in all, the development of new materials field is showing bustling scene.

Renewable energy is the most important field for world, and many new technologies of solar, wind and biomass are created. The accident of Japanese nuclear power station did not shake the confidence for development of nuclear power in world, and forcing scientists to find the safe nuclear power technologies. A large number of cheap catalyst is advancing hydrogen energy and fuel cell into production. In short, the achievements of new energy have crested great wealth for human, t and also accelerated to crack the energy crisis and environmental crisis.

The aerospace industry is thriving in 2011. The scientists are searching the new survival space for human with space telescope. After the shuttles retired, the United States is developing new spacecraft in intensify. China launched the " Tiangong-1" and " Shenzhou-8", which caused the attention of the world. Galileo and compass navigation satellite system have made positive progress, which showed that is strategies areas for many countries. New aircraft development was warming, and many smaller, faster, more energy, more environmentally friendly aircraft emerged.

第二章 信息技术和信息化新进展

2.1 半导体光电子材料与器件技术新进展

李晋闽　陈弘达　胡雄伟
（中国科学院半导体研究所）

半导体光电子材料与器件是信息技术的基础，对信息技术及其产业的发展具有重要的意义。目前互补型金属氧化物半导体（CMOS）技术在物理、加工技术和制造成本等方面遇到了严峻的挑战。物理原则、材料体系、器件结构和加工手段的不断创新，在未来将把半导体科学技术的发展推向新的高潮。半导体光电子材料与器件是半导体科学与技术的重要组成部分。以下将重点介绍固态量子调控和半导体光电子领域的一些国际重大研发进展、国内研发现状，以及部分半导体材料与器件的发展趋势。

一、国际重大研发进展

（一）固态量子调控及其相关材料与器件

信息载体将从经典的电子流演变到单个电子乃至波函数。固态量子调控及其相关材料与器件的开发是21世纪最富挑战性的关键科学问题之一，已成为物理学和材料学领域的研究热点。该研究领域的突破必将催生具有全新概念的量子电路，从而导致新一轮的技术革命和产业革命。

1. 半导体自旋电子学

半导体自旋电子学主要研究半导体材料和器件中与电子自旋相关的物理现象、物理过程及可能的应用。其主要研究目标有：①以半导体中的电子自旋作为信息载体，在同一芯片中实现信息处理、信息传输和信息存储三大基本功能；②开发出新一代半导体自旋器件；③利用半导体中的电子自旋，构建进行固态量子计算的量子比特。

2. 基于半导体量子点的量子通信

量子通信是基于单个量子态（如单光子的偏振态或相位）的信息编码技术。根据量子力学的测不准原理，量子密码通信是一种不可“窃听”的保密通信方案。

量子通信中的关键技术包括高频单光子发射源、低误码率长距离传输和高灵敏的单光子探测。目前，成功的量子密码通信实验的演示均采用类单光子信号源，其单光子的发射效率低下，存在一次发射两个或两个以上光子的几率，密码传递的安全性得不到100%的保证。理想的单光子发射原理是利用光泵或电泵浦对单个二能级体系周期性地注入电子、空穴来产生单光子发射。基于半导体量子点结构的单光子源、纠缠光子源、自旋激光器等研究是未来5～10年国际上有可能取得重要突破的热点。

（二）新一代半导体光电子材料与器件

半导体光电子材料的结构已由块体材料发展到薄膜材料、量子阱和超晶格结构，目前正向量子线、量子点等新型低维量子结构发展。下面重点介绍几种代表性的材料和器件的新进展。

1. 新型石墨烯材料与器件

石墨烯材料具有天然的原子级厚度、高电子和空穴迁移率［2×10^5平方厘米/（伏特·秒）以上］、单层97.7%的可见光透过率、机械强度和热导率高、化学和热稳定性好等优点，应用前景极为宽广。2009年石墨烯材料的制备取得了重大的技术突破，人们采用化学气相沉积法（CVD）在金属衬底上获得了长宽达数十厘米的大面积石墨烯薄膜，并把它用于柔性透明电极的制备。因在二维石墨烯材料研究方面做出的一系列开创性成果，盖姆（A. Geim）和诺沃肖（K. Novoselov）荣获了2010年诺贝尔物理学奖。2010年加州大学洛杉矶分校的实验组研制出截止频率高达300吉赫兹的石墨烯高频晶体管，其质量已逼近同类硅基器件的最高水平，在射频器件中已显示出广阔的应用前景[1]。近几年，石墨烯基宽带光调制器、太赫兹发射源与探测器、光频转换器、超快激光等一系列信息光电子器件也陆续在实验室被研制成功[2]。

2. 宽带和超宽带半导体光电子材料与器件

GaN、AlN、cBN 和金刚石等宽禁带和超宽禁带半导体材料，具有禁带宽度大、热导率高、电子饱和漂移速度高、热稳定性和化学稳定性好、抗辐照、耐腐蚀等特点，是理想的微电子和光电子器件的基础材料，在高温、高频、大功率微电子器件，紫外和深紫外光电探测器件，以及固态照明光源等领域有着重要的应用前景，是目前材料科学研究的热点和前沿。

有源相控阵微波定向能武器是近几年美国等世界军事强国重点研究的多功能武器系统，能实现目标快速搜索、跟踪和破坏性攻击。宽禁带金刚石材料制造是该武器系统以及紫外制导、预警、干扰和通信系统的核心元器件的理想材料，是继 GaN 之后的最有发展潜力的宽禁带半导体材料。

3. 量子点材料与器件

科研人员已经探索了基于 GaAs、InP、Si、GaN 衬底的各种自组装量子点材料体系的生长及其控制技术，材料的光谱覆盖了 400 纳米至 2 微米波段的范围。

在光通信巨大的应用需求的驱动下，目前 GaAs 和 InP 基量子点体系的研究最为成熟。2008 年日本量子点激光器（QD Laser）公司研制出高性能 GaAs 基 1.3 微米量子点激光器，器件调制速率达 10 吉赫兹，工作温度为 −40 ~ 100℃，已应用于光纤到户等局域网的光纤通信系统[3]。

半导体量子点材料因其独特的增益和吸收特性，可用于高速超短脉冲激光器的研制，以替代传统的掺钛蓝宝石锁模激光器。2009 年，加拿大一研究小组利用 InAs/InP 材料的非线性色散效应，研制出 1550 纳米波段量子点锁模激光器，实现了重复频率高达 300 吉赫兹的亚皮秒脉冲发射。

应变自组装量子点具有较宽的增益谱，适合制作包括量子点超辐射发光管、量子点宽带激光器、宽带可调谐量子点激光器在内的宽增益谱量子点器件。目前，国际上宽带可调谐量子点激光器的最大调谐带宽已达 200 纳米以上。这类器件将被广泛应用于平面光波回路（planar lightwave circuit，PLC）用集成多波长光发射机、光传感、生物医学等应用领域。

4. 量子级联材料与器件

量子级联激光器（quantum cascade laser，QCL）是利用半导体耦合量子阱子带间电子跃迁而产生激光的单极性半导体激光器。量子级联技术开创了利用宽带隙材料研制中远红外半导体激光器的先河，拓宽了红外半导体激光器、探测器材料的选取和器件设计的自由度。目前 QCL 的波长范围已扩展到 2.65 ~ 3.00 微米和 3.8 ~ 11.5 微米波段。2008 年，美国西北大学和 Pranalytica 公司制造出室温连续输出功率超过 1 瓦的大功率 QCL[4]。近几年来，美国利用 QCL 先后开发出手持式军用红外照明灯、红外信标仪和军用发动机状况检测传感器等产品，以及自由空间光通信、血糖检测等应用技术。

5. 锑化物Ⅱ类超晶格材料与器件

InAs/GaSb 超晶格结构材料具有Ⅱ型能带结构，其带间跃迁波长可覆盖 2.5 ~ 30 微米的波段，具有载流子复合寿命长、量子效率高、工作温度高和材料均匀性好等特点，在红外探测、精确制导、夜视、天际红外信息获取、工业检测及遥感等红外探测领域具有重要的应用，是目前国际上研究投入力度最大的第三代红外探测材料之一。

锑化物Ⅱ类超晶格材料波长的调节比碲镉汞（HgCdTe）容易，适合制作低成本、高均匀性大面阵红外焦平面器件。2009 年美国喷气推进实验室报道了 256 × 256 焦平面阵列探测器的成功研制，并利用它实现了成像[5]。在约 –193℃时，该探测器的截止波长为 12 微米，探测率为 8×10^{10}（厘米 · 赫）$^{1/2}$/瓦；10 ~ 11 微米波段时的量子效率约为 30%。2011 年，美国新墨西哥大学发表了在约 –196℃时截止波长为 10.8 微米、响应率为 1.8 安培/瓦、量子效率为 23%、探测率为 8×10^{10}（厘米 · 赫）$^{1/2}$/瓦的研究结果[6]。

（三）光互连用光电子材料与器件

随着数据传输量的剧增，从数据中心到计算机芯片内，电互连通信技术在性能、成本和功耗等方面开始受到基本物理极限和能耗、带宽的限制。能维持摩尔定律的、最有潜力的技术是多核并行处理和高性能计算机芯片内的光互连技术。

在芯片内进行光互连必需考虑到与硅基互补型金属氧化物半导体（CMOS）集成电路的材料体系和工艺的兼容问题。因此，低能耗、低成本的硅基微纳光电子器件是芯片光互连技术的首选发展方向。组成片上光互连（片上光网络）的主要器件包括硅（Si）基或 Si 上集成的微纳激光器、调制器、波导复用/解复用器、光开关、光探测器，以及低损耗的 Si 光波导等。

由于 Si 材料的发光效率极低，因此，对 Si 基发光器件的研究是目前国际上的热点和难点之一。超级计算机的一个芯片上需要集成成百上千个激光器，以实现芯片上的光互连。在目前研制的 Si 基发光器件离实用还有较远距离的情况下，以下两种方法可以在 Si 芯片上实现单片混合集成光发射和光接收芯片的制备，即：①采用混合集成技术，将发光效率极高的 InP 基或 GaAs 基Ⅲ-Ⅴ族半导体激光器芯片与 Si 芯片键合；②在 Si 芯片上外延生长出Ⅲ-Ⅴ族低功耗、微纳半导体激光器材料与器件。

具有极低阈值的半导体微腔激光器和纳激光器是实现芯片上光互连的理想光源。2011 年，美国斯坦福大学 G. Shambat 等在 *Nature Communications* 报道了直接调制的 10 吉赫兹光子晶体纳发光管的成功研制，其能耗低达 1 飞焦/比特[7]。此外，研究 Si 上锗（Ge）及 GeSn 材料的生长是开发 Si 上长波长光探测器的重要途径。

集成化是光电子器件的重要发展方向。波分复用（WDM）技术是提高数据传输速率、缓解连接通道拥挤的最有效途径，也是光互连相对于电互连的优势之一。2010 年 7 月，美国英特尔公司在北京宣布，他们已利用混合集成技术，开发出世界首个硅基光互连系统。该系统采用波分复用技术，在硅基光发射和接收器上混合集成了 4 个不同波长 InP 基激光器和光调制器，实现了单一光纤上 50Gbps 的数据传输，预计 2 ~3 年内将实现量产，并有望将数据传输速率进一步提高至 100Gbps 甚至 400Gbps 以上。2010 年 12 月，IBM 公司的尤里·弗拉索夫（Yurii Vlasov）研究小组在日本东京半导体展览会上报道，他们采用 CMOS 工艺，研制成功了集成光收发波导与电子电路的纳光子芯片，该芯片将用于 2017 年投入使用的 ExaScale 超级计算机，预计该超级计算机的芯片间布线数量将达到 1 亿条[8]。

（四）光通信、光信息处理用光电子材料与器件

随着宽带化、移动化和三网融合的快速推进，信息网络基础设施建设相对落后的矛盾日益突显。近 5 年来，我国的宽带接入带宽在世界的排位不断下降，由分立光电子器件构建的光网络设备已难以适应飞速发展的网络与业务。光子集成光路（PIC）技术是解决上述挑战的有效途径。

全球 PIC 技术的先驱——美国英飞朗（Infinera）公司已率先推出商业化的、基于 PIC、集成了 50 多个分立功能器件的波分复用传输设备。在光交换领域，美国研究成功了集成 200 多个分立光电子器件的光子路由 PIC 芯片。据英飞朗公司预测，PIC 芯片的速率增长将每 3 年翻一番，预计到 2018 年，芯片的通信速率将达到 4Tbps 以上。

目前，光通信网络中光信息的处理都是采用电 - 光 - 电交换的形式，该处理形式已成为限制通信速率进一步提高的技术“瓶颈”。采用光子学方法，实现网络节点的信息处理功能，是突破“瓶颈”的主要技术途径。光开关矩阵是光 - 光交换的核心，波长选择与交换功能相结合的波长选择光开关（WSS）已引起了国际上的广泛关注，它将推动下一代全光网络的发展。2008 年，据《自然·光子学》（*Nature Photonics*）

报道，IBM 公司正在开发一种硅基波长选择开关，其尺寸仅有 40 微米 ×12 微米，开关速度在纳秒量级（~2 纳秒），可实现 40Gbps 光信号交换[9]。光分组交换必须获得大容量随机存取缓存的支持，最近，IBM 公司利用级联方式（100 多个微环级联）演示了 10Gbps 信号 500 皮秒的光延迟，这是目前国际上报道的最高水平。光时钟恢复器件是实现全光 3R、光逻辑、光分组交换等光子信息处理功能的基础。近年来，国际上采用多段式自脉动集成器件来实现时钟恢复，由于不涉及射频电路，故能较好地克服速率和功耗上的限制，有望实现超高速（40Gbps 以上）全光时钟的恢复。

（五）半导体照明用光电子材料与器件

半导体照明的核心器件是发光二极管（LED），其光效的理论值为 400 流明/瓦。LED 光效的提升和器件成本的下降，遵循每 10 年价格下降到原来的 1/10，性能提高 20 倍的海茨法则。2008 年年底，光效超过 100 流明/瓦的产品已推向市场（白炽灯光效为 15 流明/瓦，节能荧光灯为 85 流明/瓦）。2011 年，美国科锐（Cree）公司大功率白光 LED 实验室已使光效达到 231 流明/瓦，日本 Nichia 公司的小功率白光 LED 实验室已使光效达 249 流明/瓦。据美国半导体照明技术路线图预测，2015 年白光 LED 产品光效将达到 150 流明/瓦，并将获得大规模的推广；2020 年大功率冷白光 LED 光效将达到 228 流明/瓦，暖白光 LED 达到 162 流明/瓦，器件寿命将大于 10 万小时[10]。

美国和日本利用其在新产品和新技术领域中的创新优势，在外延材料生长和器件制备技术方面占据国际领先地位。欧洲企业则利用其在应用领域的开发和善于吸收最新技术的优势，在车灯开发、白光照明等方面居于领先地位。我国台湾地区的 LED 产业发展迅速，主要瞄准各种液晶屏的背光照明等领域。

LED 的发光波长涵盖了近红外 - 可见光 - 紫外、深紫外波段。LED 具有高频调制特性，同时具备照明和通信双重功能，可组成泛在、智能、局域的光通信网络。LED 还具有定制特定发光波长的优势，可根据动植物的不同需求，将其广泛应用于温室补光、组织培养与育苗、规模化畜禽养殖及病虫害防治等精准的节能型农业生产，以及制造特殊病症治疗的光治疗设备、手术无影灯、紫外消毒灯等。可见，LED 具有应用领域广泛、产业带动性强、发展迅速等特点。

二、国内研发现状

我国十分重视量子信息技术和信息光电子材料与器件的研发，在量子调控技术和新型半导体材料、光电子器件及其集成技术的研发等方面基本保持了与国际同步发展的良好态势。

1. 固态量子调控及其相关材料与器件

（Ga，Mn）As 是唯一被广泛认可、具有本征铁磁性的磁性半导体材料，我国在该领域的研究处于国际前列，2011 年已将（Ga，Mn）As 的居里温度提高至约 -73℃[11,12]。在该领域的研究进展还包括：提出可用于操控自旋和自旋流强度器件的折线型自旋过滤器件的新设想，研究成果在《中国科学 G 辑》上发表后，美国《科学》（*Science*）期刊网站的"EurekAlert!"对其作了追踪报道；计算了量子自旋霍尔效应电场调控和 InSb/AlInSb 量子阱中自旋寿命，并被国外的实验结果所证实[14,15]；开展了极化载流子翻转动力学过程的研究，使超快磁光信息存储器件的研制成为可能[16]，并在 2009 年国际"自旋电子学与量子通信"（SPINTECH Ⅳ）会议上做了大会主会场报告，报告引起了国际上的高度关注。

2. 新一代半导体光电子材料光电子与器件

新一代半导体光电子材料与器件的进展包括以下几方面：

（1）提出了利用光子晶体增强石墨烯光反射的新方案，研究了石墨烯量子点的边缘态和磁光光谱，以及通过磁垒的自旋遂穿，采用化学气相沉积法（CVD）技术制备出立体的（三维）石墨烯泡沫，这种材料具有高比表面积、良好的导电性和延展性等特点，且具有多种应用的可能性[17]。

（2）研制出具有国际先进水平的、室温连续输出为 1.48 瓦[18]、调制速率为 10GB/秒的 1.3 微米 InAs/GaAs 量子点激光器[19]。在 1.5 ~ 1.6 微米波段的InAs/InP 量子点激光器上观察到了波长间距可调的双波长激射，内量子效率达 56%[20]；同时研制出可在室温连续工作、调谐带宽达 110 纳米的可调谐量子点激光器[21]。

（3）2010 年研制出激射频率为 2.95 ~ 3.15 太赫兹的半导体量子级联激光（THz-QCLs）器。2011 年，研制出国际最高水平的、激射波长在 4.6 微米、可在室温连续工作的 FB-QCL 器件，以及国际上首个无制冷可在室温连续工作的 DFB（分布反馈）-QCL 器件[23]和激射波长为 7.6 微米的、可在室温连续工作的表面光栅 DFB-QCL 器件[24]。

（4）研制成功锑化物Ⅱ类超晶格中波、长波及甚长波超晶格的红外探测器，其在约 -196℃时的截止波长为 9.6 微米，峰值处量子效率为 51.6%[25]。

3. 光互连用光电子材料与器件

我国科研人员在基于 CMOS 工艺的 Si 基光调制器、光开关、光探测器，以及低损耗 Si 光波导、功能集成器件和适用于光子集成的微纳光源等方面的研究取得了以下的新进展。

（1）在国际上率先研制出带输出波导的定向输出正三角形、正方形、长方形和圆形的 InGaAsP/InP 微腔激光器，实现了室温连续激射[26~28]；

（2）用超高真空化学气相淀积（UHV-CVD）方法和低温过渡层技术，在硅衬底上外延生长出高质量、低错密度的 Ge/Si 异质材料，并首次研制出室温电注入的 LED[29]；

（3）利用绝缘体上的硅（silicon on insulator，SOI）衬底上生长的 Ge 材料，研制出硅基高速 Ge 光电探测器及其阵列，在 1.31 微米和 1.55 微米波长下其响应度分别为 0.64 安培/瓦和 0.31 安培/瓦，3 分贝带宽达 13.3 吉赫兹；

（4）继英特尔公司之后，研制出了吸收区与倍增区分离的 Ge/Si 雪崩光电二极管（APD），其击穿电压为 39.5 伏特，倍增益因子为 40，响应度为 20 安培/瓦。

4. 光通信用、光信息处理用光电子材料与器件

低功耗硅基微环光开关/调制器中的光开关速度已达亚纳秒量级。利用光子晶体光纤、光折射晶体、红宝石和掺铒光纤等技术，我国已开展慢光、时钟恢复、全光 2R/3R 技术的研发工作，其中，硅基微环高速数据慢光延迟的实验成果已引起国际关注[32]。

5. 半导体照明用光电子材料与器件

我国在 LED 外延材料、芯片制造、器件封装、荧光粉、功能性照明应用等方面已掌握了许多单元技术和专利技术，初步形成了材料生长、芯片制备、器件封装和集成应用等比较完整的创新体系和产业链。大功率白光 LED 封装技术已接近国际同类产品水平，达到 120 流明/瓦，AlGaN/GaN 深紫外 LED 芯片的输出光功率超过 2 毫瓦，已达国际水平。2010 年，我国半导体照明产业的规模已达 1200 亿元。

三、发展趋势

目前，基于 CMOS 工艺的微电子技术已接近物理极限，半导体材料与器件的发展必须坚持“沿着”摩尔定律和“超越”摩尔定律两条腿走路的方针。其中光电子、微电子材料与器件的发展趋势如下。

1. 深入开展量子调控技术研究，努力催生量子电路

量子调控就是要解决调控什么（量子信息）和怎么调控等科学等问题，例

如，如何实现量子点基元间、单电子电路中数据信息的可靠传递，如何实现量子信息的产生与读出，如何制备量子比特，如何在不同位之间引入量子纠缠等是量子调控必须解决的关键科学技术问题，该研究领域的突破必将催生具有全新概念的量子电路。

2. 碳基半导体材料将是下一代微电子和光电子的重要基础材料

碳基（石墨烯、金刚石）等半导体材料是下一代微电子和光电子的重要基础材料，在民用和军事领域都有广阔的应用前景，已引起了国际上的高度关注。

3. 集成化、低维化和微纳化是光电子器件的主要发展方向

信息技术的发展面临着提高数据传输和处理速率、降低能耗的双重压力。分立器件的集成化、集成器件的功能化、功能器件的系统化是光电子器件发展的必由之路。低功耗、低维结构和微纳化是光电子器件的主要发展方向，也是降低器件能耗和成本，提高速率、可靠性和寿命的最有效途径。

参 考 文 献

[1] Liao L, Lin Y C, Bao M Q, et al. High-speed graphene transistors with a self-aligned nanowire gate. Nature, 2010, 467 (16): 305 ~ 308

[2] Bonaccorso F, Sun Z, Hasan T, et al. Graphene photonics and optoelectronics. Nature Photonics, 2010, 4: 611 ~ 622

[3] Usami M. QD laser commercializes quantum dot laser QLF-13 series featuring 10Gbps high-speed operation for optical telecom applications. 2011. http: //qdlaser. com/cms/wp-content/uploads/2011/10/20090323_ PR_ eng. pdf [2011-10-23]

[4] Bai Y, Darvish S R, Slivken S, et al. Room temperature continuous wave operation of quantum cascade lasers with watt-level optical power. Applied Physics Letters, 2008, 92: 1 ~ 3

[5] Hill C J, Soibel A, Keo S A, et al. Demonstration of mid and long-wavelength infrared antimonide-based focal plane arrays. Proceedings of SPIE, 2009, 7298: 1 ~ 9

[6] Plis E A, Gautam N, Kutty M N, et al. Performance of long-wave infrared InAs/GaSb strained layer superlattice detectors for the space applications. Proceedings of the SPIE, 2011, 8164: 1 ~ 9

[7] Shambat G, Ellis B, Majumdar A, et al. Ultrafast direct modulation of a single-mode photonic crystal nanocavity light-emitting diode. Nature Communications, 2011, 2 (539): 1 ~ 6

[8] Green W, Assefa S, Rylyakov A, et al. CMOS integrated silicon nanophotonics: enabling technology for exascale computational systems. http://www.research.ibm.com/photonics/publications/SEMICON_ Tokyo_ 12_ 1_ 2010.pdf [2010-12-1]

[9] Vlasov Y, Green W M J, Xia F N. High-throughput silicon nanophotonic wavelength-insensitive switch for on-chip optical networks. Nature Photonics, 2008, 2: 242 ~ 246

[10] Bardsley Consulting, Navigant Consulting Inc, Radcliffe Advisors Inc, et al. Solid-state lighting R&D multi-year program plan. USA: U.S. DOE, http://appsl.eere.energy.gov/buildings/publications/pdfs/ssl/ssl mypp2011web.pdf. 2011

[11] Chen L, Yang X, Yang F H, et al. Enhancing the curie temperature of ferromagnetic semiconductor (Ga, Mn) as to 200 K via nanostructure engineering. Nano Letters, 2011, 11 (7): 2584 ~ 2589

[12] Chen L, Yan S, Xu P F, et al. Low-temperature magnetotransport behaviors of heavily Mn-doped (Ga, Mn) As films with high ferromagnetic transition temperature. Applied Physics Letters, 2009, 95: 182505-1 ~ 182505-3

[13] 刘端阳，夏建白，张亚中．一维量子波导中的 Rashba 电子输运．中国科学 G 辑（物理学 力学 天文学），2009，39（9）：1286 ~ 1294

[14] Li J, Chang K, Peeters F M. Dyakonov-Perel spin relaxation in InSb/$Al_xIn_{1-x}Sb$ quantum wells. Physical Review B, 2009, 80 (15): 153307-1 ~ 153307-4

[15] Li J, Chang K. Electric field driven quantum phase transition between band insulator and topological insulator. Applied Physics Letters, 2009, 95: 222110-1 ~ 222110-3

[16] Zhu Y G, Zhang X H, Li T, et al. Ultrafast dynamics of four-state magnetization reversal in (Ga, Mn) As. Applied Physics Letters, 2009, 95: 052108-1 ~ 052108-3.

[17] Chen Z P, Ren W C, Gao L B, et al. Three-dimensional flexible and conductive interconnected graphene networks grown by chemical vapour deposition. Nature Materials, 2011, 10: 424 ~ 428

[18] Xu B, Wang Z G, Ye X L, et al. High-power 1.3μm GaAs-based quantum-dot lasers with higher dot-density. Vancouver Canada: 15th International Conference on Molecular Beam Epitaxy, 2008

[19] Ji H M, Yang T, Cao Y L, et al. A 10 Gb/s directly-modulated 1.3 μm InAs/GaAs quantum-dot Laser. Chinese Physics Letters, 2010, 27 (3): 034209-1 ~ 034209-3

[20] Li S G, Gong Q, Lao Y F, et al. Two-color quantum dot laser with tunable wavelength gap. Applied Physics Letters, 2009, 95: 251111-1 ~ 251111-3

[21] Lv X Q, Jin P, Wang W Y, et al. Broadband external cavity tunable quantum dot lasers with low injection current density. Optics Express, 2010, 18 (9): 8916 ~ 8922

[22] Chen J Y, Liu J Q, Liu F Q, et al. Distributed feedback terahertz quantum cascade lasers with complex-coupled metallic gratings. Electronics Letters, 2010, 46 (19): 1340 ~ 1341

[23] Zhang J C, Wang L J, Tan S, et al. Low threshold continuous-wave operation of distributed-feedback quantum cascade laser at λ ~ 4.6 μm. IEEE Photonics Technology Letters, 2011, 23 (18): 1334 ~ 1336

[24] Zhang J C, Liu F Q, Tan S, et al. Room temperature continuous-wave operation of top metal grating distributed feedback quantum cascade laser at λ ~ 7.6 μm. IEEE Photonics Technology Letters (In press)

[25] Zhang Y H, Ma W Q, Cao Y L, et al. Long Wavelength infrared InAs/GaSb superlattice photodetectors with InSb-like and mixed interfaces. IEEE Journal of Quantum Electronics, 2011, 47 (12): 1475 ~ 1479

[26] Huang Y Z, Hu Y H, Chen Q, et al. Room-temperature continuous-wave electrically injected InP-GaInAsP equilateral-triangle-resonator lasers. IEEE Photonics Technology Letters, 2007, 19 (13): 963 ~ 965

[27] Huang Y Z, Che K J, Yang Y D, et al. Directional emission InP/GaInAsP square-resonator microlasers. Optics Letters, 2008, 33 (19): 2170 ~ 2172

[28] Wang S J, Lin J D, Huang Y Z, et al. AlGaInAs-InP microcylinder lasers connected with an output waveguide. IEEE Photonics Technology Letters, 2010, 22 (18): 1349 ~ 1351

[29] Hu W X, Cheng B W, Xue C L, et al. Electroluminescence from Ge on Si substrate at room temperature. Applied Physics Letters, 2009, 95: 092102-1 ~ 092102-3

[30] Xue C L, Xue H Y, Cheng B W, et al. 1 × 4 Ge-on-SOI PIN photodetector array for parallel optical interconnects. Journal of Lightwave Technology, 2009, 27 (24): 5687 ~ 5689.

[31] Xue C L, Xue H Y, Cheng B W, et al. Si/Ge separated absorption charge multiplication avalanche photodetector with low dark current. San Francisco: The 6th IEEE International Conference on GFP, 2009

[32] Zhou L J, Ye T, Chen J P. Waveguide self-coupling based reconfigurable resonance structure for optical filtering and delay. Optics Express, 2011, 19 (9): 8032 ~ 8044

The Advancement in Semiconductor Optoelectronic Materials and Devices

Li Jinmin, Chen Hongda, Hu Xiongwei

(Institute of Semiconductors, CAS)

Semiconductor CMOS technologies have encountered serious challenges in terms of physics, processing technologies, and manufacturing cost. Through continuous innovation in device structures, material growth, device technologies, and processing methods, the researchers tried best to develop new functional materials based on optoelectronics, nanoelectronics, magnetoelectronics, etc. And new intelligently integrated devices based on new theories, new technologies, and quantization were also studied so as to find new breakthroughs for the development of information science. Focusing on the development of information science and technology, this paper will mainly introduce major progress of international research, current status of domestic research and development trends, The following frontier prospects in the technological fields are summarized: solid-state quantum regulation and semiconductor optoelectroinc materials and devices.

2.2 光电传感器和相关信息检测技术新进展

褚君浩*

（中国科学院上海技术物理研究所；华东师范大学）

物联网是把所有物品通过信息传感设备与互联网连接起来，然后对物品进行智能化识别和管理，也就是说，把“物”的信息通过传感器接收，形成“物”信息的网络，并与互联网结合。这样就构成一个以互联网为基础的虚拟大脑：由音频传感器构成虚拟听觉系统，由视频采集器构成虚拟视觉系统，由分子传感器、气体传感器、液体传感器等构成虚拟味觉系统，由空气传感器、水系传感器、土壤传感器等构成虚拟感觉系统，由各种家用设备、办公设备及生产设备构成虚拟运动系统，等等。这些系统构成了虚拟大脑的神经系统，并形成了物联网信息网络。传感器和信息检测技术是物联网的核心技术之一。传感器采集的信息流进入信息处理中心后，利用各类模型，虚拟大脑可以对这些信息进行智能化处理与判断，并把结果融入互联网，最终形成计算机、手机、人，以及各类不同规格反应系统乃至空天地一体化大系统的结合互动。下文将重点介绍光电传感器与相关信息检测技术的新进展，并展望其未来。

---

* 中国科学院院士

一、研究动态

1. 大规模红外焦平面列阵信息获取技术

红外焦平面列阵是目前最先进的第三代红外传感器，它通过红外辐射在固体敏感元二维列阵中激发光生载流子以获取信息，并经信号处理，以凝视方式直接获取目标物体的清晰的红外图像及光谱[1,2]。红外焦平面列阵既包括在低温工作的以碲镉汞（HgCdTe）为代表的窄禁带半导体红外焦平面和半导体量子阱、量子点红外焦平面，也包括在室温下工作的氧化钒、铁电薄膜红外焦平面。焦平面列阵器件的使用不仅可以大大简化红外系统的结构，还可显著提高红外系统的探测性能和可靠性。

美国是碲镉汞红外探测器发展水平最高的国家。美国雷松（Raytheon）公司、罗克韦尔（Rockwell）公司、波音（Boeing）公司、红外技术公司（DRS）和洛克希德（Lockheed）公司、BAE 系统公司等著名公司能够批量制备512×512 元和2048×2048 元及6000×1 元规模的中短波（1~3 微米，3~5 微米）器件，以及640×480 元和更大规模的长波红外波段（8~14 微米）的高灵敏红外焦平面探测器。这些器件已经在空间技术和天文望远镜制备方面获得了广泛应用。法国也积极发展了不同工作波段的大规模焦平面器件技术，并用于机载和星载高分辨率观察，已达到生产规模。德国和英国的红外公司也在加紧发展大规模碲镉汞红外焦平面探测技术[3]。近年来我国大规模红外焦平面技术也得到了迅速发展，在红外传感材料技术和器件技术方面取得了很大进展，单元、多元和小规模焦平面已被应用于“风云”系列扫描辐射计和“神舟”系列飞船、“天宫一号”等使用的成像光谱仪中。目前，我国已经研制出 8000 元线列红外焦平面和 256×256 元、480×640 元及1000×1000 元等级大规模红外焦平面列阵器件。

2. 多种类传感、多频谱及其信息融合和集成传感技术

目前，国际上在发展多种类信息传感技术和多频谱传感技术的基础上，正在发展多种类传感、多频谱及其信息融合的技术，并使之与无线传感系统相结合。其研发热点包括红外、太赫兹、紫外、压力、振动、声响、电磁、化学、生物、单光子等多种传感器，多频谱信息融合算法，以便从多传感、多频谱的角度获得目标的各种参数信息。由于多频谱、多传感器信息获取技术可采集不同类别的多种数据，因此可在空间、时间、光谱、形态等方面构成对同一对象的不同描述。与单一传感器数据相比，多种类传感、多频谱器数据可以增加对目标特征提取和判断的精确性和

可靠性。灵巧型双色或者多色焦平面探测器是当前第三代焦平面技术。卫星上有效载荷的对地观察遥感仪器，需要实用化的微型多波段空间探测器组件技术。多色碲镉汞红外焦平面探测技术，对辨别模糊背景和复杂过程中的目标，或者对掌握目标特性在此过程中不断发生变化的情况显得尤为重要，例如，对弹道导弹目标温度的分辨，最多需要高达4种颜色的同时探测。空间拦截器需要大规模（大于512×512元）、多波段、高速及远距离红外探测技术，以提高对目标的早期发现、复杂目标的识别能力。第三代多色 HgCdTe 红外焦平面在提高对多目标、伪目标、低辐射目标的识别能力方面具有优势。

多传感、多频谱信息融合技术是信息获取和传感技术研究的重要前沿。在军事上，在前几次局部战争中，信息融合技术已显示出强大的威力，引起了国际的普遍关注。在民用上，多种类传感、多频谱信息融合技术在机器人、工业自动化、资源环境遥感等领域也得到了广泛应用。特别是在以资源与环境监测为主要对象的遥感领域，多分辨率、多光谱、多时相、多模式已成为信息获取与应用技术的重要特征，具备这些特征的相关技术已取得一些进展。

二、未来展望

物联网对于传感器的需求给传感器和信息检测技术的发展注入新的驱动力。光电传感器的主要功能是获得目标物的“形像”、“热像”” 和 “谱像”。从所获取的目标物的形像，可以知道目标物是否存在，知道目标物的外部形状；从所获取的目标物的热像，可以知道目标物的温度分布；从所获取的目标物的谱像，可以根据事先测量研究并建立的模型知道目标物的物质组成。关于目标物的形像、热像和谱像的这些信息，会进入物联网的信息流。

物联网的发展给光电传感器件带来了广阔的发展空间。除了可见光传感器以外，需要进一步发展紫外、红外波段，以及太赫兹波段的光电传感材料及其焦平面列阵探测器。当前的研究重点主要是制备更大规模的焦平面列阵器件，提高器件工作温度，发展室温工作的红外探测器，扩展器件工作的波段，制备双波段甚至多波段焦平面列阵器件，发展光、热、电、磁、分子、质量、应力及单光子等多种传感技术，等等。研究的科学问题涉及光电传感材料的光电激发动力学，扩大焦平面规模、提高工作温度、扩展响应波段的新技术及其关键科学技术问题。这些问题的解决，是发展物联网传感技术的关键。

1. 发展大规模焦平面探测器

在红外波段当代最主要的传感材料是以 HgCdTe 为代表的窄禁带半导体。

HgCdTe 是一种性能优越的红外敏感材料，其禁带宽度随组分而变化。选择适当组分，可以使材料能够响应大气窗口的重要红外波段。该材料已成为制备高性能红外探测器的最佳材料。HgCdTe 体材料晶体生长，薄膜材料的液相外延生长、分子束外延生长，以及大规模红外焦平面列阵制备技术都已取得了良好进展。当前的重要研究热点是 HgCdTe 高性能 p-n 结的制备和特性控制的研究、硅基 HgCdTe 薄膜材料制备技术研究、HgCdTe 材料的各种非破坏无接触表征方法的研究、材料中杂质缺陷特性及其生长中控制的研究、HgCdTe 材料表面界面的研究、HgCdTe 系列低维结构的制备及其物理特性的研究、HgCdTe 中载流子的激发、传输和隧穿规律性的研究，以及相关的许多基础物理问题。这些问题与器件物理过程密切相关，解决这些问题对传感器制备技术的发展具有重大的支撑作用[1~3]。

2. 提高光电探测器工作温度，发展室温工作探测器

目前 HgCdTe 红外探测器一般都需要在低温（77 ~ 105 开尔文）制冷下工作，以减小器件噪声电流，得到高的探测率，但其在应用方面受到了诸多限制。其原因主要有两点：

（1）HgCdTe 的晶格、表面和界面具有的不稳定性，容易使材料在生成过程中产生各种缺陷，而要想消除这些缺陷的负面影响，使材料发挥优良的性能，通常需要把工作温度降到近液氮温度（77 开尔文）；

（2）用这种材料制作的光伏器件在 77 开尔文工作时隧道电流会变大，这会给长波红外探测器（特别是截止波长≥15 微米的）带来很大的危害。因此，如何提高探测器工作温度是当前和今后国内外研究的热门课题。

当前，提高工作温度的研究主要在两个方面展开：一是努力提高 HgCdTe 探测器工作温度，使之达到半导体致冷机所能达到的温度；二是寻找替代 HgCdTe 并具有较高工作温度的窄禁带半导体材料。

针对第一个问题的研究工作主要是提高 HgCdTe 中少数载流子的寿命和降低探测器的噪音。例如，探测器在接近零偏压下工作可消除大部分低频噪声，可使 HgCdTe 列阵器件在 230 开尔文温度下的噪声等效温差（NETD）达到 60 毫开尔文。针对第二个问题的工作主要是研究碲锌汞（HgZnTe）、铟砷锑（InAsSb）、铟锑铋（InSbBi）等Ⅲ-Ⅴ族窄禁带半导体材料，希望能够用它们来替代 HgCdTe，使之响应率高且能够在较高温度下工作。

除了提高光子型探测器工作温度以外，发展室温工作的热电型红外探测技术也非常重要。热敏材料受到红外辐射后温度会升高，从而引起电学物理量的变化（如电阻率变化、极化率变化并产生热释电效应等）。热电型探测技术无需制冷，可以在室温

下工作，并有巨大的市场需求，例如，汽车夜视仪和监控报警系统就非常需要该技术。目前，非致冷探测包括热释电（pyroelectric）和微测辐射计（microbolometer）两种类型。微测辐射计型用于红外焦平面，所用材料为氧化钒（VO_x）和非晶硅（a-Si），目前这种焦平面已投入生产。热释电非致冷焦平面工作模式采用混成式，即探测元和读出电路分别放在两个芯片上。为了进一步降低成本和增加焦平面的探测率，当前研发的热点主要为集成式（即探测元和读出电路集成在一个芯片上）热释电非致冷红外焦平面，它在性能上具有更高的潜力，是非制冷红外焦平面的一个发展方向。此外，聚合物铁电体在室温红外成像方面也呈现出很好的发展前景。

3. 扩展传感器工作波段，发展多波段探测器

光电传感器需要扩展到不同的波段以适应不同的需要。可见光探测器和红外探测器相对比较成熟，当前需要进一步发展的主要有 γ 射线探测器、X 射线探测器、紫外探测器、近红外探测器、甚长波探测器和太赫兹探测器。

过去，高灵敏紫外探测多采用紫外敏感的光电倍增管和类似的真空器件及紫外增强型硅光电二极管。相对固体探测器而言，真空器件有体积大、工作电压高等缺点，而硅器件有可见光响应的特点，在一些紫外波段应用中这个特点会变成缺点。随着宽禁带半导体材料的发展，人们开始考虑开发具有可见光响应极小特点的本征型紫外光电探测器，其中，具有潜力的材料是 GaN 基材料。纤锌矿结构的Ⅲ－N 族材料是直接带隙材料，随着合金组分的改变，其禁带宽度会连续发生变化。铝镓氮（AlGaN）材料的禁带宽度可以从 GaN 的 3.4 电子伏特连续变化到 AlN 的 6.2 电子伏特。利用这种材料研制的本征型紫外探测器的截止波长对应地可以连续从 365 纳米变化到 200 纳米。对于日盲型紫外探测器，$Al_xGa_{1-x}N$ 材料的组分 x 需要达到 40% 以上，也就是说需要所谓的高铝组分 AlGaN。GaN 基紫外面阵探测器目前的发展方向主要是大规模日盲型探测器。

在近红外波段，主要发展高性能 InGaAs 近红外探测器。InGaAs 红外焦平面在 0.5 ~ 2.5 微米波长范围内具有高量子效率和灵敏度，可以把 60% 的近红外辐射光子转换成光电子。InGaAs 可以采用分子束外延（MBE）和金属有机化学气相沉积（MOCVD）方法进行外延，比 HgCdTe 更容易生长。InGaAs 红外焦平面技术，特别是非致冷焦平面技术，在民用和军用的许多领域有很广阔的应用前景。

太赫兹波段传感器是一个很重要的研究领域。目前有多种类太赫兹传感器在研发中，包括非本征 Ge 光电探测器、场效应晶体管探测器、肖特基势垒二极管传感器、超导 SIS 探测器（由两层超导体中间夹很薄的绝缘体层组成）、热探测器——辐射热测定器（bolometer）、超导相变边缘辐射热测定器，等等。

在扩展传感器工作波段方面的研究还包括开发多波段焦平面技术[3]。该技术对于辨识模糊背景和复杂过程中的目标，或者对掌握目标特性在其发展过程中不断发生的变化尤为重要。大规模、多波段、高速及远距离红外探测，可以提高对目标的早期发现、对复杂目标的识别能力。基于“能带工程”和“波函数工程”开发的量子阱材料具有能级结构随意裁减的特性，据此，研发人员在 20 世纪 90 年代研制出了量子阱结构的双色探测器。GaAs/AlGaAs 量子阱红外探测器特别适合于多波段焦平面，其特点（如窄带响应和波长可裁剪性）能够允许多个量子阱结构沿垂直方向堆垛，而每个量子阱结构在吸收特定波段的同时允许其他光子透过。这样，改变量子阱的阱宽、势垒组分和阱中掺杂浓度，可实现峰值探测波长和截止波长的连续裁剪。GaAs/AlGaAs 材料体系所允许的量子阱参数的变化可使探测波长覆盖 6～20 微米。随着探测波段的可裁剪性的发现以及材料、器件工艺的相对成熟，国外各大红外焦平面器件研究机构和公司相继推出各自的双色、多色焦平面器件。

4. 发展多传感多频谱及其信息融合和集成传感技术

多种类信息传感、多频谱信息传感及其信息融合技术是目前信息获取和处理技术发展的热点，也是构建物联网的信息获取和处理系统的关键技术。当前既需要发展多种类信息传感器（如红外、紫外、X 射线、γ 射线、压力、震动、声响、磁敏、化学、生物、单光子等传感器），也需要发展多频谱信息传感技术。多种类传感、多频谱信息融合技术通过采集多种类传感器信息，并对之进行综合处理，可从多频谱的角度获得目标的各种参数信息，包括构成陆、海、空、天四维广域无线传感系统的信息。

先进的红外探测和传感技术能够获取目标物体的红外光谱和其他特征谱及其图像。利用这些信息可对目标物进行识别、定量分析及监控，目标物可以是宏观对象（如地面、水域、气象），也可以是微小物体（如生物细胞、单个原子、单个分子）；既可以是静止目标，也可以是运动物体。

微小压力传感技术也需要进一步开发。触觉传感器通过（无线）网络可将人类触觉信息进行远程传递并使之发生相互作用，可应用在航空航天、模拟训练、远程诊疗救护、战场和反恐排险等领域。微型触觉传感器阵列及其反馈系统具有分辨率高、易于集成、适于曲面贴装等特点。在这方面，未来还有可能开发出单分子和单原子级质量和力分辨的传感器技术。利用高分辨能力的谐振式传感器的机理，采用纳机电系统（NEMS）技术，有望研制出对微观质量、力或角动量等敏感的传感器。利用这种传感器，可以获取单细胞、单分子、单原子直到单电子自旋的角动量的信息。集成式微仪器型传感器也是未来的重要发展方向。

参 考 文 献

[1] Jeffery J. Advances in infrared imaging and Applications. Proceedings of SPIE, 2011, 8193: 1 ~ 30

[2] Chu J H, Sher A. Device Physics of Narrow Gap Semiconductors. New York: Springer, 2010: 1 ~ 4

[3] Capper P, Garland J. Mercury Cadmium Telluride Growth, Properties and Applications. UK: John Wiley & Sons Inc, 2011: 449 ~ 465

New Development of Optoelectric Sensor and Related Information Testing Techniques

Chu Junhao

(Shanghai Institute of Technical Physics, CAS; East China Normal University)

The sensor and information testing techniques are not only one of essential aspects for information science and technology but also very important for setting up Internet of Things. This paper mainly introduces the progress of optoelecric sensors and related information testing techniques. Recently, the sensor and information testing techniques have become one of the hot topics. The following fields are included: ultraviolet, infrared, THz, pressure, vibration, acoustic, electric, magnetic, chemical, biological and single photon sensors as well as the information combination of multi-sensing, multi-spectra. The prospects in the future are also discussed. The tendency of the research development is to develop the large scale focal plane arrays, raise the operation temperature even to room temperatures, enlarge the operation wavelength region of photoelectric sensors and multi-waveband devices, and develop optic, thermal, electric, magnetic, molecular, mass, pressure and photon sensors, and their combinations. The optoelectric sensor and information testing techniques are also very important issues for setting up Internet of Things.

2.3 通信技术新进展

邬贺铨*

（中国工程院）

随着国民经济和社会信息化的快速发展，人类对通信业务的需求不断加强。集

* 中国工程院院士

成电路和计算机技术的发展为通信技术的演进奠定了坚实的基础。宽带化和移动互联网的发展进一步丰富了通信业务的内容，使光纤通信、移动通信和互联网技术面临着升级换代的挑战。下文将重点介绍通信技术近年来的新进展，并对其未来进行展望。

一、光纤通信系统

随着视频业务主导的互联网流量的增长，全球主要干线流量年增 50% ~ 100%[1]，这使光纤传送网容量面临着异常大的增长压力。为了适应长距离大容量传输的要求，干线光纤技术开始向非零色散值、低偏振模色散和色散斜率、有效截面大的新一代光纤发展。为支持更多的波长信道，接入网需要扩展至更宽的工作波长范围。在此需求的刺激下，无水峰光纤应运而生。随着核心网干线传输系统中单波长容量为 100Gbps 的系统走向商用，400Gbps 或 1Tbps 系统的研究也开始提到议事日程。高比特率的光纤系统是色散受限系统，需要采用正交频分复用（OFDM）、多电平调制（MQAM）、偏振复用（PDM）、相干检测等多种技术，在此基础上再采用密集波分复用（DWDM）技术可使单纤容量达到数十甚至上百 Tbps。一个干线 DWDM 系统各波长的扩容无需同时进行，一些波长可以继续传送 40Gbps 而另一些波长则需要把容量升级到 100Gbps，灵活的波长间隔适应了这一需要。值得指出的是，在光传送网物理层的帧结构中引入前向误码校正（FEC）技术并为其字段分配较多的比特，可使光的传送在高速率下仍能保持较长的中继距离，并用纠错来对抗低信噪比（S/N）环境下的高误码率，其结果相当于用带宽换距离。核心网上下通道灵活性和保护倒换的需求促进了可配置光分插复用器（ROADM）的发展，该设备可以做到波长的使用在每个方向和每个分插端口上不受限制。图 1 表示了光传送网（OTN）信道的帧结构[2]。其中 OPU、ODU、OTU 和 OCh 分别表示光信道净荷单元、光数据单元、光传送单元和光信道，OH 为开销（包含同步、监控和维护所需信息）。

业务的分组化特征挑战了传送网的体系结构，驱动着光传送网技术的演进。核心网、城域网和接入网的光传送技术也显示出新的发展趋势。传统的光纤传送网基于同步数字系列（SDH）来支持电路传送，为了优化对 IP 业务的支持，目前的光传送网的传送技术正在转向分组传送技术，传送面基于 IP over SDH/WDM、管理面基于自动交换光网络（ASON）和通用多协议标签交换（GMPLS）的 IP over OTN 技术将成为未来的发展方向。图 2 表示了光传送网的技术演进。

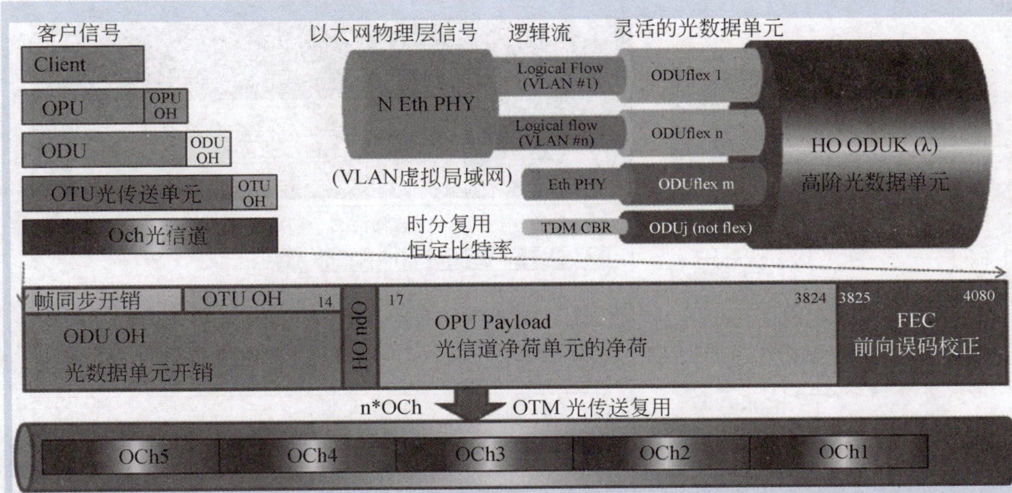

图 1　光传送网信道的帧结构

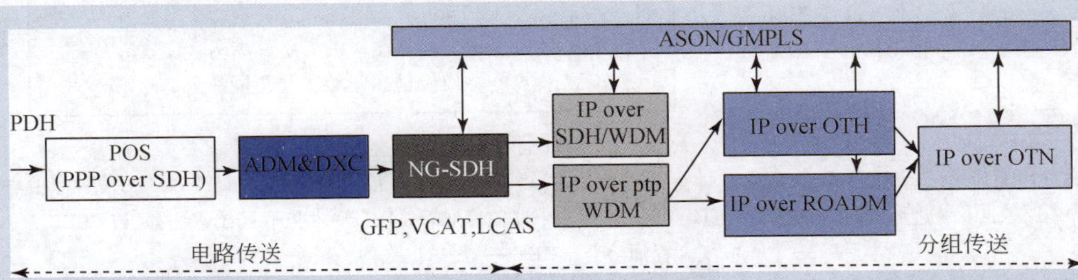

图 2　光传送网的技术演进

注：PDH——准同步数字系列，SDH——同步数字系列，NG-SDH——下一代 SDH，WDM——波分复用，PtP——点到点，POS（PPP over SDH）——使用点到点协议包封 IP 分组到 SDH 链路传送，ADM——分插复用器，DXC——数字交叉连接，ROADM——可配置光分插复用器，VCAT——虚级联，GFP——通用成帧协议，LCAS——链路容量调整，OTH——光传送体系，OTN——光传送网，ASON——自动变换光网络，GMPLS——通用多协议标签交换

基于带流量工程的多协议标签交换技术（T-MPLS）的 OTN 和基于分组技术的分组传送网（PTN）是分别为核心网和边缘网的应用而设计的技术，现在也都向对方的优势应用领域拓展，将在城域网中有很好的应用前景。值得注意的是，带流量工程的电信级以太网（或称为面向连接的以太网，COE）对城域网技术的影响越来越重要。此外，随着移动通信的高速发展，基站回传对光通信的依赖与日俱增，移动基站回传技术明显走向分组化。图 3 说明了城域网传送技术的原理。

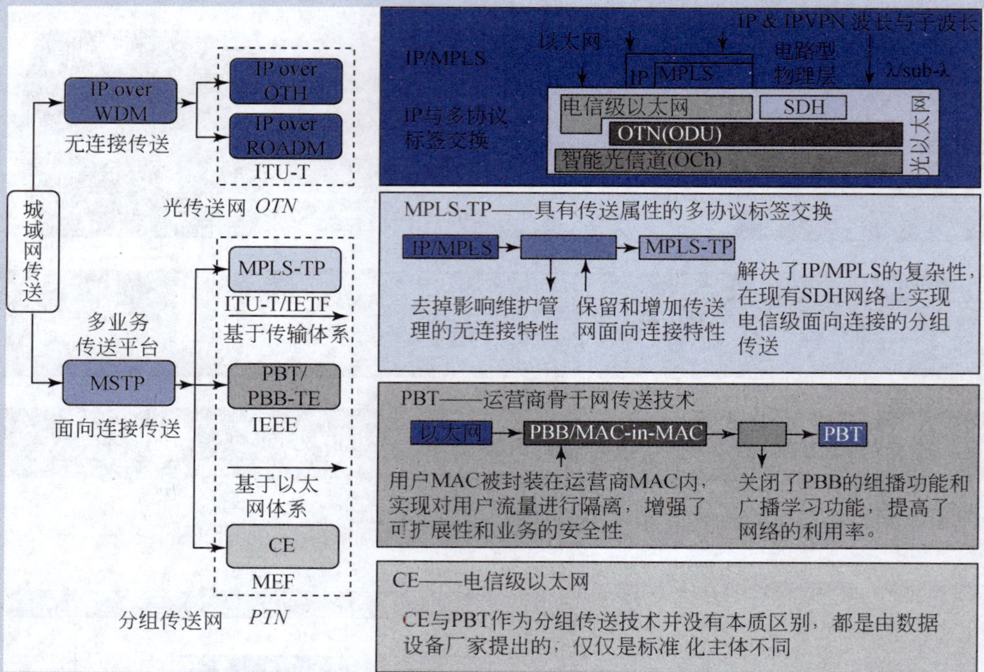

图 3　城域网传送技术

注：PBB-TE——带流量工程的运或商骨干网桥接技术，MAC——媒介接入控制层，MAC-in-MAC——将用户MAC 层数据封装进运营商的 MAC 层，ITU-T——国际电信联盟标准局，IETF——互联网工程任务组，IEEE——电子电气工程师协会，MEF——城域以太网论坛

在接入网方面，光纤到户［FTTH，广义的 FTTH 包括光纤到大楼（FTTB）和光纤到小区（FTTZ），可统称为 FTTx］已走出多年的低迷状态，不少国家都在加大力度推动 FTTH 的部署。在光纤到户所用的技术中，Gbps 级无源光网络（GPON）在容量和可管理性方面优于以太网无源光网络（EPON）。

我国光纤通信技术与产业发展得很快，光纤和光缆产量均约占全球一半，与 2009 年同期相比，2010 年年底我国敷设的长途光缆长度增加了 20%[3]。华为公司与中兴公司成为全球光传输系统的主要供应商。国产 100Gbps 系统已经在我国电信运营商的网络上使用。2010 年，全球新增的 1800 万户 FTTx 用户大部分集中在中国。截至 2010 年年底，我国 FTTx 用户累计已超过 3300 万户，超越日本居世界第一位。2011 年，中国 FTTx 新增端口数也超过了 ADSL 和 FTTB，城市中 FTTH 的下行速率至少达到了 20Mbps。在研发方面，在“973”计划支持下，我国在国际上连续创造了如下的实验记录：

(1) 2010年5月完成了相干光单载波频分复用（CO-SCFDM）1.08Tbps在普通单模光纤上长达1585千米的环路传输实验[4]。2011年8月完成了在C波段32纳米内采用16个光源（每个光源1.92Tbps）以正交频分复用（OFDM）技术承载30.7Tbps信号长达80千米的环路传输实验，其谱效率（5.75比特/(秒·赫兹)）为国际C波段Tbps级波分复用技术的最高水平[5]。

(2) 2011年12月利用我国在国际上首次提出的“高带宽远端（非本地）本振相干接收”方法完成了240Gbps OFDM信号在普通单模光纤上无误码实时传输48千米的实验[6]。

(3) 在美国光纤通信（OFC/NFOEC）2011年会上，中兴公司报告了单波长10Tbps（112个相干的光载波各承载100Gbps的光信号，剥离FEC后为10Tbps）在标准单模光纤上进行640千米传输试验的结果，刷新了单信道传输速率的世界纪录[7]。

二、移动通信系统

移动通信系统自问世以来，几乎按照十年一代的周期在演进。第一代移动通信为模拟制式，采用频分多址（FDMA）技术，实现了一个蜂窝小区内多用户复用。第二代移动通信为数字制式，采用时分多址（TDMA）或码分多址（CDMA）技术，实现了小区内多用户复用。第三代移动通信（3G）采用CDMA复用方式，根据收发两个方向是同频段或成对的两个频段而分为时分双工（TDD）和频分双工（FDD）两种模式。中国提出并被国际标准化组织采纳的时分同步码分多址（TD-SCDMA）标准首次在公众移动通信系统中成功实践了TDD技术。

3G（第三代移动通信）从开始商用以来，为了适应业务带宽的要求，已经从具有较低宽带能力（高速和低速运动时峰值速率分别为384kbps和2Mbps）的3G升级为增强型3G，即高速分组接入（HSPA）。它包括高速下行分组接入（HSDPA）和高速上行分组接入（HSUPA）。HSDPA采用自适应调制与编码（AMC）、混合自动重传请求（HARQ）和快速调度算法等技术提高下行数据峰值速率，TD-SCDMA HSDPA在上下行时时隙配置为1∶5和单载波（1.6兆赫兹带宽）时下行理论峰值速率可以达到2.8Mbps，在10兆赫兹带宽内其理论峰值速率可达16.8Mbps。HSUPA系统引入了多电平调制方式16QAM，其理论峰值数据速率是原来采用的正交相移键控（QPSK）调制方式的两倍。HSPA还可通过采用多载波和更高的多电平调制方式进一步提高数据率，这样的HSPA被称为HSPA+。

近年3G又进一步发展为演进型3G（又称LTE，即长期演进，也有人称为

3.9G），其发展目标是下行速率达到 50～100Mbps，上行速率达到 30～50Mbps，频谱利用效率达到增强型 3G 规划值的 2～4 倍。目前 LTE 有两类标准，一类是基于 TD-SCDMA 演进的 TD-LTE，另一类是 FDD-LTE。这两种标准在技术上有共性，区别主要是双工方式不同。LTE 依靠正交频分多址（OFDMA）技术和多输入多输出天线（MIMO）实现了高的数据率和频谱效率。3G 及其增强型的核心网是电路交换与 IP 分组交换共存，而 LTE 仅保留了 IP 网络。

当前全球 LTE 还仅处于小规模商用阶段，但关于第四代移动通信（4G）的研究已经开始，LTE-A（即 LTE-Advanced 的简称）是第三代移动通信伙伴组织（3GPP）为此而提出的发展目标，LTE-A 的最低要求是下行峰值速率为 1Gbps，上行峰值速率为 500Mbps，上下行峰值频谱利用率分别要达到 15Mbps/赫兹和 30Mbps/赫兹。在 LTE 技术的基础上，LTE-A 还采用了载波聚合、协作多点发送和接收（COMP）、无线中继接力、增强 MIMO 和自组织网络（SON）等多种技术。国际电信联盟无线通信部门（ITU-R）第 5 研究组的国际移动通信工作组（WP5D）2010 年 10 月 20 日在重庆会议上确定了 LTE-A 和 802.16m 为新一代移动通信（4G）的国际标准[8]，LTE-A 包含 TDD 和 FDD 两种制式，其中 TDD 制式称为 TD-LTE，802.16m 是支持移动性的宽带无线接入技术 WiMax（802.16e）的升级版，也采用 TDD 模式。国际电信联盟在 2012 年年初已正式批准发布 4G 国际标准的建议书。图 4 表示了移动通信系统技术换代演进的路线。

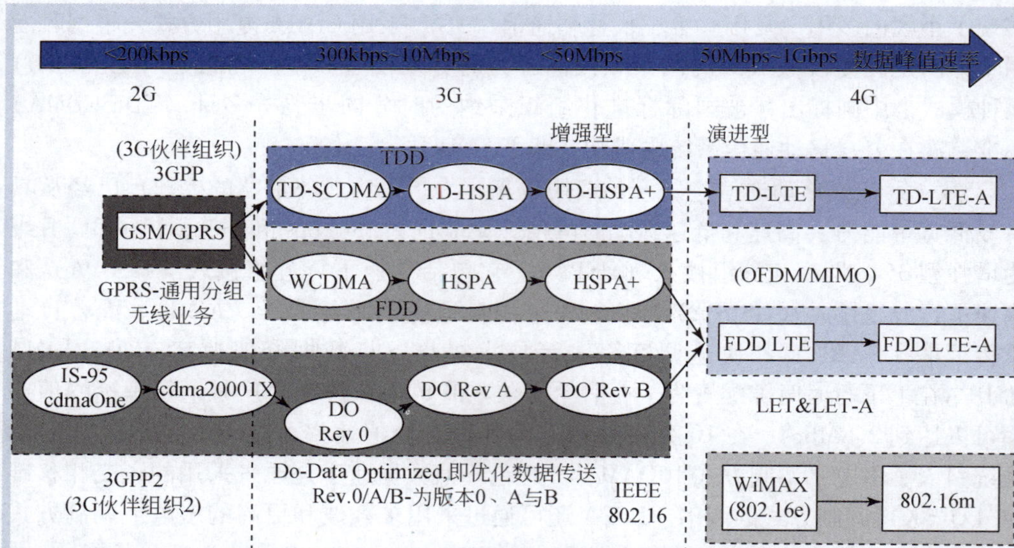

图 4　移动通信系统技术演进路线

截至2011年11月底，3G网络已覆盖我国所有城市和县城以及部分乡镇，3G用户与年初比增152%，达到11 873万户，占我国移动电话用户数（9.75亿户）的12.17%，在3G用户中TD用户占40.4%。在移动电话净增用户中，3G用户所占比重从2011年年初的43.7%上升到72.5%[9]。在国家“新一代宽带无线移动通信网”科技重大专项支持下，我国TD-LTE的技术开发进展得很快。2011年，我国完成了TD-LTE的6城市规模试验第一阶段（单模功能）的目标，参加单位有中国移动通信集团等电信运营商、工业和信息化部电信研究院、系统设备厂商11家（国内7家）、芯片企业11家（国内5家）、仪表企业12家（国内6家），中国科学院和一批高校也参加了TD-LTE推进组的工作，参加规模试验工作人数超过3500人，这是一次产学研用协同创新的成功实践。规模试验验证了TD-LTE技术，得出TD-LTE同频组网能力与FDD LTE在可比配置下性能相当的结论，促进了TD-LTE产业链的逐渐成熟。2012年即将进行以支持多模（TD-LTE/TD-SCDMA/GSM）终端和加密算法及双流波束赋形等技术为主要内容的第二阶段试验。在TD-LTE-A方面，我国提出的标准已被国际电信联盟采纳，相应的技术研发正在紧张进行[10]。

三、移动互联网

移动互联网使用轻型手持终端接入互联网。与固定接入相比，移动互联网可使用户随时随地利用碎片化时间，具有个性化、私密化的特点。利用移动互联网，能识别用户身份、用户位置、用户在线状态，了解用户终端和应用偏好、用户消费行为，可提供定制终端、定制语音和数据等服务，其服务类型远多于固定接入。但由于移动终端通常屏幕小、电池续航能力不足、内存有限、处理速度和带宽不如固网、难以同时打开多窗口等原因，如果直接搬用基于超文本标志语言（HTML）浏览器的接入模式，其结果是终端适配复杂、响应慢，渲染速度慢、体验效果差，仅能满足用户浏览文字信息的需求。而移动互联网在终端操作系统、应用平台、应用模式和应用软件等方面有与互联网固定接入不同的特点，因此有必要更多依靠云计算等网络后台能力的支撑来弥补移动终端能力相对于PC的不足。而且与Wintel基本垄断PC的CPU和操作系统的情况不同，移动互联网终端硬件配置和操作系统的多样化以及接入网络的异构性，决定了移动互联网应用将走开放之路，吸引公众参与开发和发挥网络平台的作用，从而使移动互联网形成较传统的使用固定接入的互联网有更长的生态链。移动互联网不仅优化对视频的支持，而且利用位置感知、内容感知、上下文感知和情景感知能力，提供增强现实（augmented reality）呈现和泛在服务，极大地改进了用户对移动服务的体验。

智能终端的出现增强了移动互联网的服务能力，与普通的功能终端相比，移动互联网具有增强的操作系统，美国苹果公司的智能终端 iPhone/iPad 的 iOS 操作系统就是一例。iOS 操作系统本身是封闭的，iPhone/iPad 上预装了与 iOS 捆绑的应用程序商店软件接口，但该接口对外开放，允许用户下载其感兴趣的各种客户端软件，并在本地终端上运行这些应用软件，这种方式为应用软件开发者带来了回报，从而极大丰富了应用软件的种类。不过，一个移动终端所能下载保存的应用程序的数量还是有限的，有时为了下载新的应用程序而不得不卸载以前下载的应用程序。

与基于“端”的运作模式不同的是“云”模式。“云”模式基于终端操作系统内核 + Web 引擎 + 云服务，其中 Web 引擎使用专为移动智能终端开发的浏览器 HTML5。HTML5 在 HTML 的基础上添加了许多新的语法特征，减少了浏览器为支持 Flash、JavaFX 等而对插件的需求，更容易在网页中处理多媒体和图片内容，以更直观的方式使数据可视化。“云”模式应用的执行主要在云端，其终端主要是功能的呈现，与智能终端多机型有很好的适配性。HTML5 浏览器削弱了应用程序商店的作用，推动了 Web 由内容平台向统一应用层平台的转变，还可以部分替代操作系统。基于“云”和基于“端”的模式还将继续竞争下去，未来也许是两者的结合，谷歌公司开发的既支持客户端也支持 HTML5 的 Android 操作系统就是一例。

无论“云”还是“端”模式，终端操作系统都是移动互联网生态链中重要的一环，国内企业虽然也开发了若干种智能终端操作系统，但其市场影响不大，需要统筹研发力量，加大开发力度，以赶上世界水平。值得一提的是，我国提出并研制成功的祖冲之算法（包括加密算法 128-EEA3 和完整性保护算法 128-EIA3）在 2011 年 9 月被 3GPP 批准为 LTE 加密标准[11]。它主要用于移动通信系统空中传输信道的信息加密和身份认证，这是我国商用密码算法对国际标准的重要贡献，对提高移动互联网的安全性有重要意义。

移动互联网加快了移动数据业务流量的增长，全球 2009 年年底移动数据业务流量已经超过话音，而且增速 10 倍于话音，预测 2015 年移动数据流量将比 2010 年增加 26 倍[12]。我国的移动数据流量连续两年以 100% 速度增长，到 2011 年年底也超过了话音流量。美国统计其骨干网上的移动数据流量相当于 8 年前互联网的流量[13]。移动互联网流量的剧增使移动通信频谱面临着极大的挑战，移动通信需要开拓新的频段。电视数字化后腾出的 700 兆赫兹频段因传播特性好而受到关注，一些国家已将该频段拍卖以支持 LTE 的应用。为了适应移动互联网的发展，交换 IP 化（用全 IP 的增强分组核心网 EPC 代替分别用于传送话音和数据的电路交换和分组交换核心网）、网络体系扁平化（无线网络控制器 RNC 的功能综合进基站 eNode B，GPRS 服务节点 SGSN 功能融入 EPC 中）、移动性管理功能分布化（将移动性和数据管理尽可能移到边缘以获得可扩展性和提高性能，并且努力避免单点故障）正在逐步实现，基站回传技术也在从 SDH 向分组传送网（PTN）或 IP 无线接入网（IP RAN）的方式转变。

四、下一代互联网

如今互联网的应用已大大超越初衷，互联网在未来将面对更加严峻的挑战，一些国家早在 10 多年前就已经开始研究下一代互联网，目前提出来的主要技术有网络虚拟化、内容中心化和管理分布化等[14,15]。

网络虚拟化是基于网元可软件定义和可编程，考虑到服务感知、可信通信和经济激励等诸多因素，根据业务特征和传输通道的流量条件来优化通道的选择，同时可采用逻辑切片的方式，按不同的业务所需来调用物理层的资源，使具有不同服务质量（QoS）要求的业务能共享同一网元，但各种业务在逻辑上隔离，多个异构的虚拟网也能在基础设施上同时共存。例如，根据在节点交换或转发的数据流的颗粒大小的不同，数据流能在多协议标签交换（MPLS）层处理的就不在 IP 层处理，能在光层处理的就不在电层处理，以减少能耗。

内容中心网（类似的还有命名数据网、服务中心网）是相对现在的主机中心网而提出的在寻址、选路、安全机理等方面使用新的数据内容传送方法的一种网络体系。现有网是基于 IP 地址来选路的，IP 地址具有身份与位置两重属性，故现有网的移动性差（移动应用时主机身份未变而位置变）。内容中心网可将身份识别能力从网络层的 IP 地址中分离到应用层，同时建立身份与位置间的映射关系。考虑到用户关心的是内容而不是内容在何处，内容中心网的数据内容可分散存在于多个物理位置，所有的数据/内容都有公钥签名和认证。在出版/预订的网络中，数据发送者发表其希望发出的数据，接收者预订其希望收到的出版物。由于内容中心网是基于数据/内容的名称而不是位置（IP 地址或主机名称）来选路，其内容名称使用最长前缀匹配查表方式表示，而且其安全目标是内容而不是主机，所以它将具有更好的安全性、移动性和传递数据的有效性等。

管理分布化的一个例子是分布无线网，它将移动性管理从集中向分散转化，既能适应高速缓存和内容分配网（CDN）分散到边缘的现状，也能适应移动终端常态使用但大多数情况下并不移动的情况，还有利于将移动互联网流量卸载到局域网。管理分布化的另一个趋势是采用系统内网管，即使用分散、自组织和自治方式的网管。

上述技术可以在基于 IPv6 对现有互联网做大的改进的同时维持后向兼容，也可以采用全新的网络体系（例如，日本新一代互联网项目提出的基于后 IP 网络和分组与通道交换混合的体系），即网络的未来存在演进与革命两条路线，两条路线的差别表现为是否考虑与现有互联网兼容，但两条路线的技术也可互相借鉴。互联网已深深融入经济社会的方方面面，仅靠计算机仿真或小规模试验还不足以验证其技术的可扩展性，下一代互联网的研究将是长期的工作。

我国的互联网研究起步比发达国家晚了很多年，虽然现在网民数量世界第一，但 IPv4 地址严重不足，这种情况迫使我国加快下一代互联网的研究步伐，在国家“863”计划、“973”计划特别是中国下一代互联网（CNGI）示范工程项目的支持下，我国在 IPv6 的国际标准化方面发出了自己的声音。2011 年 12 月 23 日，国务院常务会议做出了加快发展我国下一代互联网产业的部署[16]，指出“抓住新形势下技术变革和产业发展的历史机遇，在现有互联网基础上进行创新，发展地址资源足够丰富、先进节能、安全可信，具有良好可扩展性和成熟商业模式的下一代互联网，对于加强信息化建设，全面提高我国互联网产业发展水平，具有重要意义”。

参 考 文 献

[1] Mauldin A. The state of the global internet. 2011. http：//www. telegeography. com/page_ attachments/products/website/telecom-resources/telegeography-presentations/0002/4872/TG _ Blue _ Coat_ Webinar. pdf ［2011-10-18］

[2] ITU-T. Rec G 709/Y 1331. Interfaces for the Optical Transport Network（OTN）. Switzerland. ITU. 2010

[3] 工业和信息化部 . 2010 年全国电信业统计公报 . 2011. http：//miit. gov. cn/n11293472/n11293832/n11294132/n12858447/13578942. html ［2011-01-26］

[4] 区域光纤通信网与新型光通信系统国家重点实验室 . 新型光传输 . 2011. http：//ofcl. pku. edu. cn/index. aspx？ menuid = 23&type = articleinfo&lanmuid = 47&infoid = 121&language = cn ［2011-05-06］

[5] 中国通信标准化协会 . 武汉邮科院实现单光纤承载 30. 7Tb/s 信号传输 . 2011. http：//www. ccsa. org. cn/article_ new/show_ article. php？ categories_ id = c15b26c5-d3e2-6d22-97e9-44b1bfeab814&article_ id = cyzx_ f35d090c - feaf-5462-14ec-4e41f8b593db ［2011-08-10］

[6] 科技日报社 . 我国光通信实现 240Gbit/s 实时传输突破 . 科技日报 . 2011. http：//www. wri. com. cn/html/2011/121/2166. shtml ［2011-12-01］

[7] 中国通信在线网 . 中兴通讯创世界纪录 填补一项中国空白 . 2011. http：//www. ezcom. cn/Article/22222 ［2011-03-23］

[8] 工业和信息化部 . ITU-R WP5D 第 9 次会议在中国重庆隆重闭幕 . 2010. http：//www. miit. gov. cn/n11293472/n11295040/n11298163/13447888. html ［2010-10-21］

[9] 工业和信息化部．通信业发展势头良好．2011. http：//www. miit. gov. cn/n11293472/n11293832/n11294132/n12858447/14405153. html [2011-12-26]

[10] 唐海．LTE-Advanced 标准技术发展．通信技术与标准．2011，1：8~11

[11] 工业和信息化部．祖冲之算法 LTE 国际标准研发和产业化启动会在京召开．2011. http：//www. miit. gov. cn/n11293472/n11293832/n11293907/n11368223/14333731. html [2011-11-25]

[12] Liu E. Innovation on 50B connections. 2010. http：//www. slideshare. net/hmisty/evan-liu-innovation-on-50b-connections-speech-at-cmdc-2010 [2010-10-28]

[13] Gerber A，Doverspike R. Traffic types and growth in backbone networks. 2010. http：//www. research. att. com/techdocs/TD_ 100383. pdf [2010-03-08]

[14] Paul S，Pan J，Jain R. Architectures for the future networks and the next generation internet：A survey. Computer Communications. 2011，34（1）：2~42

[15] Jain R. Architectures for the next generation internet and the future networks. 2011. http：//www. cs. wustl. edu/~jain/tutorials/ftp/icc11. pdf [2011-06-09]

[16] 新华网．国务院常务会议研究部署加快发展我国下一代互联网产业．2011. http：//news. xinhuanet. com/politics/2011-12/23/c_ 111287779. htm [2011-12-23]

Recent Progress of Communication Technologies

Wu Hequan

(Chinese Academy of Engineering)

More widely and in-depth penetration of economic and social informationization are transformed into strong demand for communication services. Integrated circuits and computer technology support the evolution of communication technology. Broad bandization and mobile Internet further enrich the communication services. Fiber communications, mobile communications and Internet technologies face pressure to upgrading to next generation. Section one of this article describes the technology evolution direction of optical fiber transport network including optical metropolitan area network and access network. Section two focuses on broadband mobile communications system especially TD-LTE and LTE-Advanced. Third section gives a brief overview of mobile Internet and its challenges on demand of the spectrum as well as the impact on network architecture. Last section presents key technologies of Next Generation Internet such as network virtualization, content central network and distribution of network management functions. China's vast market and rapid economic growth promote development of communication services and industries. The significant progress and innovations made in the communication technology field of China in recent years are also introduced in the article.

2.4 软件技术新进展

梅 宏[*] 郝 丹 郭 耀

(北京大学信息科学技术学院软件研究所高可信软件技术教育部重点实验室)

计算机软件是计算机系统执行某项任务所需的程序、数据及文档的集合，是计算机系统的“灵魂”。一直以来，围绕软件范型及其演变，软件技术研究主要沿着两条脉络展开：一条是对软件开发技术的研究，主要内容包括软件开发方法学及相应的工程原则、支撑工具和环境等；另一条是软件运行技术的研究，主要内容包括操作系统、中间件等系统软件技术。以下将分别从软件开发技术和软件运行技术两个方面介绍软件技术的前沿热点及近年来国内软件领域的研发现状，并对软件技术的未来进行展望。

一、发展脉络

计算机软件技术体系主要涉及四个方面的内容：软件范型、软件开发（构造）方法、软件运行支撑及软件质量度量与评估（图1）。软件范型是从软件工程师（或程序员）视角看到的软件模型及其构造原理，是软件技术体系的核心。每次软件范型的变迁，都会引发软件开发方法和运行支撑技术的相应变化，并导致新的软件质量度量和评估方法的出现。

随着计算平台从单机向多机、网络、进而开放互联网的演变，软件应用也从最初单纯的计算与数据处理拓展到各个行业的应用，乃至现在泛在的无所不在的应用。在过去40年，软件范型经历了无结构、结构化、面向对象、面向构件/面向服务化等的变迁，每次软件范型的变迁，都会导致软件技术的一次螺旋上升（图2）。软件范型的演变，反映了推动计算机软件技术发展的几个基本动因——追求更具表达能力、更符合人类思维模式、易构造、易演化的软件模型，支持高效率和高质量的软件开发，支持高效能、高可靠和易管理的软件运行等。

---

* 中国科学院院士

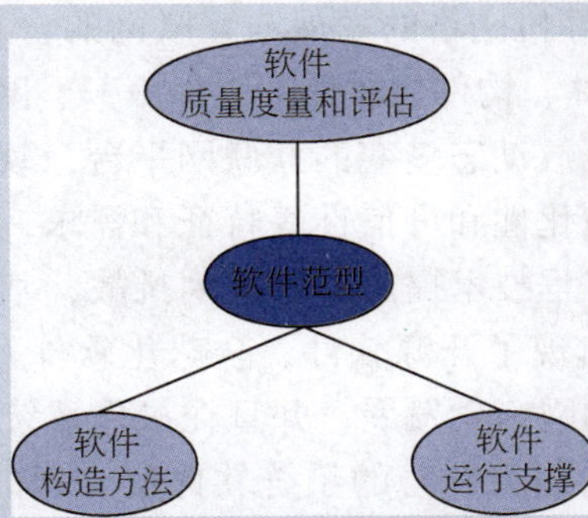

图 1　软件技术体系

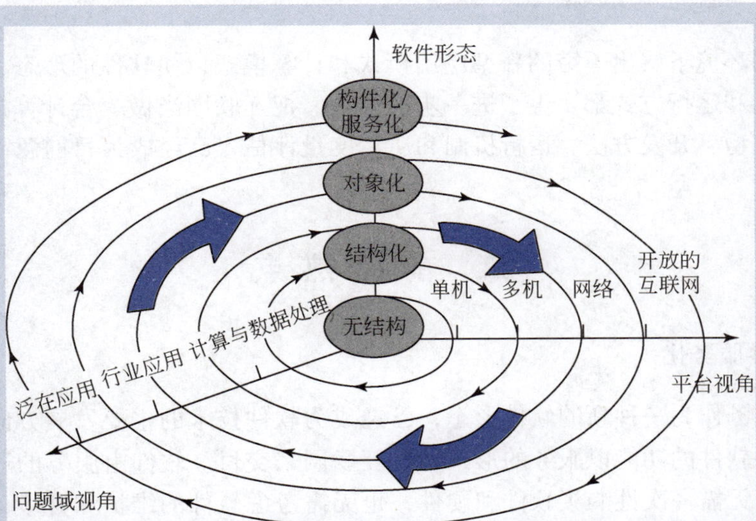

图 2　软件范型的变迁

在计算技术发展的较长时期，软件技术研究主要是针对单机系统，软件范型从无结构演变到结构化和面向对象，为软件解空间和问题空间的复杂性控制提供了有效机制和手段。软件开发技术则主要围绕相应的软件范型，研究大型软件系统高质量高效率开发的方法、技术和工具。在运行支撑方面，面向单机的操作系统主要随着计算机硬件的发展而进步，追求更高效地发挥底层硬件资源所提供的计算能力，不断凝练应用共性并沉淀为操作系统的固有成分，同时更好地满足用户对易用性的需求。而软件质量度量和评估方面则主要关注系统质量，追求软件的正确性、功能性指标和性能指标。

在20世纪末，随着计算机网络的发展与互联网的普及，软件的形态发生变化，客户端/服务器（C/S）软件、构件化软件、软件服务、网络化软件等新的软件应用模式逐渐成为主流。面向开放动态多变的互联网平台，软件应用呈现出自主性、协同性、情景性、涌现性、演化性和可信性等特征和需求，急需新的软件范型。网络化的软件开发方式对软件工程技术提出了一系列挑战，基于构件复用和服务组装的软件开发成为主要途径，出现了开源软件、全球化软件开发等新型软件开发模式。操作系统向支持网络应用和网络化发展，并且在操作系统之上出现了软件中间件等新的系统软件层；以操作系统为核心的系统软件所管理的硬件资源从一台计算机，演化为管理局域网内甚至广域网上的成千上万台计算机。软件质量的关注点也开始发生变化，使用质量日趋重要，安全、信任、绿色等一些新的质量属性开始受到重视。

互联网环境下层出不穷的新型应用模式和计算模式，使软件的形态、行为以至软件的开发和运行方式都发生了进一步的变化。把互联网当做一台计算机，研究其上的软件范型、开发方法、运行机制和质量度量评估，已经成为目前急需解决的热点问题。

二、前沿热点

1. 软件服务化

软件服务作为一种新的软件形态，已经成为软件技术的主要发展方向。软件服务化是指将软件的功能以服务的形式通过互联网来交付。软件由服务的运营商负责运维，用户无需一次性购买软件和硬件，也无需考虑软件的维护和升级，只需交纳使用的服务费用。这种“只求使用、不求拥有”的软件使用模式，只有将软件和互联网结合才可能实现。

软件服务一般由第三方独立开发，以可共享和集成的资源为基础构建，对外表现为一个相对独立的业务功能，具有较大的粒度和较强的结构独立性，便于使用者直接使用。目前，网络上已经存在了相当规模的软件服务资源，学术界和工业界围绕着软件服务及其实现技术——主要是服务组装和管理，以及服务计算中的数据管理等展开了大量研究与实践。在开放网络环境下，软件服务化仍有一些问题亟待解决，包括对遗产软件系统（legacy software system）作尽可能的非侵入式重构并服务化、快速准确的服务发现、明晰一致的服务语义、按需的服务协同、灵活的服务组装、可信的服务质量、跨域服务的安全保障等。

软件服务进而延伸为“平台即服务”（platform as a service，PaaS）和“软件即服务”（software as a service，SaaS）。在 PaaS 方面，微软公司于 2008 年 10 月推出了 Windows Azure 云计算平台，让 Windows 操作系统由单机延伸到互联网上；谷歌公司于 2009 年推出了 Google AppEngine 平台，为应用开发者提供在线的开发环境和部署服务。在 SaaS 方面，微软公司推出了 Software + Service 的模式，谷歌公司推出了在线文档服务 Google Documents 等。云计算是计算模式的一次重要变革，软件服务化正是云计算的核心使能技术之一[1]。随着云计算逐渐成为信息技术应用的主流模式，软件服务必将受到更多的关注，面临更多的挑战。

2. 软件可信性

基于网络的复杂软件这一新的软件形态，对软件质量的保障、度量和评估提出了新需求，软件质量的关注重点也开始从系统质量转移到使用质量，并提出了更综合的可信性要求。可以说，可信性是软件质量的一种特殊的表现形式，所关注的是使用层面的综合化的质量属性及其保障形式，涉及多个质量属性的集合，也涉及这些属性的综合和平衡。可信性凸显了人们对开放环境下质量属性的新关注点，既是传统软件质量的延伸，也承载了新的质量属性和要求。

软件可信性的研究主要包括软件可信性的度量和评估，以及从软件开发和运行支撑的角度开发保障方法和技术。一方面，近几年软件分析技术（尤其是静态缺陷分析技术等）的不断发展和成熟，为软件可信度量提供了更为丰富的证据。另一方面，针对不同的应用需求，工业界和学术界也从不同的角度和层次综合相关软件的质量属性，形成了不同的可信性度量模型。虽然这些模型并未达成完全的共识，但总体而言，是大同小异。对可信性保障方法和技术的研究，大体上还是已有方法和技术针对新的质量属性以及多个质量属性的组合或平衡的延展和深化。例如，软件测试自动生成技术、模型检测技术的显著进步，为确保开发出可信的软件提供了重要保障；运行监控技术日趋成熟，增加或优化了软件运行机制，并建立了软件可信性保障的最后防线。

目前，与可信相关的研究在全球受到重视。美国国家软件发展战略（*National Software Strategy to Ensure U. S. Security and Competitiveness*，2006～2015）[2]将开发高可信软件放在首位，并提出了下一代软件工程的构想。发达国家的政府组织、跨国公司、大型科研机构等均认识到软件可信性的重要性，有针对性地提出了相关研究计划。

3. 绿色软件技术

近年来，信息技术产业已经成为能源消耗最大的产业之一，随着全社会对低碳经济的关注，除了性能指标外，软件技术也需要满足包括功耗/能耗在内的绿色和低碳指标，以促进整个信息产业向绿色化发展。绿色计算的主要目标之一是降低计算机系统运行时的能量消耗，进而通过计算机系统散热的减少而降低相应的冷却能耗，达到环保和绿色的目标。

绿色软件技术[3]涉及的范围较广。首先，软件能耗优化技术会涉及不同层次的软件系统，包括应用程序、编译器、中间件、操作系统等，在不同层次的软件系统中可以应用相应的优化技术来降低软件的能量消耗。其次，软件低能耗技术还会与系统硬件中的低功耗技术结合起来，通过软件的方式来调节系统硬件中的不同功耗级别，以达到更好地降低系统总体能耗的目标。绿色软件技术主要关注如何对大规模的计算机系统进行节能，例如，高性能计算机系统可以通过采用图形处理器（GPU）来提高单位瓦特的运算能力，大型数据中心中可以在工作负载较低的时候通过把负载迁移到少量服务器上来节省电能，等等。

绿色软件技术不仅存在于软件运行阶段。为了能够开发出真正绿色的软件，软件开发过程的每个阶段都需要考虑软件的能耗。2009 年国际软件工程大会（ICSE’09）提出了绿色软件工程的概念，强调把对能耗和功耗的考虑加入到软件工程生命周期中，并分析了在软件开发不同阶段需要考虑的与能耗相关的技术。当前，在软件工程技术各生命周期阶段的研究人员都已经开始把能耗作为重要的关注点之一。

4. 基于数据的软件工程方法

基于数据的软件工程[4,5]，旨在通过对过往软件开发过程各个阶段数据的分析和抽象，获得并积累软件开发知识与规律，为今后的软件开发提供及时、有效的信息以辅助开发人员进行决策判断。大型软件开发公司往往积累了大量的私有历史数据，这些历史数据对于指导公司决策具有重要意义，这也是产生基于数据的软件工程的重要动力之一。另一方面，开源世界里存在大量的公共历史数据，它们为基于数据的软件工程提供了数据基础，进一步促进了基于数据的软件工程的发展。

软件开发过程中积累了丰富的数据，包括开发团队信息和开发过程中使用的各种软件库等。典型的软件库包括历史库（如版本管理库、软件故障库）、运行库（如部署日志）、代码库（如 Sourceforge. net、Google Code）。基于数据的软件工程，以软件开发过程的历史数据为基础，通过数据分析建立数据间的关联，挖掘出针对特定软件系统/软件项目或任意软件系统/软件项目等的有用信息，整理成知识或总结成规律，为将来的软件开发过程给出指导。基于数据的软件工程的研究主要集中在数据的抽取和分析：数据抽取旨在使用各种信息抽取技术，从软件开发过程中的各种历史数据中抽取出有意义的信息或知识；数据分析旨在通过建立数据关联、进行数据分析，获得有指导性的结论。

5. 全球化的软件开发技术

互联网和通信设备的发展，淡化了地域对软件开发的影响，促进了全球各地域之间联系纽带的建立，进而使得全球化的软件开发成为可能。全球化的软件开发[6]，有效地利用各地区的资源，将软件项目分解并把任务分配给各地区完成，进而提高了软件开发的效率，降低了软件项目的开发成本。某种意义上，全球化的软件开发蕴涵了网络化软件开发和外包开发的双重含义。

全球化的软件开发中的重大挑战在于跨地域的协调。开发团队的地理位置距离越远，团队的协调障碍越大。全球化的软件开发，因其开发团队的地理位置分布，会带来不同程度的协调问题。协调问题的具体表现为有效沟通少、成员状态不透明、开发过程工具不兼容等。全球化的软件开发技术，主要研究全球化软件开发中的通信、协同、协调和知识管理（如群体智慧等），以及支持全球化软件开发的方法、过程和工具等。目前，全球化的软件开发日益成为软件领域（包括学术界和工业界）关注的焦点之一，也成为很多国际会议的主题。

6. 网络化操作系统

随着互联网的发展，作为软件运行支撑技术核心的操作系统也在发生着巨大的变化。操作系统管理的对象从单机变成了整个互联网上复杂和海量的资源；同时，操作系统要管理更加多样化的应用，面临新的共性凝练和基于共性的个性定制；需要支持新型的应用模式（例如 SaaS），并且支持服务的“按需使用”；需要支持用户以多种不同终端设备访问所需的服务。

网络化操作系统[7]的研究主要集中在大规模数据存储技术与大规模资源管理。一方面，数据中心往往要保存数以千万亿字节（PB）计的大规模数据，因此需要在数据的存取效率、数据安全、数据可靠性等方面提供新的技术。另一方面，由于数据中心往往需要管理成千上万台计算机集群，因此需要借助虚拟机技术来实现对大量计算机的透明管理，从而可以实现资源的统一管理、负载均衡、任务调度和在线迁移等。

为了支持新型应用模式与多样的终端设备，运行在大型数据中心之上的网络化操作系统提供了对新型编程模型（例如 Map/Reduce）的支持，支持应用和服务的按需安装和使用（如 Apple AppStore），并且开始为包括个人计算机、平板电脑、智能手机在内的不同终端提供统一的服务访问方式。网络化操作系统正在向“云”和“端”一体化、服务和应用一体化管理的方向演变。

总体上，网络操作系统的研究进展体现了构件化、虚拟化、服务化、个性化的大趋势。操作系统的构件化使之能够更好地支持定制、按需加载和动态演化。虚拟化技术使互联网成为一个虚拟化的计算平台，提供虚拟化的数据存储和计算能力。服务化使得用户可以随时随地通过任何设备访问无处不在的服务。此外，网络操作系统的趋势还体现了基于强大共性资源的个性化定制，以满足面向公众、部门、行业、家庭或个人的不同操作系统需求 。

三、国 内 现 状

虽然国内软件技术研究还落后于以美国为代表的发达国家，但是，长期以来，在国家各种科研计划的支持下，我国在许多领域已取得了可喜的进展。

国家自然科学基金的重大研究计划“可信软件基础研究”[8]，探讨了可信软件的形式化理论体系，为量化、推导和验证软件系统的可信性提供了理论基础；建立了可信软件及其环境构造与验证、演化与控制的方法和关键技术体系，实现了可信软件开发工具和运行支撑平台及环境，从而促进了软件从传统的单一度量理论到综合性的可信度量理论及其构造方法的集成升华 。

根据我国对互联网及其应用的认识和理解的逐步深入和细化，国家“973”计划部署了对网络环境下复杂网构软件[9]、虚拟计算环境[10]和软件服务等方面的研究工作。针对网络环境下复杂网构软件，研究从可信的角度进一步完善和拓展网构软件的概念和技术体系，研究满足质量需求并保障可信度和服务质量的软件构造方法，以及凝练共性管理功能并保证软件可信、高服务质量运行的软件运行支撑技术。以“聚合与协同”为构建虚拟计算环境的新途径，针对互联网资源的自然特性，研究开放环境下的按需聚合问题、分布自治资源的自主协同问题，以及聚合与协同的计算性质等。

国家“863”计划重点项目“高可信软件生产工具及集成环境”，以可信的软件资源为主要关注点，建立了大规模的可信软件资源库，开发了相应的软件工具集。在可信软件生产的关键技术，如可信软件开发建模、可信软件度量验证，以及可信软件监控、评估与管理等方面取得重要进展，并构建了支持群体智慧和协同开发的开放平台。

在“十一五”期间启动的国家“核高基”科技重大专项，不仅重视传统操作系统的研发，而且重点关注了软件中间件、网络化操作系统和网络化应用支撑工具的研发（如面向以智能手机为主的新型应用模式的透明网络化操作系统、集成化中间件套件“四方国件”等）。

四、未来展望

随着互联网的广泛和深度应用，计算机的应用模式发生了巨大变化，涌现出了SaaS、应用软件商店（如 Apple AppStore，Android Market）等新型的应用模式。计算机应用环境发生了变化，出现了多网络环境、数据中心、物联网等。计算机的硬件设备也发生了变化，人们开始更多地关注多核、智能终端设备以及大型数据中心等新型硬件环境。应用模式、应用环境和硬件设备三个方面的变化，促进了软件技术体系的进一步演化。软件技术特别需要一种适应复杂开放、动态多变的网络环境的软件新范型。可信和绿色等新的软件质量属性将受到更多关注。软件开发和运行技术将会向巨复杂性的控制、网络应用共性的凝练、自动化生产和配置能力的增强、能源的优化利用，以及人机交互的自然易用等方面进一步发展和深化。

现代信息技术正在朝着网络化、智能化和普适化的方向迈进。人类社会、信息空间和物理世界正在实现全面连通并相互融合，一种全新的人机物和谐共生的信息技术发展模式正在孕育之中。而这样的发展趋势也同时孕育了对软件技术的一系列新挑战。

参　考　文　献

[1] Armbrust M，Fox A，Griffith R，et al. A view of cloud computing. Communications of the ACM，2010，53（4）：50～58

[2] The National Software Strategy Steering Group. Software 2015：A national software strategy to ensure U S security and competitiveness. 2005，The 2nd National Software Summit（NSS2）

[3] Saxe E，Power-efficient software. Communications of the ACM. 2010，53（2）：44～48

[4] Buse R P L，Zimmermann T. Analytics for software development. In：Roman G Q，Sulliran K. Proceedings of the FSE/SDP Workshop on Future of Software Engineering Research. NY：ACM Press，2010，77～80

[5] Hassan A E，Xie T. Software intelligence：Future of mining software engineering Data. In：Roman G Q，Sulliran K. Proceedings of the FSE/SDP Workshop on Future of Software Engineering Research. NY：ACM Press，2010，161～166

[6] Herbsleb J D. Global software engineering：The future of socio-technical coordination. In：Briand L C，Wolf A L. Proceedings of the Future of Software Engineering. Washington D C：IEEE Coumputer Society. 2007，188～198

[7] Bavier A，Bowman M，Chun B，et al. Operating system support for planetary-scale network services. The 1st Conference on Symposium on Networked Systems Design and Implementation，USENIX Association，2004，253～266

［8］刘克，单志广，王戟等．“可信软件基础研究”重大研究计划综述．中国科学基金，2008，3：145～151

［9］Mei H，Liu X Z. Internetware：An emerging software paradigm for internet computing. Journal of Computer Science and Technology，2011，26（4），588～599

［10］卢锡城，王怀民，王戟．虚拟计算环境 iVCE：概念与体系结构．中国科学：E 辑，2006，36（10）：1081～1099

The Status of Software Technologies

Mei Hong，Hao Dan，Guo Yao

（Key Laboratory of High Confidence Software Technologies，Ministry of Education，School of Electronics Engineering and Computer Science，Peking University）

Computer software is defined as the collection of programs，data，and documents that collaborate to accomplish specified tasks on a computer system. Software is the soul of the whole computer system. Since the birth of software technologies，researchers more and more focus on software paradigm and its evolution. And surrounding the paradigm，there are two main technology threads. The first is research on software development technologies，which includes software development methodology，as well as its engineering principles，supporting tools and environment. The second is research on software runtime technologies，which includes system software technologies like operating systems，middleware，and so on. This paper introduces the leading edge software technologies in these two threads and the current status of research and practice of software technologies in China. Also the paper describes the future perspective of software technologies.

2.5 信息安全技术新进展

冯登国　苏璞睿

（中国科学院软件研究所）

2009 年，美国成立了网络战司令部，整合了其网络空间的作战力量，将网络战提升至新的战略高度。这一历史性事件对信息安全的发展产生了深远的影响。2011 年 5 月，美国又发布了《网络空间国际战略》（*International Strategy for Cyberspace*）。

美国等国家在网络空间安全战略上的调整在一定程度上促进了信息安全攻防两方面技术的发展和进步。移动互联网、云计算等新型网络环境和新型计算模式，给信息安全技术带来了新的挑战和发展机遇。面向新型网络环境、新型计算模式的信息安全技术体系正在逐步形成。同时，信息安全技术领域的传统热点问题、热点方向也取得了一系列的突破。下面将对国内外信息安全技术的新进展、新态势进行分析，并探讨未来的技术发展方向。

一、国外新进展

1. 密码与安全协议

密码技术方面的成果非常丰富且深入，近几年突出的成果有两个：一是全同态加密方面的成果，二是轻量级密码方面的成果。

全同态加密的思想由 Rivest、Adleman 和 Dertouzos 于 20 世纪 70 年代后期提出，近 30 年来一直被密码学界视为一个海市蜃楼般的问题，一些密码学家誉之为“密码学圣杯”。2008 年，时为斯坦福大学计算机科学系博士研究生的金特里（Craig Gentry）基于理想格构造出了第一个全同态加密（FHE）方案，最终解决了这个重要的密码技术问题，该成果发表在 2009 年国际计算机协会计算理论年会（ACM Symposium on Theory of Computing，STOC）上。2009 年，麻省理工学院的戴克（Marten van Dijk）与金特里等合作，构造出了一个更简洁的整数环上的 FHE 方案，该成果发表在 2010 年 6 月在法国尼斯召开的 2010 年欧洲密码会议（Eurocrypto）上。该技术的突破有助于改变或消除公众对云计算应用安全问题（特别是隐私保护问题）的普遍担忧，必将催生一批新的成果。国际计算机协会（Association for Computing Machinery，ACM）在其旗舰刊物 *Communications of ACM*（2010 年第 3 期）上以“一睹密码学圣杯芳容”为题并以“重大研究进展”的形式对该成果进行了专题报道[1]。

作为密码算法的使用环境，无线传感器和物联网具有相同的特征。首先，它们的应用组件不同于传统的台式机和高性能计算机，而是计算能力相对较弱的嵌入式处理器；其次，由于应用环境的关系，计算过程可使用的存储空间往往较小；最后，考虑到各种设备的功能需求，能耗必须限制在某个范围之内。可见，传统密码算法不能很好地适用于这种环境。适宜资源受限环境中使用的密码算法，即轻量级密码成为一个新的研究热点。近几年，轻量级密码的研究已取得了丰富的成果。国际标准化组织正在制订轻量级密码的相关标准，其中包括轻量级的分组密码、流密码、数字签名等[1]。

安全协议方面有两个成果值得关注，一个是传输层安全协议/套接层安全协议（transport layer security/secure sockets layer，TLS/SSL）的安全性分析成果，另一个是芯片卡安全协议 EMV（europay，mastercard and VISA）的安全性分析成果。

国外安全专家 Ray 于 2009 年指出，TLS/SSL 安全协议存在以下安全缺陷：客户端和服务器之间的重协商存在着鉴别不一致的问题，从而导致在重协商和初始协商之间发生了匹配错误。攻击者利用这个缺陷可以拦截客户端的传输层连接，插入自己选择的数据，并把它作为客户端与服务器之间交互通信的前置数据。不过，安全重协商扩展的方法可以有效防止上述攻击，因此，这个缺陷不会对 TLS/SSL 构成现实的威胁。可见，即使像 TLS/SSL 这样一个经过千锤百炼的安全协议还不断出现漏洞。同时这也说明，设计一个安全协议是一件很不容易的事情。

在 2010 年的 IEEE Security and Privacy 学术会议上，来自剑桥大学的研究人员宣布攻破了 EMV 协议。EMV 协议标准是由国际三大银行卡组织共同发起制定的从磁条卡向智能 IC 卡转移的银行卡技术标准，是目前基于 IC 卡进行金融支付的全球统一标准。以 IC 卡、现场可编程门阵列（field programmable gate array，FPGA）和电脑为平台。研究人员实现了针对 EMV 协议的中间人攻击。

2. 网络攻击与渗透

随着国家力量的不断介入和支持，近年来网络攻击与渗透技术有了突飞猛进的发展，表现出了更强的渗透能力、更好的隐蔽性和更大的破坏性。这点可以从一些安全事件中看出。2010 年 6 月爆发的震网蠕虫（Stuxnet）开启了网络战的新纪元。该病毒感染并破坏了伊朗纳坦兹的核设施，并最终使伊朗的布什尔核电站推迟启动。这是有史以来第一个以关键工业基础设施为攻击目标的蠕虫。该蠕虫最善于发掘和利用数据采集与监视控制系统（supervisory control and data acquisition，SCADA）中的漏洞。由于这种控制系统广泛应用于各工业领域，所以，该蠕虫的危害具有很强的普遍性，其攻击技术具有划时代的意义。

此外，为了提高网络攻防技术的研发能力及其产品的水平，各国迅速构建了进行大规模网络攻防演练的环境。自 2004 年以来，美国国家科学基金与国土安全局等支持了 DETER（cyber-defense technology experimental research）、EMIST（evaluation methods for Internet security technology）等多项研究计划与项目。2008 年 5 月，美国 DARPA（Defense Advanced Research Projects Agency）战略技术处发布了“国家网络靶场”项目。该项目是美国国家网络安全综合计划的一个组成部分，将为美国国防部模拟真实的网络攻防作战提供虚拟的环境。

3. 云计算安全

云计算是继互联网之后的又一个重要经济增长点。但目前云计算的发展已面临着严重的安全问题[2]。

在云安全的整体架构和规范方面，2009 年 RSA（Rivest Shamir Adleman）大会宣布成立云计算安全联盟（Cloud Security Alliance，CSA）。CSA 确定了云计算安全的 15 个焦点领域（包括加密和密钥管理、认证和访问管理、虚拟化、应用安全等），并对每个领域给出了具体的研发建议。

虚拟化技术是构建云计算平台的基础技术之一。在虚拟化系统安全方面，斯坦福大学的 T. Garfinkel 等开发了保护虚拟机内核的 Livewire 系统和保证虚拟机不受特权用户侵害的 Terra 系统等。IBM 研究中心的 S. Berger 和 J. Trent 等在安全 Hypervisor 和虚拟化可信平台方面取得了突破，提出了 Hypervisor 和虚拟机的完整性检测方法，以保证 Hypervisor 平台、虚拟机及其上运行的应用系统的安全启动。

国际主要 IT 厂商也纷纷推出了自己的云计算安全产品与方案。Sun 微系统公司发布开源的 OpenSolaris 虚拟私有云（virtual private cloud，VPC）等云计算安全工具，可为亚马逊（Amazon）公司的云计算服务 EC2（elastic compute cloud）、云存储服务 3S（simple storage service），以及虚拟私有云平台提供安全保护。微软公司为云计算平台 Azure 建立了代号为 Sydney 的安全计划，可帮助企业用户在服务器和 Azure 云之间安全地交换数据，以解决虚拟化、多租户环境中的安全问题。EMC、英特尔、VMWare 等公司联合设立了一个"可信云体系架构"的合作项目，并提出了一个概念证明系统。该项目结合英特尔公司的可信执行技术（trusted execution technology，TXT）、VMWare 公司的虚拟隔离技术、RSA 公司的 enVision 安全信息与事件管理平台等技术，构建了从下至上值得信赖的多租户服务器集群。

4. 移动互联网安全

在移动网络协议的安全性方面，Tobias Engel 等指出了移动通信和网络协议上存在的一系列安全漏洞。其中较为典型的是移动网络漫游协议漏洞。在该协议中，移动网络标准第三代合作伙伴计划（3GPP）TS 29.002 给予运营商权限，可向任意用户发送短信漫游查询信息。只需在任意一个国家的移动运营商中接入一台服务器，便可通过搜集基站地理位置的方式，确定世界上任意一个移动用户所在的位置。2010 年，Karsten Nohl 等提出，通过改造移动终端，可嗅探全球移动通信系统（global system for mobile communications，GSM）的信息并针对移动网络 A5 的加密算法进行攻击，以获取周围用户的通话和短信内容。该攻击技术不仅使用户的通话和短信等隐私不复存在，同时也给普遍使用的手机银行、基于 GSM 网络实现的联网远程支付、手持式 POS 系统等带来极大的安全威胁。

在安全防护方面，信息安全公司 SafeNet 在 2011 年发布了新型移动设备的认证方案，将移动设备的证书管理集成到一个统一的方案中。在 SafeNet 认证管理器（SAM）完全可信的认证环境中，组织机构可确保只有经过授权的个人移动设备可以访问企业网络和资源。2011 年年底，IBM 公司与 Juniper Networks 公司合作推出了托管移动设备安全管理服务，主要帮助企业中的移动设备能安全地访问企业数据，可应对监控数据丢失、设备被盗、未经授权的访问、恶意软件、间谍软件和不适当的应用程序带来的种种风险。

二、国内新进展

近年来我国一直高度重视信息安全技术的研究及其产业的发展，已经初步建立了较为完善的信息安全技术创新体系和较为完整的信息安全产业链。国内的信息安全学术团体逐步壮大，越来越多的学者走向国际舞台，并受到国际同行的认可与关注[3]。他们在密码与安全协议研究方面展现了较高的研究水平和创新能力。杀毒软件、防火墙、入侵检测系统、PKI 基础设施等技术和产品实现了完全自主化，技术水平与国际厂商的差距正在逐步缩小，部分产品已具备了与国际厂商竞争的实力。

1. 密码与安全协议

密码技术方面有两个成果十分突出：一是椭圆曲线密码体制即 ECC 方面的成果。科研人员不仅自主研制并发布了 SM2 系列算法，而且积极推进其应用和升级换代。二是流密码方面的成果。科研人员自主研制了祖冲之密码算法（即 ZUC 算法），并努力把它变成国际标准。

安全协议方面发现了系列安全协议的安全性缺陷，特别是发现了高级内容访问系统（advanced access content system，AACS）标准存在的安全性缺陷。AACS 是一个光媒体记录保护系统的国际标准，该系统包括认证协议、设备撤销协议和叛徒追踪协议等。利用基于线性时序逻辑（linear temporal logic，LTL）的模型检测工具 SPIN 检测 AACS 认证协议，发现了该协议的一些弱点，提出了一个共谋攻击并构建了 LTL 的公式，这是首次发现的一种新颖的合谋攻击。此外，在可重置零知识证明理论方面取得了重大突破，证明了双重可重置猜想，其成果在 2009 年的理论计算机会议（Symposium on Foundations of Computer Science，FOCS）上宣读。双重可重置猜想是由普林斯顿大学著名的理论计算机科学家和密码学家巴拉克（Barak）、以色列魏茨曼研究院教授戈德赖希（Goldreich）、麻省理工学院教授戈德瓦瑟（Goldwasser）和以色列巴依兰大学教授林德尔（Lindell）在2001年的FOCS会议上共同提出的。同时，也解决了麻省理工学院教授Micali及其学生Reyzin在美洲密码会议（Crypto'2001）上提出的一个重要问题，相关工作发表在亚洲密码会议（Asiacrypt'2011）上。

2. 可信计算

我国在可信计算领域的重要贡献是打造了中国信息安全的DNA-TCM品牌。我国可信计算的发展可划分为三个阶段。

第一个阶段为2001～2005年，是跟踪研究可信计算工作组（trusted computing group，TCG）的技术理念的阶段。联想、兆日科技公司基于TCG技术体系开发出了相关产品。全国信息安全标准化技术委员会（TC260）WG1工作组成立了可信计算标准工作小组，努力推进可信计算标准的研究。

第二个阶段为2006～2007年，是建立自主技术理论和标准体系的阶段。我国开展了基于中国密码算法的可信计算技术方案的研究，提出了《可信计算密码应用方案》，之后组建了可信计算密码应用技术体系研究专项的工作组①，制定出了以可信密码模块（trusted cryptography module，TCM）为核心的《可信计算密码支撑平台技术规范》，并于2007年12月颁布了《可信计算密码支撑平台功能与接口技术规范》。

第三个阶段为2008年以后，是推动产业发展的阶段。在该阶段，TCM产品开始规模上市，并获得政府、军工、国计民生领域用户的高度认可。中国可信计算工作组目前有联想公司、同方公司、国民技术公司等29个成员单位。在政府的支持下，其大力推进中国可信计算产业的发展。到2010年，在中国可信计算工作组全体成员的共同努力下，我国已初步建立起由可信计算芯片、可信计算机、可信网络和应用、可信计算产品测评组成的产业体系。2008年中国信息协会信息安全专业委员会成立了可信计算联盟（China Trusted Computing Union，CTCU），以推进可信计算的产业化。

经过几年的发展，我国基于自主密码算法建立起了以TCM为核心的自主可信计算标准体系，打造了可信计算的产业链，打破了国际IT巨头对可信计算技术与产业的垄断局面[4]。

3. 移动互联网安全

为了保证移动互联网的安全，我国做了大量的工作。首先，我国积极参与了新

---

① 后更名为中国可信计算工作组（China TCM Union，TCMU）

一代移动通信国际标准的制定。2011 年 9 月在日本福岗召开的第 53 次 3GPP 系统架构组的会议上，我国自主研制的祖冲之密码算法成为新一代宽带无线移动通信系统（LTE）的国际标准。这是我国商用密码算法首次走出国门参与国际标准的竞争，并取得了重大突破，对全球移动通信产业和我国商用密码产业的发展具有重大而深远的意义。

其次，在智能手机的应用软件的安全方面，中国科学院软件研究所、工业和信息化部电信研究院、中国移动研究院都做了大量的工作，并在分析检测平台、检测技术标准方面取得了一定的进展，部分成果已在实际工作中得到检验。

最后，针对移动互联网中的淫秽、诈骗等不良信息的传播问题，2009 年 12 月，我国启动了全网不良信息监测系统的建设工作，2010 年 7 月系统正式投入运行。该系统在一定程度上提高了我国移动通信网络的安全性，遏制了不良信息的大范围、快速传播。

4. 网络安全态势监控与应急响应

为了保障网络基础设施的安全，我国近年来加强了国家网络空间安全事件监测能力的建设，已经初步建成了国家网络空间的安全态势监测与应急响应的技术体系，具备了对计算机病毒事件、蠕虫事件、木马事件等网络安全事件的监测能力。2010 年，监测发现木马控制服务器 IP 总数为 479 626 个，僵尸网络控制服务器 IP 总数为 13 782 个，僵尸网络受控主机 IP 总数为 5 622 023 个，总体较 2009 年下降了 52.8%[5]。

目前我国初步形成了以国家计算机网络应急技术处理协调中心为核心、各分中心为延伸，以骨干网络运营单位应急组织为主体，以社会安全防范机构、公司为支撑，以大学、科研院所为后援的应急体系。

三、未来展望

随着信息技术的进一步发展，信息安全技术的发展将呈现出如下的趋势。

1. 密码技术仍将是未来信息安全技术发展的关键和核心

密码技术是未来保障信息系统安全的重要基石，是解决信息保密、认证授权、身份鉴别等各类信息安全问题的基础理论和方法。密码技术的发展将表现出标准化、公理化和面向社会应用的实用化，同时将不断适应新技术发展的要求[3]。

2. 工业控制系统和国家基础设施将成为信息安全关注的焦点

自震网蠕虫事件发生后，针对工业控制系统和相关基础设施的攻击日趋增多，但相关的防护技术手段和产品严重缺乏，因此，工业控制系统和国家基础设施的信息安全保障问题将成为信息安全领域下一步关注的焦点。传统的技术手段可以借鉴，但仍有众多特殊问题（如安全控制措施的实时性问题和可靠性问题等）有待解决。

3. 新型网络环境和新型计算模式将成为信息安全技术研究的热点和产业发展的驱动力

近年来，云计算、物联网、三网融合等各类新型网络环境、新型计算模式不断涌现。这些技术和环境的变化，将引起新的信息安全的问题。解决这方面的问题不仅会给科学研究带来新的活力，也会给产业的发展注入新的动力。

参 考 文 献

[1] 中国密码学会．中国密码学发展报告2010. 北京：电子工业出版社，2011：140～159

[2] 冯登国，张敏，张妍等．云计算安全研究．软件学报，2011，22（1）：71～83

[3] 冯登国．国内外信息安全科学技术最新进展．电子政务，2010，7：27～33

[4] 冯登国，秦宇，汪丹等．可信计算技术研究．计算机研究与发展，2011，8：1332～1349

[5] 国家计算机网络应急处理协调中心．2010年中国互联网网络安全报告．2011. http://www.cert.org.cn/articles/docs/common/2011042225342.shtml［2011-12-10］

The Advancement in Information Security

Feng Dengguo，Su Purui

（Institute of Software，CAS）

The foundation of U. S. Cyber Command highly motivates the development of offensive and defensive information security technology，and also greatly promotes the progress of related research work. Internationally，there are some significant breakthroughs，such as fully homomorphic encryption，regarded as "the holy grail of cryptography"，which will change or eliminate the public concern about the security of cloud computing; Stuxnet worm shows the world the impact of vulnerabilities of industrial control system and its deconstructive power in cyberspace attacks，and opened a new era of network warfare; research on cloud computing security also makes some progress，new security architecture has been designed and lots of security solutions has been proposed; many security issues in untraditional research fields have been revealed, such as the vulnerability in mobile communication protocols, tapping of terminals and so on. In China, a series of cryptographic algorithms of SM2 have been successfully designed; based on our own cryptographic algorithms that Chinese researchers possess proprietary intellectual property rights, trusted computing standards have been established independently, and the monopoly of international IT giants in technology and industry of trusted computing has been broken; ZUC algorithm has been successfully developed and standardized as a new international algorithm for LTE. ZUC algorithm is the first international standard of commercial cryptographic algorithm of China; the infrastructure of network security monitoring and the emergency response system have been constructed. In the future, the cryptography will remain the basic for information security technology; industrial control systems and national infrastructure will be the hot spots of information security; new network environments and new computing models will become the hot spots of information security research, and progress of related research works will become the driving force of the development of information security industry.

2.6 未来网络的发展与展望

刘韵洁[1,2*] 黄 韬[2]

([1] 中国联合网络通信有限公司; [2] 北京邮电大学)

网络已成为当前社会的重要基础设施，其规模和影响力早已超出了最初设计时的预想。随着应用需求的不断增加，网络的下一步发展已引起全球范围内的广泛关注与重视。下文将概括当今互联网的发展现状及其面临的主要问题，详细介绍当前国外主要国家在未来网络领域的研究现状，以及我国在未来网络领域的研究进展，最后提出了对未来网络发展的相关思考。

一、互联网发展现状与面临的问题

互联网是人类历史上最重要的发明之一，它深刻地影响并改变着人们工作、学习和生活的方式，并为人类社会的经济发展、社会进步做出了巨大贡献。经过约40年的发展与应用实践，如今互联网已形成了覆盖全球的大规模网络，支持着各式各样的新兴应用，证明了其自身的巨大价值。然而，随着用户规模和业务规模的不断

* 中国工程院院士

增长，以及物联网、社会网络、大流量视频等新应用模式的出现，其体系结构中存在的一些问题和困难也逐渐凸显，这使互联网已难以适应全球网络规模的急剧扩张。

1. 可扩展性问题

一方面，随着用户数量和应用需求的不断增加，网络流量增加的速度已远远超过摩尔定律与路由器性能提升的速度，如图 1 所示。网络流量的激增迫使网络运营商不断进行扩容，并为之付出了大量成本[1]。另一方面，骨干路由器的路由表规模急剧膨胀，目前活跃路由表条目已经超过 35 万条[2]，而且正以网络中的每两年 1.3 倍的速度增长[3]。路由表的激增导致路由收敛变慢，网络稳定性下降。

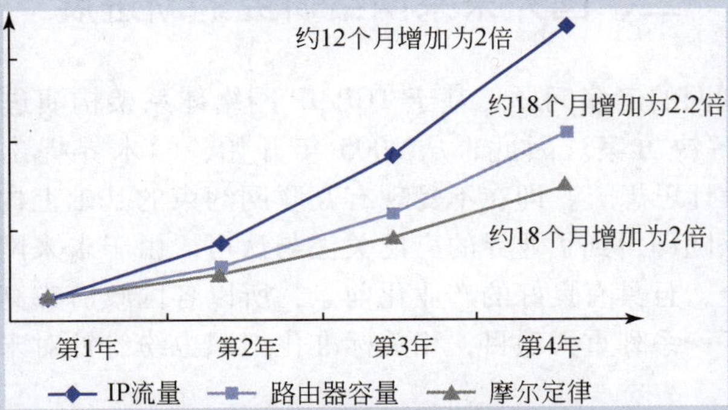

图 1 互联网流量、路由器性能与摩尔定律的增长

2. 安全性问题

随着互联网应用的发展，网络安全已成为它健康发展的一个重要挑战。由于互联网最初设计的主要目标是互联和资源共享，并未充分考虑到各种复杂的安全需求，虽然有 IPSec、DNSSec、RADIUS 等技术被提出以加强网络安全性，但整个互联网的安全保障基本仍处于被动应对的状态，研究人员未能找到根本性的解决方案。

3. 可管可控性与服务质量保障问题

现有互联网采取了“尽力而为”的设计机理，网络没有测量和状态感知的功能，也没有有效的控制手段，无法满足未来新型网络应用的需要。随着网络规模越来越大，如何实现网络系统的有效管控、自诊断、自恢复已成为亟待解决的科学问题。

4. 绿色与节能问题

现今的互联网早已成为耗能大户，截至2010年年底，互联网耗电量约占全球总电量的5.4%，并且以每年8%～10%的速度增长。思科公司的分析报告显示，一些高端路由器能耗甚至已高达兆瓦级。如何构建高效节能的信息网络已经成为影响国民经济和社会发展的重大科技问题。

综上所述，现有互联网的体系结构已难以应对在可扩展性、安全性、服务质量及绿色节能方面的诸多挑战，网络的可持续发展成为急需解决的重要问题。

二、国外未来网络研究的新进展

面对现有互联网的诸多问题，基于TCP/IP网络体系架构演进的方式很难从根本上提供系统的解决方案。因此，从2005年开始，学术界提出了“从头再来”（clean slate）的设计思想[4]，即在不受现有互联网约束的基础上构建全新的网络体系结构，这一思路随即得到了业界的广泛关注与认可。由于未来网络涉及国家的核心利益与信息安全，且具有良好的产业化前景，所以各国政府都高度关注这一领域的发展，并启动了一系列重大项目，相关标准化组织也纷纷针对未来网络开展研究工作。

1. 美国

2005年，美国国家科学基金（NSF）资助开展了未来互联网设计（FIND）计划[5]，专注于未来网络体系结构及关键技术的研究，包括新型体系结构、路由机制、网络虚拟化、内容分发系统、网络管理感知与测量、安全、无线移动等11个大项48个小项，涉及的研究领域相对全面。2010年，NSF又进一步专门支持了4项关于未来网络体系结构的研究项目：NDN、MobilityFirst、Nebula、XIA。这些项目分别从内容中心网络架构、移动网络架构、云网络架构、网络安全可信机制等方面进行研究。

全球网络创新环境计划[6]（GENI）是NSF于2005年启动的一个促进未来互联网革命性创新的计划，其目的是建设一个虚拟化、可编程、基于切片的大规模实验基础设施，以支持网络领域前沿科学与工程问题的研究。GENI的参与单位基本囊括了包括斯坦福大学、麻省理工学院在内的美国顶尖院校及重要研究机构。值得重视的是，随着GENI的推进，目前思科、瞻博、微软、NEC、IBM等公司以及AT&T、法国电信等运营商均已纷纷加入这一研究计划。现阶段，GENI已完成国家级中尺度的网络实验床原型的设计与部署（图 2），目前已进入第四阶段的研究。

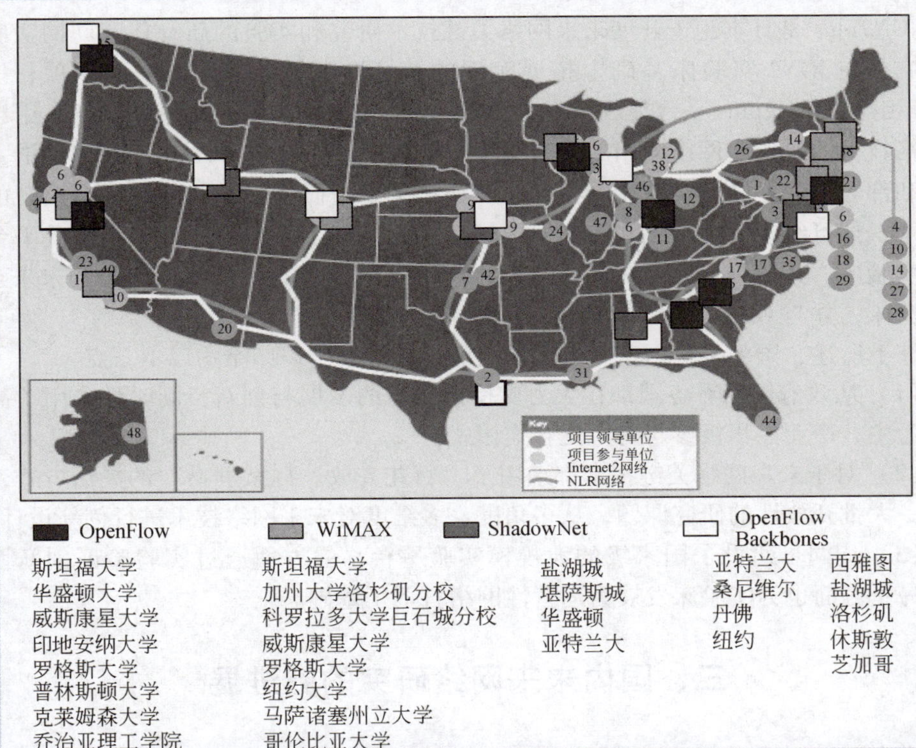

图 2　GENI 第二阶段网络实验床原型

注：图中数字表示 GENI 的子项目编号

2. 欧洲

欧盟在第七框架计划（FP7）中资助了超过 100 项未来网络研究领域的项目，包括：与未来体系结构相关的 4WARD、SAIL、CHANGE、PSIRP 等项目，与业务、软件与虚拟化相关的 ALERT、FAST、PLAY 等项目，与媒体网络相关的 3DLife、COAST、COMET 等项目，与物联网相关的 ASPIRE、COIN、SYNERGY 等项目，安全可信方向的 ABC4Trust、AVANTSSAR、uTRUSTit 等。此外，与美国 GENI 类似，欧盟也启动了面向实验床建设的 FIRE[7] 项目。该项目同样几乎囊括了欧洲产学研的所有顶尖机构。

3. 日本和韩国

JGN2plus 是日本用于开展未来网络关键技术研究和实验的新一代互联网实验平台，它是在 JGN2 实验床基础上拓展实现的，是日本最大的网络实验床项目。与 JGN2 相比，JGN2plus 平台集成了虚拟化服务的能力，能够提供各种服务，用以支持网络技术的研发和网络应用的创新实验。FIRST 是韩国于 2009 年 3 月启动的一个设计和部署未来互联网实验床的项目，该项目主要是研究未来互联网平台实现的核心技术，如可编程、虚拟化和控制架构等，在此基础上开发未来互联网实验平台并部署实验床。其最终目标是在韩国的 KOREN[8] 网络上部署一个面向服务的未来互联网实验床，并与 GENI 平台兼容，以开展广泛的国际合作。

综上所述，国外发达国家对未来网络的研究思路可以归结为以下三点。

（1）从政府层面看各国都在大力支持该领域的发展与创新，同时都采用了高校力量为主、产业界积极参与的广泛合作模式；

（2）对于未来网络关键技术都采用了“百花齐放、百家争鸣”的灵活方式，支持了一大批开放性的研究课题，从多角度、多维度对未来网络技术进行创新设计；

（3）均同步建设了国家级的大规模实验平台，一方面通过实验验证创新性技术，另一方面也为实验床发展为运营性网络打下了基础。

三、国内未来网络研究的新进展

未来网络领域也得到了我国领导人的高度重视，温家宝总理和胡锦涛总书记先后在面向首都科技界讲话[9] 和两院院士大会[10] 中强调，要加强“后 IP 网络”和“新一代互联网”的研究。科技部、国家发展和改革委员会、国家自然基金委员会、中国工程院、中国科学院等机构均开始重视这一领域的研究，并启动了多项科研计划。

1. 发展战略

在未来网络发展战略方面，中国科学院与中国工程院相继发表研究报告，阐述我国未来网络研究的必要性与紧迫性，并分别从基础科研和工程技术两个角度指明了我国未来网络发展的战略方向。

2009 年，中国科学院发布了“创新 2050：科学技术革命与中国的未来”报告，在这份面向 2050 年的信息领域科技发展路线图中，明确提出了建立普惠泛在的信息网络体系的设想，给出了从基于 IPv6 的下一代网络向超越 TCP/IP 的未来网络过渡，探索后 IP 网络的新原理，开展基于后 IP 网架构的新技术研究和信息基础设施建设的重要建议。

2009 年，中国工程院与国家自然科学基金委员会也联合启动了“面向 2030 年中国工程科技中长期发展战略研究”项目，在未来网络技术发展及应用趋势子课题中，详细研究了我国面向 2030 年的未来网络重大战略需求，分析了我国该领域的战略定位、发展思路及发展目标，并提出了拟开展的重大工程科技专项及相关的政策措施建议。

2. 关键技术的基础研究

在未来网络关键技术的基础研究方面，从 2007 年开始，在国家“973”计划等项目的资助下，清华大学、北京交通大学、北京邮电大学等单位在 IPv6、互联网可信、移动性及可管可控等方面开展了相关研究，并对未来互联网新型体系结构及路由节点模型进行了前期探索，已取得了一定的成果。

2012 年，科技部又重点启动了“973”计划项目“面向服务的未来互联网体系结构与机制研究”，该项目侧重研究以服务为中心的未来网络体系结构，重点针对未来网络体系结构的系统模型、服务标识及迁移机理、高效路由及智能传输机理、安全及可信机理、经济学与科学模型等重要问题展开研究，期望能够从体系结构出发根本性地解决互联网发展面临的诸多问题。

3. 实验平台

国家发展和改革委员会将在“十二五”时期国家重大科技基础设施专项中启动“国家未来网络创新基础设施”项目。该项目拟构建一个开放的、支持网络虚拟化、可重构、可测量的网络实验平台。该平台由原创性的网络设备和资源监控管理系统构成，规模覆盖大于 10 个城市，可支持不少于 128 个异构网络并行实验，支持若干应用系统的验证，并与国内外主要试验网实现互联，以满足对网络体系结构与核心技术创新研究的试验验证需要，服务于我国网络科学的基础研究。实验平台将从虚拟化、可编程、感知测量、网络管控、融合互通、绿色节能等方面进行创新设计，使平台指标达到国际先进水平，建成一个具有自主知识产权的网络创新基础设施。

四、未来的思考

纵观国外在科研项目、技术标准、实验平台等方面的工作可以看出，我国在未来网络领域与国外已有不小差距，亟须对该领域给予足够重视，并集全国之力量对关键技术进行攻关，同时加强国际标准制定，积极争取在未来网络研究领域内的话语权，以便在未来的网络发展中占据主动地位。

未来网络的技术发展方向与路线将呈现如下趋势。

1. 以信息为中心将成为网络的重要发展方向

传统网络的设计主要关注信息的传输，因此采用了基于 TCP/IP 的端到端系统架构，在未来网络中，用户将更加关心其所希望获取的信息、内容及服务，而不关心这些内容在哪里。未来网络的设计思想正逐步从基于节点与节点之间的连接转变为信息与信息之间的连接。以信息为中心、内容为中心、数据为中心、服务为中心等的网络架构正成为未来网络的重要发展方向。

2. 计算和存储将成为网络的重要功能

现有网络中的数据存在严重的冗余传输，造成了极大的浪费。随着产业界的技术进步，存储成本呈快速下降趋势，在网络中合理地集成存储能力、采用存储换带宽正成为一种可行的设计思路。此外，随着并行计算、效用计算、高性能计算等技术的逐步成熟，计算能力与网络基础设施的融合也成为未来网络发展的重要方向之一。

3. 基于云架构设计未来网络将成为重要趋势

目前电信业务正逐步与云计算技术深度结合，基于云架构的新型网络体系结构将成为未来网络发展的重要方向。一方面，基于云架构可实现资源的智能管控、调度、分发与迁移；另一方面，通过云联邦可完成公用数据中心、企业数据中心、电信级数据中心的资源共享，实现跨 ISP 的高效互联互通。

4. 未来网络将融合更多的智能要素

网络通过多种测量和分析的手段，将具有多种感知的能力，包括网络时延、瓶颈带宽、拓扑信息等网络感知能力；内容流行度、内容拓扑、内容预分等内容的感知能力；应用需求、负载均衡、服务质量（QoS）与用户体验（QoE）等服务感知能力；基于位置、语义相关等的情境感知能力。以内容感知网络为代表的新技术正成为网络发展的重要方向。

5. 软件定义网络将成为未来网络的基本功能

虚拟化技术正日益渗透到网络基础设施（路由交换设备、数据中心）中，虚拟网络运营或成为未来的发展趋势。OpenFlow[11,12]是GENI近期成果中最重要的工作之一，其核心就是利用软件定义网络（software defined network，SDN）的思想实现网络控制和承载的分离，使用户可以采用软件定义的方式实现网络的虚拟化切片与可编程控制。2011年，谷歌、思科、脸谱、微软、华为等网络领域多家著名企业联合成立了开放网络基金会（ONF）[13]，着力于OpenFlow的标准化工作，从而推动软件定义网络的发展，以实现基于软件的、灵活可重配置的未来网络架构。

6. 亟须找到克服现有网络问题的过渡性方案

现有网络面临着骨干网流量冗余、网络时延等紧迫的问题，亟须找到既能解决现网问题又符合未来发展方向的过渡性设计思路与方案。例如，引入基于云架构的思想来进行资源管控与调度，尽量使网络资源贴近用户，通过在网络中集成存储与分发能力，以缓解网络流量冗余传输的问题，提高用户服务质量。

7. 标准化工作将成未来网络领域的工作重点

目前，全球各标准化组织已经充分认识到未来网络研究领域的发展潜能，纷纷启动相关标准的制定工作。国际电信联盟电信标准化部门（ITU-T）SG13研究组成立了FG-FN未来网络焦点工作组，对未来网络的愿景、需求、新技术、时间表及标准化等问题进行了探讨，在网络标识、网络虚拟化、自主管理与维护、节能网络等方面已取得较大进展。互联网研究任务组（IRTF）也正在开展包括虚拟网络、路由交换、信息中心网络等新型网络技术的研究工作。互联网工程任务组（IETF）则在2011年11月于台北举办的第82次会议上通过了软件驱动网络（software derived network，SDN）工作组成立的议题[14]。

综上所述，未来网络正呈现出诸多新的发展趋势，在现有技术的基础上，未来网络技术将更加贴近用户需求，更加符合社会可持续发展，将会是一个开放共享、支持移动、安全性强、绿色节能、简单透明的网络。

五、结　语

未来网络是一个充满机遇与挑战的发展方向，目前国内外已逐步取得广泛共识，但其基础理论和关键技术还有待进一步努力和攻关。建设具有自主知识产权的网络实验床的意义非常重大。它一方面能够支持现有的未来网络创新研究，带动未来网络技术的发展，另一方面能够摆脱对国外实验平台的依赖，保障国家的核心利益和安全，推动我国在未来网络产业领域中占据有利的位置。

面对上述机遇与挑战，只有集全国该领域的科技力量和国内资源，本着开放、共享、合作的原则，并与国外紧密合作，才能在不远的将来取得突破性进展。

参 考 文 献

[1] 蔡涛，王凯．如何应对后摩尔时代骨干网的挑战．华为技术，2010，12（52）：17～18

[2] APNIC，BGP Routing table analysis report. 2011. http：//bgp. potaroo. net/as2. 0/bgp－active. html［2011-10-10］

[3] Meyer D，Zhang L，Fall K. RFC 4984 on Report from the IAB workshop on routing and addressing. 2007

[4] Anderson T，Peterson L，Shenker S，et al. Overcoming the Internet impasse through virtualization. IEEE Computer Magazine，2005，38（4）：34～41

[5] National Sanitation Foundation. FIND project. 2006. http：//www. nets-find. net/index. php.［2007-05-09］

[6] GENI Project Office. GENI project. 2006. http：//groups. geni. net/geni［2007-05-20］

[7] Gavras A，Karila A，Fdida S，et al. Future internet research and experimentation：The FIRE initiative. ACM SIGCOMM Computer Communication Review，2007. 37（3）：89～92

[8] Park M K，Lee J Y，Kim B C，et al. Implementation of a future Internet testbed on KOREN based on NetFPGA/OpenFlow switches. NetFPGA Developers Workshop，Stanford University，2009：1～4

[9] 温家宝．让科技引领中国可持续发展．2009. http：//www. gov. cn/Idhd/2009-11/23/content_ 1471208. htm［2009-11-23］

[10] 胡锦涛．在两院院士大会上的讲话．2010. http：//news. xinhuanet. com/mrdx/2010-06/08/content_ 13634428. htm［2010-06-07］

[11] Meeker M，Devitt S，Wu L. Internet trends. 2011. http：//www. morganstanley. com/institutional/techresearch［2011-06-27］

[12] McKeown N，Anderson T，et al. OpenFlow：Enabling innovation in campus networks. Sigcomm CCR，2008，38（2）：69～74

[13] Markoff. Open networking foundation pursues new standards. 2011. http：//www. nytimes. com/2011/03/22/technology/internet/22 internet. html［2011-03-22］

[14] Nadeau T，Pan P. Framework for software defined networks. 2011. http：//tools. ietf. org/html/draft-nadeau-sdn-framework-00［2011-12-15］

Progress and Prospect in Future Network

Liu Yunjie[1,2], Huang Tao[2]

([1]China Unicom; [2]Beijing University of Posts and Telecommunications)

Internet has become an important infrastructure in the contemporary society. The scale and influence of the Internet has grown far beyond its original design. With the continuous increase of the application requirements, the problems are emerging in the fields of scalability, security, management, QoS, energy-saving, and so on. Therefore, the further development of the Internet is widely concerned all over the world. This paper firstly summarizes the current progress and main problems of the Internet, including all the fields mentioned above. Then the paper introduces the studies of major foreign countries as well as China in future network field. Firstly, the cooperation between governments, industries, and universities is deepened; secondly, diversities in scientific research are advocated; third, the country-scale experiment environments are built synchronously. Finally, we put forward the thinking and development proposals for the future network, including the promotion of information centric, network computing and storage, cloud architecture, smart network, soft defined network, standardization, and experiment environment.

2.7 人工智能技术新进展

钟义信

（北京邮电大学）

人工智能技术是“模拟人脑高级认知功能从而研制智能机器”的技术，是在信息科学与生命科学相互交叉基础上发展起来的新技术，代表了当代科学技术发展的新趋势，也鲜明地昭示了“工业化和信息化走向智能化”的发展方向。

一、科学技术概念和内涵

给定求解的问题、问题的领域知识和问题求解的目标，如果机器能够通过自主学习生成求解问题的策略，进而执行策略解决问题达到目标，那么，这种机器就称为智能机器。智能机器的智能，是人类智能在机器上的复现，因此被称为人工智能（也叫机器智能）。研究和制造智能机器的技术，被称为人工智能技术。

人工智能技术是人类在计算机技术和自动控制技术基础上向人类高级智慧领域进军所取得的最新进展，是“第一生产力”的最高成就。智能机器不但具有计算能力和控制能力，而且具有一定的自主思维能力和行为能力，还能够用人类的自然语言和行为方式与人类进行交流与合作，可以成为人类友好聪明的合作伙伴和善解人意的工作助手。

正像人类的进化是在由体质能力和体力能力进化转向智力能力进化的时候才开始进入高级阶段的，机器的进步也是在由材料性能和动力性能的进步转向智能水平进步的时候才开始进入高级阶段的。正像人的智能是人的各种能力的引领者，人工智能是机器各种能力的引领者。因此，人工智能技术的发展将引领 21 世纪的科技、经济和社会发展[1]。

智能机器不但可以协助人类从事一般的体力劳动和智力劳动，而且可以代替人类在那些不适合人类工作的场合（如高温、高压、高速、低温、低压、太空、真空、深海、深矿、有毒、微小、危险及其他未知环境）执行工作任务，使人类能够不断向认识世界和改造世界的深度和广度进军，不断开辟越来越美好的生存与发展空间。

二、国外新发展

由于受到近代科学研究“分而治之，各个击破”方法论的影响（这种方法论在物质科学和能量科学时代曾经屡试不爽），各国人工智能研究人员分别从智能系统（典型的例子是人类大脑）的结构、功能和行为三个方面进行模拟研究，试图解开智能的奥秘。结果，三种主流研究方法都已经形成，它们分别是基于结构模拟的人工神经网络（后来被称为计算智能）方法、基于功能模拟的物理符号系统（后来演变成专家系统）方法、基于行为模拟的黑箱系统（后来叫做感知 - 动作系统）方法。

三种研究方法都取得了许多令人鼓舞的研究成果。例如，结构模拟方法的模式自动识别、联想记忆和故障自动诊断，功能模拟方法的定理自动证明和各种专家系统，行为模拟方法的爬行机器人等。

近年来，结构模拟方法最为引人注目的进展是“人工大脑”的研究。2008 年以来，IBM 公司得到美国国防部近 5000 万美元的资助，用于研究模拟人脑的智能计算机。其在瑞士洛桑参与了欧洲的“蓝脑计划”。2008 年 3 月，“蓝脑计划”负责人介绍了他们正在研制的用来研究人类意识能力的人工大脑[2]，这是一个含有大约10亿个神经元的大规模人工神经网络。他们预计，到2015年这个人工大脑就可能超过人的智力水平，到2020年这种人工大脑就可以用诺依曼计算机来实现。这是当今世界上最有代表性也是最为雄心勃勃的人工大脑计划。如果这项计划能够获得预期的成功，必将开辟人工智能研究的新纪元。目前，世界各国都在密切关注它的进展。

功能模拟方法近期最为突出的进展是，IBM公司在2011年2月推出的智力竞答人工智能机器“Watson”（也叫Deep QA）[3,4]。它不但能够听懂主持人提出的范围广泛的智力问题，很快找到正确的答案，而且能够用流利的自然语言说出答案。在2011年2月14日举行的人机智力大战中，它以出色的成绩战胜了全美智力竞答的两位冠军拉特和杰尼斯，表现了人工智能机器超群的理解能力、检索能力和表达能力，引起了巨大的轰动。与此前IBM公司推出的曾经击败国际象棋世界冠军卡斯帕罗夫的人工智能系统Deeper Blue相比而言，Watson的智能水平更胜一筹。因为国际象棋是有严格规则的智力游戏，而智力竞答游戏没有严格的规则可循，完全要靠“理解”的能力，所以其研发难度更大，智力水平更高。

近年来，行为模拟方法的研究也取得了不俗的进展。2010年，日本国立先进工业科学技术研究院推出了一款能歌会舞的类人机器人HRP-4C。它身高158厘米，体重48.5千克，外貌酷似日本少女，可以同人一起歌舞[5]。这种机器人不仅具有很灵活连贯的移动能力和在快速移动中维持身体平衡的能力，而且能够根据音乐的曲调节拍来控制自己的动作姿态。因此，它比一般的服务机器人的性能更加高超。

这些进展表明，国际上，特别是美国、欧洲和日本等国家和地区，已经在人工智能技术的基础研究和应用研究领域投入了越来越强大的人力和财力，正在取得越来越重大的研究进展。可以看出，目前国际上正在大力推进的这些人工智能技术的研究如果取得进一步的进展，就可能应用于实际的生产领域、服务领域和国防领域，使社会的生产方式、管理方式、服务方式和作战方式发生重大的转变，因而特别值得关注。

同时也要指出，由于“分而治之，各个击破”传统方法论在人工智能这类复杂信息系统的研究中存在着固有的严重隐患——在把复杂信息系统分解为若干相对简单的子系统实行各个击破的时候，不可避免地丢失了各个子系统之间互相联系互相作用的信息，而这些信息正是复杂系统的灵魂。所以，即使实现了对所有子系统的“各个击破”，也仍然无法理解整体系统的奥妙。正是因为没有迈过这个“门坎儿”，按照传统方法论形成的上述人工智能技术三大主流研究方法至今仍鼎足三分，未能找到合成整体智能理论的路径。国际人工智能学术界已经注意到这个重大问题，并且正在付出努力寻求解决的办法[6,7]。

三、国内新进展

近几年来，我国人工智能技术也有了可喜的进展。例如，我国在农业应用方面的专家系统得到了一定的应用；以智能吸尘器为代表的智能服务机器人也进入了商业市场；中国象棋机器博弈系统也多次战胜中国象棋特级大师；我国国家自然科学基金委员会资助的重大项目——智能汽车在2010年取得了重要进展。然而，我国科技工作者在人工智能研究领域的起步比国外晚了大约1/4世纪，相应的工业技术基础也存在差距。因此，我国人工智能技术的研究和应用在总体上还落后于美国、日本、欧洲、韩国等国家和地区。

尽管如此，我国在人工智能理论和方法的一些方面的研究走在了国际学术界的前面。由于注意到国际人工智能领域所面临的方法论问题，我国科技工作者另辟蹊径展开了自己的研究。他们明确认识到：结构、功能和行为都不是智能系统的关键所在，只有阐明智能生成的机制才能破解智能系统的奥秘。沿着这个思路前进，他们发现：智能生成的共性核心机制是“由信息到知识再到智能的转换”（简称“信息转换”）。据此，他们提出了基于信息转换的人工智能机制模拟方法，这种方法成为独立于国际三大主流的人工智能研究的新方法[8]。

随后，我国科技工作者又发现，现有的结构模拟、功能模拟、行为模拟三大主流方法分别是机制模拟方法在经验知识、规范知识和常识知识条件下的特例，从而在理论上实现了人工智能研究方法的和谐统一。他们还发现，意识和情感的生成机制也是不同条件下的信息转换[9]。由此，他们以中国人工智能学会的名义，在纪念人工智能诞生50周年的人工智能国际会议上提出了可以把意识、情感、智能三者集成为一体的人工智能新概念，命名为“高等智能”（advanced intelligence），这种新概念引起了与会代表的积极反响。2008年，一个新的系列性国际会议——高等智能国际会议——在我国创立[11]。2009年，国际高等智能学报（*International Journal of Advanced Intelligence*）在日本创办。

按照基于信息转换的机制模拟方法，人们将看到的人工智能机器，就不仅仅是那些只会高速重复执行简单动作的冷冰冰的机械机器人，而是具有一定意识、一定理智和一定情感的高等智能机器人。它们可以担当的任务将不仅仅是一般的简单操作，而是可以真正协助甚至代替人类从事各种非创造性的体力和智力劳动，成为人类友好的合作伙伴和聪明的工作助手，成为21世纪“第一生产力”体系中的各种智能工具。

四、未来展望

当前和今后一个相当长的时期，我国国民经济发展面临的重大课题是要努力转变经济发展方式，保障经济与社会的可持续发展。这个重大而紧迫的世界性社会需求，正是人工智能科学技术可以做出独特贡献的舞台。

转变经济发展方式的核心是转变工业生产中普遍存在的资源（包括能源）高消耗、废物高排放、环境高污染（“三高”）的生产方式。本质上说，“三高”是工业时代科学技术遗留下来的产物，先进的智能科学技术是解决“三高”的手段之一。

众所周知，工业生产是在厂房内进行的。但是厂房并不能彻底隔断外部自然条件对工业生产的影响。为了保证生产不中断，工业生产系统采用的设计理念是：加大能源和资源的投入以克服环境的不利影响，即按最恶劣环境下的最大资源需求量的若干倍投入资源。正是由于这个理念，导致了整个工业生产系统能源和资源的严重浪费、环境的严重污染、生态的严重破坏。“三高”的源头在传统工业生产系统的设计理念。为了从根本上转变工业时代的社会生产方式，必须用人工智能技术的设计理念取代原有的设计理念。这就是应用人工智能技术的“自主学习”策略，以便随时获得外部条件变化的信息并制定适当的应对策略，使生产系统在任何条件下都可实现“资源投入和产品产出的动态优化配置”，从而在源头上铲除工业生产系统“三高”的根源。

事实上，人工智能技术不但可以解决工业生产的节能减排和可持续发展问题，而且可以使工业生产、农业生产、交通运输、商业贸易、社会服务、社会管理、科学研究、文化教育、医疗卫生、国家安全等各个领域的发展实现由工业化和信息化向智能化的转变，极大地提高社会生产和社会服务的效率、质量、品种，越来越好地满足人们日益增长的多样化的物质需求和精神需求。

可见，人工智能科学技术将在“十二五”期间发挥重要的作用。为此，需要大力发展人工智能技术。

（1）在国家规划中明确安排“人工智能科学技术基础理论和前沿问题”的重大研究项目，在脑科学、认知科学、人工智能及其交叉领域展开深入的基础研究。

（2）在国家规划中明确安排智能工业、智能农业、智能管理、智能交通、智能电力、智能国防、智能城市、智能社区、智能服务等重大应用性研究专项，推动智能科学技术在各行业的成功应用。

（3）在学科目录中设立“智能科学与技术”博士和硕士学位授权一级学科，培养大批高素质的智能科学技术后备大军，为人工智能技术的发展提供人才保障。

参 考 文 献

[1] 中国人工智能学会．智能科学与技术学科发展报告．北京：中国科学技术出版社，2010：3～4

[2] Fildes J. Artificial brain' 10 years away'. Technological Report. BBC News, Oxford, 2011. http://news.bbc.co.uk/2/hi/technology/BI64060.stm [2011-01-07]

[3] Joab J, IBM Watson vanquishes human jeopardy foes. 2011. http://www.pcworld.com/business-center/article/219893 [2011-02-17]

[4] Guy R. Can a computer become a jeopardy champ? 2011. http://www.npr.org/2011/01/08/132769575/Can-A-C [2011-02-18]

[5] Guizzo E. How to make a humanoid robot dance. 2011. http://spectrum.ieee.org/automaton/robotics/humanoids/how-to-make-a-robot-dance [2010-11-02]

[6] Nilsson N. Artificial Intelligence: A New Synthesis. New York: Morgan Kaufmann Publisher, 1998: 1～281

[7] Russell S, Norvig P. Artificial intelligence: A modern approach. Pearson Education Asia, 2006, 1～975

[8] 中国人工智能学会．人工智能：回顾与展望．北京：科学出版社，2006：70～76

[9] 钟义信．机器知行学原理，北京：科学出版社，2007：259～269

[10] 冯天谨．智能学简史，北京：科学出版社，2007：267

[11] Chinese Association for Artificial Intelligence. Proceedings of International Conference on Advanced Intelligence. Beijing: PTT Press, 2008

Recent Advancement in Artificial Intelligence

Zhong Yixin

(Beijing University of Posts and Telecommunications)

Artificial Intelligence (AI) is a newly born high technology aiming at simulating the higher level cognitive functions of human brain and then producing intelligent machines based on the inter-discipline research between information science and biological science, which represents the new trends of contemporary science and technology. The advance in AI gives a clear indication that the society is experiencing a transform from industrial and information ages into intelligence age. The purpose of the paper is to introduce the concept of AI and its new advance in brief and explain the unique role that AI plays in leading the national economic and social development, particularly in transforming the mode of economic development. The most impressive advances mentioned in the paper include the large scale of artificial brain, high performance question-answering machine, intelligent robot for services and the theory of advanced intelligence. They all make AI more powerful to effectively promote the development in economy, culture, defense and other related fields.

2.8 机器人技术的新进展

徐扬生* 阎镜予

（香港中文大学；中国科学院深圳先进技术研究院）

机器人技术是一种以自动化技术和计算机技术为主体，有机融合各种现代信息技术的集成技术。在半个多世纪的发展历程中，机器人技术首先在工业生产领域得到了广泛的应用，极大地提升了生产品质并成功解放了劳动力。随后，机器人技术扩展到国防、航空、航天、航海等相关领域，发展出高精尖的军用机器人和特种机器人。近年来，随着机器人技术的不断发展，机器人的智能化进一步加强，家用机器人正走入老百姓生活。

一、国外新进展

作为高技术领域中的重要前沿之一，机器人技术具有前瞻性和先导性的特点，对学术研究、产业升级、培养创新意识、保障国家安全、引领未来经济社会的发展有着十分重要的作用。有鉴于此，世界各国争相加大对机器人产业的投资力度，并将其视为继家用电器和电脑后的第三个革命性的电子产品。目前，美国、日本及欧洲在机器人领域处于世界较高水平。

1. 美国

20 世纪 60 年代初，美国成功研制出第一台工业机器人，成为机器人的诞生地。至今，美国在机器人领域的技术开发方面一直保持着世界领先的地位。

美国在军用机器人领域的进展一直备受瞩目。早在伊拉克战争中，美军就部署了排雷机器人。近年来，美国更是研制出 BigDog 四腿军用机器人，能够在负重 100

---

* 中国工程院院士

千克的情况下以 5 千米的时速在各种地形上行走[1]。2011 年，美国 Petman 仿人军用机器人实现了时速 7 千米的步行。这两款机器人都具有超强的平衡能力，即使侧面受到大力冲击也不会摔倒[2]。

作为第一个部署月球车和火星车的国家，美国在航天机器人领域也是先行者。2011 年 2 月，美国 Robonaut 2 机器人乘坐航天飞机进入太空，开创了人类历史上使用仿人机器人进行行星探索的新纪元[3]。

从 20 世纪 90 年代第一台横穿美国的无人驾驶汽车开始，美国在无人车船及无人飞行器方面取得了令人瞩目的成果。2011 年 10 月，美国研制的“纳米蜂鸟”无人驾驶侦察机已成功完成精准试飞，翼展只有 16 厘米宽，能像小鸟一样拍打翅膀前后飞行[4]。同年 11 月，美国的四艘 Wave Glider 无人驾驶船开始了自主横跨太平洋之旅[5]。

除此之外，美国在机器人相关传感器方面也引领了世界的潮流。采用红外测距和模式识别技术，美国微软公司的 Kinect 体感游戏外设实现了高性价比的人体动作识别[6]，掀起了一股新的人机“自然交互”的浪潮，开辟了机器人发展的新方向。

2. 日本

20 世纪 70 年代，日本为了解决劳动力不足问题及提高产品质量，着力开发机器人技术[7]，经过快速发展，日本在 20 世纪 80 年代超过美国成为“机器人王国”，在产量上跃居世界首位。日本不仅在工业机器人领域成绩卓越，其传感器、电机、精密加工、能源及材料等机器人的关键零部件的制造水平和关键基础技术均是世界领先。

近年来，随着人口老龄化的不断加剧，劳动力短缺的日本开始注重老人服务机器人相关技术的研究和开发，并且取得了令世界瞩目的成绩。本田公司最新版的 ASIMO 仿人机器人不仅能够灵活地使用双手协同工作、以 9 千米/小时的速度慢跑，而且能够灵活地完成单腿跳跃[8]。

2011 年，日本福岛第一核电站事故爆发后，日本开始大力开展对核事故处理机器人的研究。同年 11 月，由千叶工业大学研发的 ROSEMARY 核事故处理机器人面世，它能够在负重 50 千克的情况下连续工作 5 小时，并可进行遥控充电[9]。

3. 欧洲

在欧洲，英国的机器人产业起步最早。1966 年英国就引进了美国公司的工业机器人，并很快研制出自己的工业机器人。英国不仅大力研制和广泛应用工业机器人，在服务机器人领域也颇有建树。例如，赫特福德大学设计出一款管家机器人 Greta，它能够从主人那里接收命令，然后给下级机器人安排任务，并回答主人相关的问题[10]。

德国是拥有工业机器人最多的欧洲国家，其机器人数量在世界范围内也仅次于日本。德国于1985年预见性地提出了新的发展目标——开发带感知的智能机器人，并经过近30年的努力在机器人领域获得了公认的领先地位。德国KUKA公司开发的轻型机械臂，不仅高效灵活，而且具有模块化结构，拥有广阔的工业和服务应用的前景[11]。不仅如此，德国在航天机器人领域也颇有建树，其航空航天中心研制的Rollin' Justin机器人，不仅能够进行精准的遥操作，而且能泡咖啡、接棒球[12]。另外，在服务机器人领域，德国的Care-0-Bot Ⅱ移动家庭看护机器人能够帮助老年人独立生活，功能十分丰富实用[13]。

法国在机器人拥有量及机器人应用上也居世界前列。这主要归功于法国政府及产业界重视发展机器人技术，并把重点放在机器人的应用研究上。目前，法国Aldebaran公司生产的Nao已成为世界上销售量最大的小型类人机器人，在研究和教育领域得到了广泛应用[14]。

二、国内新进展

我国虽然在机器人领域起步较晚，经历了很多曲折，但近年来随着政府、研究机构和产业界三方的不断努力，我国的机器人技术取得了巨大的进步。

1. 工业机器人

工业机器人已经成为衡量一个国家制造水平和科技水平的重要标志。目前，国内在弧焊、点焊、喷涂、搬运、装配和特种机器人（水下、爬壁、管道、遥控等机器人）领域，掌握了完整的设计制造技术，突破了控制和驱动的关键技术。例如，2008年9月，哈尔滨工业大学研制完成国内首台165公斤级点焊机器人，并成功应用于奇瑞汽车焊接车间，整体技术指标达到国外同类机器人水平。而沈阳新松机器人自动化股份有限公司开发出RH6弧焊机器人，其焊接质量达到了国外同类产品的水平。同样由该公司设计制造的LGV（激光自动导引车）也已达到国际一流水平[7]。

在基础元件制造方面，我国在谐波减速器、高效电机的制造领域也有了突破，已研制出了交、直流伺服电机及其驱动系统，测速发电机，光电编码器，液压（气动）元部件，滚珠丝杠，直线滚动导轨，谐波减速器，RV减速器，十字交叉滚子轴承，薄壁轴承等，并涌现出了一批具有较强实力的专业厂家[15]。

2. 服务机器人

随着我国人口老龄化的加剧，服务机器人受到了越来越广泛的关注，服务机器人产业将很快成为继家电和个人电脑产业之后全球新经济发展的重要增长点[16]。而我国经过 20 多年不懈的努力，在服务机器人方面的研究已跨入世界先进行列。

在监控机器人方面，中国科学院深圳先进技术研究院研制的家庭监控机器人可以在家中自如移动到每个角落，监测家中是否漏水、着火、煤气泄漏等，一旦发现异常，机器人会主动地向主人的手机发送报警短信。如果有陌生人闯入，机器人也会立即对其拍照并传给主人。

在老人服务机器人方面，中国科学院深圳先进技术研究院研制的管家机器人能够通过接收用户的智能手机发送的指令完成特定目标抓取，为老人提供生活便利。中国科学院自动化研究所则研制了一种具有视觉和口令导航功能并能与人进行语音交互的机器人轮椅，其不仅能通过语音控制自由行走，而且还可以实现简单的人机对话，给行动不便的老人和残疾人提供了很大方便。

在仿人机器人方面，2011 年 11 月，由浙江大学研制的仿人机器人“悟”和“空”成功实现了与人类对打乒乓球，并能够持续百余回合以上。

3. 水下机器人

当前，国际海洋领域的竞争日趋激烈。作为一种水下及水面的运载与作业平台，海洋机器人已成为各国提升海洋竞争力必不可少的重要技术手段和战略需求[17]。

我国海洋机器人的发展虽然起步较晚，但经过政府和科研人员的不懈努力，已取得了诸多骄人的成果。例如，中国科学院沈阳自动化研究所通过国际合作成功研制出 6000 米自主水下机器人，使我国水下机器人研究与开发达到国际先进水平[18]。2006 年，我国成功研制世界最大潜深载人潜水器“海极一号”，它具有 7000 米的工作潜深，可以达到世界 99.8% 的海底，比世界上另外 5 台同类产品深 500 米。2011 年 8 月，我国首台自主设计、自主集成的“蛟龙号”载人深潜器成功完成了 5000 米下潜，使我国成为第五个具有 3500 米以上载人深潜能力的国家，为资源调查和科学研究的实际应用及更大深度试验奠定了坚实的基础[19]。

2010 年，中国科学院研制的港口水质监测机器海豚亮相第十二届中国国际高新技术成果交易会，它具有生物海豚的外形，能模仿其腹背式波动运动，能够安全、快捷地进行水质监测。

4. 空间机器人

空间机器人是空间科学研究的重要辅助工具，对空间科学的研究起到积极的推动作用。空间科学已进入高速发展阶段，各大国在空间探测和空间开发等方面都制订了宏大的发展计划。可以预见，在未来的空间活动中，将有大量的空间加工、空间生产、空间装配、空间科学实验和空间维修等工作要做，这样大量的工作绝不可能仅靠宇航员去完成，而必须充分利用空间机器人等自动化智能设备。

“天宫一号”和“神舟八号”飞船的成功发射及顺利对接，标志着我国顺利跻身航天大国。我国近年来在空间机器人领域也取得了长足的进步，这必将进一步推动我国航天事业的发展。例如，在月球车研制领域，近年来的成果可谓是百家齐放。2008 年 1 月，北京工业大学率先研制了月球车原理样机。紧接着，中国航天科技集团公司领衔研制的中国首辆月球车工程样机于同年 4 月通过项目验收。同年 6 月，哈尔滨工业大学的月球车样机通过了模拟月球地形环境试验，已具备了探月工程月球车所需的基本功能。

5. 教育机器人

机器人对工业生产和科学探索的促进作用和巨大影响已是众所周知，在教育中的独特作用和价值也日益受到关注。美国、欧洲、日本、韩国等发达国家和地区对此非常重视，我国近年来也开始关注教育机器人的发展。与工业机器人不同，教育机器人以教育为第一目的，更重视机器人的教育价值，以教育理念为指导，以辅助教学为目的[21]。

目前，教育机器人主要以机器人竞赛的形式发挥作用，通过竞赛能够有针对性地培养学生动手能力、计算机应用能力和创新思维能力，可有效激发学生的科技创新能力，有利于综合素质培养。

近年来，我国大中学生在多个世界范围内的机器人竞赛中取得了辉煌的战绩。2011 年 4 月，在第十七届全球家用机器人灭火比赛上，中国代表团共取得 8 项比赛冠军和 6 项亚军，金牌数量居世界第一，创造了历史最好成绩。同年 7 月，中国科学技术大学代表队在第十五届机器人世界杯上获得仿真 2D 组冠军和服务机器人组亚军，这些成绩表明我国年轻人在机器人技术领域具有世界级的潜力。

三、未来展望

1. 亟待突破的基础研究

机器人走进千家万户是人类在可见的未来一定能实现的梦想，但要想让这一天早点到来，就必须在机器人的感知、决策和动作三个方面同时发力，加大多个基础科学的研究。

（1）图像的理解。视觉是人类获取信息最重要的来源。类似地，图像理解的要求是保证机器人能够自然地工作于人类生活环境的重要条件。

（2）人与机器的交互。机器人作为一种可以被称之为“人”的机器，必须具备和人交互的能力。而人和人之间的交流，以语言为主，这就涉及语音识别、语音合成、自然语言理解等众多领域的研究。

（3）智能的描述。究竟什么是智能，智能在人脑中的储存方式和表达方式是什么，如何描述智能等一些问题既是哲学问题、生理学问题、认知学问题，同时也是机器人学问题。为了让机器人更加聪明，具有堪比人类甚至超越人类的智慧，必须加深对智能本质的研究。

（4）规划与控制。机器人要独立自主地完成工作，就必须对自身的行为进行规划和控制。规划涉及动作规划、任务分配、工作调度、工程优化等，而控制涉及姿态控制、运动控制和能量控制等。

（5）网络的推广。单一的机器人是分布式的工作节点。如果将机器人连接成为一个网络，即可形成信息量大、功能强、任务复杂的大型网络平台，机器人网络除了具有信息、资源互联网外，还增加了工作任务互联、行为动作互联、决策管理互联等更高层次的网络环境。

2. 对国民经济的引领作用

在人类历史上，当某种技术被全力推进时，往往会催生一大批相关的高新技术。假设第二次世界大战后美国没有进行阿波罗计划，计算机技术是不可能诞生的。从20世纪60年代后期开始发展的机器人技术，也正在对许多高新技术产业起着重要的推动作用。

（1）对制造装备业的引领作用。在制造、装配、加工等行业中，机器人引领了更新换代和产业转型。随着国内人力成本的逐年增加，产业转型与升级迫在眉睫，目前来看，只有采用高精度、高可靠性的工业机器人替代人工，才能保证制造业的高附加值、高创新性，突破其高技术瓶颈，从根本上提升我国制造业的水平。

（2）对家用电子行业的引领作用。一个机器人是由众多电子元件搭建而成，用户对机器人的高要求，实际上就转化为对电子元件的高要求；机器人市场的扩大，也必将带动电子元件市场的扩大。同时，机器人的智能技术与电子产品相结合，将形成一大批具有智慧的电子产品，极大地提升了电子产品的性能，增加了电子产品的种类。

（3）对医疗诊断业的引领作用。随着人们对健康的重视，家庭监护的市场愈发广阔。机器人技术不仅能够带动医疗仪器的家用化、便携化、小型化和智能化，而且能够有效提高医疗诊断水平。

（4）对仪器仪表业的引领作用。为了达到甚至超越人类五官的灵敏度和分辨率，机器人使用的传感器必须具有高质量和多样性。

（5）对航空航天事业的引领作用。在航空航天产业中，机器人已成为空间探索不可缺少的工具。在月球、火星探索中，机器人已基本取代了人。同时，在近地轨道空间中，用空间机器人对卫星进行维护，或是直接将机器人技术运用到下一代卫星设计中以形成智能卫星，已成为提高卫星寿命、降低使用成本和提高自我防卫能力的必经之路。

3. 研发趋势

（1）以加强基础建设为趋势。我国机器人技术很大的问题在于基础不够扎实，要实现机器人技术的持续快速发展，必须以加强基础建设为前提。

（2）以重点发展服务型机器人为趋势。随着人们生活水平的提高，机器人逐渐走入家庭，服务人类，引领生活方式的革新。我国机器人的发展重点也应该逐渐由工业机器人转向服务型机器人，抓住新的发展契机。

（3）以注重创新为趋势。过去我国机器人技术的研究较多是跟踪国外技术，自主创新不足，在关键技术领域受制于人，从而限制了我国机器人技术的发展。因此要特别重视创新，为我国机器人技术发展提供强大的动力。

（4）以实现机器人产业化为发展趋势。机器人技术最终要走向应用，在工业、家庭、教育、军事领域，机器人无所不在。科研机构应通过与企业的广泛合作，让机器人走出实验室，转化为产品，应用到人们的生产生活中。

参 考 文 献

[1] Boston Dynamics. BigDog. 2011. http://www.bostondynamics.com/robot_bigdog.html [2011-12-27]

[2] Boston Dynamics. PETMAN. 2011. http://www.bostondynamics.com/robot_petman.html [2011-12-27]

[3] NASA. Robonaut 2. 2011. http://robonaut.jsc.nasa.gov/default.asp [2011-12-27]

[4] AeroVironment. Nano hummingbird. 2011. http://www.avinc.com/nano [2011-12-27]

[5] Wave Glider. Liquid robotics. 2011. http://liquidr.com/technology/wave-glider-concept [2011-12-27]

[6] Microsoft. Kinect. 2011. http://www.xbox.com/en-US/kinect [2011-12-27]

[7] 李瑞峰．中国工业机器人产业化发展战略思考．航空制造技术，2010，(9)：32～37

[8] Honda. ASIMO. 2011. http://world.honda.com/ASIMO/ [2011-12-27]

[9] 千叶工业大学．Rosemary. 2011. http://news.hexun.com/2011-11-24/135630948.html [2011-12-27]

[10] Queen Mary University of London. Greta. 2011. http://www.cs4fn.org/alife/robot [2011-10-15]

[11] KUKA. Light weight robot (LWR). 2011. http://www.kuka-robotics.com/en/products/addons/lwr [2011-12-27]

[12] German Aerospace Center (DLR). Rollin' justin. 2011. http://www.dlr.de [2011-12-27]

[13] Fraunhofer. Care-O-bot. 2011. http://www.care-o-bot.de/english/ [2011-12-27]

[14] Aldebaran. Nao 2011. http://www.aldebaran-robotics.com/ [2011-12-27]

[15] 赵臣，王刚．我国工业机器人产业发展现状的调研报告．机器人发展战略研究报告，2009：178～207

[16] 国家 863 计划智能机器人专家组．机器人博览．北京：中国科学技术出版社，2001：18

[17] 封锡盛，李一平，徐红丽．下一代海洋机器人：写在人类创造下潜深度世界纪录 10 912 米 50 周年之际，机器人．2011，(1)：113～118

[18] 封锡盛，刘永宽．自治水下机器人研究开发的现状和趋势．高技术通讯，1999，(9)：55～59

[19] 封锡盛．从有缆遥控水下机器人到自治水下机器人．中国工程科学，2002，(12)：29～33

[20] 吴立成，孙富春，孙增圻．空间机器人建模、规划与控制研究现状分析．中国智能自动化会议论文集，2005：1039～1043

[21] 张剑平，王益．机器人教育：现状、问题与推进策略．中国电化教育，2006，(12)：65～68

New Advancement in Robotics

Xu Yangsheng, Yan Jingyu

(The Chinese University of Hong Kong;

Shenzhen Institutes of Advanced Technology, CAS)

Robotics is an integrated technology based on automation and computer science, incorporating various advanced information technologies. In the course of development over the past half century, robotics was firstly applied in the field of industrial production widely, greatly improving the production quality and liberating the productive forces. Subsequently, robotics was extended to the defense, aviation, aerospace, marine and other related fields, producing high-grade military robots and special robots. In recent years, intelligence of robots was further strengthened, leading household robots into daily lives. This paper reviews the latest progresses in robotics all around the world, surveys the state of art in robotics and productions in China, and prospects the future development of robotics from the aspects of basic sciences, industrial applications and research trends.

2.9　信息终端与人机界面技术新进展

黄铁军[1]　山世光[2]　柴秀娟[2]　高　文[1*]
([1] 北京大学信息科学技术学院数字媒体研究所；
[2] 中国科学院计算技术研究所智能信息处理重点实验室)

信息终端是人们获取、处理和应用信息的终端设备。传统上信息终端可分为计算终端、电视终端、通信终端三大类。21 世纪以来，随着网络技术的发展，信息终端呈现融合的趋势，即所谓的 3C［Computer（计算）、Communication（通信）、Consumer Electronic（消费电子）］融合——三者分别拥有的数据、话音、视频功能发生了交叉与融合。人机交互技术是促进信息终端演化的一大动力。近年来，移动、普适、个性化计算和服务需求日益旺盛，促使人机交互方式悄然发生了变革：鼠标和键盘不再是必需的交互设备，以多点触摸为代表的新型交互方式成为主流，而语音识别、基于各种传感器的手势和体势识别等也开始进入实用阶段。物联网的发展很可能会带来一个全新的人、机、物三位一体的世界，将对人与信息－物理空间的互动模式的演化产生巨大的影响。

一、信息终端：大融合促进大发展

3C 融合的"大背景"是三网融合，即通信网、广播电视网和互联网融合为功能综合、带宽增长、服务多样且不断升级演变的新一代互联网。一方面，三网融合促使信息终端的功能更多、更强；另一方面，各种网络服务的融合为信息终端提供了更加强大的"后方能源"。信息终端和网络服务虽然还是宽带网络的两端，但其关系已经变得越来越紧密，已经融合成"云计算"系统。

1. 计算、通信、电视三足鼎立的格局松动，移动信息终端发展一枝独秀

随时获取信息已经成为人们在信息时代的基本需求，因此移动性成为用户对信息终端最重要的要求。手机因具有移动性的特点而成为发展最快的信息终端。手机

* 中国工程院院士

数量与个人数量成正比。传统信息终端的各种功能迅速集中到手机上，智能手机成为信息终端中发展最快的一种。此外，因同样具有便携性和网络连接能力，作为计算机家族新成员的平板电脑也在快速成长。

2. 依托网络服务，智能手机家族两枝共放

作为信息终端中发展最快的智能手机，苹果的 iPhone 系列和谷歌的 Android 系列快速成为市场龙头，其原因在于这两大 IT 巨头分别为这两个系列的手机构建了大规模的网络应用服务平台。用户购买的不仅是手机，而且是通过该手机获得的大量软件应用和网络服务。通过这种方式，两大 IT 巨头再次稳定地占据了产业链的核心。曾经的手机龙头企业感受到了巨大的压力，摩托罗拉移动公司被谷歌收购，诺基亚则被迫放弃自有的操作系统，与微软建立联盟。整个智能手机的产业链处在快速变革中，随时都有可能出现新的发展机遇，突破苹果和谷歌模式（如新一代 Web 语言 HTML5）。

3. 各种采集传感设备快速普及应用，信息终端将演变为进入赛博空间的窗口

当前信息终端除继承原有通信、计算和电视功能外，还能够获取来自网络的大量应用和服务，但总体来说它还是作为用户和信息之间的接口。随着物联网的发展，各种物理和化学信号传感器（烟雾、水质、风速、气温、震动、红外、超声、太空射线等传感器）、嵌入物品的电子标签和摄像头等信息采集设备不断出现，使物理世界和信息空间的联系越来越密切。2009 年，美国设立了赛博司令部（Cyber Command），这标志着信息空间和物理空间的一体化开始进入实质阶段。通过网络将物理空间纳入在内，“赛博空间”具有了与传统网络化信息空间不同的独特内涵。未来的信息终端也从传统意义上的纯粹信息获取和服务设备升级为进入“赛博空间”的窗口，各种物理传感技术的应用将使用户能够通过信息终端与物理世界展开越来越多的互动。

二、人机交互：新的范式正在形成

人机界面或更广义上的人机交互（Human-Computer Interaction），是指利用计算机的输入和输出设备，以有效的方式实现人与计算机之间互相传递信息和进行对话的技术，是计算机学科中最年轻的分支学科之一。它是计算机科学和认知心理学两大科学相结合的产物，涉及当前许多热门的计算机技术（如人工智能、自然语言处理、多媒体系统等），同时吸收了语言学、人机工程学和社会学的研究成果，因而是一门交叉性、边缘性、综合性的学科。

人机交互的历史与计算技术的发展息息相关，更与计算技术所服务的目标用户群体的属性及其需求的变迁紧密相关。在计算的早期，计算的服务对象主要是专业的科学计算人员，因此，人机界面局限于程序批量输入输出，后逐渐发展为键盘命令行输入和字符终端显示，即所谓的字符用户界面（CUI）。20 世纪 70 年代末到 80 年代初，计算机的功能逐渐发生变迁，文字编辑、邮件、报表处理、图形图像处理等办公应用甚至个人娱乐成为计算机功能的主流，从而催生了图形用户界面（GUI）和个人计算机（PC）。图形用户界面很快成为主流的人机界面技术，至今并未从根本上被撼动。过去 10 年来，普适计算逐渐取代个人计算成为主流，出现了计算机技术、通信技术和消费电子技术的快速融合（即 3C 融合），人机交互界面也将发生巨大的变革，已经出现了多媒体用户界面（MUI）、笔式用户界面、触控用户界面等新的交互方式。同时，人机界面的设计原则也逐渐由过去以技术为中心转变为以用户为中心。尽管目前断言它们成为下一代的主流用户界面还为时尚早，但普遍认为新一代的用户界面将超越传统范式，应更加自然和智能，应包含视觉、听觉、触觉等多模态的交互方式。

1. 新型传感器拓展了智能终端的人机交互能力

随着各种智能终端的普及以及各种新型传感器的出现，基于智能终端中包含的各种传感器［如 GPS（全球定位系统）磁罗盘，陀螺仪，加速度计］的交互研究吸引了越来越多的研究者。开发者致力于将智能终端变成真正的普适交互设备[1]。这类传感器可提供诸如用户位置、运动方向和速度等与动作有关的信息，从而推动了其在人机交互方面的应用。浙江大学开发的 MagicPhone[2]，利用智能手机中的磁罗盘和加速度计实现了指向操作，并通过蓝牙 - 红外进行传输，最终实现了用手机控制家用电器。Wiimote 也是一种常用的运动传感器。利用基于 Wiimote 获取的数据，可以进行用户动作分析、数据重建、运动数据的风格化编辑等[3,4]。最为典型的应用是日本任天堂公司推出的 Wii，其 Wii Sports 系列游戏开创了体感游戏的先河。

2. 多点触控技术增强了人机交互的体验效果

苹果公司于 2007 年推出的 iPhone 智能手机，掀起了基于多点触控技术的手势交互研究的热潮。尽管 iPhone 并非多点触控技术的开山之作，但其精湛的触控技术、多传感器植入，以及由此带来的无与伦比的交互体验，开创了手势交互应用的全新时代。此后，苹果公司进一步发布了 iPad 平板电脑。从某种意义上讲，iPhone 是重新“发明”了的手机，iPad 重新“定义”了平板电脑，它们一起成为了新型的智能信息终端的代名词。

然而，iPhone 和 iPad 中采用的手势交互还是接触式的，研究者以及各大消费电子类公司普遍认为，未来引领人机交互的一大重要技术将是非接触式的手势识别。在巨大的潜在商业价值的驱动下，手势识别技术引起了广泛关注，其相关研究也取得了很大的进展[5]。研究者利用 2D 或 3D 的图像输入设备，对静态/动态手势的识别进行了深入的研究。

在消费电子产业中，有一些产品已经实现了非接触式的手势或行为的简单交互。GestureTek 公司推出了使用指向手势的演示系统 GESTPOINT，游戏 Gesture Extreme 和 Gesture Health，演示程序和家居交互式游戏都使用了手势交互技术。LightGlove 公司在 2008 年国际消费类电子产品展览会上展示了基于红外传感器的 LightGlove，该产品可以通过一个红外线网格来判断手势，同时，该公司还开发了与游戏及演示程序配套的软件。此外，多家电视厂商也开发了手势控制的概念电视机。日立公司的手势控制电视允许用简单的挥手来打开电视机，用上下挥动手来激活菜单，用手在空中画圈来调节音量。松下公司开发了 EZ Touch 手势遥控技术，这是一种由相邻的红外 LED、特殊 CCD 传感器和 FPGA 组成的图像传感器模块，可以利用"飞行时间"来探测手势。英国剑桥大学的东芝实验室也研究了手势控制技术，该技术仅仅依靠手势即可对电视频道进行切换和调控。日本 JVC 公司展示了一款拍手 & 手势识别电视，该电视允许通过拍手及做手势对其进行操控。手势操控将成为未来电视遥控器的重要技术之一。

3. 基于 Kinect 的人体动作识别和行为理解

人的行为和动作是人际间自然的交互方式，如果计算机能够感知和识别这些行为和动作，人和计算机之间的交互就可以像人与人之间的交互那样自然。为了让计算机能够感知人的行为，最初研究者在人的身上放置了很多传感器，利用传感器测得的数据来判断理解人的行为。这种主动感知的方式不易于操作，花费也高，且具有侵犯性，很难在实际的人机交互中使用。后来研究者开始关注基于视觉信息的对人的行为的理解。基于视觉信息的对人的行为的理解，是指通过视频采集设备拍摄人的行为序列，然后利用计算机视觉技术来分析和理解人的行为。近年来，对人体的行为的理解取得了很大的进展[6]，但其精度由于受复杂背景环境、人体的非刚体运动等因素的限制，往往不能满足实际的需要。3D 深度的数据有助于区分前景人体和背景，但所用设备通常很贵。

2010 年，微软公司推出了 Kinect 体感控制器，它可提供彩色图像及深度信息，且价格低廉，容易被广大研究者及用户接受。微软公司同时推出了基于 Kinect 的 XBOX360 系列游戏，该系列游戏能够利用 Kinect 获取的数据，对用户的身体进行自动检测，并实时对其身体骨架的结构进行分析，对其动作行为进行识别，从而实现了以用户的身体控制游戏的目的。这些游戏在市场上获得了巨大的成功。很快，全球众多大学及研究机构均基于 Kinect 展开了相关的研究工作[7~9]。可以说，Kinect 已经成为计算机视觉和人机交互领域的又一研究热点。

人机交互技术在我国也是一个长期得到关注的重要研究领域。20 世纪 90 年代，“863”计划在智能人机接口方面支持了大量的研究工作，促进了汉字识别、语音识别、人脸识别等一批成果的开发和应用，并促进了非键盘输入等国家标准的制定。事实上，目前平板电脑和智能手机中广泛使用的手写汉字识别技术主要是我国的技术；美国苹果公司最新手机中的语音识别功能得到广泛关注，实际上我国也已有多年研究且成果颇丰。近年来，国内各科研机构围绕着自然、便捷的交互技术展开了诸多研究。北京航空航天大学的虚拟现实技术与系统国家重点实验室致力于使用 Wiimote 等传感器对人体行为进行分析，以增强现实场景下的人机交互的功能。浙江大学计算机学院利用智能手机中的多种传感器，对外部环境进行感知。中国科学院计算技术研究所围绕 Kinect，融合图像和深度信息，对手势分析和手语识别进行了探索。中国科学技术大学神经肌肉控制实验室利用肌肉电极信号和加速度计等传感器，开展了手势识别、动作识别的研究工作[10]。近年来，清华大学人机交互与媒体集成研究所在智能空间的设计和开发上投入了较大的力量，其研究已经从以面向一个教师为主的教师环境，发展到面向多个用户的会议室环境。北京理工大学在增强现实关键技术和虚拟现实人机交互技术方面取得的研究成果一直处于国内领先水平。北京大学机器感知与智能教育部重点实验室侧重于移动平台上的人机交互的研究。中国科学院软件研究所在笔输入和笔交互方面取得了很大的进展[11]。昆明理工大学在多指触控人机交互方面，中国人民大学信息学院在基于眼动的智能人机交互方面都开展了深入的研究[12]。

三、未来展望

信息终端和人机界面正处在快速演变的时期，新技术、新形式不断涌现，其未来的具体形态很难预测，可能具备的特征如下。

（1）计算、通信、消费电子不再是区分信息终端的合适概念，而成为所有信息终端都具有的三大基本功能。未来信息终端可能按使用方式进行分类，如分为固定终端、移动终端、穿戴式终端、沉浸式终端等。

（2）信息终端和使用者的关系将更加密切。随着语音、手势、体势、表情等识别技术的普遍应用，越来越多的传感器将潜入信息终端，甚至识别脑电波等生理信号的装置也进入信息终端。未来的信息终端很可能具有可穿戴、脑机互联等特点。

（3）随着信息系统和物理世界关系的日益密切，赛博空间将成为人生存的新空间，信息终端将成为用户进出赛博空间的“窗口”，人机界面演变为人－赛博空间界面。一方面，信息终端能够实时感知和检测用户的空间位置和用户自身的状态；另一方面，通过信息终端用户不仅能够和信息对象交互，也能够与物理世界互动，其中一种互动形式是“增强现实”，即透过“信息眼镜”观察到无缝叠加的物理世界和虚拟世界，并通过虚拟的“按钮”或“手柄”对物理世界中的对象进行操纵。

（4）人机界面的形态可能突破“人机对等交互”的传统模式，进入“人融于机”的新阶段。例如，“信息房间”可能成为未来家庭的一个重要组成部分，即房间的六个内侧面全部布满屏幕，用户在真实拍摄或电脑合成的全景场景中工作或学习，智能识别系统可以感知和识别用户的一举一动，用户可以方便地获取和加工信息。远在天涯的多个用户虽然在各自家里，但仍可以在同一场景中进行交流。

参考文献

[1] Rukzio E, Leichtenstern K, Callaghan V, et al. An experimental comparison of physical mobile interaction techniques: Touching, pointing and scanning. In: Dourish D, Friday A. Proceedings of the Eight International Conference on Ubiquitous Computing. Colorado: Springer, LNCS 4206, 2006: 87 ~ 104

[2] Wu J H, Pan G, Zhang D Q, et al. Magic phone: pointing & interacting. Proceedings of the 12th ACM International Conference on Ubiquitous Computing. New York: ACM Press, 2010

[3] Gallo L, De Pietro G, Marra I. 3D interaction with volumetric medical data: Experiencing the wiimote. In: Liang B, Whitaker K M. Proceedings of the 1th International Conference on Ambient Media and Systems. Belgium: ICST, 2008: 1 ~ 6

[4] Guo C, Sharlin E. Exploring the use of tangible user interfaces for human-robot interaction: A comparative study. In: Burnett M, Costabile M F, Catarci T, et al. Proceedings of the twenty-sixth Annual SIGCHI Conference on Human Factors in Computing Systems. New York: ACM, 2008: 121 ~ 130

[5] Mitra S, Acharya T. Gesture recognition: A survey. IEEE Transactions on Systems, Man, And Cybernetics-Part C: Applications and Reviews, 2007, 37 (3): 311 ~ 324

[6] Poppe R. A survey on vision-based human action recognition. Image and Vision Computing, 2010, 28 (6): 976 ~ 990

[7] Shotton J, Fitzgibbon A, Cook M, et al. Real-time human pose recognition in parts from single depth images. In: Boult T, Kanade T, Peleg S. Proceedings of the IEEE Computer Vision and Pattern Recognition, IEEE, 2011: 1297 ~ 1304

[8] Izadi S, Kim D, Hilliges O, et al. Kinect fusion: Real-time 3D reconstruction and interaction using a moving depth camera. In: Pierce J S, Agrawala M, Klemmer S R. Proceedings ACM User Interface and Software Technologies. New York: ACM Press, 2011: 559 ~ 568

[9] Xia L, Chen C, Aggarwal J. Human detection using depth information by kinect . In: Boult Terrance, Kanade T, Peleg S. Proceedings of the International Workshop on Human Activity Understanding from 3D Data in Conjunction with CVPR. Colorado: Springs, 2011: 15 ~ 22

[10] Zhang X, Chen X, Li Y, et al. A framework for hand gesture recognition based on accelerometer and EMG sensors with applications to sign language recognition and game control. IEEE Transactions on Systems, Man, and Cybernetics, Part A: Systems and Humans, 2011, 41 (6): 1064 ~ 1076

[11] Tian F, Xu L, Wang H, et al. Tilt menu: Using the 3D orientation information of pen devices to extend the selection capability of pen-based user interface. In: Burnett M, Costabile M F, Catarci T, et al. Proceedings of the Twenty-Sixth Annual SIGCHI Conference on Human Factors in Computing Systems, 2008: 1371 ~ 1380

[12] Zhang X, Ren X, Zha H. Modeling dwell-based eye pointing target acquisition. In: Hudson S E, Fitzpatrick G, Edwards, et al. Proceedings of the 28th International Conference on Human Factors in Computing Systems, 2010: 2083 ~ 2092

The Status of Information Terminal and Human-machine Interface Technology

Huang Tiejun[1], Shan Shiguang[2], Chai Xiujuan[2], Gao Wen[1]

([1] School of Electronics Engineering and Computer Science, Peking University;

[2] The Key Laboratory of Intelligent Information Processing,

Institute of Computing Technology, CAS)

Information terminal is used for information acquiring, processing and application. This paper briefly introduced progress of information terminal and its possible features in the future. The three kinds of conventional information terminals-the computer, television and phone-are changing rapidly by converging data, voice and video functionalities into one device. As a personal information terminal with mobility, smart phone became the most significant information terminal by connecting to online applications and services. Another force promotes the transforming of the information terminals is the human-machine interface technology. The dominant position of mouse-keyboard is being replaced by a new paradigm being shaped by touch screen, sensors and voice, gesture and posture recognition. The innovation on human-machine interface is in a very active period. In the future, the information terminal enhanced by various sensors and recognition technologies will become a wearable device which accompanies the user timely. In other hand, the cyberspace which merges the information space, physical world and the various activities of human race into one new world will employ the information terminal as a window for the users to enter.

2.10 "云计算"技术新进展

李伯虎[1]* 历 军[2] 柴旭东[1]
([1]中国航天科工集团第二研究院;[2]曙光信息产业股份有限公司)

2006 年谷歌公司推出了"Google 101 计划"[1]，首次正式提出了"云计算"的概念。短短数年间，"云计算"这种通过网络按需获取计算资源的崭新技术正在给信息技术（IT）领域带来巨大的变革。目前，各国纷纷制订了发展云计算的国家计划，国内外知名 IT 企业竞相推出了有关云计算的产品和系统，学术界对云计算技术也正积极开展深入的研究。

一、"云计算"概述

（一）概念与特点

有关云计算的概念，众说纷纭，总体来说可从以下几个方面来认识。

（1）云计算是一种基于网络的、面向服务的计算新模式。它融合与发展了虚拟化、网络、面向服务、高效计算和智能科学等新兴信息技术，将各类计算资源虚拟化、服务化，构成虚拟化计算资源的服务云池，并进行统一的、集中的高效管理和经营，使用户在云端通过网络和云计算平台就能随时按需获取计算资源，完成高效、低耗、低成本的计算活动。云计算的愿景是使人们能够像使用水、电、煤气和电话那样方便地使用计算资源。

（2）云计算技术是网格计算、分布计算、并行计算的延伸与发展。

（3）根据构成云的网络不同，可以分为四种部署模式：私有云、社区云、公有云和混合云。

云计算服务具有以下五方面的特点。

（1）按需、动态、敏捷的计算服务。用户可以随时随地根据应用的需求，动态、敏捷地获取云计算服务资源。

（2）虚拟化的超大规模（无限）。计算资源服务运行在虚拟平台上，用户所请求的资源来自于规模巨大的虚拟化云池。

---

* 中国工程院院士

（3）高可靠性。云计算平台采用了各种容错技术，因此，使用云计算服务比使用现有其他计算手段的可靠性更高。

（4）绿色化。云计算技术支持计算资源的全面共享，提高了计算资源的利用率，实现了资源的增效。

（5）高通用性。云计算资源池可灵活支持各类不同的应用。

（二）服务模式

目前，较为公认的云计算服务模式主要包括：软件即服务（Software as a Service，SaaS）、平台即服务（Platform as a Service，PaaS），以及基础架构即服务（Infrastructure as a Service，IaaS）三种。

（1）SaaS：为客户提供的服务资源是运行在云基础设施上的虚拟化软件程序资源。

（2）PaaS：为客户提供的服务资源是在云基础设施上的虚拟化平台资源（虚拟化开发环境）。

（3）IaaS：为客户提供的服务资源是虚拟化计算基础设施（虚拟化的存储、I/O设备和计算设施等）。

（三）产业与应用

云计算的市场需求与产业规模正进入飞速发展的阶段。据美林证券分析[2]，2011 年全球云计算销售收入达到 1600 亿美元。据计世资讯研究报告[3]，2010 年，中国云计算市场规模达到 559 亿元人民币，同比增长 29.3%；预计 2011 ~ 2015 年，中国云计算市场年复合增长率可达到 50% 以上。因此，亚马逊、谷歌、IBM、微软、Salesforce、苹果等跨国 IT 企业，以及曙光、华为、中国移动、中国电信、腾讯、百度、用友、华胜天成等国内知名公司都纷纷介入云计算的产品、系统的开发和服务。

云计算应用正在广度和深度上积极发展。云计算技术已在众多领域成功获得应用[4]，如科学研究领域的数据中心科学云（Cumulus）、CARMEN（e-Science），社会民生领域的 Granules 云医疗系统、BetterLife2.0 城市社会服务系统，以及工程应用领域的云仿真[5]、云制造[6]等。广泛的应用有力地促进了云计算的技术落地与创新突破，同时云计算的发展也在不断催生新的应用需求。云计算技术将渗透到人类生活和工作的方方面面，成为实现“人－机－物”三元融合为一体的重要支持技术。

二、现状与发展趋势

（一）技术体系

随着云计算应用的逐步深入及其产业的不断发展，围绕实现云计算模式全生命周期活动的总体、感知、虚拟化、构建、运行、评估、应用、运营等技术正逐步形成一个相对完整的技术体系。

1. 总体技术

云计算总体技术主要是从系统的角度出发，研究云计算系统的体系结构、服务模式，以及支持云计算实施的系统集成技术及其相关标准和规范等。

在云计算系统体系结构方面，国内外学术界已经开始尝试规范化云计算系统的体系架构。Youseff 等[7]提出了基于云计算三种服务模式的云层次栈体系结构，Lenk 等[8]则对云层次栈体系结构进行了细化。作者团队结合近年来的研究与实践，提出了一种面向服务的层次化云计算系统体系架构，如图 1 所示。

在系统集成方面，各类异构云系统的集成技术是当前研究的主要内容，目前已形成了两类主流方法：一类是“总线”集成，如 CloudSwitch[9]通过抽象各类云平台的应用程序和接口，为异构云系统提供总线化的集成服务；另一类是正在开展中的技术，即建立各类集成接口标准，使各类云系统通过标准化的 API（应用程序接口）进行交互和集成。此外，基于服务计算的集成技术也是值得研究的技术途径。

在标准规范方面，云计算已成为国内外标准化工作的热点[10]。以美国国家标准技术研究院（NIST）、分布式管理任务组（DMTF）为代表的国际性标准化组织已经发布了云定义、SPI（云服务模式，SaaS、PaaS、IaaS）、OCSI（开放网格服务基础结构）等云计算标准，国内相关组织与产业联盟也正在开展大量云计算的相关标准、协议、规范的制定工作。目前的标准规范还很不完善，其进一步需要研究的内容包括与云服务描述、接入、访问、构建、运行及评估等有关的规范、协议与标准。

2. 资源感知技术

云计算资源通常分散部署于网络之中，通过感知技术能够实现各种分布计算资源服务的自动化、智能化发现与接入，从而支持云服务的按需获取。目前取得一定进展的感知技术包括基于语义的云服务感知技术及分布式资源描述框架（resources description framework，RDF）技术[11]。

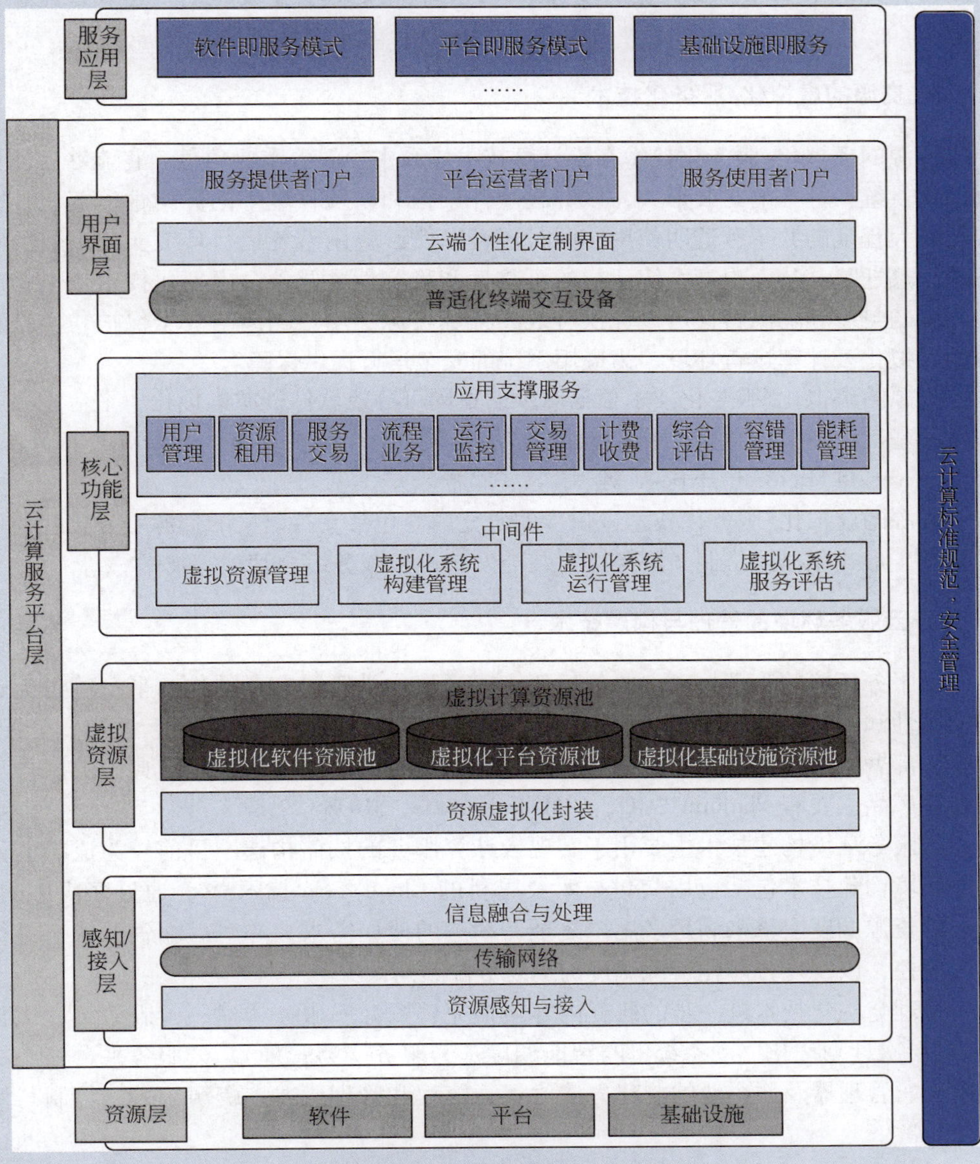

图1　一种面向服务的层次化云计算系统体系架构

云计算资源感知技术的进一步研究内容主要包括支持资源接入的新型传感器（如光纤接入）、海量感知数据的动态采集、分析与处理、感知网络构建及智能感知系统等。

3. 资源的虚拟化/服务化技术

资源的虚拟化/服务化技术在云计算技术体系中扮演着重要角色。它能够为计算资源提供统一标准的封装形式，以屏蔽硬件架构和系统环境等的异构性，实现计算资源最大程度的共享和透明使用；同时还可以使云应用系统运行环境实现高效的热备份、热迁移，从而提高系统运行的可靠性和稳定性；此外，虚拟化技术带来的虚拟环境的封装和隔离特性可以提供有效的计算资源、用户隔离与安全保护，实现独立的虚拟化云计算运行环境，为应用系统的安全运行提供保障。

资源的虚拟化/服务化技术根据对象的不同可分成软件资源虚拟化、平台资源虚拟化、基础设施虚拟化等。目前较为成功的虚拟化产品主要有 Citrix Xen、VMware ESX Server 和 Microsoft Hype-V 等[12]。

资源的虚拟化/服务化技术进一步的研究内容包括支持语义的资源服务化统一描述模型、形式化描述机制、服务化封装与发布、云服务综合管理等技术。

4. 云服务环境的管理与构建技术

云服务环境的管理技术主要包括研究云环境中计算设施、软件、平台等各类资源的属性和（运行）状态的管理技术，以及涵盖云计算资源的注册、注销、分配、回收、部署、执行、配置、监视等服务全生命周期的资源管理技术。典型的服务环境管理产品主要有 Platform EGO、IBM Websphere、JBOSS 等。

云服务环境构建技术主要用于实现云计算服务的按需构建。目前较为成熟的云服务环境构建技术包括应用交付技术及思科的 CloudVerse 技术[13]，通过多应用的、统一的资源调度引擎来满足多用户复杂、动态的使用需求，并对后端资源状态进行实时监控，以实现智能化资源调度与动态分配策略。

管理与构建技术进一步的研究内容包括完善资源库服务构建、云服务调度优化（如多层次计划优化、动态统筹与智能调度、云服务交易管理）、云服务平台核心支撑引擎、管理器及云企业的构建方法、运行流程和管理模式、资源统筹、控制与调度等。

5. 虚拟化云服务运行技术

虚拟化云服务运行技术主要解决云计算服务在应用运行中的高效性、可靠性问题。MapReduce 是目前实现云服务高效化的主流技术手段。MapReduce 保证了后台复杂的并行执行和任务调度，并向用户和编程人员透明，从而能支持云服务的并行化高效运行。可靠性的核心问题是实现云服务的容错迁移。基于虚拟化技术实现服务的实时监控与无缝迁移是目前云服务容错迁移研究的热点，VMware 的 VMotion 是该技术的典型产品之一。

虚拟化云服务运行技术进一步的研究内容包括虚拟化资源动态优化配置、容错、监控技术、云服务智能匹配和组合、云服务优化配置机制与算法及虚拟资源池管理等。

6. 云服务评估技术

云服务评估技术的核心是给出评定云服务质量的一系列指标与评估方法，从而指导相应的云服务选择、计价、运营等活动。

除了基于 QoS 的传统服务评估体系的方法外，针对云服务特点，目前已经形成了以服务水平协议（SLA）及亚马逊 EC2（elastic compute cloud）服务弹性计算单位[14]等为代表的云服务评估技术。

云服务评估技术进一步的研究内容包括对云计算服务的性能、可靠性、通用性、成本、应用风险等服务质量进行评估的指标与方法。

7. 可信云服务技术

可信云服务技术能够保证云计算系统中服务过程的安全可信。目前代表性的可信云服务技术包括云可信权威（cloud trust authority）服务及我国趋势科技、瑞星等企业率先提出的云安全技术[15]。

可信云服务技术进一步的研究内容包括安全认证机制与可信监控、云平台交易数据保障、服务可信网络构建，以及计算资源/能力可信接入等。

8. 普适人机交互技术

普适人机交互技术主要是指结合普适计算、移动互联、多媒体等技术，为云计算用户提供友好、普适的人机交互环境的技术。普适人机交互技术目前正在向云端化、移动化、绿色化的方向发展。国内外知名 IT 企业纷纷推出各自的云端产品，如 NComputing 云终端[16]、我国联想控股有限公司推出的虚拟云终端[17]等。

普适人机交互技术进一步的主要研究包括面向云服务环境的界面应用逻辑分离、普适交互的界面计算服务、面向普适用户的服务资源可视化及接口标准等。

9. 云计算应用技术

云计算应用技术主要结合应用领域的需求开展相关云计算应用模式和技术的研究。其研究内容包括将应用领域的问题映射为三类云计算服务，以及基于领域应用特点对云计算服务模式及相关技术的拓展研究。例如，作者团队开展的云制造[5]、云仿真项目[18]，该项目基于云制造/云仿真中服务表征的交互、协同、异构、全生命周期管理等特点，在资源的共享内容、应用模式及支撑技术等方面对云计算技术进行了延伸与扩充，如图 2 所示。

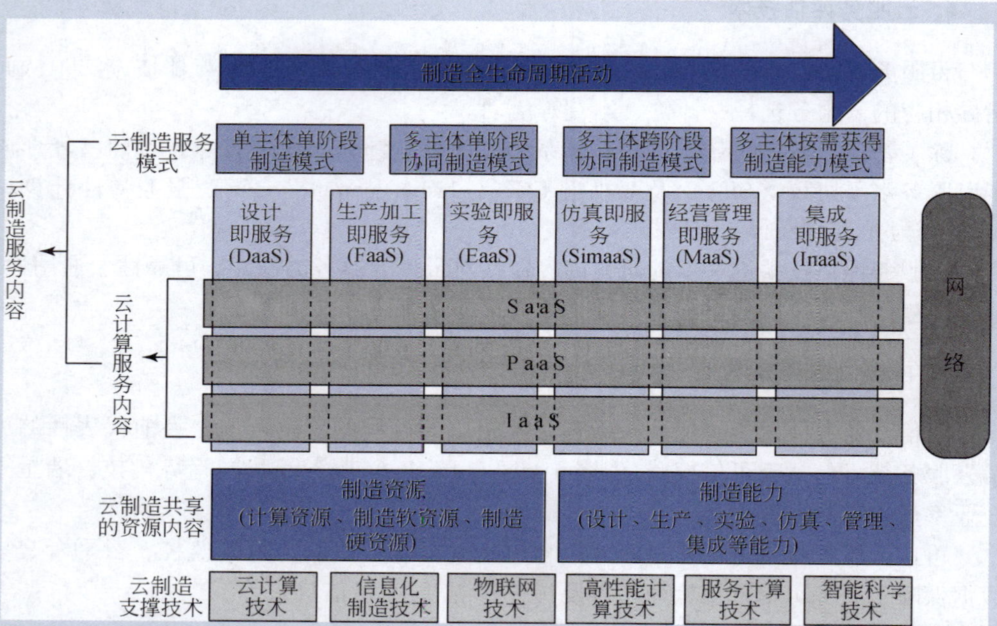

图 2 云制造扩展了云计算技术的资源共享内容、应用模式及支撑技术

10. 系统运行的商业模式技术

目前主流的云计算系统运行的商业模式主要包括“电厂”模式与“超商”模式[2]。“电厂”模式符合云计算理念提出的初衷，即将计算、服务和应用作为一种公共设施提供给公众，使人们能够像使用水、电、煤气和电话那样使用计算资源。近年来随着云计算的应用与实施，“超商”模式也逐渐受到业界的推崇。其核心理念在于平台化的思想。云计算厂商提供云平台，在云平台上有来自各方的丰富计算

服务可供用户选择。目前很多 IT 供应商均基于“超商”模式提供云服务，如亚马逊公司的 AWS、微软公司的 Azure 及 IBM 公司的“蓝云”等。

（二）典型云计算系统与技术

1. 典型 IaaS 系统与技术

为了解决计算基础设施的合理利用问题，互联网最大的在线零售商亚马逊于 2006 年发布了云计算平台弹性计算云 EC2[14]，并率先将基础设施作为服务出售。EC2 由 Amazon Machine Image（AMI）、EC2 虚拟机实例和 AMI 运行环境组成。AMI 是一个用户可定制的虚拟机镜像，能够弹性扩展与组合，从而满足不同的用户需求。EC2 使用 Xen 虚拟化技术将 EC2 按用户需求建立在公司内部的大规模集群计算的平台上，并通过服务弹性计算单位对 IaaS 服务进行评估和计价。EC2 用户只需为自己所使用的计算平台实例付费，而不必自己去建立云计算平台，节省了设备与维护费用。

我国曙光信息产业有限公司开发的云平台管理软件 CloudView 实现了以 IaaS 为主的计算资源服务，提供了资源快速部署与按需分发、用户资产租赁服务、系统全局安全保障等功能。CloudView 的系统架构如图 3 所示，面向公有云和私有云的云计算中心，通过网络将 IT 基础设施、软件等资源按需提供给用户使用，支持 IaaS 服务，并通过部署平台服务软件和业务服务软件来兼顾对 PaaS 和 SaaS 的支持。CloudView 云计算管理系统采用模块化、可插拔的设计理念，向用户提供按需使用、易于管理、动态高效、灵活扩展、稳定可靠的云计算中心。

2. 典型 PaaS 系统与技术

Google AppEngine[1]是谷歌在 2008 年 4 月发布的一个 PaaS 平台，可以使用户在谷歌的基础架构上开发和部署运行自己的应用程序。目前，Google AppEngine 支持 Python 语言和 Java 语言，且每个 Google AppEngine 应用程序都可以使用达到 500 兆的持久存储空间，并可支持每月 500 万综合浏览量的带宽和 CPU。Google AppEngine 系统主要包括编程语言运行时环境、分布式数据库、安全认证等模块。AppEngine 基于 MapReduce/Bigtable 技术实现了用户数据的分布式存储与高效处理，并利用 Sandbox 技术将用户开发的应用程序隔离在有效维护的安全环境中，保证了开发平台服务的可靠性。

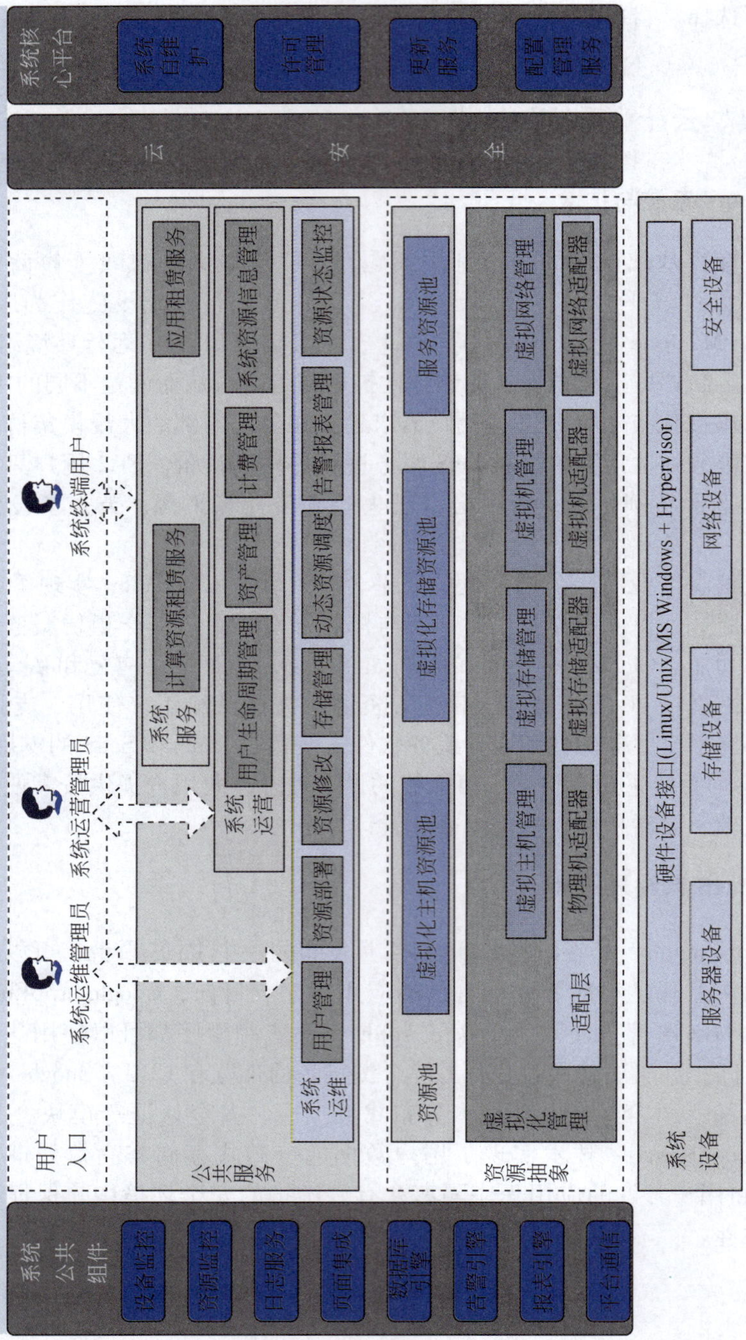

图3　CloudView系统架构

3. 典型 SaaS 系统与技术

Salesforce[19] 是创建于 1999 年 3 月的一家客户关系管理（CRM）软件服务提供商，它通过为用户提供随需应用的客户关系管理（On-demand CRM）软件租赁服务而跻身成为全球按需 CRM 解决方案的领导者。Salesforce 的 CRM 平台主要包含基础架构与物理资源层、中间平台层和商业应用层三大部分。其核心在于利用可重用的云计算平台组件构建商业应用门户，客户只需基于浏览器的简单交互即可使用 Salesforce 提供的 SaaS 服务。Salesforce 的 SaaS 技术在云计算的商业模式技术（多点租用架构）、运行技术（元数据驱动的开发模型），以及集成技术（Web Services API）等方面具有创新性。

（三）云数据中心

云数据中心是一类提供云计算三类服务的中心。云数据中心的目标是将传统数据中心改造为绿色、可靠、高效运行的云服务中心。理想的云数据中心主要特征是技术标准化、能力服务化、提供快速化、资源虚拟化、管理自动化和管控集中化。目前，许多国内外的厂商分别提出了关于云数据中心的解决方案。其中较为典型的包括以下三种。

（1）Microsoft 云数据中心[20]。它是基于动态虚拟化技术能够让用户自己动态管理数据中心的基础设施（包括服务器、网络和存储等），可实现开通、配置和安装等功能。其核心价值在于，它可以帮助用户提高 IT 基础设施资源的利用效率，提升基础设施的应用和管理水平，实现计算资源的动态优化。

（2）Oracle 云数据中心[21]。它利用虚拟化技术来整合和提升服务器的利用水平，并能敏捷地适应应用的变化，根据负载随需扩展，同时实时地获取业务变化，并据此做出响应；同时，它利用 MapReduce 和集群技术提高了数据中心的分布式处理能力，并通过自动存储管理保证容错和存储水平扩展，从而保证业务不被中断。

（3）某市云数据中心。我国曙光信息产业有限公司正在为某市建设如图 4 所示的云数据中心，包括云基础设施、云平台和云服务三个层次。云平台涵盖了云计算、云存储、云安全、云操作系统、云中间件和云运营管理等内容。

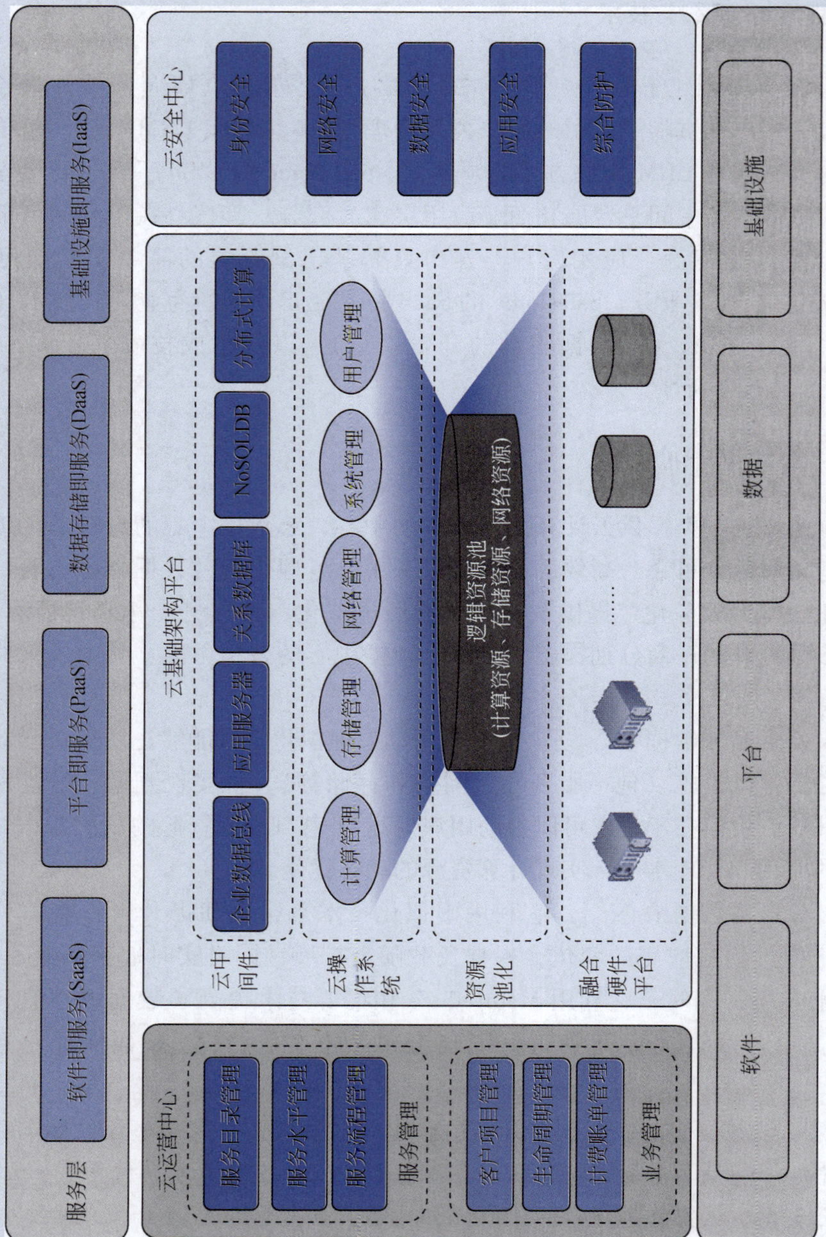

图4 某市云数据中心系统架构

参 考 文 献

[1] Google. Google app engine. 2011. http://code.google.com/intl/zh-CN/appengine [2011-09-27]

[2] 工业和信息化部软件与集成电路促进中心. 安全可控软硬件产品集成应用推动我国云计算健康协调发展. 云计算产业动态，2011，5：1~4

[3] 赛迪顾问股份有限公司. 中国云计算产业发展白皮书. 2010. http://tech.ccidnet.com/zt/cwb/images/cloudbook.pdf [2011-07-08]

[4] 周洪波. 云计算——技术、应用、标准和商业模式. 北京：电子工业出版社，2011：173~218

[5] 李伯虎，柴旭东，侯宝存等. 一种基于云计算理念的网络化建模与仿真平台——"云仿真平台"，系统仿真学报，2009，21（17）：5292~5299

[6] 李伯虎，张霖，王时龙等. 云制造——面向服务的网络化制造新模式. 计算机集成制造系统，2010，16（1）：1~7

[7] Youseff L，Butrico M，Silva D D. Toward a unified ontology of cloud computing. 2010. http://www.collabogce.org/gce08/images/Lamia Youseff.pdf [2010-07-21]

[8] Lenk A，Klems M，Nimis J，et al. What's Inside the Cloud? An Architectural Map of the Cloud Landscape. 2009. http://www.computer.org/portal/CLOUD.2009.5071519 [2009-11-27]

[9] 刘鹏. 云计算. 第二版. 北京：电子工业出版社，2011：147，203，288

[10] 中国电子技术标准化研究所. 云计算标准研究报告. 2011. http://wenku.baidu.com/view/ldda7dc7613ee-obeff918d3.html [2011-7-30]

[11] Hayes P. RDF semantics. W3C Recommendation. 2004. http://www.w3.org/TR/rdf-mr [2004-02-05]

[12] 吴朱华. 云计算核心技术剖析. 北京：人民邮电出版社，2011：182~190

[13] Cisco. Cloud verse. 2011. http://newsroom.cisco.com/press-release-content? type=webcontent&ar ticleId=578106&POSITION=LINK0&COUNTRY_SITE=us&CAMPAIGN=NewsAtCisco LatestNewsfromCDCHP&CREATIVE=LINK3&REFERRING_SITE=CISCO.COMHOMEPAGE [2011-07-05]

[14] Amazon. Amazon web service. 2011. http://aws.amazon.com [2011-01-07]

[15] 黄瑛，石文昌. 云基础设施安全性研究综述. 计算机科学，2011，38（7）：24~30

[16] Ncomputing. NComputing. 2011. http://www.ncomputing.name [2011-06-28]

[17] 联想集团公司. LVCC 虚拟云终端. 2011. http://appserver.lenovo.com.cn/Lenovo_Product_Detail.aspx? gdsid=A0500012128 [2011-07-05]

[18] Li B H，Chai X D，et al. New advances of the research on cloud simulation. In：Proceedings of AsiaSim 2011，2011，199~208

[19] Salesforce. Salesforce CRM. 2011. http：//www. salesforce. com [2011-04-28]
[20] Microsoft. Introducing the Windows azure platform. 2011. http：//go. microsoft. com/？linkid = 9752185 [2011-07-21]
[21] Oracle. 甲骨文的云策略：构建现代数据中心架构. 2011. http：//articles. e-works. net. cn/712/Article83104. htm [2011-04-28]

Related Research and New Advancement of Cloud Computing Technology

Li Bohu[1] Li Jun[2] Chai Xudong[1]
([1] The Second Research Institute of China Aerospace Science and Industry Corp. ; [2] Dawning Information Industry Corp. , Ltd.)

Cloud Computing is a new network-based and service-oriented computing technology and has attracted worldwide attentions from both academic and industrial community. This paper briefly introduces the concept and features of Cloud Computing, as well as its industry and application. As the development and extension of Grid Computing, Distributed Computing and Parallel Computing, Cloud Computing is enabling the public to obtain the computing services as conveniently as obtaining water and electricity services. And three typical cloud service patterns, Software as a Service, Platform as a Service, and Infrastructure as a Service, are discussed, Then the paper discusses the related research and advances of ten key technologies in the Cloud Computing Technology Knowledge-body, including the general technology, resource perceive technology, virtualization/service-oriented technology, management and construction technology of cloud service environment, execution and evaluation technology of virtual cloud service, reliable cloud computing technology, pervasive user-machine interaction technology, application and commercial mode technology of cloud computing. Finally, the typical cloud computing systems and technologies of different service pattern, and the concept of Cloud Data Center are introduced.

2.11 社会计算新进展

王飞跃 毛文吉 曾大军
（中国科学院自动化研究所）

作为计算科学与社会科学的交叉融合，社会计算学科可以从两个方面来认识[1,2]。其一侧重信息技术在社会活动中的应用，这一角度主要关注社会软件的技术层面且有较长的历史；其二侧重社会知识在信息技术中的嵌入和使用，以提高社会活动的效益和水平。侧重社会知识在信息技术中的嵌入和使用的社会计算工作近年来刚刚兴起，涉及社会、经济和工程等领域的诸多重大研究问题，其核心是以人和社会为表征的建模、实验与分析评估，其主要方法是社会科学、计算科学、管理科学等多学科的交叉。近年来，后一方面工作以互联网的发展所引发的社会相关问题的计算建模和计算算法为代表，尤其是与“动态网民群体”相关的社会计算研究。“动态网民群体”是指针对某一话题或事件在短期内聚集在一起，参与、讨论并共同实施某些社会行为的网民群体。动态网民群体具有动态性、实时性、自组织性、突变性、高度复杂性、虚实交互性等特征。通过虚拟网络空间，动态网民群体可以快速组织起来，迅速传播、大范围扩散相关信息，产生重大社会与经济影响。探讨社会计算这一新兴前沿学科的国内外进展及未来发展前景，有助于为满足我国社会、经济、工程等领域的重大需求提供新的更加有效的整体解决方案。

一、国外新进展

近年来，社会计算的研究与应用已引起国外信息科学及相关交叉学科领域的高度重视。国际上许多大学和主要的高新技术公司都在积极从事社会计算的相关研究和开发工作。例如，美国亚利桑那大学开展的面向国家与社会安全的情报与安全信息学研究，卡内基梅隆大学开展的公共卫生事件、生物恐怖监控与预测工作，南加利福尼亚大学研制的多智能体虚拟社会演练系统，以及 IBM 公司和微软公司的网络社区开发项目。

各国政府十分重视社会计算及相关网络化社会问题的研究与应用，并持续加大投入，支持相关项目研发及平台建设。2005 年起美国国家科学基金会（NSF）和美国国土安全部资助了 Dark Web 项目[3]，该项目针对互联网网页、论坛、博客、聊天室、社会网络、虚拟社区、视频等公开情报信息，挖掘个体和组织的行为模式，为国家与社会公共安全提供决策支持和预警。2008 年 5 月，美国军方投资 300 亿美元启动了电子曼哈顿计划（National Cyber Range，NCR 计划），发展社会计算与网络化社会安全新技术，确保“网上美国”的安全。NCR 计划的实质与网络带来的社会结构变迁密切相关。

国际学术界也十分重视社会计算的研究。2007 年年底美国在哈佛大学举办了计算社会学研讨会，2008 年 4 月，美国军方在亚利桑那州立大学举办了社会计算、行为建模和预测研讨会。在此基础上，2009 年 2 月，10 余位来自信息科学、社会科学、物理学等领域的学者联合在《科学》期刊上发表了计算社会学文章[4]，标志着计算科学和社会科学的交叉融合成为国际瞩目的前沿研究和应用热点。近两年，多个信息科学领域的主流学术期刊也纷纷出版专刊，旨在推动社会计算及与其密切相关的社会学习、社会媒体分析、社会与经济计算等领域的研究[5~7]。

二、国内新进展

自 2000 年以来，中国学者基于对信息技术与互联网的飞速发展及网络社会化趋势的深刻思考，率先提出社会计算的概念，并给出基于复杂系统方法进行社会计算研究的基本框架。尽管英文中“social computing”一词在 1994 年已经出现[8]，但正如使用该词的国外学者自己所言，“social computing”的内容实际上指“社会软件”（social software），如计算机支持协同工作的 CSCW（computer supported cooperative work），而非面向社会活动、社会结构、社会过程、社会组织、社会功能等的计算方法的研究和应用。我国学者于 2004 年提出了开展社会计算研究的倡议[9,10]，并建立了原创性的 ACP（artificial societies-computational experiments-parallel execution）方法[11~14]。社会计算旨在架起社会问题和计算技术间的桥梁，从基础理论、实验手段及领域应用等各个层面突破社会科学与计算科学交叉借鉴的困难。随后，国际上也开始关注此方面的研究。

近年来，我国学者在社会计算方面的研究相当活跃，取得了一系列有意义的成果。2006 年 3 月，《中国计算机学会通讯》出版了《信息科学和社会科学交叉研究》专刊[15]。2006 年 10 月，中国计算机学会青年科技论坛举办了“社会信息学”报告会。2007 年 4 月，中国学者举办了以“社会计算的基础理论和应用”为主题的香山科学会议。2008 年 6 月，中国学者又举办了以“社会计算——社会能计算吗?”为主题的中国科学技术协会新观点新学说学术沙龙并出版了专著[16]。2008 ~2011 年，中国学者联合海外学者举办了第 1 ~3 届“社会计算”国际研讨会。2010 年美国计算机协会（Association for Computing Machinery，ACM）成立了社会与经济计算分会。

在社会计算基础理论研究和应用系统研发方面，中国科学院近年来先后承担了多项国家重大任务，面向国家与社会公共安全研发了大规模开源情报获取、分析预警及决策支持应用系统，构建了领域专用深度知识搜索引擎、动态自适应社会传感网络、专用情报知识库与情报维基，研制了面向特定领域的熵值分析指标与预警体系，实现了特定领域开源情报信息的采集、存储、处理、挖掘、分析、追踪、热点云产生、简报自动生成、热点与专题自动报告和决策支持等功能，为获取、分析和处理与业务相关的社会情报提供了强有力的决策支持与服务。研发成果目前已应用于一些国家安全部门的相关业务中，为保障国家与社会公共安全、维护国民经济发展和社会稳定做出了重要贡献。

三、未来展望

我国目前的网民数量已超过4亿人，通过互联网发布信息具有成本代价极低、影响范围极广、完成时间极短、机动能力极强的特征。这使得单凭经验与直觉已无法管理复杂动态的数字网络化社会。因此，在我国积极推进社会计算研究与应用，力争取得创新性科研成果，对保障国家和社会安全、维护国民经济发展、构建社会主义和谐社会具有十分重要的意义。

纵观国内外科技发展前沿与趋势，各国政府及其研究机构都已经将社会计算和面向网络化社会的技术研发提升到了国家战略层次。从社会计算的未来发展趋势看，基于网络社会媒体信息、面向动态社会群体建模与演化规律分析，以及网络化社会态势的计算实验评估将成为社会计算亟待解决的重要研究课题。

1. 海量社会媒体信息的精准实时感知

对海量社会媒体信息的精准、实时获取是社会计算研究的数据基础和前提。社会媒体数据同时具有的多源性、异构性、混杂性和个体倾向性等特点，增加了精准获取社会媒体数据的困难性。此外，重大社会事件通常具有瞬时爆发、快速传播、大范围扩散与海量数据积聚等特点，这给社会媒体信息的实时感知带来很大困难。为此，社会计算研究需寻求社会媒体数据的精准感知和主动获取方法，通过自适应地构建和优化部署社会传感网络，提高社会媒体信息获取的效率和质量。

2. 动态网民群体网上－网下行为互动演化规律分析

动态网民群体在网络虚拟空间中的信息/知识共享、行动规划、情感传播等行为与现实物理世界群体行为之间具有强关联性和耦合性。动态网民群体的网上－网下互动，常常诱发社会热点事件并激化其发展态势，并通过各种途径直接或间接地影响现实社会，最终产生巨大的社会影响力。网上与网下群体行为的高度不确定性和自组织性，给面向动态网民群体的数据建模和行为建模带来了极大挑战。为此，社会计算研究需挖掘网民群体的网上－网下行为特征，以及相应观点与情感的网上网下信息流动模式和协同演化规律。

3. 网络化社会态势的计算实验评估

社会热点信息通常借助社会媒体的表现形式和网络传播尺度的膨胀效应，激发、扩大事态影响，同时通过动态网民群体心理、情感与行为等社会态势要素的感染与同化，反过来促进热点信息的大范围传播和扩散。为有效把握网络化社会态势，社会计算研究需探究基于社会媒体信息和网民群体行为的社会态势分析与预警的计算实验方法，通过设计计算实验场景和热点信息主动推送方法，研究社会媒体信息与网络化社会态势的互动与反馈机理，揭示动态网民群体行为诱发突发事件的机制。

随着信息化和网络化的不断普及与深入，社会动态变化的速度和规模已经提高到一个前所未有的水平。为保障社会安全与经济的稳定发展，构建和谐社会，在传统以定性为主的社会问题分析的基础上，必须大力开展社会计算的基础理论研究，发展新的能够量化的社会计算方法，并面向国家重大安全需求，使之在社会、经济和工程等领域得到实际应用。社会计算问题之所以重要，是因为目前的信息技术应用正在深刻地改变当今社会中人与人、人与社会、人与自然的交互方式，强烈冲击着目前的社会结构和形态。正如现代科学问题的解决需要现代科学理论与方法，社会计算的理论与方法势必成为有效应对网络化社会新兴问题的至关重要的理论指导，并为之提供解决途径。

参 考 文 献

[1] 王飞跃．社会计算的意义及其展望．中国计算机学会通讯，2006，2（2）：28 ~ 38

[2] Wang F Y，Zeng D，Carley K，et al. Social computing：From social informatics to social intelligence. IEEE Intelligent Systems，2007，22（2）：79 ~ 83

[3] Chen H，Wang F Y. Artificial intelligence for homeland security. IEEE Intelligent Systems，2005，20（5）：12 ~ 16

[4] Lazer D，Pentland A，Adamic L，et al. Social science：Computational social science. Science，2009，323（5915）：721 ~ 723

[5] Yang Q，Zhou Z，Mao W，et al. Social learning. IEEE Intelligent Systems，2010，25（4）：9 ~ 11

[6] Zeng D，Chen H，Lusch P，et al. Social media analytics and intelligence. IEEE Intelligent Systems，2010，25（6）：13 ~ 16

[7] Mao W，Tuzhilin A，Gratch J. Social and economic computing. IEEE Intelligent Systems，2011，26（6）：19 ~ 21

[8] Schuler D. Social computing. Communications of the ACM，1994，37（1）：28，29

[9] Wang F Y. Social computing：Concepts，contents，and methods. International Journal of Intelligent Control and Systems，2004，9（2）：91 ~ 96

[10] 王飞跃．人工社会、计算实验、平行系统——关于复杂社会经济系统计算研究的讨论．复杂系统与复杂性科学，2004，1（4）：25 ~ 35

[11] 王飞跃．关于复杂系统研究的计算理论与方法．中国基础科学，2004，6（41）：3 ~ 10

［12］王飞跃．计算实验方法与复杂系统行为分析和决策评估．系统仿真学报，2004，16：893～897
［13］王飞跃．平行系统方法与复杂系统的管理和控制．控制与决策，2004，19（5）：485～489
［14］Wang F Y. Toward a paradigm shift in social computing：The ACP approach. IEEE Intelligent Systems，2007，22（5）：65～67
［15］李国杰．促进信息科学和社会科学的交叉研究．中国计算机学会通讯，2006，2（2）：1
［16］中国科学技术协会学会学术部．中国科协新观点新学说学术沙龙文集：社会能计算吗？北京：中国科学技术出版社，2009

New Advancement in Social Computing

Wang Feiyue，Mao Wenji，Zeng Dajun
（Institute of Automation，CAS）

Social computing is an interdisciplinary research area integrating social science，computing science and management science. It can be broadly defined as the computational facilitation of social studies and human social dynamics as well as the design and use of computing technologies that consider social context. Social computing research and application have developed widely and rapidly in recent years. With the emergence of information era，new types of social issues are characterized by dynamics，rapidness，openness，interactivity and huge volume of data. Social computing is becoming increasingly important in tackling the new social issues as well as modeling，analysis，control and management of complex social systems. This paper reviews the recent advance of social computing research and application，and introduces its major progress in China as well as in other countries. Then it discusses the trends of research and development in social computing. It also outlines future prospect and key research issues ahead of social computing. Its aim is to promote key original achievements of social computing and provide better solutions to significant social，economic and engineering application fields nationwide.

2.12 生物信息学与系统生物学的新发展

孙之荣
（清华大学生命科学学院生物信息学教育部重点实验室）

自从蛋白质与DNA序列的“密码”被发现之后，现代生命科学与信息科学两大新兴学科就走到了一起，并且越来越紧密地联系在一起，催生出了现代生命科学与信息科学的交叉领域——生物信息学与系统生物学。生物信息学利用数学、信息科学、统计学和计算机科学的方法研究生物学的问题，最初的主要研究方向有序列比对、基因识别、基因重组、蛋白质结构预测、基因表达、蛋白质相互作用的预测，以及建立进化模型等。系统生物学试图整合不同层次信息以理解生物系统如何行使功能，通过研究生物系统各不同部分之间的相互关系和相互作用，从系统层面理解、研究生物体及生命活动。以下重点介绍生物信息学与系统生物学的发展脉络、前沿热点及未来发展趋势。

一、发展脉络

2000 年，人类基因组计划工作草图的完成，标志着基于信息的生命科学研究时代已经正式开始。随着高通量测序技术的进步，该计划目前已经完成数百个物种、数千个基因组的测序，并且还有大量具有针对性的测序工作正在开展，同时有数以万亿计的海量数据不断生成。数据仅是信息的载体，必须进行深入的分析与挖掘才能将其转化为有价值的信息与知识，因而生物信息学作为一门综合生物学、计算机科学、信息技术及数学和物理方法来研究生命信息的交叉学科得到了极大的关注，迅速发展成为一个重要的前沿研究领域。国际上很快便建立了一系列序列、蛋白质结构等数据信息标准以及广泛使用的各类数据库，发展了一系列广泛使用的序列分析、分子结构分析的理论方法与软件工具，推动了现代生命科学研究的新理念、新思路和新方法的发展。

过去 10 年，生物信息学的基础理论和方法不断发展并逐渐走向成熟。伴随着生物芯片、新一代测序、各种组学技术等高通量实验技术的发展，尤其是近几年来各种国际重大科研项目的陆续开展，比如人类代谢组计划（Human Metabolisms Project，HMP）、癌症基因组计划（Cancer Genome Anatomy Project）、人类表观基因组计划（Human Epigenome Project，HEP），以及我国的蛋白质重大设施项目等，生物信息学的研究领域得以不断扩展、深入，已经从早期围绕序列信息进行基因组研究拓展到蛋白质组、转录组、代谢组、表观遗传学等研究领域，研究尺度已经从序列与分子结构信息拓展到基因与分子系统的网络结构与功能关联变化等，从而催生并推动了系统生物学的发展。系统生物学是在细胞、组织、器官和生物体整体水平上研究结构和功能各异的各种分子的构成及其在各种特定条件下的相互作用，并通过计算分析和实验研究来定量描述和预测生物功能、表型和行为的交叉学科研究[1]。它与传统生物学的区别体现在研究思路和方法等多个方面。经典的分子生物学研究是一种纵向的研究，即采用多种手段研究单个的基因和蛋白质等生物大分子。基因组学、蛋白质组学和其他各种“组学”则是横向的研究，即以同一手段同时研究成千上万个基因或蛋白质。而系统生物学的特点则是把纵向与横向研究有机整合起来，利用横向研究的数据构建系统层次的模型，经分析后做出系统特性变化与生物功能的预测，以指导设计纵向实验验证或发现新的细节。系统生物学研究不是一蹴而就的，而是一个不断整合、优化、探索、发现的循环深入过程。

系统生物学是生物信息学的再发展，系统生物学的发展离不开生物信息学的理论和方法，生物信息学的研究领域随着系统生物学的发展不断扩展，两者紧密联系，相互促进，同步发展。生物信息学和系统生物学的发展是建立在人类对复杂的生命活动机制有了逐渐深入的认知基础上的。在对癌症的致病机理以及一些重要生命过程的研究中，研究人员深刻体验到：针对单个基因或分子的研究难以阐释复杂的生命活动机制[2,3]。由此可见，发展生物信息学与系统生物学是生命科学发展的必然需求。

二、前沿研究热点

2010 年，*Annual Review* 杂志刊登综述文章 *A Decade of Systems Biology*[4]。该文分析总结了自 2000 年以来系统生物学的发展，并通过统计分析 PubMed（美国国家医学图书馆文献检索系统）中论文发表与引用情况，得到了图 1 的结果。这个结果反映了随着系统生物学的研究工作的不断增长，相关研究论文数量的增长速率远远超过 PubMed 中论文总数的增长速率，说明了生物信息学与系统生物学是一个蓬勃发展的研究领域。在研究内容方面，面向系统生物学分析的生物信息学方法研究依然很受关注，例如，各种在线软件工具与服务器的开发、蛋白质对接、比较基因组等方法［图 1（a）中对应项目分别为在线软件工具（online tools）、蛋白质对接（protein docking）、比较基因组（comparative genomics）］。该结果中体现的一个重要趋势是系统生物学与传统生物学的融合，体现在癌症研究（cancer research）、信号转导（signal transduction）、网络生物学（network biology）、代谢通路（metabolic pathways）等研究领域。这些领域都是近年来论文引用率很高的热点领域，其共同的特点是利用生物信息学与系统生物学的理论和方法来研究重要的生命活动过程或医学问题。

具体来说，近年来生物信息学与系统生物学的研究热点集中在以下四个方面。

1. 生物大分子结构计算和药物分子设计

生物大分子的功能基础是其特定的分子结构，因而晶体学中解析蛋白质分子结构的研究一直是实验生物物理学的重要领域。蛋白质分子结构是其特定序列在细胞环境中的特定物理学力场（如静电力、范德华力等）作用下产生的必然结果，这一过程是一个复杂的信息分析和力场计算的过程。而通过理论计算方法预测生物大分

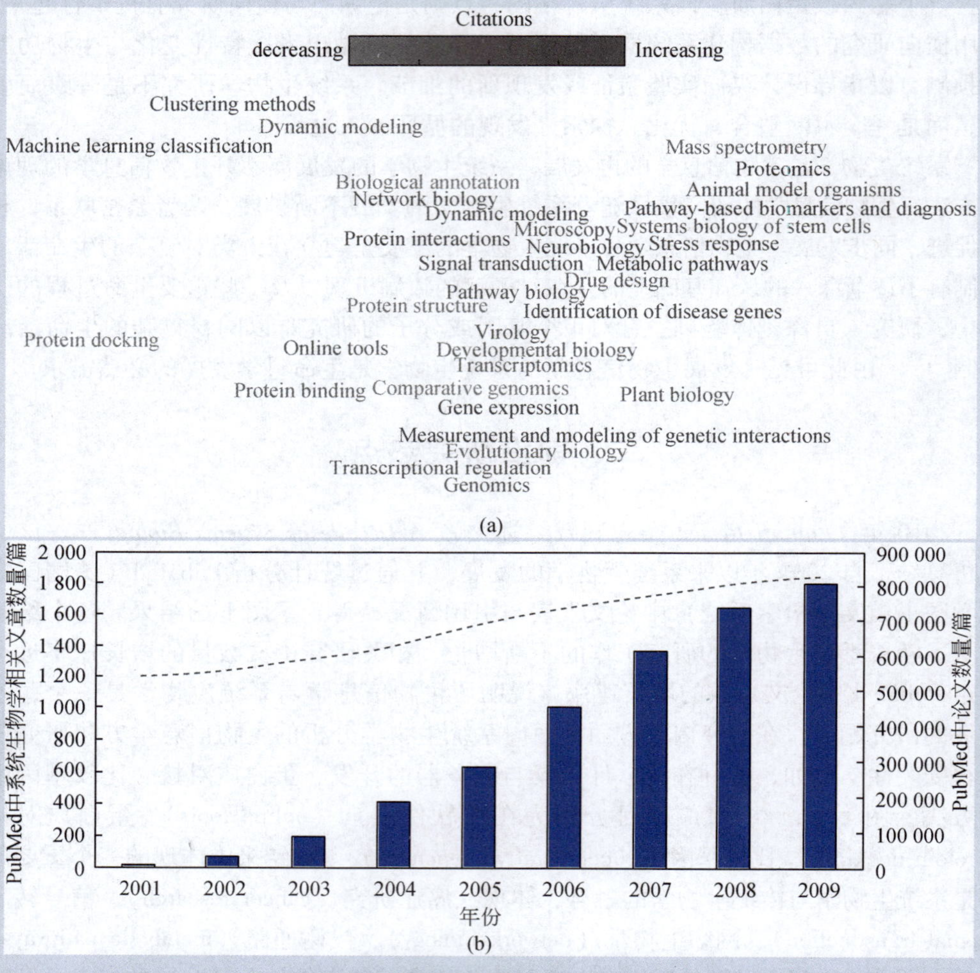

图 1　过去 10 年系统生物学出版物的元分析图

资料来源：引用自 Han-Yu Chuang，Matan Hofree，Trey Ideker. A decade of systems biology. Annu Rev Cell Dev Biol. 2010

（a）2000 ~ 2009 年最受关注的系统生物学研究主题，文字的大小与发表的相关文章数量成正比

（b）柱状图反映了 2001 ~ 2009 年，每年在 PubMed 检索中主题标记（Medical Subject Heading）

图中虚线代表 PubMed 中检索到的每年发表论文总数的增长趋势，对应右侧坐标轴

子结构一直是生物信息学的重要研究领域，同时也是理解蛋白质折叠机制的必然需求。从早期的蛋白质二级结构预测到现在的三级结构从头折叠，不论是研究问题的难度、预测精确度还是计算速度等各方面都有了很大的提高。虽然这是一个“传统”研究领域，但是依然有很多重大热点科学问题亟待解决，例如，无序蛋白（disordered protein）功能的动态结构基础研究、蛋白质错误折叠与神经退行性疾病致病机制及治疗方法研究、蛋白质相互作用预测、多靶标的药物分子设计等。美国华盛顿大学 David Baker 研究组通过计算的方法已经成功实现具有目标结构与功能的蛋白质大分子的人工设计[5,6]，这预示着突破传统的小分子药物设计模式已经成为可能。由此可见，基于生物大分子结构计算的药物设计方法还需要进一步研究。这方面研究的突破将具有重要的科学与应用意义。

2. 下一代测序技术相关算法开发与应用

下一代测序技术（next generation sequencing）是重要的系统生物学研究工具，具有高通量、高分辨率等众多优点，充分、合理地利用这一技术并结合其他组学技术，综合分析各类数据构建模型，有利于揭示复杂生物系统的调控模式与规律。

近年来，美国、欧洲等国家和地区的各大生物技术公司投入了大量人力、物力展开下一代测序“竞赛”。它们以个人基因测序的成本为 1000 美元作为发展目标，目前这一终极目标尚未实现，但测序的时间与金钱成本已经大大降低，为更广泛地应用测序技术进行基因组研究提供了保障[7]。目前，北京华大基因研究中心等机构已经成为我国测序领域重要的国际性科研与产业平台。

下一代测序技术提供了从多个角度观测生物复杂调控系统的可能，但要从数量巨大、类型复杂的测序数据中挖掘出规律性的知识，并通过整合这些知识形成对系统的整体认知，则需要解决一系列生物信息学的理论与方法问题，而这些理论与方法都是生物信息学的研究热点。在原始测序数据的处理方面，需要解决如高效的超大规模测序数据基本处理算法和工作流优化，对下一代测序数据产生模型的数学描述，以及适应大规模基因组数据的数据压缩存储、传输方法和搜索方法等诸多问题。在应用下一代测序技术进行生物学与医学研究方面，需要解决基因调控信号的识别和调控元件功能注释，高通量基因组、表观基因组和转录组等跨平台测序数据的整合分析与调控网络建模，以及基因表达与选择性剪切的分析方法等问题。

3. 生物系统的设计原则与合成生物学

重要生命活动与过程在物种进化中是保守的，存在某种潜在的生物功能系统的设计原则，而发现这些设计原则需要物理学、数学、系统与控制科学等领域的交叉融合。这一研究领域在从早期的大肠杆菌转录调控网络的模体（motif）研究，到重要信号转导系统的动力学分析，再到适应性（adaptation）等功能系统的设计原则研究等方面已取得一系列研究成果[8]，这些研究成果表明，生物学不仅仅是一门实验描述性科学，更是一门可以通过定量的数学与物理模型来抽象表达的科学。这些研究成果也为设计具有特定功能的生命系统奠定了理论基础。

随着精确定量实验技术的发展，人工设计生物功能系统已经成为可能，在生物信息学与系统生物学的助推下，合成生物学领域将蓬勃发展。

4. 癌症的系统生物学研究

癌症作为一种严重危害人类健康的复杂疾病，近几十年来一直是生物学与医学的关注热点。经过几十年的努力，人类对于癌症的致病机制有了逐渐深刻的认识，例如，发现了许多重要的原癌基因与抗癌基因，在临床诊断与治疗方法上也有很多突破，但彻底攻克癌症问题依然任重道远。

癌症致病机制具有人群差异、个体差异乃至细胞差异，因而体现出极其复杂的变化特性。研究人员难以简单地从单基因角度出发探索其发病机制，寻找药物靶标。美国国立卫生研究院（National Cancer Institute，NIH）、美国国家癌症研究所（National Cancer Institute，NCI），以及国家人类基因组研究所（National Human Genome Research Institute，NHGRI）开展了癌症基因组计划（Cancer Genome Anatomy Project）和癌症基因图谱计划（Cancer Genome Atlas Project）等，试图深入复杂疾病的表象来探索深层的基因与分子机制，以寻找多靶标、个性化的诊断与治疗方法。

在癌症的系统生物学研究中，可通过组学数据构建基因、分子及代谢的相互作用网络，并进一步从网络与功能模块的角度研究疾病发生、发展的驱动因素与治疗靶标。这是一个重要的领域[9]，2009 年 Torkamani 等在《染色体组研究》（*Genome Research*）上发表了这方面的研究工作[10]。他们通过重构癌症的共表达基因网络，利用动态树分割算法和其他评估方法，发现了联系紧密的共表达的基因网络模块，从而发现了癌症形成过程中起关键作用的突变基因（driver mutation）。该研究成果在癌症早期诊断和治疗中可以发挥重要作用。此外，基于芯片或测序数据并利用生物信息学技术来建立诊断癌症以及预测其复发的方法也得到了极大的关注，它对癌症的早期诊断以及个体化医疗（personalized medicine）具有重要的价值。

三、未来展望

过去 10 年，生物信息学与系统生物学虽然在研究深度和广度上都已有了很大的突破，但在探索、解决复杂的生物学与医学问题的道路上，依然面临巨大的挑战和机遇，仍然处于快速发展阶段。举例来说，这些挑战如下。

（1）新的高通量实验技术的数据分析与整合方法还不完善，缺少很多简单有效的工具。

（2）在基因组、蛋白质组、微小 RNA（microRNA）调控网络与表观遗传修饰等信息整合网络的构建方面，不论是实验还是理论方法都还有很多研究工作要做。

（3）生物系统是多层次的（从基因到细胞，再到组织乃至器官），发现和理解其演化形成的机制及其相互作用，依然是一个未解决的重要的科学问题。

（4）在疾病研究中，尤其是在癌症等复杂疾病的研究领域，生物信息学与系统生物学方法的介入效果已经初露端倪。利用即将完成的癌症基因组计划（Cancer Genome Anatomy Project）等重大的国际合作所产生的丰富的数据资源，生物信息学与系统生物学将在疾病的致病机理研究和临床医学研究中发挥重要的作用。

生物信息学与系统生物学不是一个孤立的领域，借助于高通量、高精确性实验技术，必将在几乎所有生物学基础科学以及医学问题的研究中发挥重要作用，并改变传统生命科学的研究范式。

参 考 文 献

[1] Hood L. A personal view of molecular technology and how it has changed biology. Journal of Proteome Research，2002，1（5）：399～409

[2] Han J D. Understanding biological functions through molecular networks. Cell Research，2008，18（2）：224～237

[3] Ideker T，Sharan R. Protein networks in disease. Genome Research，2008，18（4）：644～652

[4] Chuang H Y，Hofree M，Ideker T. A decade of systems biology. Annual Review of Cell and Developmental Biology，2010，26：721～744

[5] Jiang L，Althoff E A，Clemente F R，et al. De novo computational design of retro-aldol enzymes. Science，2008，319（5868）：1387～1391

[6] Fleishman S J，Whitehead T A，Ekiert D C，et al. Computational design of proteins targeting the conserved stem region of influenza hemagglutinin. Science，2011，332（6031）：816～821

[7] Blow N. DNA sequencing：Generation next-next. Nature Methods，2008，5：267～274.

[8] Ma W，Trusina A，El-Samad H，et al. Defining network topologies that can achieve biochemical adaptation. Cell，2009，138（4）：760～773

[9] Barabási A，Gulbahce N，Loscalzo J. Network medicine：A network-based approach to human disease. Nature Reviews Genetics，2011，12（1）：56～68

[10] Torkamani A, Schork N J. Identification of rare cancer driver mutations by network reconstruction. Genome Research, 2009, 19 (9): 1570~1578

Recent Development in Bioinformatics and Systems Biology

Sun Zhirong

(MOE key Lab of Bioinformatics, School of Life Sciences, Tsinghua University)

Bioinformatics and systems biology are cross-disciplinary approaches to biological and medical research. Through interdisciplinary bridging biological and medical sciences with mathematics, computer science and other disciplines, bioinformatics and systems biology are mining the hidden biological information, systematically modeling biological processes and predicting unknown life phenomena. During the last decade, with the development of high-throughput experimental techniques, bioinformatics and systems biology have been developed rapidly. This paper introduces the development path of bioinformatics and systems biology and then reviews the progress focusing on several hot research topics such as computational structure biology, NGS (next generation sequencing), design principles of biological systems and cancer systems biology. Finally, the paper presents the challenges and opportunities for developing bioinformatics and systems biology in the future.

2.13 中国信息化和工业化融合新进展

刘九如

（工业和信息化部电子科技情报研究所）

工业发展经历机械化、电气化、自动化阶段后，当前进入信息化时期；数字化、网络化、智能化成为当前工业发展的重要特征。尤其是现阶段，新一代信息通信技术（ICT）不断取得新的突破，对经济社会的影响日益广泛、深入。为重新树立国家竞争优势，发达国家纷纷把信息化放在国家发展战略的优先位置，以信息化破解发展难题，加快向信息社会转型。应对金融危机之时，发达国家提出“再工业化”的战略，就是要以信息技术为依托，推动先进制造业的“回归”，实现高端制造业和服务型经济的再次飞跃。

我国工业化尚未完成，而信息化浪潮已经席卷全球。面对当前日益严峻的资源环境约束，以及劳动力、原材料、土地等要素价格持续上涨的压力，传统的工业化发展道路已难以为继。我们不可能再走西方发达国家先工业化、后信息化的老路，而应将信息化的时代特征与工业化的历史进程紧密结合起来，走信息化与工业化融合的发展道路。因此，“两化融合”符合我国现阶段经济发展的内生需求，是实现工业由大变强、经济内涵式发展的有效途径。

一、发达国家推动工业信息化的最新动向及启示

进入21世纪以来，许多国家非常鲜明地确立了以推动ICT应用为重要特征的发展战略，纷纷将基础设施改造、新兴产业培育、医疗社保改革等重要事项放在信息化的大框架下开展，并将推进重点由重视基础设施的普及提升到更为复杂的信息技术全面深入应用上，逐步着眼于提高现有产业体系适应全球竞争要求的能力。发达国家的许多做法值得我们借鉴。

一是大力推动ICT技术创新与应用创新。各国实施了更加积极的ICT相关投资政策和财政政策。美国在2010年和2011年的财年预算提案中，信息技术方面的投资预算分别达到784亿美元和794亿美元。英国、法国、德国针对ICT产业的发展和应用普遍采取了积极的财政税收政策，引导企业、银行加大对ICT技术创新的投入。韩国产业资源部于21世纪初投资441亿韩元用于开发汽车、造船、纺织、机械等主要传统产业与信息技术接轨的技术。

二是积极扶持工业软件发展与应用。各国政府纷纷出台政策大力促进工业软件发展，带动工业ICT应用水平提升，并调整产业发展结构。2008年，法国巴黎大区投放16亿欧元资金，确定了160多个项目，重点支持八大领域的工业软件开发，并对能提供大量就业的建筑、机械和食品加工领域的工业软件应用项目给予资金支持。法国重点支持工业嵌入式系统，2010年销售额达到45亿欧元，从业人员约20万人。

三是强力推进中小企业信息化建设。各国政府具体做法主要包括三个方面：①政府列出专门预算和投资。德国政府直接出资18亿欧元，通过中介机构，支持一系列中小企业ICT项目开发。日本政府主要提供包括政府对项目补贴50%经费、政府全额支付科研项目费用、政府对项目发放低息或无息贷款在内的三方面的补助。②通过中介机构和服务体系，搭建公共服务平台。英国政府建立了专门网站和技术支持中心，提供ICT应用咨询服务。③营造中小企业发展和推动中小企业ICT应用

的法律氛围和知识氛围，为中小企业发展创造良好的环境。

四是实施 ICT 技术项目推动节能降耗，并推动电子商务发展。各国都非常重视应用 ICT 支持节能减排技术研发；通过实施 ICT 项目，支持新能源开发和改造提升节能设备。大力推动企业电子商务，欧盟各成员国之间，企业电子商务已经得到广泛而深入的应用。

五是注重效益评估和对企业的咨询引导。欧盟借助第三方咨询机构，每年以评估报告形式对企业信息化进展及效果进行监测和评估，为各类企业提出信息化持续推进的建议。韩国设计了产业信息化评估指数，包括 6 个领域 13 个子领域，每个领域都由一个指数变量评估企业的 ICT 状态，通过目前状态找到产业发展的薄弱环节。

国外 ICT 应用和企业信息化的推进经验证明，政府投资加大对关键共性技术研发和应用的投资力度，充分发挥中介机构和公共信息服务平台作用，促进工业软件的开发与应用，务实推进节能减排和新能源建设项目，采取有效措施推动中小企业 ICT 的应用，将有效推动工业企业的信息化建设。

二、我国“两化融合”进展情况

伴随着我国工业化进程的加快，ICT 技术在我国经济领域的各行业、各环节都得到了较为普遍的应用，大型重点企业正在由专注于单一业务部门和独立业务环节的单项业务应用为主向跨部门、跨业务环节的系统整合乃至覆盖全企业的综合集成方向发展，各行业均涌现出一批积极推进“两化融合”、实现竞争力显著提升的优秀企业，中小企业信息化意识和 ICT 技术应用水平显著提升，生产性服务业的规模和服务能力取得长足进步。

一是“两化融合”环境有了明显改善。作为“两化融合”基础产业的信息产业发展势头强劲。2010 年我国规模以上电子信息产业实现销售收入 7.8 万亿元，同比增长 29.5%；自主创新环境不断完善。2010 年，大中型企业管理人员平均计算机拥有率约为 78%，80% 以上中小企业已接入互联网。工业生产装备数控化程度有了较大提高，流程行业企业基本实现了底层设备自动化，离散行业大中型企业数控设备覆盖率也稳步提高到 25% 左右。国产工业装备智能化水平不断提高，数控系统的国内市场占有率已经突破 50%。

二是信息通信技术与关键业务环节的融合不断深入。截至 2010 年，国内大中型企业应用计算机辅助设计（CAD）的占 78%，85% 以上的离散行业企业应用计算机业务系统实现自动排产计划、车间物料管理、设备管理等；办公自动化、财务管理、进销存管理等业务系统应用比例超过 90%，近 30% 的重点企业基本实现了信息技术在各业务管理模块的全面覆盖，52.3%的中小企业已不同程度地开展了信息化应用，单项业务应用覆盖率接近25%。约45%的大中型工业企业开展了电子商务应用，部分龙头骨干企业在线采购比例超过90%，中小企业中也有约19%开展了电子商务应用。

三是企业业务系统整合和协同集成获得较大进展。截至2010年，我国已有34%的大中型工业企业通过建设制造执行系统（MES）和实施企业资源计划（ERP）等，实现了经营管理系统和生产过程控制系统的衔接和集成；已有44%的大中型工业企业能够按照订单组织生产，实现订单的“产→供→销”全程跟踪；22%的大中型工业企业已经步入综合集成阶段，各关键业务系统间的整合已全面展开。少数工业企业在综合集成基础上，形成了支撑企业战略创新发展的新型模式，在线运维等高端服务型制造模式在重大装备制造业逐渐得到普及推广。

四是生产性服务业取得长足进步，对“两化融合”提供了有力支撑。面向工业企业的公共服务平台成长迅速，提供交易和技术服务的平台逐步发展，目前约有30%的平台提供交易及交易支持服务，21%的平台提供公共技术服务。第三方电子商务交易与服务平台数量从2005年的2200多家增加到2007年的4500多家，到目前为止已超过万家。物流服务业信息化水平迅速提高，电子口岸建设有效支持了国际贸易无纸化大通关工作，重点物流行业在内部初步实现了互联互通。从工业企业剥离出来的信息技术服务企业发展迅速，例如，石化盈科信息技术有限责任公司、上海宝信软件股份有限公司、北京并捷信息技术有限公司、北京启明星辰信息技术股份有限公司等，成为推动相关行业“两化融合”水平全面提升的重要力量。各行各业逐渐出现了一批立足细分行业提供信息技术服务、引领创新的研究机构和中小企业。

五是“两化融合”相关政策逐步明确，咨询服务业逐步兴起。2011年4月，工业和信息化部、科学技术部、财政部、商务部、国有资产监督管理委员会联合印发了《关于加快推进信息化与工业化深度融合的若干意见》，明确要“重点围绕改造提升传统产业，着力推动制造业信息技术的集成应用，着力用信息技术促进生产性服务业发展，着力提高信息产业支撑融合发展的能力，加快走新型工业化道路步伐，促进工业结构整体优化升级。”与此同时，在国家信息化专家委员会的统领下，工业和信息部电子一所信息化研究中心、国家信息中心信息化咨询部等“两化融合”咨询机构形成了较强的研究支撑能力。其中工业和信息化部电子一所信息化研究中心在2011年研究发布《工业企业“工业化与信息化融合”评估规范》，并组织对17个工业行业进行了评估，有效地促进了“两化融合”工作的开展。

三、制约“两化融合”发展的关键问题

一是“两化融合”政策环境、体制机制有待完善。我国处在工业化发展中期，传统经济发展方式带来的影响，以及一些固有的体制机制问题还没有得到有效解决。国家协调推进的工作体系尚不够完善，成熟的“两化融合”政策体系、资金引导体系、支撑服务体系尚未全面建立，各行业协会等机构的力量没有充分整合。一些企业缺乏创新意识和前瞻意识，未能充分领会利用信息技术实现企业产品创新、管理创新、组织变革的内涵，缺乏融合的理念和思路，难以确定“两化融合”的切入点，在推进过程中也未能真正建立起融合的运行机制，影响了实施效果。

二是信息产业支撑能力不强，核心技术和自主知识产权产品仍然缺乏。2008年，全球范围内信息产业的增加值约占全球 GDP 的 7.5%，我国信息产业的增加值占国内生产总值（GDP）的比重为5%（约为1.49 万亿元），只是全球平均水平的2/3。在高端芯片、关键元器件、基础软件等领域，自主创新能力薄弱，绝大部分知识产权和技术标准由国外企业掌控，进一步开发融合性技术和产品的能力存在较大不足；一些重大装备和重要产品依赖进口，其核心控制软件与硬件集成在一起，国内许多企业只掌握基本的操作，并不具备对设备的维修和升级改造能力，很难实现生产控制系统和管理系统的集成，在应用时经常出现流程不适用、功能冗余或缺失、不便于二次开发等，严重影响了企业“两化融合”的效果。

三是企业推进“两化融合”的基础条件薄弱，内生动力不足。企业是“两化融合”推进主体，然而绝大多数企业的管理层对信息化建设和应用重视不够。企业技术、业务和管理的标准化、规范化程度低，很难通过信息系统将优化的业务流程和先进的管理思想固化下来，破除部门间旧的管理壁垒。我国工业企业自动化基础薄弱，人为主观因素导致基础数据的及时性、真实性、准确性难以得到保证，阻碍了过程监控和优化水平的提升，制约了产品质量稳定性和管理精细化水平提高，严重影响了“两化融合”的效能与效益的充分发挥，从而降低了企业推进“两化融合”的决心和信心。

四是产业发展结构失衡，新型工业化发展所必需的生产性服务业发展相对滞后。我国生产性服务业整体实力还很薄弱、规模偏小，自主创新能力不足，主要还停留在对国外领先技术和产品进行模仿和改进的阶段。“两化融合”所需要的生产性专业服务和整体解决方案缺乏。工业设计、咨询服务、电子商务、成果转化等方面的服务提供能力不足。面向区域的专业性集群服务平台、面向行业的共性技术服务平台和公共信息服务平台发展不够理想，平台的运作模式尚不清晰，缺乏可持续运营

能力。

五是“两化融合”人才保障不足。当前，推动“两化融合”工作的人才数量和质量都远远不能满足需求。尽管我国各大院校、职业技术学院等每年培养了大量的计算机、信息化、自动化等方面的专业人才，但既懂技术又懂业务和管理，能够适应“两化融合”需要的复合型人才还有很大缺口。既具备丰富的工业企业经营管理经验，又拥有信息化顶层设计能力的高端人才也十分缺乏。企业基层员工的信息化技能也有待加强，仍需要加大培训力度。

六是市场缺乏规范和引导，阻碍企业“两化融合”健康有序发展。目前，我国“两化融合”相关领域的市场秩序还较为混乱，还没有形成合理、规范的市场机制，软件与服务提供商、咨询服务机构等缺乏相关的规范和认证。各方面对“两化融合”认识不统一，企业推进“两化融合”路径不清、方法不明，尤其是面对无序的服务市场，很难做出正确的选择，导致“两化融合”工作的效能与效益很难得到有效发挥。

四、“两化融合”未来发展趋势和前景

一是企业将更加关注信息技术对产品质量、品种创新和全生命周期价值创造的支持。提高产品质量和创新品种是我国从“中国制造”走向“中国创造”的关键一步，是提高我国龙头企业国际竞争力的重要途径。各行业龙头企业将更加关注ICT应用对工业技术、工业产品研制的支撑力，并以此创新产品种类，提升产品质量，提升产品信息化、网络化和智能化率，大幅提升附加值，创建民族品牌。此外，产品沿生命周期服务延伸也是“两化融合”未来的发展方向。通过提升产品设计、生产、销售、售后服务乃至回收处理全生命周期信息跟踪和反馈能力，提升新产品开发能力和研发效率，加强产品生命周期的管控能力，实现服务延伸，促使产品的价值由加工环节向研发、维护保养服务等价值链高端环节跃升。

二是内部综合集成基础上的管控一体化将推动企业实质提升管理精细化程度。各行业“两化融合”水平较高的企业，将继续深入推进信息化的综合集成，加强研发设计、生产过程和企业经营管理的无缝衔接，逐步实现全企业业务系统综合集成基础上的业务应用集中提供和实时管理，以及企业内外部用户的应用定制和集成互操作，从而促进企业高效运转，战略决策及时、科学，实质提高企业管理精细化程度、现代化管理水平和市场应变能力。

三是推动产业集群和行业关联发展，实现产业链集成优化是两化深度融合的重要发展方向。区域产业集群化发展趋势明显，ICT深入应用能够让各产业集聚区龙头企业充分整合产业链资源，提高产业链上下游企业之间的资源整合和优化配置水

平，实现供应链高度协同协作，提高企业对价值链的驾驭能力，提升企业在价值链中的核心地位，从而进一步推动产业集群和行业深入关联发展。

四是行业共性服务和区域特色服务集聚发展，生产性服务业将持续高速发展。不同行业“两化融合”需求差异将催生出大量具有行业共性特征的信息技术服务，各 ICT 厂商将按照细分行业划分产品线，定制化开发适合特定行业的产品和一体化解决方案。同时，随着越来越多的企业为了集中优势资源，外包部分业务功能，面向行业的研发设计、协同加工、物流、客户服务、绿色和安全生产等生产性服务业将蓬勃发展。为了能够实现生产性服务企业与工业企业更好地协同运作和共同发展，信息技术必将在提供服务过程中发挥更加巨大的作用。

五是新一代 ICT 产业加快发展将为两化深度融合提供不竭动力。国家大力部署发展新一代 ICT 产业，实施宽带战略，新一代移动通信、下一代互联网、物联网、云计算、三网融合等新技术及其应用将赢得巨大发展机遇，特别是将带动信息通信基础设施和共性关键技术的研发和应用，“两化融合”的信息技术产业支撑和服务将得到显著增强。新一代 ICT 产业高速发展为两化深度融合提供了不竭动力，必将不断催生新模式、新业态、新市场，不断创造新的经济增长点。新一代 ICT 产业发展壮大的过程也必将与我国新型工业化发展的进程相互交织、融合，实现相互促进和共同发展。因此，我们可以预见，未来我国工业行业“两化融合”将全面展开，新型工业化道路将越走越宽阔。

参 考 文 献

[1] 高新民．现代服务业：特征、趋势和策略．杭州：浙江大学出版社，2010：32 ~ 55

[2] 工业和信息化部电子科学技术情报研究所．工业企业“信息化和工业化融合”评估规范（试行）（工信部公告〔2011〕第 39 号），北京：工业和信息化部，2011

[3] 两化融合评估联合工作组．重点行业企业信息化与工业化融合发展水平评估总报告（2009/2010）．北京：工业和信息化部，2010

[4] 两化融合评估联合工作组．重点行业企业信息化与工业化融合发展水平评估总报告（2011）．北京：工业和信息化部，2011

[5] 刘九如．工业信息化现状专题调查和推进政策措施研究．北京：工业和信息化部，2009

[6] 吴澄．“两化融合”和“深度融合”——我国工业信息化的现状、问题和未来展望．自动化与信息化工程，2011，3：1 ~ 8

[7] 奚家成．我国实施两化融合的特点、难点和重点．北京：工业和信息化部，2011

[8] 杨学山．中国信息化形势分析与展望．上海：上海远东出版社，2008：14 ~ 19

[9] 中小企业信息化联合工作组．中国中小企业信息化发展报告．北京：电子工业出版社，2008：14～21

[10] 周宏仁．中国信息化形式分析与预测（2010）．北京：社会科学文献出版社，2010：172～206

[11] 周宏仁．中国信息化形式分析与预测（2011）．北京：社会科学文献出版社，2011：110～133

[12] 周剑，陈杰．关于我国信息化与工业化融合基本情况的调研报告．北京：工业和信息化部，2010

China's New Developments of Integration of Informationization and Industrialization

Liu Jiuru

(Electronic Technology Information Research Institute, MIIT)

Integration of informationization and industrialization is the strategic roadmap in the Seventeenth Party Congress report. It is also the specific requirement and indispensable way to realize the new way of industrialization with Chinese characteristics. There have been plenty of successful experiences of the application of ICT to promote economic and social development in foreign countries which we should learn from. At present, our integration of informationization and industrialization has got a good foundation for development. Informationization has made great progress in economic and social fields, industrial structure at all levels, key aspects of enterprises, enterprise integration and pattern innovation. However, there still exists some problems in the areas of policy environment and institutional mechanisms, core technologies and independent intellectual property rights, infrastructure, producer services, human resources and market protection. It restricts and influences the further development of informatization. With the rapid development of new generation of information technology, and through the future integration of informationization and industrialization, enterprises can promote product quality, innovate existing product, create life-cycle value, enhance delicacy management, progress supply chain integration and optimization, advance management integration to optimize the industrial chain, and enhance the development and expansion of producer services, etc. In the near future, it can accelerate industrial restructuring and upgrading, economic restructuring and the change of development patterns.

2.14　中国电子政务新进展

高新民
（国家信息化专家咨询委员会）

20 世纪 90 年代以来，信息技术日新月异，信息化步伐不断加快，利用信息技术提高公共服务水平和效率，推动政府机构改革和建设，成为当今世界的潮流。电子政务已经成为政府管理创新的重要形式。

21 世纪以来，国外电子政务在取得进展的同时，也面临一系列挑战，特别是在 2008 年国际金融危机之后，电子政务更加突出政务透明、降低成本、整合服务和加强互动。

我国政府一直高度重视电子政务，将发展电子政务作为带动国民经济和社会发展信息化的一项重要战略措施，经过十几年的努力，已经取得了显著成效。特别是 21 世纪以来，在国家信息化领导小组的正确领导和统一部署下，我国电子政务建设稳步推进，管理水平稳步提高，应用成效日益凸显，有力地促进了政府职能转变，已经成为提升执政能力和建设服务型政府不可或缺的重要手段。“十二五”时期，电子政务发展将进入深化应用、突出实效、全面促进服务型政府建设的新阶段，我国政府应当紧扣改革行政体制和构建服务型政府这条主线，突出服务导向、以人为本和统筹协调，实现从注重建设向深化应用转变，促进政务与信息通信技术深度融合，充分发挥电子政务综合效益，切实把电子政务建设提高到一个新的水平。

一、国外电子政务发展趋势

21 世纪第一个 10 年中，发达国家都将电子政务建设与行政改革结合起来，确定电子政务的目标是为公众提供更好的公共服务，以网上办事为重点。实现了以服务对象（公民、企业、外国人、公务员）为中心的全生命周期、多渠道、多平台的公共服务，取得了显著进展。2008 年国际金融危机对政府运作产生了巨大影响：一方面政府要及时出台以公共财政刺激经济复苏计划，另一方面政府要紧缩开支，取得公众信任和支持。在此背景下，电子政务更加突出政务公开，更加注意节约成本，更加重视与公众交互。与此同时，信息通信技术又有新的突破，特别是移动互联网、社会网络、应用软件服务平台，以及云计算等商用模式的成功，给电子政务的发展提供了技术和模式创新的支撑。目前，国外电子政务发展有几个值得注意的趋势。

1. 公开政务，提高透明度

2008 年国际金融危机发生后，许多国家政府相继设立专门网站，公布与经济复苏刺激计划有关的信息。联合国调查了各国 115 个相关网站，既有美国、英国、法国、德国等发达国家的政府网站，也有巴西、哈萨克斯坦等发展中国家的政府网站。多数网站主要发布财政资金的用途、去向和公共投资项目的相关信息；有不少网站具备互动、征询功能，收集公众意见和建议，以调整资金计划，取得节约资金的效果；有的网站还提供投资项目的位置服务，以供社区了解项目进展情况以及就业机会。

2. 开放数据，提高参与度

开放数据是指政府将非保密的、对社会有高利用价值的数据，以开放的、结构化的（按语义标识、可分离重组）、机器可读的形式放在具有开放接口（API）的服务平台上，供社会第三方开发者或用户开发应用软件，达到政府信息资源社会化再利用的目的。2009 年 5 月美国联邦政府开通的 Data. gov 是第一个开放数据网站，其后英国、巴西相继仿效。目前，已形成各国政府建立开放数据平台的潮流。美国许多城市也建立了开放数据平台服务。截至 2010 年，在美国 Data. gov 上的开放数据有 236 项新应用，可与联邦政府部门的 253 个开放数据平台联系，共有 305 632 个数据组合可用。

3. 评估绩效，提高实效性

目前，国外电子政务更加强调以公民为中心，而不是以政府机构为中心；更加强调网上服务的使用率，而不是在线项目数量；更加强调政府提供整合型、便利型服务；更加强调提供低成本、多渠道的服务。欧盟在制定新的信息化规划时，调查发现各成员国政府已提供的在线服务有不少是花架子，公民平均使用率仅 38%。为提高实效性，欧盟强调了绩效评估的重要性。

4. 整合资源，提高利用率

为了避免重复建设，降低运维成本，各国政府除改进电子政务投资管理体制外，也开始利用云计算技术和模式，整合信息基础设施、应用服务平台、基础和共享数据等资源。例如，美国联邦政府开始实施的“云优先政策”（Cloud First Policy），计划在2015年前将目前2000多个政府数据中心削减40%，通过虚拟化技术将电子政务用的服务器平均利用率由目前的30%提高到60% ~70%。

二、我国电子政务建设和应用取得的进展和面临问题

从总体上看，经过21世纪前10年的快速发展，我国电子政务以大规模基础设施建设为重点、以重要核心业务系统为突破口，已经取得了阶段性成果。电子政务建设实现了从无到有、从小到大、从起步向深化应用的跨越式发展。

1. 网络基础设施已基本覆盖

总体上看，电子政务网络已经覆盖了我国所有的省（自治区、直辖市）、90%以上的市和80%以上的县。网络基础设施在支撑政府信息安全高效采集、传输、存储、加工等方面发挥着越来越重要的作用。

2007年，国家电子政务外网平台投入运行，初步具备了承载中央和地方政务部门业务应用的能力。目前，国家电子政务外网已连接53个中央政务部门，31个省、自治区、直辖市，新疆生产建设兵团，以及1169个省级政务部门，成为我国覆盖面最广、连接部门最多、规模最大的政务公用网络。中央国家机关各单位都建成了满足内部办公需要的局域网，多部委建设了本系统专用网络，实现了从中央到地方的联网运行。大多数省份已建成省、市、县三级电子政务网络，基本上覆盖到县级单位。

2. 各级政务部门核心业务信息化覆盖率大幅提高

中央多数部门核心业务基本实现信息化支撑。自2002年以来，中央投资建设了“金宏”、“金财”、“金审”、“金卡”、“金盾”、“金保”、“金质”、“金土”、“金农”等40多项电子政务工程项目。对中央40多个部委的调查显示，中央政府各部委办公业务信息化覆盖率2001年还不到10%，“十一五”末已提高到100%，海关、税务、公安、国土、金融监管、社会保障等有“金”字工程支撑的重点领域核心业务信息化覆盖率近90%，有的部委（如公安部、科学技术部、中国人民银行等）已达到100%。

在国家政策引导和中央政府大力发展电子政务示范项目的带动下，地方政府围绕行政管理体制改革，以行政审批和行政监察业务为主线，建设了一大批业务信息系统。北京、上海、江苏、浙江、广东等省（自治区、直辖市）行政许可项目网络化处理率已经普遍达到90%以上，有的省（自治区、直辖市）已经接近100%。在

核心业务信息化应用方面，我国用10年时间走完了发达国家20～30年的路程。

3. 电子政务公共服务能力明显提升

政府网站基本普及，中央和省级政府网站普及率已达到100%，地市级政府网站普及率达到99%，区县级超过85%。全国建设的县级以上政务服务大厅（中心）4500个，100%都实现了信息化支撑。“市民卡”工程在部分东部发达地区铺开，发卡量快速增长。政府各类呼叫中心广泛应用，移动政务应用开始起步。城市社区电子政务服务开始普及。“金农工程”和农村党员远程教育系统推动了农村信息服务体系建设，目前，全国各类农村信息服务站总计逾100万个，覆盖率超过70%。总体而言，电子政务为民服务的能力明显提高。

4. 重要信息系统安全保障能力得到加强

中央和省级各部门信息安全基础设施覆盖率达到100%，大多建设了统一的安全管理平台，信息安全管理规章制度和安全基础设施正在逐步完善，大多数部委还建立了应急机制，主要业务系统都按照等级保护的要求加强了安全防范。中国国际工程咨询公司调查显示，信息安全投入占电子政务总投入的比重在10%以上。各省（自治区、直辖市）多采用安全防护措施，配置防火墙、入侵检测、漏洞扫描等网络安全设备和软件，以保障电子政务安全。

5. 我国电子政务发展总体成效明显

电子政务建设的成效体现在三方面：一是产生的直接和间接经济效益，二是行政效能的提升，三是产生的社会效益。

首先，电子政务的直接和间接经济效益十分明显。一些与金融、税收、海关、审计等经济运行管理直接相关的信息系统建设产生的经济效益十分显著。例如，“金税工程”一期投入25亿元，当年就带来税收增加250亿元的效益；在金融监管信息化中，仅反洗钱系统截至2010年向国家有关部门移送可疑交易线索达773份，办理提请协查案件633件，提请反洗钱局行政调查1523份。从间接经济效益看，通过电子政务提高了行政效率、节约了行政成本。例如，税务、工商等部门，10多年来业务量成倍增加，但公务员数量并没有明显增加。提高行政审批效率，降低了企业经营成本。

其次，信息化使政府行政手段更加丰富，行政行为更加高效。例如，海关及其所有监管现场实现24小时联网运行，日均处理各类单证50余万份；公安系统的“金盾工程”覆盖了90%的公安基层所队，公安机关侦查破案打击犯罪能力提高

20%以上；国家审计系统的“金审工程”一期的AO审计系统使审计覆盖面提高了1倍，工作效率普遍提高5倍。据对国家重点项目评估结果，国家重点推进的电子政务业务系统普遍提高了各领域行政效率2~3倍。

最后，电子政务建设还产生了明显的社会效益。政府网站日益成为党和政府服务社会公众、拓宽群众参与、倾听群众呼声、沟通社情民意的重要渠道，树立了信息时代政府的新形象。北京、上海、广州等一批电子政务发展较快的城市行政许可项目在线处理的比率超过50%，在线服务事项均超过2000项。大多数部委均在网站上设立了政民互动的窗口和交流平台，绝大多数省（自治区、直辖市）都开通了领导电子信箱和热线电话，有些政府部门还开通了领导在线访谈、政务微博，实现信息社会条件下的善治。

尽管21世纪以来我国电子政务取得了重大进展和显著成效，但是还存在一些突出问题。一是信息技术与政务业务融合度还不高。电子政务发展模式基本上是单纯技术推动型；业务系统多是原有政务流程的网络化复制，大部分业务应用为部门、局部的单项应用，真正以建设服务型政府为目标的流程再造、业务协同和模式创新应用案例不多。二是信息资源跨部门共享利用整体水平较低，协同监管、一站式服务、决策支持等信息服务较少。三是网络总体设计缺失。网络功能边界不清晰，基础设施重复投入仍然较为严重。四是网上信息公开的针对性、在线办事的有效性和政民互动的持续性都有待提升，网民满意度不高。五是在确保安全前提下发展电子政务的规律尚在探索，核心技术受制于人的问题尤为突出。六是电子政务投资结构尚需调整优化，前期规划设计、需求分析和后期绩效管理偏弱。

三、推进我国电子政务发展的重点工作

针对当前我国电子政务发展中面临的新形势和突出问题，建议抓好六个方面工作。

1. 推动电子政务顶层设计，落实“十二五”电子政务发展规划

“十二五”电子政务发展规划总的指导思想是要用大系统的观念，把电子政务扩展到公共服务和社会管理的各个领域，开始改变以机构为中心建设电子政务的局面。

建议各级政府部门在落实电子政务五年发展规划时，应当重点就当前电子政务发展中的突出矛盾和问题，加强电子政务顶层设计。解决好统一网络平台建设问题、政务信息资源共享的路径问题、电子政务管理中的协调机制问题、安全与发展的关系问题等。

2. 强化政务业务部门在电子政务建设中的主导作用

强化政务业务部门在电子政务建设的主导作用，实现电子政务建设由技术驱动向业务驱动的根本性转变。建议由各级政务业务部门主要行政领导主抓和全面推动电子政务，各级信息中心、数据中心等信息技术部门做好业务需求分析、政务信息资源规划、项目管理、系统运维和技术支撑等保障性工作。

3. 强化电子政务协调机制，建立统一的管理体系

在电子政务决策、协调、管理、执行、监督、咨询六个环节中，目前最薄弱的环节就是协调。随着电子政务的深入发展，各个部门各自为政所导致的重复建设、缺乏跨部门协作等问题已经很突出。建立统一的决策管理体系已经迫在眉睫。管理体系要通过战略规划、体系架构设计、通用标准、项目管理和绩效考核等措施实现统一的规划和集中的控制。

4. 理顺电子政务投资管理流程，提高电子政务投入效益

要进一步理顺电子政务投资管理流程，提高电子政务投入效益。中央和地方各级政府都要在投资审批、规划制订、政策出台等方面建立清晰、规范的电子政务投资管理流程，特别是在电子政务投资审批方面，应当在有关部门之间建立一个稳定且行之有效的审批流程，统筹电子政务资金使用，避免重复投入和浪费投入。此外，各级审计、监察部门要加强对电子政务投资项目的审计和监督。

5. 加强电子政务绩效管理工作

绩效评估是推动电子政务健康发展的重要抓手，是衡量一个地区、一个部门电子政务发展水平和应用成效的有效手段。建议下一步重点抓好两方面工作。一是在全国各级政府强制推行电子政务工程项目绩效管理制度，国家有关电子政务工程项目管理部门（国家发展和改革委员会、财政部、工业和信息化部）联合出台电子政务绩效管理指标体系和工作指南，在全国推行电子政务工程项目绩效管理制度，并向社会公开绩效评估结果。二是要进一步调整优化各级各类政府网站评估工作，鼓励第三方专业评估机构开展特色政府网站评估，引导政府网站评估向强调服务成效和用户满意方向发展。

6. 完善电子政务安全治理机制

建立认识、技术、管理、法规标准四位一体的电子政务安全治理机制十分重要。

必须认真贯彻“一手抓电子政务建设，一手抓网络和信息安全”的精神和有关文件关于信息安全保障工作的总体要求。加强核心技术的自主研发，并尽快使之产品化和产业化，尤其是操作系统技术和计算机片技术。进一步完善信息安全组织体系。

The Progress of China e-Government in Last Decade

Gao Xinmin

(The Advisory Committee for State Informatization)

In the first decade of new century the e-government-once a simple application of ICT and now an important tool for public governance-has got significant progress in China as well as in many other countries. In the capacity building process of the public governance to deliver services that fully respond to the needs of citizens and achieve more transparency, accountability and effectiveness, e-government will continue to play an important role for public sector transformation. With the implementation of China's 12th five-year plan, it is important to identify road map to afford information and communication technology in the public services areas. There are 6 major tasks which should be paid more attention in order to develop a healthy, sustainable and efficient e-government.

2.15 中国农业农村信息化新进展

郭永田

（农业部信息中心）

农业信息化是农业现代化的重要内容，发达国家在农业现代化过程中高度重视推进农业信息化。当前，我国正在大力推进农业现代化，在党中央、国务院的高度重视下，“十一五”时期我国农业农村信息建设取得显著成效，为农业稳定增产，农民持续增收发挥了重要作用。

一、发达国家农业信息化建设实践经验

从世界各国农业信息化发展状况看，美国、德国、法国、日本、澳大利亚等国家的农业信息化水平处于领先地位，在发达国家农业信息化发展中具有较强的代

表性。

1. 发达国家农业信息化进展情况

从美国等国家农业信息化发展历程看，发达国家农业信息化发展大体上经历了四个阶段。

（1）20 世纪 50 ~ 60 年代，是发达国家农业信息化的初始阶段。这一阶段以广播、电视和电话在农业农村的广泛应用为标志。美国大力扶持在农村发展广播电视和电话业务，1954 年美国农村居民的电话普及率为 49%，到 1968 年达到 83%，声像广播在农村全面普及。德国这一时期在农村地区基本普及广播、电话、电视等网络覆盖。日本农林水产省这一时期逐步建立完善了农村广播和有线电视网络。

（2）20 世纪 70 ~ 80 年代，是发达国家农业信息化的提高阶段。从 20 世纪 70 年代开始，以计算机技术应用为标志，发达国家农业信息化进入了升级提高阶段。美国农业信息化进入了计算机技术应用和电子数据资源建设新阶段，开发了农作物病虫害预警专家系统等一系列农业生产计算机管理系统，建设了世界上规模最大、数据最全、影响最广的国家农业文献数据库系统、全国作物品种资源信息管理系统等重大农业信息系统。德国从 1976 年起使用计算机管理耕地面积、地块类型、村庄、道路等农村信息，并陆续建立了有重要影响的全国农业经济模型、作物害虫管理数据库系统、农药残留数据库系统等多个重大农业信息系统和 30 多个农业数据库系统。

（3）20 世纪 90 年代至 21 世纪初，是发达国家农业信息化全面发展阶段。以 3S［GPS（全球定位系统）、GIS（地理信息系统）、RS（遥感技术系统）］技术和互联网技术应用为标志，发达国家农业信息化进入了快速全面发展阶段。20 世纪 90 年代 GPS 技术广泛民用化，与 GIS、RS 等现代信息技术相结合，在发达国家农业中得到广泛应用，推动了以 3S 技术为支撑的“精准农业”的发展，实现了农田内按小区生长环境和条件差异，实施差别化调控投入和管理的精准化生产经营。同时，由于互联网的迅速普及，网络技术在农业中得到广泛应用。1997 年美国农场上网率为 13%，2005 年达到 51%；1999 年通过互联网进行的农业销售占美国农业销售的 4%，到 2004 年已上升到 12%。德国农业生产中计算机广为普及，2001 年德国农户计算机普及率达到 44.12%，农户互联网普及率达到 32.35%。日本将全国 29 个国立科研机构、381 个地方农业研究机构及 571 个地方农业改良中心全部实现了联网。

（4）目前，发达国家农业信息化进入了广泛普及和深度融合阶段。一方面，各种成熟的现代信息技术在农业中得到进一步推广和普及，信息化在农业农村的渗透率不断提高。美国农业中的电脑拥有量、互联网使用率等得到广泛提高，大部分美国中等规模的农场和几乎所有大型农场已经采用有 GPS 定位功能的拖拉机、收割机、播种机实行自动化作业。德国农业生产者已超过 90% 使用计算机和网络。澳大利亚经营产值超过 5000 澳元的农场中，有 55% 的农场利用互联网开展了电子商务，有 47% 农场使用互联网获取种养信息和技术。另一方面，近年来以物联网、云计算等新兴信息技术发展为标志，美国、法国、日本、澳大利亚等国家在农业生产中，把自动感知技术、3S 技术、农业专家系统技术、智能农机技术、泛在网络技术等现代信息技术与农艺技术深度融合和集成应用，大力发展感知农业、数字农业、智慧农业，推动信息技术与农艺技术、农业环境、农业经营、农业生产深度融合，实现了对农作物的自适应喷水、施肥和撒药，以及农产品的自动采摘、分级包装、跟踪追溯、电子交易，农业信息化进入了一个全新的发展阶段。

2. 发达国家农业信息化建设经验启示

发达国家在推进农业信息化过程中积累了许多有益的经验和做法。一是发达国家政府在推进农业信息化过程中注重统筹规划，加强顶层设计，制定行动计划，引导农业信息化健康发展。二是各国政府十分重视扶持农业信息化发展，安排专项资金，重点支持农业信息化基础网络建设、农业信息数据资源建设与共享、农业信息化新技术应用推广等方面。三是发达国家十分重视农业信息化法律法规的制定，以法律保障农业信息化发展和农业信息的收集、整理、发布工作。四是发达国家建立了完善、统一、高效的农业信息化组织体系，统筹负责农业信息化建设和农业信息服务工作，强化信息资源共享和农业信息化协同工作，避免政出多门、相互割裂、不够协调等问题。五是注意推进平衡发展，各国不仅注重统筹城乡信息化协调发展，防止出现城乡“数字鸿沟”；还十分注重根据不同的农业区域和农业生产特点因地制宜推进不同模式的农业信息化发展。六是各国注重提高农民的信息技术水平，把教育培训信息技术作为实现农业信息化的重要举措。

我国要在工业化、城镇化过程中同步推进农业现代化，借鉴发达国家农业农村信息化有益经验，大力推进我国农业农村信息化具有重要意义。特别是，我国农业农村国情同西方国家十分不同，突出地存在着人多地少，经营规模小，竞争力弱的问题；存在着农业组织化程度低，农户经营分散，小农户与大市场的矛盾；存在着由土地资源、水资源双重约束转向土地资源、水资源、劳动资源（大量农村劳动力转移而离开农村）、环境污染（化肥、农药等利用率低导致面源污染严重）多重约束的问题；存在着城乡二元结构没有根本破除，农村信息闭塞，城乡信息流动不畅问题等。因此，广泛利用现代信息技术改造我国传统农业，充分发挥信息技术的优势，提高产业效率，降低运营成本，改善经营机制，提升竞争能力，增进城乡交流，是当前和今后一段时期发展我国现代农业，建设社会主义新农村，走中国特色农业现代化道路十分迫切的任务，对于推动我国农业农村经济和社会稳定健康发展具有十分特殊的重要意义。

二、“十一五”我国农业农村信息化建设成效

“十一五”时期，我国农业农村信息化发展取得显著成效。

1. 农业农村信息化基础设施不断完善

为推进农业农村信息化，国家投入大量人力、物力实施了广播电视村村通工程、村村通电话工程等一批重大基础通信工程，大大加快了广播电视网络、电话通信网络、计算机互联网、移动通信网络等现代电信基础网络在农村地区的延伸发展。

（1）广播电视网络覆盖范围进一步扩大。截至2010年年底，全国“十一五”广播电视村村通工程建设任务全面完成，累计完成72.28万个20户以上自然村广播电视覆盖建设，20户以上已通电自然村全部实现通广播电视。农村广播综合人口覆盖率达到98.31%、农村电视综合人口覆盖率达到97.23%、农村有线广播电视入户率上升到26.81%。

（2）电话网络继续快速向农村地区延伸覆盖。截至2010年年底，全国范围内已经实现100%的行政村通电话，94%的20户以上自然村通电话，已有19个省份实现所有自然村通电话。

（3）农村互联网迅速发展。截至2010年年底，全国范围内100%的乡镇通互联网，其中98%的乡镇通宽带。农村网民大量增加，2007年年底首次突破5000万人，2010年年底达到1.25亿人，占整体网民的27.3%。

（4）农村信息终端拥有量迅速增长。到2010年年底，我国农村地区每百户居民彩色电视机拥有量为111.79台，比2005年增长了33%；每百户固定电话拥有量60.76部，比2005年增长了4.1%；每百户拥有移动电话136.54部，比2005年增长了172%；每百户计算机拥有量10.37台，比2005年翻了两番多。

2. 农业农村信息化业务应用深入发展

“十一五”期间，适合农业农村特点的各类农业信息化应用系统开发和建设取得明显成效。

（1）农业农村综合信息服务平台迅速发展。农业部先后统一搭建了19个省级、78个地级和346个县级“三农”综合信息服务平台。各地农业部门和电信运营商合作建设了“农信通”、“信息田园”等全国性农村综合信息服务平台。农业网站建设

蓬勃发展，到 2010 年各类涉农网站超过 3.1 万家。

（2）农业电子政务稳步推进。目前，我国各级农业行政管理和服务部门已基本依赖计算机系统和信息网络开展农业行业管理和服务。不少地区已经把农村经济、社会管理的电子政务系统延伸到农村社区。不少农村开始利用信息化手段开展计生、社保、就业、征兵、选举、财务、救济、基础教育、村务管理等服务。

（3）农业电子商务逐步兴起。农业部建立了“一站通”全国农村供求信息联播系统、网上展厅等农产品促销系统，注册会员超过 36 万人。全国 600 多家农产品批发市场大部分实行了不同程度的电子交易和结算。第三方农产品电子商务平台正在逐步兴起，如海南农垦网建立的电子商务交易市场已使我国 70% 以上的天然橡胶实现了网上交易。

（4）农业信息资源开发利用水平进一步提高。农业部系统相继建成了农村经济、农业生产、农产品贸易等数据库 60 多个，引进国际组织及有关发达国家大型农业数据库 4 个，在种植业、畜牧、水产、农垦、农机、乡镇企业、农业科技教育、农产品市场等领域建立了 33 条信息采集渠道、8000 多个信息采集点，并开发了相应的信息采集处理系统。

3. 物联网技术在农业中得到逐步推广应用

近年来，物联网技术在农业中得到应用和发展，成为我国农业农村信息化的重要内容。

（1）利用物联网技术开展农产品供应链管理和食品安全追溯。许多农业部门和越来越多的涉农企业正逐步采用物联网技术实现农产品生产、运输、储藏、加工、销售的一体化管理和全过程信息追溯，确保农产品质量安全。仅全国农垦系统就有 100 余家涉农企业利用物联网技术开展农产品质量追溯，追溯产品涉及谷物、蔬菜、水果、肉类、茶叶等八大类 147 个品种，存储 30 多万批次的可追溯农产品信息。

（2）利用物联网技术开展农业病虫害监测预警。我国部分地区的植保机构和农场、生产企业，在农业生产中采用计算机视觉、声音信号、传感器、雷达、遥感等技术，获取病虫害图像或视频数据，开展病虫害预警预测，大大提高了农作物病虫害防控水平。

（3）利用物联网技术开展种植业大田生产控制。我国大田农作物种植中，全国农垦系统、新疆生产建设兵团等的现代化农场和大型农业生产企业，以及集中连片的小麦主产区，利用物联网技术开展大田作物生长监控、耕种播收智能化作业、精细化施肥灌溉等，有效提高了大田作物精细化管理水平。

（4）利用物联网技术进行智能化养殖。江苏、黑龙江、安徽、内蒙古、广西等不少地区大型养殖企业和养殖专业合作社，将传感、通信、计算机技术集成应用到生猪、奶牛、家禽、水产等养殖业生产过程，实现对养殖各环节的自动化、智能化、精准化管理。

（5）利用物联网技术开展设施农业生产。我国东部沿海地区及大、中城市郊区设施农业中，基于物联网的智能化温室、大棚等设施农业得到了迅速发展，实现了对各种环境参数和生产要素的智能化感知和自动化控制。

三、我国农业农村信息化存在的主要困难和问题

虽然我国农业农村信息化发展取得了显著成效，但是与城镇信息化水平相比，与农业农村经济社会发展的实际需要相比，仍有较大差距，还面临着诸多困难和问题。

1. 农业农村信息化发展缺乏统筹规划和顶层设计

从国家层面看，由于缺乏统一、完整、有效的农业农村信息化顶层规划，导致农业农村信息化发展中出现了诸多矛盾和问题。一是农业农村信息化与农业农村经济社会发展不协调。二是农业农村信息化建设部门间推进不协调。三是农业农村信息化发展地区之间不平衡。

2. 农业农村信息化基础设施和应用条件还不够完善

一是农业农村信息化基础网络覆盖有“盲区”。目前，我国农村广播电视网络还有约3%的农村人口没有覆盖到，全国仍有2%的乡镇未通宽带网络，6%的20户以上自然村未通电话网络。二是农户信息终端拥有率较低。截至2010年年底，我国农村地区每百户居民中，计算机拥有量仅为城镇居民的1/7、移动电话拥有量是城镇居民的72%、固定电话拥有量是城镇居民的75%。三是农村上网成本与农民收入水平相比仍然较高。2010年，我国农村居民年人均纯收入仅为城镇居民的31%，农民人均交通通信消费支出仅为城镇居民的21%。四是城乡互联网普及率差距有拉大趋势。2005年农村互联网普及率比城镇互联网普及率低14.3个百分点，到2010年这一差距扩大到31.5个百分点，翻了一番多。

3. 农业农村信息化应用水平依然较低

一是农业生产经营信息化水平依然较低。信息技术未能全面渗透到农业生产作

业、经营决策、市场服务和行业管理中。二是农业信息资源有效开发、利用相对滞后。缺少统一的农业信息资源标准体系，资源采集范围有限，处理手段落后，信息开放和共享度低。三是农业电子商务发展水平较低。农业电子商务规则不够完善，缺乏规范的网络信用和约束机制，无法实现全过程的电子化交易。

4. 农业农村信息化人才比较匮乏

农业农村信息化的建设需要大量既懂计算机、网络等专业技术，又懂农业农艺等行业技术的复合型人才。一方面，缺乏农业信息化专门人才已成为制约农业农村信息化发展的重要因素。另一方面，农民网络基础知识匮乏也制约着农村网络的普及。

四、我国农业农村信息化发展前景和趋势

党的十七届五中全会指出："在工业化、城镇化深入发展中同步推进农业现代化，是'十二五'时期的一项重大任务。"农业农村信息化作为农业现代化的重要内容和支撑，在"十二五"农业农村经济社会发展中必将扮演更为重要的角色。

1. 前景展望

用信息技术改造传统农业、增进城乡交流、缩小城乡差距，是发展现代农业、建设社会主义新农村的重要途径。"十二五"期间我国农业农村信息化面临着十分有利的发展形势。

（1）发展环境更加有利。从国家战略选择看，十七届五中全会进一步强调统筹城乡发展，要求公共财政向农村倾斜、公共服务向农村覆盖、公共设施向农村延伸，要求用信息技术改造传统产业，促进经济和社会转型，这为农业农村信息化发展创造了良好的环境和机遇。从整体社会氛围看，信息化已成为经济发展和社会生活不可缺少的重要组成部分，全社会都认识到信息化的作用及其重要性，形成了十分重视、支持信息化发展的共识和良好氛围。

（2）发展政策更有保障。首先，强农惠农政策不断强化，将有力地保障农业农村新信息化发展。国家继续实施"工业反哺农业、城市支持农村和多予少取放活方针"，不断推进农业现代化发展。其次，中央"1 号文件"连续几年强调发展农业农村信息化，为农业农村信息化发展明确了方向。

（3）基础条件更加成熟。首先，基础设施将更加完善。"村村通"、"宽带下乡"等工程的实施，将为农业农村信息化发展奠定良好的基础。其次，发展潜力巨大。随着农民信息化意识的不断增强，农村网民规模的不断扩大，农民消费能力的

不断提高，农业农村信息化正展现出巨大的发展潜力。

（4）信息技术应用更加广泛。“十二五”时期，适合农业农村需要的信息技术将向普适化、低成本、智能化、个性化方向发展，物联网、云计算、3G 通信、三网融合等新技术将成为破解农业农村信息化“最后一公里”的重要手段。

2. 发展趋势

根据“十一五”我国农业农村信息化发展状况及“十二五”我国农业信息化发展形势，“十二五”时期我国农业农村信息化将呈现以下发展趋势。

（1）基础网络向农村全区域延伸覆盖。国家将进一步加大基础电信网络向农村的延伸覆盖，预计“十二五”期间，我国乡镇通宽带比例达到 100%，行政村通宽带比例将超过 90%，广播电视网络、电话网络在农村基本实现全覆盖。

（2）应用主体向普通民众迅速普及。“十二五”期间，农村网民将由目前的高学历人群为主向低学历人群普及，由中低年龄人群为主向高年龄人群普及，由高收入人群为主向中低收入人群普及，由外出务工人群为主向当地务工人群过渡。

（3）建设主体向多元化格局快速演进。农业农村信息化的建设和推进主体将由政府为主向多元化格局快速演进，政府将继续发挥主导作用，各类企业将成为农业农村信息化的重要建设和推进主体，各类中介组织将成为农业农村信息化建设的重要补充。

（4）信息技术向农业全行业加快渗透。计算机模拟、智能控制、传感识别、精准操作等信息技术，由现在以设施农业应用为主，快速向种植业、园艺业、畜牧业、水产业、服务业等农业全行业转移和渗透。

（5）业务应用向纵深化快速发展。随着农村城镇化和农业现代化的发展，信息化业务应用由现在以农业行政管理、农业科研、现代农场和大企业为主，向农业生产、经营、流通、交易等各个环节和领域纵深发展。

（6）信息服务内容向全方位不断扩展。目前农业信息服务的内容主要以政策、技术、市场等农业农村经济信息为主，而随着“十二五”农村城镇化步伐的不断加快，农民对政治、文化、社交、娱乐等各方面的信息需要将不断增加。

（7）信息资源开发利用与业务需求深度融合。目前农业信息资源开发以宏观性、大众化、通用性信息为主。今后，根据不同客户需求，不同地域、气候、环境、作物，将开发更有针对性、与具体业务结合更加紧密的个性化信息资源。

（8）新一代信息技术成为农业农村信息化的重要支撑。首先，宽带无线网络技术将在农村快速发展。由于农村地域分散、地形复杂，宽带无线网络技术将以其独特优势，成为破解农业农村信息化“最后一公里”的重要手段。移动电话将继续快速发展，移动互联网将成为农村互联网的主体。其次，“三网”融合技术推动农村信息化发展。“三网”融合技术具有有效整合资源、降低使用成本、简化使用程序等优势，将有效降低农民上网的经济、技术、管理门槛，成为推动农业农村信息化发展的重要力量。再次，物联网技术将得到广泛推广应用。通过传感网和互联网相结合，有效实现农产品生产、加工、流通、交易等全过程控制，将开创农业农村信息化的一个新领域。最后，下一代互联网技术将在农业农村生产经营中得到示范应用。通过宽带、泛在、融合、安全的互联网技术，在部分发达农村地区实现光纤到户，有效消除“城乡数字鸿沟”。

参 考 文 献

[1] 工业与信息化部. 2010 年全国电信业统计公报. 2011. http：//www. milt. gov. cn [2011-01-26]

[2] 郭永田. 我国农村信息化发展进入新阶段，电子政务，2009，5：99 ~ 104

[3] 郭作玉. 中国农业网站发展报告 2009. 北京：中国农业出版社，2009：43 ~ 56 [4] 国家广播电影电视总局. 全国“十一五”广播电视村村通工程建设任务全面完成. http：//www. sarft. gov. cn [2011-01-15]

[5] 国家统计局. 2010 年农村居民生活消费支出增长 5.9%. 2011. http：//www. stats. gov. cn [2011-01-18]

[6] 国家统计局. 中国统计年鉴 2011. 北京：中国统计出版社，2011

[7] 国家信息中心. 中国信息年鉴 2010. 北京：中国信息年鉴期刊社，2010：41 ~ 43

[8] 马占军. 浅析国内外农业信息化发展现状，信息技术，2006，11：177 ~ 179

[9] 任雪萍. 澳洲农民靠电脑卫星种地借互联网卖农货. 重庆日报，2011-10-19（第 6 版）

[10] 农业部. 2010 中国农业农村信息化发展报告. 2011

[11] 孙忠富，杜克明，尹首一等. 物联网发展趋势与农业应用展望. 农业网络信息，2010，5：5 ~ 8

[12] 王俊鸣. 美国农业信息化发展历程. 科技日报，2006-7-19（第 2 版）

[13] 文黎明，龙亚兰. 物联网在农业上的应用. 现代农业科技，2010，15：54 ~ 56

[14] 吴吉义. 国内外农业信息化现状分析，信息化博览，2006，6：50 ~ 53

[15] 宣锴等. 浅析国内外农业信息化进展，农业网络信息，2010，2：48 ~ 50

[16] 赵卫利，刘冠群等. 国外农业信息化发展现状及启示. 世界农业，2011，5：21 ~ 13

[17] 郑红维，李颢. 中国农村信息服务体系综合评价与发展战略研究. 北京：中国农业科学技术出版社，2010：59 ~ 177

[18] 中国互联网络信息中心. 2009 年中国农村互联网发展状况调查报告. 2010. http：//www. cnnic. cn [2010-04-15]

[19] 中国互联网络信息中心. 2010 中国农村互联网发展调查报告. 2011. http：//www. cnnic. cn [2011-09-06]

[20] 中国互联网络信息中心．第 27 次中国互联网络发展状况统计报告．2011. http：//www. cnnic. cn［2011-01-18］
[21] 国家统计局住户调查办公室．2010 年农村居民生活消费支出增长 5.9%．2010. www. stats. gov. cn［2011－03－11］
[22] 周宏仁．中国信息化形势分析与预测（2010）．北京：社会科学文献出版社，2010：112～124

The New Progress of Agricultural and Kural Informationization in China

Guo Yongtian
(Information Center, Ministry of Agriculture)

Agricultural and rural informationization is an important part of agricultural modernization, and therefore, the developed countries attach high attention to promoting agricultural and rural informationization in the process of agricultural modernization. Since 1950s, the agricultural and rural informationization has gone through four development stages in developed countries and goes into the phase of widely spreading and deep integration nowadays. Learned from experience abroad, our country is vigorously promoting agricultural and rural informationization. During the period of Eleventh Five-Year plan, some achievements have been obtained in the field of agricultural and rural informationization in China, such as improving the agricultural and rural information infrastructure, in-depth development of agricultural and rural information service applications, Internet of Things in agriculture has been gradually extended and so on. However, we are still dealing with some difficulties in agricultural and rural informationization, for example, lack of overall planning, shortage of basic construction, low level of applications. From 2011 to 2015, we are and will be facing with a more favorable policy and infrastructure conditions and development environment for promoting agricultural and rural informationization. The trends in agricultural and rural informationization are as from basic internet to extension of coverage in rural areas across the region, and the ordinary people rapidly tend to be the application subject, builders rapidly evolve to be diversified, agricultural information technology speeds up the penetration into the whole agricultural industry, the agricultural information businesses are used in-depth development fast, and full range of information services tend to be expanding, information resources development and utilization will be in-deep integrated with business needs, new generation of information technology will become an key support for agricultural and rural informationization.

第二章 高技术与战略性新兴产业发展

3.1　我国节能产业发展现状与趋势

田智宇　杨宏伟

（国家发展和改革委员会能源研究所）

节能产业是指在国民经济构成中，以提高能源利用效率、节约和合理使用能源为直接或间接目的而开展的技术产品研发、设备制造、节能咨询、诊断、改造和服务等一系列产业活动的总称，是为节约能源提供物质基础、技术装备和服务保障的跨产业、跨领域、综合性新兴产业。节能产业有狭义和广义两种理解。广义来看，国民经济各行业中与提高能源利用效率、合理使用能源直接或间接相关的生产活动都属于节能产业范畴；狭义来看，节能产业主要包括节能技术装备制造、节能产品和节能服务产业三部分内容。从各国发展历史看，伴随科学技术进步和服务业在国民经济中比重逐步提高，以国内生产总值（GDP）能源消耗强度度量的各国宏观能源利用效率水平都呈不断提高态势。因此，狭义的节能产业发展成为各国能源和节能战略关注的焦点。

一、国际节能产业发展现状

1. 全球节能产业快速发展，市场前景广阔

随着各国对可持续发展、能源安全、环境保护，以及应对气候变化的日益重视，

节能和环保逐渐成为人类共识，带动全球节能产业快速发展。研究表明，2010 年全球节能和可再生能源领域投资达 2430 亿美元，比 2009 年增长 30%，比 2004 年增长 630%。2009 年国际金融危机后，各国普遍把加大节能产业投资作为推动经济复苏和结构优化的重要手段，2010 年，在各国政府财政刺激支出中，直接和间接针对节能产业的总投入达 472 亿美元。随着能源生产和利用技术加快变革，节能潜力空间将进一步增大，节能产业发展面临的市场前景非常广阔。研究表明，到 2030 年，全球节约能源潜力将达其他能源品种新增供应量的两倍以上，节能将成为满足未来世界能源需求最重要的途径。尤其是在全球应对气候变化背景下，温室气体排放约束成为越来越多产业持续发展面临的首要挑战，也为节能产业发展创造了巨大机遇。国际能源署（IEA）预计，为实现 2050 年全球温室气体排放浓度稳定在 450ppm 的发展目标，2010～2030 年全球节能领域新增投资需求将达 10 万亿美元，占 2030 年全球各国总 GDP 的 1.1%，主要包括购买先进的节能装备、技术和产品，建设高效交通基础设施、节能型建筑，以及支持节能技术研发等。节能产业加快发展，并与全球化、信息化深度融合，有可能从根本上改变人类的生产方式和生活模式。有观点认为①，节能等清洁能源产业快速进步，可能为人类社会带来一次新的产业革命。

2. 主要发达国家在战略上对节能高度重视

长期以来，欧盟、日本、美国等主要发达国家和地区一直把节能和提高能效作为能源发展和应对气候变化战略的核心内容，提出了雄心勃勃的发展目标，带动节能产业快速发展。在后金融危机时代，各国进一步把节能产业作为经济创新发展的重要领域，努力争夺新的国际竞争优势。2007 年，欧盟就提出到 2020 年节能 20% 的目标；在 2010 年通过的新的《2020 年能源战略》中，进一步强化了保障上述目标实现的法律和政策框架体系，提出建设“节能欧洲”的发展目标，并把节能产业作为欧盟实现“知识型、可持续、包容性”经济发展战略的重要内容，力争保持节能技术和产业领先地位。英国提出到 2050 年温室气体排放至少减少 80% 的目标，并专门出台了《气候变化法案》，通过建立碳预算制度和温室气体排放交易机制，保障约束性减排目标实现。日本提出到 2020 年温室气体排放下降 25% 的目标，出台了《地球温暖化对策基本法案》，明确了国家、地方、企业及国民的减排责任，并规定了具体的行动计划和政策措施。美国 2011 年公布了《未来能源安全蓝图》白皮书，把节约能源作为首要战略，提出要成为“能源经济的领导者”。目前，美

① 参见：European Parliament. Written declaration on establishing a green hydrogen economy and a third industrial revolution in Europe through a partnership with committed regions and cities. SMEs and civil society organizations，2007

国在《清洁能源安全法案》立法过程中，提出到2020年温室气体排放下降17%的目标，并计划建立总量控制与排放交易机制，促进清洁能源技术和产业发展。

3. 从供给和需求两方面推动节能产业发展壮大

为推动节能产业发展壮大，发达国家普遍从需求和供给两方面，综合运用法律、经济和行政手段，完善促进节能产业发展的政策和市场环境。

一方面，发达国家从扩大需求角度，以法律形式规定长期节能或减排目标，明确主要用能单位的节能责任，实施能源税或建立排放交易机制，为企业增加节能投入提供清晰、稳定的政策信号，扩大节能产业市场需求。例如，欧盟对成员国提出每年节能1%的强制性指令要求，要求将目标任务具体分解到能源供应、工业、建筑、交通、家用电器等具体行业，并制定动态调整细则。英国将减排目标分解到主要耗能企业并签订气候变化协议，对完成能效或减排目标的企业给予碳税减免优惠。同时，政府部门带头，加大对节能产品、技术和服务的采购力度，对公共部门建筑率先实施节能改造。例如，英国要求政府办公建筑到2012年前率先实现“零碳排放”，法国要求政府优先采购电动汽车、混合动力汽车等，美国要求政府采购必须是“能源之星”标识产品。

另一方面，发达国家从增加供给角度，加大政府投入力度，强化官产学研合作，支持节能技术研发、示范和商业化推广，增强节能行业技术竞争力。同时，运用财政补贴、税收减免、贷款优惠等手段，支持企业和居民购买节能设备产品、实施节能技术改造，降低交易成本，发挥杠杆撬动作用。许多欧洲国家还实施“生态税制改革”，利用征收能源税、碳税收入，对节能领域项目给予支持。例如，欧盟在第七个研究与开发框架（2007～2013年）中对节能技术的研发投入达47亿欧元，美国2009年在“先进能源计划”中对清洁煤等技术的研发投入达44亿美元，日本2009年新能源与产业技术综合开发机构（NEDO）用于节能技术研发的资金达460亿日元。在支持方式上，发达国家对重点基础性研究普遍给予全额补贴，对示范、推广阶段技术项目给予1/3～1/2的资金补贴。英国、德国等对企业节能诊断、审计、节能培训等费用给予补贴，并对节能改造项目提供低息贷款支持。

二、我国节能产业发展现状

“十一五”时期，我国政府首次把节能提升到基本国策高度，提出到2010年，单位GDP能耗相比2005年下降20%左右，并作为国民经济和社会发展的约束性指标，促进经济结构调整和发展方式加快转变。2010年，国务院发布《关于加快培育和发展战略性新兴产业的决定》（国发〔2010〕32号），把节能产业作为重点发展的七大战略性新兴产业之首，进一步完善促进节能产业发展的政策环境。五年来，通过实施一系列促进节能的法律、经济和行政措施，不断完善节能政策体系，节能产业实现跨越式发展，产业规模和竞争力逐步提升，创新能力有所增强，为全国实现能耗强度下降19.1%目标做出重要贡献。据测算，2009年我国节能产业总产值达3800亿元，从业人员530多万人，节能产业领域不断扩大，取得的经济和社会效益非常显著。

1. 节能装备技术

在节能基础装备方面，行业成套设备能力得到提升，国产化、自主化发展取得积极进展，先进、成熟装备技术行业普及率明显提高。在发电领域，清洁高效发电技术和大容量高参数机组得到普遍应用，国产百万千瓦超超临界火电机组已批量生产、投入运行，百万千瓦空冷火电机组已经完成研发，即将投入运行。我国自主开发的60万千瓦循环流化床锅炉，一些性能指标达到国际先进水平，并进入国际市场。在工业领域，钢铁、建材、有色等行业，装备大型化趋势明显，一批较为成熟的节能技术装备实现产业化发展。钢铁行业干熄焦技术、低温烟气回收利用技术、高炉煤气余压透平发电技术、高温空气蓄热燃烧技术等开始大范围推广；水泥行业大型干法水泥生产线相继投产，我国自主开发并拥有自主知识产权的“单压、闪蒸、双压、复合系统”四大低温余热发电热力系统广泛普及，并出口到其他国家；电解铝行业300千安及以上的大型预焙槽已成为主流装备，500千安、600千安电解槽技术也逐步成熟并开始建设。

截至2010年，与“十一五”初期相比，电力行业300兆瓦以上火电机组占火电装机容量比重由47%上升到71%，钢铁行业1000立方米以上大型高炉比重由21%上升到52%，干熄焦技术普及率由不足30%提高到80%以上；建材行业新型干法水泥熟料产量比重由39%上升到81%，低温余热回收发电技术由开始起步提高到55%，烧碱行业离子膜法烧碱比重由29.5%提高到84.3%。行业结构明显优化升级，技术水平和竞争力得到提升。

2. 节能产品

“十一五”时期，为扩大内需，促进节能减排，推进产业升级，我国实施了节能产品惠民工程、家电下乡、以旧换新等措施，采用财政补贴的方式，推广高效节能空调、节能汽车、节能灯、三相异步电动机和稀土永磁电动机等高效节能产品。实施以来，共推广高效节能空调3400多万台、节能汽车100多万辆、节能灯3.6亿多只，进一步扩大了节能产业市场规模，带动产业研发、制造水平显著提升。

在空调行业，高效节能空调市场普及率明显提高，已达到 80% 以上；先进的定频、变频空调技术得到应用，行业整体水平进一步提升。在汽车行业，节能汽车市场占有率大幅提升，自主品牌汽车技术不断进步，截至目前，1.6 升及以下节能乘用车型号由推广前的 101 个增加到 427 个，其中自主品牌车型比例达到 59%，自主品牌节能汽车推广比例达到 36.5%，有力促进了企业加大研发投入、提升汽车能效水平的积极性。在照明行业，2009 年我国荧光灯产量达 55.2 亿只，占全球总产量的 2/3，行业机械化、自动化生产比例不断提高，产品结构趋于优化，一些自主品牌市场占有率和竞争力大幅提高。在电机行业，高效节能电机市场占有率进一步提高，与发达国家的技术差距逐步缩小，具有自主知识产权的稀土永磁无铁芯设计技术等已经达到世界先进水平。

3. 节能服务

节能服务产业是利用市场化机制推进节能的朝阳产业，也是加快发展现代服务业的重点。为加快节能服务产业发展，2010 年，国务院出台了《关于加快推行合同能源管理促进节能服务产业发展的意见》（国办发〔2010〕25 号），从加大资金支持力度、实行税收扶持、完善相关会计制度、改善金融服务等方面，进一步完善推进节能服务产业发展的政策和体制环境。各级政府在节能减排专项资金中，也对利用合同能源管理方式实施节能改造给予重点扶持。

“十一五”以来，我国节能服务产业迅速发展，产业规模大幅增长，服务范围不断扩展，服务水平显著提高，已经成为我国节能产业发展的重要支撑力量。到 2010 年，我国节能服务公司数量达 800 多家，从业人员 18 万人，节能服务产业规模达 840 亿元，其中合同能源管理项目投资达 290 亿元，形成年节能能力 1300 多万吨标准煤。“十一五”期间，节能服务产业拉动社会投资累计超过 1800 亿元，为实现全国节能目标做出重要贡献。

三、面临的机遇和挑战

目前，我国节能产业面临加快发展的巨大机遇。从政策环境看，强化约束性节能目标、合理控制能源消费总量已经成为我国建设资源节约型、环境友好型社会的长期战略任务，节能体制、机制进一步理顺，政策扶持力度将不断加大。从市场空间看，节能技术发展孕育新的革命性突破，“十二五”时期我国技术节能潜力超过 3 亿吨标准煤，投资需求近万亿元，节能产业发展市场前景广阔。从行业基础上，我国节能产业已经具有一定规模，产业体系较为齐全，设备制造、技术服务能力明显增强，具备加快发展的有利条件。

虽然我国节能产业发展较快，但制约产业发展壮大的挑战依然存在，具体表现在以下三方面。

1. 产业规模较小，对节能产业的支撑能力不足

与发达国家相比，我国节能产业尚处起步阶段，整体规模较小，对政策和补贴的依赖较强，远远不能满足市场需求和节能任务要求。同时，地区和企业之间水平参差不齐，在节能潜力较大的中西部等欠发达地区，节能装备和产品的普及率普遍较低，节能产业的支撑能力明显不足。

2. 企业技术创新能力不强，自主发展能力薄弱

节能企业大多规模较小，掌握的关键核心技术少，缺少自主知识产权的技术或产品。从企业分布看，多数企业集中在设备和产品制造方面，从事附加值较高的前端技术研发或后端节能咨询服务的企业较少，集成和系统服务水平有限，市场竞争力不强。

3. 有利于节能产业发展的长效机制不健全

由于能源资源产品价格形成机制改革滞后，企业和居民自发节能的内在动力普遍不足，节能潜力并没有完全转化为节能产业市场空间。同时，激励和约束机制不完善，优惠政策未落实、融资难等问题依然存在，公平、规范的市场竞争环境尚未形成。

四、我国节能产业未来发展的重点与方向

我国节能产业未来发展的重点与方向主要有以下几方面。

1. 推动传统产业改造升级

围绕节能技术改造重点工程，在电力、钢铁、有色金属、建材、石油石化、化工等高耗能行业，为企业提供能源诊断、技术咨询、设备供应、工程实施等一揽子服务，着力推广一批成熟的先进适用节能技术装备及产品，不断提升企业能源管理和效率水平，促进产业结构优化和升级，带动行业能效整体水平提高。

2. 加快节能技术研发和产业化示范

在高效能源利用技术、低品位余热利用、低能耗建筑、节能汽车、半导体照明等领域，进一步加大研发投入力度，提高基础技术研发水平，实现重点领域关键技术突破。针对商业化前景较好、具有引领带动作用的重点技术，加速产业规模化发展，尽快形成市场竞争优势。

3. 加强行业能力建设

加快人才培养，强化品牌建设，推进行业自律，不断提高行业竞争力。鼓励节能产业内部加强合作，并与上下游制造业、金融、咨询等行业合作，为企业提供整体增效解决方案。鼓励节能产业服务创新，发展有利于扩大市场需求的专业服务、增值服务。

4. 强化自主创新能力

鼓励企业通过兼并、联合、重组等方式做大做强，实现规模化、品牌化、网络化经营，形成一批拥有知名品牌和自主知识产权，具有较强竞争力的大型企业。鼓励通过消化吸收再创新等方式，充分利用全球创新资源，突破一批适合我国国情的关键核心技术，提升节能产业核心竞争力。

参考文献

[1] 戴彦德，白泉．中国实现“十一五”节能目标：对策与实施．北京：光明日报出版社，2008

[2] 国务院．“十二五”节能减排综合性工作方案（国发〔2011〕26 号），2011-8-31

[3] 国务院．关于加快培育和发展战略性新兴产业的决定（国发〔2010〕32 号），2010-10-10

[4] 王伟光，郑国光．应对气候变化报告（2011）．北京：社会科学文献出版社，2011

[5] 中国工程院．中国能源中长期（2030、2050）发展战略研究．北京：科学出版社，2011

[6] European Commission. Action Plan for Energy Efficiency：Realizing the Potential，Commission of the European Communities，Brussels，2006

[7] European Commission. Directive of the European Parliament and of the Council on Energy Efficiency and Repealing Directives 2004/8/EC and 2006/32/EC. Commission of the European Communities，Brussels，2011

[8] International Energy Agency. World Energy Outlook 2009. Paris：International Energy Agency，2009

[9] The PEW Environment Group. Who's winning the clean energy race（2010 edition）? G-20 investment powering forward. Washington DC：The PEW Charitable Trusts. 2011

Progress and Trends of Energy Conservation Industry in China

Tian Zhiyu, Yang Hongwei
(Energy Research Institute, NDRC)

The paper analyses the progress and trend of energy conservation industry in China, raising several policy implications and proposals for further accelerating the development of energy conservation industry in the 12th FYP. Based on a comprehensive overview of oversea and domestic experiences in promoting energy efficiency, opportunities and challenges to speed up the cultivation and development of energy conservation industries with core indigenous competitiveness are discussed, given the urgency of tackling global climate change and committing to sustainable development domestically in China. The paper concludes that firstly the government should give priority to promoting energy conservation industry and integrate it with its overall industrial, energy and environmental development strategies in the medium and long-term plans. Secondly, the legal and standard systems, the market environments for intellectual property protection, openly and transparent operation should be enhanced. Thirdly, economic incentives, such as subsidies, grants, tax reduction and exemptions, as well as preferential loans should be strengthened in the R&D, pilots and dissemination phases from both the demand and supply sides. Finally, a globalized development model should be encouraged to reinforce market competitiveness and the capability of indigenous innovation.

3.2　我国环保技术发展现状、问题与趋势分析

吴舜泽
（环境保护部环境规划院）

环保技术是环境保护工作的基础，为实现环境保护目标提供物质支撑。环保技术的不断进步带动环保产业持续高速增长，是推动环保产业快速、健康、持续发展的原动力。多年来，我国的环保技术工作围绕着重点环保工作和突出环境问题，组织开展科学研究和技术攻关，建立环保技术管理制度，在解决重大环境问题、促进经济增长方式转变和建设环境友好型社会等方面，发挥了重要的科学、技术、物质保障作用。发达国家完整地掌握包括水、大气、固废污染控制技术等的传统环境技术，目前正致力于生态环境功能恢复；发展中国家仍处于遏制环境污染加剧的阶段，

环境基础科研和环保技术应用侧重于环境污染防治，环保技术发展面临新趋势、新挑战。

一、我国环保技术发展现状与问题

（一）发展现状

1. 基础研发和攻坚克难能力大幅提高

“九五”以来，以国家高技术研究发展计划（“863”计划）、国家重点基础研究发展计划（“973”计划）为代表的各级科技计划和国家高技术产业化项目的实施，为我国环境技术和产业的大发展提供了坚实的支撑，使我国环保技术研究开发能力大幅提升，掌握了一批具有自主知识产权的关键技术，主导技术与产品基本满足市场的需要。

“十五”期间，我国首次将资源环境技术领域作为“863”计划发展重点，国家先后组织实施了567项资源环境领域的“863”计划项目。在应用性技术开发方面，国家开始注重发挥骨干或特色环保企业的作用。在环保项目立项和设计时，明确要求以具备资质的环保企业作为项目承担单位，并鼓励环保企业同高水平科研机构合作，形成产业联盟，发挥强强合作优势。一些地方环保科技项目，根据当地企业发展环保产业的需要，通过科技计划、平台建设等，直接支持企业开展具有比较优势的环保技术和产品开发。通过市场和政策的导向，培育了一批掌握核心技术的优势环保企业，提升环保产业的综合竞争能力。

“十一五”期间，国家科技创新体系中更加突出环保科技，共开展“973”计划项目6项、国家科技支撑计划项目6项、环境保护公益性行业科研专项项目234项。“863”计划资源环境技术领域重点突破20～30项新型污染物防治关键技术，开发30～40项具有自主知识产权的环境监测技术和设备。水体污染控制与治理科技重大专项设置33个项目、238个课题，攻克了石化、制药等重污染行业的水污染控制、城市污水强化脱氮除磷等关键技术及成套设备的研发。

2. 环保技术管理体系初步形成

为指导环保技术的推广应用，依照环境保护工作需要和环境管理目标，我国建立了以“污染防治技术政策－最佳可行技术指南－工程技术规范”为主要内容的环境技术管理体系。

自2007年起，我国每年制定《国家先进污染防治技术示范名录》和《国家鼓励发展的环境保护技术目录》。2008年，国家发布了《国家环境技术发展白皮书》，引导环保技术发展。2009年，国家发布了《国家环境保护技术评估、示范和推广管理办法》，规范了环境保护技术评估、示范和推广的各环节。

针对特定领域，国家也及时制定发布相关技术规范。例如，“十一五”期间，国家共发布《火电厂氮氧化物防治技术政策》等重点行业污染防治技术政策8项、《城镇污水处理厂污泥处理处置最佳可行技术指南》等最佳可行技术（BAT）指南8项、《人工湿地污水处理工程技术规范》等工程技术规范17项。这些技术政策、指南、工程技术规范的实施，规范了环保技术的推广与应用，极大促进了这些领域的技术进步。

同时，为有针对性地遴选先进环保科技成果和实用工程技术，我国于2001年启动重点环境保护实用技术示范工程评选，“十一五”期间共选出数百项优质环保工程。

3. 环保技术产品与国际先进水平的差距不断缩小

我国通过自主研发与引进消化国外先进技术相结合，缩短了环保技术与国际先进水平的差距，部分技术已达到国际先进水平。目前，我国环保产品已达3000多个品种，覆盖了污染治理的各个领域，环保技术已形成了多层次、全方位的发展态势。大型城市污水处理、工业废水处理、除尘脱硫、噪声与振动控制等领域已具备自行设计、制造部分关键设备及设备成套的能力；烟气除尘、噪声与振动控制领域的一些技术已达到国际先进水平；大型燃煤锅炉烟气脱硫装备已实现产业化；水处理设备集成化和药剂生产水平不断提高，膜技术在城镇污水资源化利用和工业废水处理领域得到成功应用；城市垃圾处理与资源化具备了工业化技术基础，生活垃圾、医废、危废等焚烧成套装置日趋成熟。此外，物理、化学、生物、电子、光学等高新技术的综合运用，推进环境监测技术多功能、集成化、智能化、网络化发展。环境服务、环境友好产品、清洁生产技术等得到快速发展。

（二）现存问题

1. 满足新形势下环保需求的关键技术有待突破

“十二五”时期，我国新增氮氧化物（NO_x）和氨氮两项约束性指标。然而，我国环保技术与产品还不能完全适应国民经济社会发展需求，还存在缺乏关键技术、低水平生产能力过剩、产品与服务低价竞争激烈等问题。

在脱氮脱硝方面，我国存在核心技术研发力度不足、适用技术储备薄弱、关键设备产品依赖进口、工程技术经验缺乏、技术政策规范不完善的问题。同时，我国长期以来重点关注末端治理技术研发，全过程控制技术和绿色技术研发储备不足；注重单项技术开发，整体性、区域性的技术解决方案研发不足；主要开展传统污染削减和治理，对环境健康与风险问题与监管技术关注不够。为满足新形势下环保需求，实现“十二五”环境保护目标，主要污染物减排、重金属污染防治等重点领域的全过程、综合性污染防控和环境监测技术有待突破。

2. 先进环保技术示范推广动力不足

目前，我国先进环保技术主要被科研院所和大专院校掌握，技术市场化、产业化转化的能力和动力明显不足，国家引导、市场竞争的技术发展机制不够健全，以企业为主体、以需求为导向、产学研有机结合的环保技术创新与示范推广体系建设进展迟缓。在先进技术推广过程中，项目单位为降低项目技术风险，通常避免试用新技术，环保高新技术大部分停留在小规模示范程度，未开展针对某一具体行业或区域具体环境问题的工程示范，不能为工程应用提供直观的参考和经验借鉴。环保新技术、新产品评估和推广渠道有待解决。

3. 政策支持不足，服务体系建设有待提高

总体而言，环保产业专有技术和原创技术研发投入缺乏，环境工程、技术装备标准和质量与国际水平尚存差距，环境服务体系建设严重滞后，环保企业的自主创新能力和人才、信息、资金等综合研发实力普遍较弱。

环保新技术和产品研发以环境效益为主，风险较大，利润空间有限，国家通过计划、财税、金融等政策激励和引导企业研发的支持力度不足，环保技术创新激励、监管规范、财税支持等体系尚不完善。但是，当前国家和地方的一些科技计划仍为应付局面，“头痛医头、脚痛医脚”，环境科技工作不能及时响应环境管理和环保产业市场需要，存在投入不足和重复投入并存现象，直接导致我国环保技术领域仍以传统实用技术和工艺为主，一些重点领域的关键技术长期没能取得突破。影响行业发展的关键设备和材料仍依赖进口，环保产品、设备、材料、工程的质量和可靠性较为落后。

二、国际环保产业技术进展

环保产业是适应环境保护需求而发展起来的产业，近年来，随着人们对环境问

题认识的提高以及国际社会环保呼声的高涨，环境保护已成为全世界的热点话题，全球环保产业市场迅速成长，据联合国开发计划署（UNDP）统计，2000 年全球用于环境改善和服务完善方面的投资将近 4000 亿美元，2006 年全球环保产业市场的投资是 6000 亿美元。其中，发达国家的环保产业在国民经济中所占的份额逐年上升，正逐步成为支柱产业。发达国家环保产业已呈现出同行业竞争激烈、客户需求多、价格竞争激烈、企业兼并频繁等成熟的工业特征。发达国家的环保产业技术正向深度化、尖端化方向发展，产品不断向普及化、标准化、成套化、系列化方向发展。目前，新材料技术、新能源技术、生物工程技术正源源不断地被引进环保产业。

（一）环保产业技术发展

在发达国家，环保产业技术的发展，为改善环境质量、提高生活水平提供了有效的手段。环保产业技术已成为世界各国促进可持续发展最为重要的方式之一。

1. 形成了成熟的传统污染控制技术体系

目前发达国家经过“先污染，后治理”的阶段，已在水污染控制技术、大气污染控制技术、固体废弃物控制技术、土壤修复技术等方面形成了一套成熟的环境技术体系。在水污染控制技术方面形成了能提高城市污水的处理效果和脱氮除磷处理效率，降低城市污水处理的工程投资、能耗和运行成本的高效低耗城市污水处理技术与工艺；由物化法、生物法及其组合技术组成的重点行业工业废水的处理技术；水体中微量有毒物质的控制技术；包括生态农业技术在内的面源污染控制技术；自动控制技术和信息技术等。在大气污染控制技术方面形成了以净化技术等为主的机动车污染控制技术，以及炉前成型技术、高温脱硫技术、复合吸附剂和脱硫工艺、先进的燃烧技术、PM2. 5 控制技术等工业大气污染控制和治理技术。在固体废弃物污染控制技术方面形成了包括城市生活垃圾处理及资源化技术、危险废物的焚烧技术、废旧塑料的回收利用技术、城市垃圾处理与处置、污水处理厂污泥的无害化与资源化成套技术等。在土壤修复技术方面，利用微生物控制和破坏有机污染物的生物技术得到应用，物化方法（如电化学氧化还原技术、特殊表面活性剂的洗脱技术等）也进入到应用领域。

2. 从末端污染治理向全过程的综合防治技术转变

发达国家已经走过了以末端污染治理为主的阶段，在环境方面致力于全过程的综合防治与生态环境功能的恢复，环境技术也随着环境保护工作的重点而转变，由末端治理转变为全工艺过程控制，逐步建立了包括先进生产技术、工艺改革、资源综合利用和污染物末端治理的综合技术。为实现经济社会发展与环境协调，发达国家更加注重清洁生产和资源生产效率的提高，加大了制造技术、自动化技术、燃烧技术等传统领域技术的改进，在绿色制造技术、绿色建筑技术、清洁能源技术、生态农业技术等重要清洁生产技术方面加大了研发力度。在污染治理技术方面，发达国家也逐步从传统的技术向高效、低耗的处理技术、生态修复技术等方面发展。

（二）环保技术管理体系

发达国家有近半个世纪的治理环境污染的成功经验，历来把环保产业技术放在环境管理的主要地位，将采用最先进的、可行的环境技术作为保护环境的核心工具，体现了全过程控制的理念，在环境技术管理方面形成了一套成功的经验与管理模式。美国在《清洁水法》等环境法中明确以先进技术作为污染控制的依据。美国环保局根据需要发布技术指南，例如，最佳实用技术（BPT）、最佳常规污染物控制技术（BCT）、经济上可实现的最佳可用技术（BAT），以及经证实了的最佳示范技术（BADT）等，为污染防治的全过程提供技术支持，促进了企业本身和环保产业研发和应用先进的污染控制技术。为了验证环境创新技术的性能，美国创立环境技术评估制度（ETV），该制度大大加快了环保产业新技术进入国内和国际市场的速度。欧盟的环境技术管理体系，主要是根据欧盟综合污染防治（IPPC）指令 96/61/CE 的规定，以采用 BAT 作为能够达到对整个环境进行高水平保护的重要工具。由欧盟委员会工作小组、各成员国的权威部门和专家共同起草 BAT 参考文件（BREF），到 2002 年，欧盟的 BAT 体系已经基本建立完成。参考文件详细描述了各类工业生产的工艺、存在的环境问题、问题产生的环节、原因及控制措施，除一般的技术控制措施外，特别给出了在目前条件下不同工艺、不同控制技术下的 BAT，并且给出通过应用这种技术可能达到的污染物排放量和资源消耗量水平。与此同时，欧盟也建立了以费用 - 效益分析为主的技术评估方法。

（三）环保技术示范推广机制

为了促进技术政策的执行和新技术的发展，美国与欧盟等发达国家和地区都非常重视环保先进技术推广与技术创新。美国建立了产学研联合体，使科学技术研究成果直接与生产结合，科学技术可以快速得到验证，并迅速转化为生产力。同时，创立了环境技术评估制度，在联邦政府与州级政府层面采取减税、投资补贴、电价优惠等多种形式的经济激励措施，提高环境技术市场渗透率和经济竞争力。欧盟委员会 2004 年 1 月 28 日制定的“环境技术行动计划”（ETAP）提出吸引更多的私有和公共投资用于环境技术的开发和示范应用，鼓励创新工艺，将发明创造从实验室带到市场。

三、环保技术需求与发展重点

围绕“十二五”环境保护目标，结合环保技术发展的现状和问题，我国在新时期环保技术需求与发展重点如下。

1. 水处理

“十二五”期间，我国将进一步提高水污染治理、饮用水净化、水资源利用、水处理基础设施建设和运营管理水平，在严格控制传统污染物的基础上，增加氨氮约束性指标，强化污泥处理处置，将解决微污染问题作为重要的饮用水净化目标，把海水淡化作为缓解水资源短缺危机的重要战略选择，全面提升水污染减排和供水安全保障能力。

（1）污水处理技术。开发生活污水脱氮除磷等达标改造，中小城镇、农村生活污水处理和污泥处置高效节能技术与成套设备；研发焦化、轻工、制药、石化、印染等行业废水处理技术，垃圾渗滤液处理技术，高耗水重污染行业废水回用和“零”排放技术，在固液分离、高级催化氧化、膜分离、电解凝聚等关键技术和材料领域取得突破，发展好氧生物流化床、膜生物反应器等高效生物处理成套装置。重点攻克新型生物脱氮、反硝化除磷、低能耗催化氧化、湖泊蓝藻治理等一批关键共性技术及装备。重点发展高效节能曝气、高浓度有机废水治理专用配套系列设备。研发高性能的膜材料及膜组件，实现较低成本的同时提升膜通量、膜材料使用寿命、抗污染性等关键指标。

（2）污泥减量化。重点发展污泥生物法消减技术，以及污泥调质、超声波裂解脱水等技术。

（3）水生态修复。重点研发针对赤潮、水华的预报、预防和治理技术，特别是生物控制技术和回收藻类、水生植物的厌氧产沼气、发电及制肥的资源化技术，以及研发应用于突发性水污染事故的多功能应急水处理船（车）。

（4）饮用水净化。开发适应我国农村供水特点的特殊污染物处理技术及成套设备、新型高效水处理药剂与混凝沉淀反应器、臭氧/活性炭和膜分离等深度处理技术；开发国产臭氧发生器、紫外消毒反应器、膜组件等设备；提高水厂优化运行、自动控制与节能降耗技术水平；加强饮用水输配水质安全保障、管网漏失监测与控制等技术研发；研发饮用水末端处理技术与成套设备。

（5）海水淡化。开发海水淡化反渗透膜材料、膜组件，以及海水预处理系统、连续膜过滤装置、高压泵等核心技术和关键设备；研发低温多效蒸馏热法海水淡化工艺及设备，研制大型低温多效蒸馏海水淡化蒸发器、低温多效海水淡化核心部件及材料；开发淡化水后处理技术、浓海水综合利用与排放技术。

2. 大气污染防治

“十二五”期间新增氮氧化物的总量控制约束性指标，促进烟气脱硝技术与产业迅速发展，同时烟气脱硫技术与产业需进一步巩固加强，烟气脱汞和细颗粒控制技术需积极储备。

（1）脱硫脱硝。重点发展燃煤电厂和大中型工业装置烟气脱硫脱硝、大型电袋复合除尘器、大型脉冲式袋式除尘器的耐高温滤料、烟气脱硫除雾器等技术装备的自主研发和产业化；支持钢铁行业烧结机烟气脱硫成套技术示范和发展颗粒物捕集加排气再循环、与 SCR 烟气脱硝配套的高效催化剂和载体等。开发应用于电力、工业锅炉及窑炉、钢铁、有色等行业的烟气治理技术，重点研发脱硫脱硝协同脱汞和高效率新型湿式吸收技术，包括双碱及强碱脱硫工艺、氨法脱硫、动力波式、撞击流式、填充吸收、超重力式吸收等新工艺。研发、推广脱硝催化剂载体技术，重点研究催化剂载体二氧化钛的制备技术和适用于低温条件（170℃左右）下的脱硝催化剂。研究滤料、催化剂等原料生产技术和催化剂生产的核心技术。

（2）电袋复合除尘。重点研发应用于火电、冶炼、机械等行业的耐高温、耐腐蚀的合成滤料技术及超细微粒捕集技术，特别是聚四氟乙烯（PTFE）、聚酰亚胺（P84）、聚苯硫醚纤维及其滤料。推广高效电袋复合除尘器、优质滤料和设备配件。

（3）挥发性有机污染物控制。研究应用于各工业行业挥发性有机污染物排放源污染控制及回收利用的关键技术与设备。重点研发新型功能性吸附材料及吸附回收工艺技术、新型催化材料、优化催化燃烧及热回收技术。

（4）柴油机（车）排气净化。研究应用排放标准在国Ⅳ标准以上的重型柴油机和国Ⅵ标准的轻型柴油车，可降低柴油机车油耗、尾气颗粒物浓度和氮氧化物排放量的技术。重点研发选择性催化还原技术（SCR）及其装备系统、SCR 催化器及相应的尿素喷射系统，以及高效率、高容量、低阻力的微粒过滤器。

（5）无组织排放污染气体净化。一是研究应用于居室、公共场所、密闭空间的空气污染净化技术，如室内空气净化关键材料技术，甲醛、超细颗粒、苯原位检测技术等。二是研究应用于工地、道路、港口、矿场、火电、钢铁、化工等粉尘重污染场所和行业的抑尘技术，如远程射雾技术和微米级干雾抑尘技术。

3. 固体废物处理处置

“十二五”期间，生活垃圾、危险废物、医疗废物、污水污泥的处理处置将得到极大发展。

（1）焚烧处理。开发应用于城市生活垃圾、危险废物、医疗废物、污水污泥的焚烧处理技术。重点研发大型焚烧设施炉排及其传动系统、循环流化床工艺预处理技术装备、焚烧烟气净化技术、二噁英控制脱除技术、飞灰处置固化技术、焚烧炉焚烧过程中的全自动控制的软件及相关设备等。大力推广生活垃圾分类和预处理技术装备。

（2）填埋处理。发展大型填埋场气体发电，发展经济可靠的渗滤液膜处理工艺。

4. 环境监测

环境监测是环境保护最基础性和前沿性的工作。“十二五”期间，我国环境监测仪器产业将实现由技术模仿型向自主创新型转化，污染源及环境质量在线监测仪器设备将成为“十二五”时期环境监测仪器产业发展的重点。一批拥有自主知识产权的环境监测技术将实现产业化和市场化，将极大推动我国环境质量监测网络、重点流域和重点污染源自动监控、环境应急监测能力建设，形成能满足我国环境管理需求的环境监测体系。

（1）监测设备。加快大型实验室通用分析、快速准确的便携或车载式应急监测、污染源烟气和工业有机生态污染物在线连续监测技术设备的开发和应用。

（2）污染源在线检测。重点研发区域性环境空气特征及水域水质特征有机污染物自动监测系统、新型烟气连续自动检测技术、重金属在线监测系统、温室气体自动检测系统、危险品运输载体实时监测系统等。

5. 场地修复

“十二五”期间，场地修复技术和装备的开发将成为环保产业竞争的重要方向。

（1）污染场地修复。针对我国工业搬迁场地，研发冶金类污染场地固化和稳定化、梯度淋洗技术，挥发性有机物污染场地物化快速修复技术，难降解有机物污染场地化学修复技术，可生物降解有机物污染场地的生物修复技术，建立复合污染场地修复技术体系。

（2）土壤稳定化。研发应用于污染土壤修复、提高受污染场地土壤修复效率、降低修复成本的原位解毒剂、异位稳定剂、高效分解吸收的微生物、植物和稳定后土壤用于路基材料的固化剂，推广受污染土壤固化体资源化再利用技术。

6. 国际环境履约和新兴污染物控制

瞄准国际环保技术发展前沿及 5 ~ 10 年后我国环境监管和治理需求，超前部署一批前沿技术，推动生态环境技术持续创新，抢占环保技术前沿，加快我国环保产业进入国际市场的步伐。

（1）二氧化碳（CO_2）捕集与资源化。针对温室气体减排与资源化利用，研发冶金、水泥、交通、农业、城市等行业温室气体排放核算技术，烟气中 CO_2 的低成本吸收/吸附捕集与硫碳一体化吸收吸附组合脱除技术，废弃油井/矿井/煤田及盐水层 CO_2 封存技术，CO_2 工业废气大规模催化转化制备富氢气体与能源化学品技术，冶金渣/盐渣碳酸化固定 CO_2 多联产技术，CO_2 经尿素清洁合成高附加值化学品技术；形成经济高效的 CO_2 与污染物协同减排与资源化利用技术体系及设备。

（2）全球环境公约履约。开展全氟辛烷磺酸及其盐（PFOS）、溴代阻燃剂、短链氯化石蜡等具有低环境风险的持久性有机污染物（POPs）替代品研发；发展钢铁、再生有色金属、废弃物焚烧行业二噁英类、氯苯类等减排的原料分选技术与设备、烟气催化分解及阻滞技术；发展痕量 POPs 监测技术，以及 POPs 污染场地的识别及修复技术。构建系统的危险废物的收运、处理处置的技术方法。开发消化臭氧物质（ODS）替代品。

（3）新兴污染物/微污染控制。针对社会经济快速发展过程中新出现的有毒污染物等新型污染物，重点研究新型污染物的低成本高效处理技术。例如，纳米污染物监测与治理技术、大气汞监测与治理技术、金属有机污染物监测与消减技术、抗生素污染安全处理处置技术、地下水/饮用水微污染修复新技术等。

四、政策建议

当前一段时期，国家必须加大投入力度，着力提高创新能力尤其是企业自主创新能力，推进产业快速健康可持续发展。

1. 加大环保技术研发投入力度

国家和地方财政要重点支持对公益性环境科技研究的投入。各级科技管理部门要将涉及全国性、综合性、普遍性的重大环保技术研发项目，纳入国家和地方的科技发展计划，在基础研究、高新技术研究、科技攻关，以及自然科学基金和专项等重点项目中切实安排重点项目。国家和地方发展和改革委员会的科技示范项目计划、相关部门的科技合作项目向环保技术倾斜。

2. 研究部署促进环境改善的重大专项

围绕国家目标，进一步突出重点，筛选出若干重大战略产品、关键共性技术作为重大专项，力争取得突破，促进环境改善。研究设立大气污染控制与治理、固体废物污染控制、土壤安全等重大专项，通过科学研究，阐明我国区域性重大环境问题形成的机理，创新一批具有全局性、带动性的区域和城市大气、固废污染控制和土壤修复关键共性技术，通过开展区域污染治理技术集成与示范，全面推进技术进步和污染防治工作。

3. 建设以企业为主体的环保产业技术创新体系

坚持以政府为主导，以大企业和企业集团为骨架，集合计划、政策资源和产学研优势资源，构建技术创新体系的工作路线；坚持体系建设同产业技术创新计划相结合，建议实施环保产业创新工程，包括环保产业技术创新计划、最佳可行技术示范推广计划、引进消化吸收再创新计划（环境技术国际合作计划），支持企业在关系产业竞争力的关键环境工程技术领域，结合重大工程项目投入研发，形成有自主知识产权的技术专利和标准。积极鼓励和引导龙头骨干企业组建创新基地、工程技术中心和重点实验室，培育建设一批环保科技研发机构和创新平台。积极引导、扶持企业开发具有自主知识产权的环保技术装备、产品、材料和药剂。

4. 推进环保产业“技术研发—示范—推广—产业化”发展

将产业化作为环保科技的重要考核指标，大力推进水专项等各项科研成果产业化。加快建立以第三方评价为主的新型环境技术评价制度体系。实施行业污染防治技术进步示范工程计划，把环保产业发展与整体推进行业污染防治技术进步相结合，组织优秀企业开展技术和装备研发和工程示范，并首先在结构性污染贡献大的化工、石化、煤化、纺织、造纸、食品、电力、冶金、建材，以及畜禽养殖、水产养殖、农产品加工等行业示范推行。加快制定行业 BAT 导则和相应法规，使我国工业行业污染防治实现跨越式发展。设立专项资金支持环保新技术、新工艺、新产品的示范推广。完善政策环境、融资环境，以政府采购、以奖代补等多种方式加速环保高技术转化及其产业化发展。

参考文献

[1] 国冬梅．美国环保产业发展战略分析与启示．环境保护，2004，(6)：54 ~58

[2] 环境保护部．关于环保系统进一步推动环保产业发展的指导意见（环发〔2011〕36号）. 2011

[3] 环境保护部．中国环境宏观战略研究科技保障专题研究报告，北京：中国环境科学出版社，2008

[4] 刘助仁. 国际竞争与中国环保产业技术跨越的战略选择. 环境保护, 2001, (9): 43～45

[5] 罗天强, 李成芳. 对环保产业的再认识. 中国环保产业, 2002, (9): 25～28

[6] 孙宁, 蒋国华, 吴舜泽. 国家环境技术管理体系实施现状与政策建议. 环境保护, 2010, 15 (8A): 36～38

[7] 袁明鹏. 我国环保产业技术创新问题研究. 科学学与科学技术管理, 2001, (8): 58～60

[8] 张懿, 范秀英, 张微. 环保产业与高新技术. 北京: 中国科学技术出版社, 2001

[9] 中国环境保护产业协会. 中国环境宏观战略研究中国环保产业现状与发展对策子专题研究报告, 2008

Progress and Trends of Environmental Protection Technology in China

Wu Shunze

(Chinese Academy for Environmental Planning of the Ministry of Environmental Protection)

Environmental protection technology is the foundation for environmental protection work and provides material support for realizing environmental protection objectives. This paper analyzes the development status and the existing problems in the aspect of R&D, demonstration and promotion of environmental protection technology from the perspective of technical development demands, technical management and political mechanism, etc. It summarizes the progress and experience of overseas developed countries in technical development of environmental protection industry, management system of environmental protection technology, and demonstration and promotion mechanisms of environmental protection technology, etc. It also analyzes China's demands, development focus and trend of environmental protection technology during "the 12th Five-year Plan" and presents the political suggestions of speeding up the environmental protection technology development by surrounding the environmental protection objective of "the 12th Five-year Plan", combining the present situation and problems for environmental protection technology development. The following fields are discussed water treatment, air pollution control, MSW treatment and disposal, environmental monitoring, site remediation, international environmental convention implementation, and new pollutant control, etc.

3.3　中国特色的绿色再制造产业及其创新发展①

徐滨士*

（中国人民解放军装甲兵工程学院装备再制造技术国防科技重点实验室）

进入21世纪，保护地球环境、构建循环经济、保持社会经济可持续发展已成为世界各国共同关心的话题。目前大力提倡的循环经济模式是追求更大经济效益、更少资源消耗、更低环境污染和更多劳动就业的一种先进经济模式[1]。

再制造工程，作为我国21世纪重点发展起来的新方向，以节约资源、节省能源、保护环境为特色，以综合利用信息技术、纳米技术、生物技术等高技术为核心，充分体现了具有中国特色自主创新的特点。再制造可使废旧资源中蕴含的价值得到最大限度的开发和利用，缓解资源短缺与资源浪费的矛盾，减少大量的失效、报废产品对环境的危害，是废旧机电产品资源化的最佳形式和首选途径，是节约资源的重要手段。再制造工程高度契合了国家构建循环经济的战略需求，并为其提供了关键技术支撑，大力开展绿色再制造工程是实现循环经济、节能减排和可持续发展的主要途径之一[2]。

欧美国家的再制造产业多年以来是在原型产品制造工业基础上发展起来的，目前主要以尺寸修理法和换件修理法为主。随着科技迅速发展，这种再制造模式存在以下三方面的问题：一是旧件再制造率低，节能节材效果差；二是难以提升再制造产品的性能；三是加工量大，环保效果不佳[3]。

中国特色的再制造工程可以简单概括为：再制造是废旧产品高技术修复、改造的产业化。中国特色的再制造工程是在维修工程、表面工程基础上发展起来的，主要基于复合表面工程技术、纳米表面技术和自动化表面技术，这些先进的表面技术是国外再制造时所不曾采用的。其重要特征是再制造产品的质量和性能不低于新品，成本只有新品的50%，节能60%，节材70%，对环境的不良影响与制造新品相比显著降低。先进表面工程技术在再制造中的应用，可将旧件再制造率提高到90%，使零件的尺寸精度和质量性能标准不低于原型新品水平，而且在耐磨、耐蚀、抗疲劳等性能方面达到原型新品水平，并最终确保再制造装备零部件的性能质量达到甚

① 本文获国家自然科学基金重点项目（50735006）、国家“973”计划项目（2007CB607601）、国家“863”计划项目（2007AA04Z408）、国家科技支撑计划项目（2008BAK42B03）等项目的支持

* 中国工程院院士

至超过原型新品，受到国际同行的广泛认同与高度关注。

一、国外再制造产业发展现状

在工业发达国家中，废旧产品造成的危害暴露较早，因而相应的对策也被较早提出。

20 世纪 30 ~ 40 年代，为了走出经济萧条的困境，并适应第二次世界大战的需求，最早的再制造雏形在美国汽车维修行业中出现。至 20 世纪 80 年代初，美国正式提出“再制造”。此后，欧美各国开始大力发展再制造产业。1996 年，美国发布了再制造产业调查报告《再制造业：潜在的巨人》。报告显示，1996 年美国专业化再制造公司达 73 000 家，年销售额 530 亿美元，直接雇员 48 万人。与制药业、计算机制造业和钢铁业相比，同年美国再制造产业的产值与它们基本相当，但就业人数明显多于它们，说明再制造产业不仅能够创造巨大财富，而且能够显著解决就业问题[4]。目前再制造在欧美发达国家已形成了重大的产业。2005 年全球再制造产业产值已超过 1000 亿美元，美国的再制造产业规模最大，达到 750 亿美元，其中汽车和工程机械再制造占 2/3 以上，约 500 亿美元。

美军是再制造产业的最大受益者。美国的军费居世界第一，但美军仍然认为再制造具有重大作用，尤其是“在财政预算有限、新装备配备不到位、制造新装备费用高昂的情况下，再制造可维持武器装备的战备完好率”。为此，美国国会参众两院通过了一项不经总统签署即可获得执行的共同决议案，授权美国国防部将更多的重点放在对军用装备的再制造上[5]。美军装备再制造的范围已扩展至三军装备的各个方面。

近年来，日本加强了对工程机械的再制造。至 2008 年，再制造的工程机械中，58% 由日本国内用户使用，34% 出口到国外，其余的 8% 拆解后作为配件出售。至 2004 年，德国大众汽车公司已再制造汽车发动机 748 万台，变速器 240 万台，公司销售的再制造发动机及其配件和新机的比例达到 9∶1[6]。

欧美国家的再制造产业，在再制造设计方面，主要结合具体产品，针对再制造过程中的重要设计要素，如拆卸性能、零件的材料种类、设计结构与紧固方式等进行研究；在再制造加工方面，对于机械产品，主要通过换件修理法①和尺寸修理法②来恢复零部件的尺寸。例如，英国 Lister Petter 再制造公司每年为英国、美国军方再

---

① 换件修理法指将失效件更换为新件以完成再制造的方法

② 尺寸修理法指将失配的零部件表面尺寸加工修复到可以配合的范围，如缸套－活塞环磨损失效后，通过镗缸的方法恢复缸套的尺寸精度，再配以大尺寸的活塞环以完成再制造的方法

制造3000多台废旧发动机，再制造时，对磨损超差的缸套、凸轮轴等关键零件都予以更换新件，并不修复。对于电子产品，再制造的内涵就是对仍具有使用价值的零部件予以直接的再利用。例如，德国柏林工业大学对平板显示器的再制造就是先将液晶显示器（LCD）、印刷线路板（PCB）、冷阴极荧光灯（CCFL）等关键零部件进行拆解，经检测合格后进行再利用[7]；德国ReMobile公司对移动电话的再制造也是先拆解、再检测，最后再利用[8]；此外，对数码相机（日本柯达公司）、打印机墨盒（美国施乐公司）、品牌电脑（美国惠普公司）等的再制造也都是以再利用为主。

二、中国特色再制造产业发展现状

我国的再制造产业发展至今已经10年有余。目前，我国在实践的基础上探索形成了“以高新技术为支撑、产学研相结合、既循环又经济的自主创新的中国特色再制造模式”。中国特色再制造模式注重基础研究与工程实践结合，创新发展了中国特色的再制造关键技术，构建了废旧产品的再制造质量控制体系，保证了再制造产品性能质量和可靠性；注重企业需求与学科建设融合，提升企业与实验室核心竞争力；注重社会效益与经济效益兼顾，促进国家循环经济建设。

由于再制造使用的是经过长期服役而报废的各种成形零件，其损伤失效形式复杂多样，残余应力、内部裂纹和疲劳层的存在导致寿命评估与服役周期复杂难测，再制造要在保持废旧零（部）件材质和形状基本不变的前提下，采用高技术恢复原产品的尺寸标准，使其达到或超过原产品的性能指标，实现原产品的功能升级，同时要采用正规化、规模化的加工手段，所以加工工艺更为复杂。

再制造寿命检测的核心是疲劳寿命，再制造质量控制的关键是裂纹控制，再制造的主要损伤形式是表面磨损。根据再制造产品失效特征和质量性能不低于新品的标准要求。我国通过多年研究与实践和不断自主创新，形成中国特色的再制造技术。

1. 自动化纳米颗粒复合电刷镀技术

纳米电刷镀技术是我国自主研发的一项先进的再制造技术。该技术是把纳米颗粒加入电刷镀溶液，并使之和镀液金属离子在电刷镀电场作用下共沉积在金属表面，形成纳米颗粒复合涂层。通过创造性地解决纳米颗粒的分散和在镀层中沉积难题，使所制备的纳米复合电刷镀层中均匀弥散分布大量的硬质纳米颗粒，显著提高再制造零件表面耐磨性、耐高温性和抗接触疲劳性能，与不含纳米颗粒的金属刷镀层相比，耐磨性能提高1.5倍、抗温性由200℃提高到400℃、抗接触疲劳性能由10^5周次提高到10^6周次，零件使用寿命显著延长，被成功应用于飞机发动机叶片、汽车发动机连杆、凸轮轴和缸体的再制造[12]。由于手工纳米电刷镀生产效率低、劳动强度大，所以针对重载汽车发动机连杆和缸体缸筒再制造难题和产业化生产需求，我国自主研发了发动机连杆自动化纳米电刷镀专用设备和气缸筒自动化纳米电刷镀专用设备，实现了镀液连续供应和循环利用、纳米电刷镀再制造工艺过程综合监控。生产应用表明，生产率提高 5 ~ 10 倍，再制造消耗材料仅为该零件本体重量的 1% ~2%，费用是新品价格的 1/10，实现了废旧零件再制造的需求。并且镀液循环利用，废水集中处理，实现全过程的绿色化要求。

2. 自动化高速电弧喷涂技术

我国自主研发了自动化高速电弧喷涂技术，采用机器人或操作机的操作臂夹持喷枪，通过红外温度场监测和编程控制高速电弧喷枪实现各种规划路径，实时反馈调节喷涂工艺参数，实现自动喷涂作业的智能控制[13]。该技术结合新开发的 FeAl 和FeAlMn系粉芯丝材制备出的喷涂层，结合强度高，硬度高，耐磨损性能好，已被成功应用于废旧斯太尔发动机缸体的再制造，已完成再制造量 200 多台。采用自动化高速电弧喷涂技术再制造单件发动机缸体时间由手工的 1.5 小时缩短为 20 分钟，喷涂效率提高了 3.5 倍。

3. 自动化微束等离子熔覆技术

我国自主创新设计了 70 千赫兹高频逆变微束等离子电源，高于目前通常采用的 20 千赫兹逆变频率，从而减小了设备的体积，提高了系统的响应特性，使微束等离子弧的工作更加稳定。利用该技术对发动机废旧排气门密封锥面进行再制造后的气门变形量小，表面硬度可恢复到新品数值，力学性能满足要求，成本仅为新品的 1/5。

4. 再制造无损检测评估技术及其仪器设备

废旧零部件损伤状态无损检测与评估是再制造质量控制体系的重要内容。我国研究了汽车发动机缸体、曲轴、连杆、气门杆等不同再制造零部件的多种无损检测评估技术（涡流、超声、金属磁记忆、声发射等），并研制出了高频涡流无损检测仪（适用于气门杆、连杆等，通用性强）、高穿透力超声无损检测仪（适用于曲轴等，通用性强）、缸体涡流/磁记忆综合无损检测评估仪、金属磁记忆寿命评估仪、纳米复合刷镀层无损测厚仪等，初步实现了发动机气门杆、连杆、曲轴、发动机缸体等重要零部件损伤和无损检测评估，为再制造产品质量不低于新品的质量控制体系提供了有力保障。相关技术和仪器设备已在中国重汽集团济南复强动力有限公司再制造生产线上被应用试验，为再制造毛坯质量控制体系提供了技术支撑。

三、再制造产业技术发展展望

1. 中国再制造产业发展的工作思路

我国制定的循环经济促进法中明确提出要发展再制造产业以促进循环经济向产业化、集群化方向发展。从国内外制造及再制造产业的发展历程看，技术产业化是一个普遍的发展模式，我国的再制造产业在这一环节上采取的是企业试点模式，其总体上是分散化运作，产业集群能力明显不足。鉴于再制造产业有其独特的技术和相应的政策法规环境，需要加强和完善，因此，建设再制造产业基地或园区就成了再制造产业发展的一个重要模式。这一模式总体遵从“技术产业化、产业集聚化、集聚规模化、规模园区化、园区科学化”的建设理念，既可以有效地弥补当前再制造产业企业试点模式的不足，也可以带动多支点产业的发展。

通过再制造产业基地的建设，进一步加速现代装备制造业基地建设步伐，着力提升工业核心竞争力，切实推动产业升级和结构转型，实现制造和再制造产业的协调发展，加快建设两型社会。

（1）按照国家有关部委的部署优先推进重点领域的再制造。一是大力发展工程机械、机床、电机等再制造。引进国内外有实力的企业投资装备再制造，发展机床、工程机械、工业机电设备、铁路机车装备再制造。二是大力发展电子及办公信息设备再制造，突破各种制约瓶颈，扩大产业化规模。

（2）科技创新为本。国内再制造产业发展，要靠科技支撑及创新。一是加大科技投入，并积极争取国家的科技扶持资金，加强与国内高校及科研院所的合作，组建再制造重点技术研发中心和院士工作站，围绕再制造产品设计技术、旧件性能评价、经济环保的拆解和清洗、微纳米表面工程、无损检测等技术的研发，再制造产品安全检测等方面进行研发和创新。二是引进国内外高端人才，千方百计构筑人才高地。同时要加强与国内高校的合作，加大高层次、复合型、创新型再制造人才的培养力度，充分发挥高等职业技术教育方面的资源优势，加速教育和科技产业的集聚和整合。

（3）全面建设再制造配套服务体系，为再制造企业的发展提供有力支撑。一是积极争取国家有关部门的支持，在再制造产业基地建立良好的再制造经营环境；二是依托产业优势，完善再制造产业链；三是把再制造产业所需装备作为再制造产业发展的重要内容，发挥机械装备制造业优势，大力发展再制造装备研发和生产，逐步形成再制造关键设备生产研发体系；四是发挥区位以及物流优势，与国内外原厂生产商合作发展逆向物流，建立再制造产业发展所需的工程机械、机床、废旧汽车零部件等的逆向回收物流体系，形成适应再制造产业发展所需的旧件收集能力；五是在企业现有质量管理体系建设的基础上，进一步完善适应再制造的管理体系要求；六是强化安全、环保和职业健康工作，建立严格的再制造环保安全保障体系；七是加强领导，完善配套政策保障体系。同时，尽快制定和落实涉及再制造产业发展的相关政策，为再制造产业发展创造优良的软环境。

2. 中国再制造产业发展的未来趋势

根据再制造的技术特点及产业发展特点，未来中国再制造产业的发展将在以下产业领域展开。

（1）汽车零部件再制造工程。中国作为汽车制造和使用大国，推进汽车零部件再制造工程产业化势在必行。2008 年，国家发展和改革委员会启动了汽车零部件再制造试点工作，确定了第一批 14 家试点企业，取得了较好的成果。目前，国家发展和改革委员会已启动第二批试点工作，进一步推广先进经验，深化再制造产业发展。

（2）机床再制造工程及其数控化升级。目前，中国各类机床设备保有量约 550 万台，居世界第一，数控化率不到 3%，役龄超过 10 年的传统机床占 60% 以上，未来 5 ~ 10 年将有大量机床面临淘汰。机床再制造作为一种基于废旧机床资源循环利用的机床制造新模式，在我国具有广阔的发展前景，对实现我国量大面广的废旧机床资源的循环再利用具有重要意义。

（3）工程机械、农用机械、矿山机械再制造工程。中国是工程机械、农用机械和矿山机械的使用大国，设备保有量大，品种多。此类设备多是由于重载而导致零部件表面磨损、腐蚀和断裂而失效报废。在上述设备中实施再制造工程可显著提高设备的使用年限，获得节能、节材、减排效果，从而创造巨大的社会经济效益。

（4）废旧电子电器产品再利用与资源再生。废旧电子电器产品再制造与资源再生是我国资源再生产业面临的新问题，国家相关部门正在从不同的角度修订和制定相关的法律法规，在规范该产业发展的同时，也有利于资源节约和环境保护。从 2003 年起，国家发展和改革委员会开展了回收利用试点，建立废旧电子电器的拆解处理示范厂，以期引导我国废旧电子电器产品再制造与资源再生行业的发展。一些地方也出台了有关文件，规范电子废料的回收利用和无害化处理，为电子电器产品的再制造提供了法律依据。

（5）重大技术装备再制造工程。能源、化工、冶金、电力等行业的重大技术装备再制造工程的产业意义重大。可以瞄准冶金重大技术装备中的高炉渣口、风口、轧辊、连铸机轧辊、炉底辊、热轧工具、水压机油压柱塞，石油化工重大技术装备中的高温高压反应容器、裂解炉管、大型储油设施，火力发电重大技术装备中的汽轮机叶片、缸盖、磨煤机零部件、锅炉“四管”，水力发电重大技术装备中的水轮机叶轮，以及风力发电机、燃油发电机、太阳能发电机的关键零部件开展再制造工程。

参与编写人员：刘世参、朱胜、张伟、梁秀兵、董世运、王海斗、许一、史佩京。

参考文献

[1] 徐滨士，刘世参，王海斗．大力发展再制造产业．求是，2005，(12)：46，47

[2] 徐滨士．发展再制造工程，促进构建循环经济．全国循环经济工作会议报告，2004

[3] 徐滨士．纳米表面工程．北京：化学工业出版社，2004

[4] 徐滨士．再制造工程基础及其应用．哈尔滨：哈尔滨工业大学出版社，2005

[5] 徐滨士．再制造与循环经济．北京：科学出版社，2007

[6] 徐滨士．装备再制造工程的理论与技术．北京：国防工业出版社，2007

[7] 徐滨士等．绿色再制造工程及其在我国应用的前景．中国工程院咨询报告，2000

[8] Robot T L. The Remanufacturing Industry-Hidden Giant，Research Report，Manufacturing Engineering Department，Boston University. 1996

[9] Rolf S. Remanufacturing：The Ultimate Form of Recycling. Fraunhofer IRB Verlag，1998

[10] Seliger G，Frank C，Ciupek M. Process and facility planning for mobile phone remanufacturing. Annals of the CIRP，2004，53 (1)：9 ~ 12

[11] The U S Department of Energy Office of Industrial Technologies. Remanufacturing Vision Statement. 1996

[12] Xu B S，Zhang W，Liu S C，et al. Remanufacturing Technology for the 21st Century. Proceedings of the 15th European Maintenance Conference，2000. Sweden：335 ~ 339

[13] Xu B S，Zhu S. Advanced remanufacturing technologies based on nano-surface engineering. Proc 3rd Int Conf on Advances in Production Eng，1999. Guangdong：35 ~ 43

Chinese Characteristic Green Remanufacturing Industry and Its Innovation Development

Xu Binshi
(National Key Laboratory for Remanufacturing,
Academy of Armored Force Engineering)

Green Remanufacturing Engineering is industrialization of repair or rebuild for old electromechanical products with high technologies, and important technology support of Circle Economy and energy-saving & environmental protection industry as well. Based on performance upgrade method and size restoration method, Chinese Characteristic Remanufacturing takes Nano Surface Engineering Technology and Automatic Surface Engineering Technology as support, and its important character is that quality and performance of remanufactured products will achieve an as good as new or better condition and cost half, save energy 60%, save material 70%. It will play an important role in improving environmental protection, opposing global climate change and construction of "resource saving & environment goodwill" society. Chinese Characteristic Remanufacturing has been acknowledged by national government and developed well and rapidly, the related lays, rules, basic theories, key technologies, industry standards are being established. Because of possessing prominent contributions to benefits on society, economy and environment, remanufacturing will be popularized and applied in the realm of vehicles, machine tools, engineering machines, farm machinery, agricultural machinery, mining machinery, chemical metallurgy etc.

3.4 中国医疗器械产业现状与趋势

李 青[1] 敖 翼[2]
([1] 卫生部医药卫生科技发展研究中心;[2] 科学技术部中国生物技术发展中心)

近30年来,伴随着生物技术、信息技术、新材料技术等高技术的飞速发展及其向医疗领域的广泛渗透,诞生并发展了一门新兴的学科——生物医学工程,使现代医学诊疗手段发生了深刻的变化,催生了一高新技术产业领域——医疗器械产业。继医药产业的发展之后,医疗器械产业已经成为全球新的技术和经济生长点。

根据2007年中国食品药品监督管理局发布的《中国医疗器械监督管理条例(修订草案)》(征求意见稿),医疗器械是指单独或者组合使用于人体的仪器、设备、器具、机械、用具、植入物、离体试剂或校准物、软件、材料或者其他物品；其使用旨在达到下列一项或者多项预期目的：①对疾病的诊断、预防、监护、治疗或缓解；②对损伤或者残疾的诊断、监护、治疗、缓解或补偿；③对解剖或者生理过程的研究、替代、调节或支持；④生命的支持或维持；⑤妊娠控制；⑥医疗器械的消毒或灭菌；⑦通过对来自人体的样本进行离体检查，为医学或诊断目的提供信息。

一、全球医疗器械产业格局

近30年来，由于新技术的不断出现和向医疗器械产业的快速渗透，推动医疗器械产业始终以两倍于全球经济增长平均水平的速度在增长，发达国家在医疗器械产业中的统治地位基本没有被打破。全世界医疗器械产业主要分布在以美国为代表的北美，以德国、法国、英国、爱尔兰等为代表的欧洲和以日本、中国为代表的亚洲地区，美国、欧盟和日本约占世界近90%的医疗器械生产或消费份额。

美国医疗器械在世界上竞争力最强，其产业规模世界第一，占据了世界40%的市场份额。美国约有8000多家医疗器械企业，包括生产整机的大型跨国公司、为整机厂商生产配套部件的专业公司以及以产品研发为主的中小企业三类。其中，中小企业占企业总数的90%左右，生产产品占市场份额的20%左右；占企业总数10%的大型跨国公司生产了占市场总额80%的产品。在全球排名前30位的企业中有21家为美国企业。美国医疗器械产业的主要特征是技术先进、高性能产品为主、高研发投入。

欧盟医疗器械产业占世界总市场份额的30%左右，其产业竞争力仅次于美国，高于日本，处于世界第二位。欧盟约有8500～10 000家医疗器械企业，以中小企业占大多数，产品结构主要以中高端产品为主。由于欧洲雄厚的工业基础，其产品性能高，质量稳定，在国际市场上有较强的竞争力。在大多数高端产品中，以德国、英国和法国为主，产品主要部件供应国以东欧为主。瑞典和瑞士在齿科设备、实验室设备和医疗器械辅助装置等方面占据较大优势。值得一提的是，在欧洲的医疗器械产业中，美国公司发挥着重要作用，在美国食品和药品管理局（FDA）注册的医疗器械公司中有60%在欧洲设有子公司，以在爱尔兰居多。相比之下，只有1%的欧洲公司在美国设立了子公司。

日本的医疗器械产业规模在全球居第三位，占世界市场的11%～14%，其格局特点是产业规模大、跨国大企业多、企业数量少、产业主要集中在东京等经济发达地区。由于强大的汽车、电子、光学等工业基础能力，日本的医疗器械产业的工程开发能力强，基础研究相对较弱，在医用电子、影像设备、医用光学仪器和家用医用产品等方面具有明显的竞争优势。日本批准注册的医疗器械企业有 750 家。尽管近几年日本医疗器械产业增长缓慢，但日本几家大公司在世界医疗器械市场上具有很强竞争能力。例如，东芝医疗系统公司的影像诊断设备销售额 60% 来自海外市场，奥林巴斯光学公司掌握着世界 70% 的内窥镜产品市场，日立医疗公司在永磁磁共振成像设备市场上占据竞争优势。另外，美国通用公司等几家大公司在日本设立了子公司。

近年来，随着电子工业、软件产业等方面的快速发展，以及国际医疗市场的旺盛需求，紧随中国的发展步伐，韩国、印度等国家的医疗器械产业也获得了快速的发展，逐渐形成了产业体系，在全球中低端产品市场中的份额明显增加，并正在某些领域提升其核心技术含量，向高端产品迈进。

二、中国医疗器械发展历程

中国医疗器械产业是在对发达国家的生物医学工程技术发展跟踪和产品仿制的基础上发展起来的，产业发展历程大致可分为三个阶段。

1. 第一阶段（20 世纪 80 年代前）：仿制发展阶段

20 世纪 80 年代前，中国医疗器械新产品开发长期沿用仿制模式，即组织技术力量对购进的样机或样品进行测绘，再参照样机技术参数确定拟开发品种的性能指标，设计、制造试制品，经过测试和临床试验后，注册成为上市产品投放市场。这种模式在资金和技术力量上投入少，风险小，周期短，见效快，对中国医疗器械制造产业的起步和发展曾起到一定的积极作用。但我们不掌握关键技术，又缺少再创新，更缺乏技术发展的主动权和持续发展的后劲。

20 世纪 80 年代初期，机械、电子、航天、航空、船舶、轻工、化工、核工业等行业和国防科学技术工业委员会及中国科学院等部委在国家统一领导下，陆续涉足医疗器械领域，医疗器械行业规模迅速扩大，原本狭隘的医疗器械行业观念被打破。中国医疗器械行业开始以广泛应用现代科学技术、发展新门类产品、填补国内空白、缩短与世界先进水平的差距为目标。

20 世纪 80 年代末，中国医疗器械产业组织结构开始由原来的单一隶属系统的国有经济加集体经济的标准结构模式演变为开放的多种经济所有制聚合结构，并在区域结构上逐渐形成了珠江三角洲、长江三角洲及环渤海湾三大产业聚集区。

2. 第二阶段（20 世纪 80 年代至 90 年代中期）：以市场换技术寻求产业发展的阶段

中国医疗器械产业技术与国际水平有很大差距，无法满足改革开放后国内市场日益增长的临床需求。为尽快掌握国外先进技术，在这一阶段开始了以国内市场换取国外技术为主导的中外合作模式。但最终的结果是，我们仅仅成为国外厂商的廉价的来件组装工厂，不但没有获得作为技术秘密的产品关键技术和关键制造工艺，未达到引进先进技术、开发具有自主知识产权产品的目的，还将国内市场让给了国外厂商。

即使合资带来了一系列的问题，但对于发展来说也是历史的必然。我国当时的体制、技术环境、基础工业都存在问题，合资在当时是一种出路，有利于提高产品质量。此外，合资促进了竞争，在一定程度上也给我国本土企业带来了一些启示，在技术的发展方向上能够紧跟国外。跨国公司的进驻促进了中国基础工业水平的提升，对上游配套厂商的生产规范培训，也能使国内同类企业受益。

第二阶段的市场换技术战略最后得出技术换技术可能才是可行的发展道路的结论。20 世纪 90 年代末期中国医疗器械产业发展走上自主设计和探索自主创新的新阶段。

3. 第三阶段（20 世纪 90 年代末期至今）：以自主设计为主和探索自主创新的发展阶段

自主设计虽较引进仿制前进了一步，但是仍缺乏自主创新。特别是在关键技术、核心部件上的自主创新，还只是一种向自主创新过渡的形态，基本上还没有跳出跟随国外技术的被动局面。但值得欣喜的是，在这一阶段，医疗仪器设备创新的环境条件不断变化成熟，开始出现具有中国特色的原始性创新、引进消化吸收后再创新和集成创新案例，生物医学工程产业发展呈现出勃勃生机。自主设计只是通过对国内外产品消化吸收，应用公知技术整体设计但不具有技术创新元素的开发方式。集成技术创新与自主设计的区别则在于前者拥有专利技术，有创新点。引进消化吸收后再创新是对已有产品进行更大的更新。原始性创新是指国外尚未完全掌握的技术和尚未上市的产品，它本身可能就是一项新技术，也可能是应用现有技术按一种全新的思路开发全新产品。

从 1997 年开始经过 10 多年的努力，中国医疗器械产业的产品技术结构发生较大变化，新技术、新产品不断涌现。在治疗设备方面有准分子激光人眼像差矫正系统、立体定位超声聚焦治疗系统、体部旋转伽马刀、中能直线加速器、模拟定位机。

在医用诊断仪方面有中档黑白或彩色超声诊断仪、低场强开放式永磁磁共振成像系统和高场强超导磁共振成像系统、睡眠监护系统、数字式 X 射线系统、螺旋扫描 CT 装置。其他在手术及急救仪器设备方面有多种规格呼吸机和麻醉系统。在专用零部件方面有高频高压发生器等。其中，立体定位超声聚焦治疗系统、准分子激光人眼像差矫正系统、体部旋转伽马刀、睡眠监护系统等具有完全的自主知识产权。在 10 多年间的数千个医疗器械新产品中，病人监护产品、医学影像仪器设备、临床实验室仪器设备和微创介入治疗产品的发展变化尤为引人注目。

通过多年发展，中国目前已基本形成多学科交叉的医疗器械研究开发体系，医疗器械产业随着经济和科学技术的发展而得到快速发展。我国一些大学、科研院所和企业已建立了不同技术方向的近百所研究机构，已有多所高等院校设置了与医疗器械相关的院系和专业。相当数量出国深造后回国创业者，用其在国内国外学习或访问所得科学技术知识及实践经验，投身于医疗器械事业，并在高端医疗器械领域创立了自己的品牌。

近 10 年，中国医疗器械产业产值的增长尤为迅速，占世界市场份额的比例也有所提升。我国市场需求不断增加，容量也快速扩大，对外贸易额逐年提高，在高端产品的一些关键部件技术领域有所突破，在电子计算机 X 射线断层扫描（CT）、磁共振、数字 X 射线机、数字超声等医疗器械上研发生产了中国产品，逐步扩大了国内市场占有率，不仅迫使同类进口产品降低了价格，而且有些产品还在出口方面取得了零的突破，开始向国际市场进军。

三、生物医学工程和医疗器械行业发展方向

医疗器械产业是典型的技术密集型产业，生物医学工程的发展及其产业化应用，直接引领未来医疗器械产业的发展方向，决定着各国在全球医疗器械市场的产业分工和市场地位。当前，国际生物医学工程技术和医疗器械行业正在发生以下深刻变革。

1. 以治疗疾病为中心转向以人的健康为中心

现代医学的快速发展和进步，使得人类征服了困扰自身几千年的恶性传染病，大大提高了人类的平均寿命，但在征服诸如心脑血管病、癌症等非传染性慢病（NCD）方面收效颇微，迫使人们开始对生物医学模式展开反思。20 世纪 90 年代世界卫生组织的全球调查表明，对于人的健康和寿命来说，生活方式和行为起主导作用（60%），环境因素次之（17%），遗传因素占 15%，医疗服

务条件占 8%。

同时，医学和医疗器械水平的提高，也给社会带来了沉重的医疗负担，医疗费用恶性膨胀。现在许多国家已经走到了可供性的边缘。1980～1990 年，美国医疗费用从占美国国内生产总值（GDP）的比例由 1.2% 上升至 11.5%，2006 年该比例上升至 16.8%。如果按这一趋势发展，到 2028 年美国的医保体系将无钱可用。

以上两个现象引发了全球的医疗危机，要解决这场全球性的医疗危机，必须对医学的目的作根本性的调整，把医学发展的战略优先从“以治愈疾病为目的的高技术追求”，转向“预防疾病和损伤，维持和促进健康”。只有以“预防疾病，促进健康”为首要目的的医学，“才是供得起，因而可持续的医学”。医疗器械作为健康产业的一个重要组成部分，必将经历这场深刻的革命。

2. 重视慢性病的预防和治疗

在成功征服了重大传染病的基础上，各种慢性疾病成为危害人类健康的“头号杀手”。据世界心脏联盟分析预计，2020 年全球心血管病死亡率将增加 50%，心肌梗死和脑卒中将分别从目前死因排行榜的第 5 位和第 6 位上升至第 1 位和第 4 位。预计到 2020 年，全球心血管病死亡人数将高达 2500 万人，其中 1900 万发生在发展中国家；每年有大约 260 万人死于心脑血管疾病，平均每天死亡 7000 人，每 12 秒死亡 1 人。相比而言，2003 年曾给中国和全世界带来极大恐慌的传染性非典型性肺炎（SARS，非典，正式病名为严重急性呼吸综合征）全球共导致 919 人死亡，这类慢性疾病已成为全球卫生保健和卫生资源的沉重负担，成为当前全球医疗费用恶性膨胀的主要推动原因。

研究有效、经济的医疗器械预防、治疗这类慢性疾病，是当前医学和医疗器械研究的一个重要方向。

3. 多学科交叉多种技术的融合

整体而言，当前科学技术的发展趋势中，多学科和多种技术领域的交叉、结合正迅速地向深度和广度发展，生命科学和技术居于交叉、结合的重心位置。向纵深发展，体现于不同学科的交叉→结合→融合。一些分支学科名称的变化反映了这一点。以生命科学为重心的一些交叉学科，近年来纷纷从 Bio-X 转变为 X-Biology（如生物数学→数学生物学，生物力学→力学生物学，生物化学→化学生物学等），正体现了这一趋势。而交叉、结合的广度则反映在学科跨度和门类增多。以生物力学为例，力－化学耦合、力－电耦合等的研究日见深入。不仅如此，当前的一个重要趋势是学科的交叉超越自然科学和技术的领域，和人文学科交叉、结合、融合。这一趋势势必引起现代科学方法论基础的改变，从而导致革命性的变革。

现代医疗器械是典型的多学科交叉的产物。20 世纪以来，信息技术、材料技术等的飞速发展，给医疗器械的发展带来了强劲的推动和极大的飞跃。未来医疗器械的发展方向，仍然是积极采用各学科的先进技术、理念，以提高医疗器械水平，改善人类生活质量。当前对医疗器械产生重大影响的主要有材料技术、纳米技术、微电子技术、信息技术等。医学转向以“预防疾病和损伤，维持和促进健康”为中心，将使得医疗器械超越自然科学和技术领域的融合，和人文学科交叉、结合、融合。

四、我国医疗器械产业发展的政策建议

1. 制订国家医疗器械科技与产业发展规划

制定医疗器械科技与产业发展规划，全面统筹布局，将创新发展战略、整合发展战略及标准战略落实到发展规划中。制定科技和产业发展规划，将有利于国家医疗器械产业整体协调发展，布局重点是做好创新链、产品链、产业链、人才链的布局。

2. 制定促进技术转化政策

产学研医结合是发展医疗器械产业的必经之路。与国外大公司研究基础雄厚、运作模式成熟、自身就可组织和实现产学研医结合相比，在我国实现产学研医的真正结合，需要国家相关机构从投入、规范、政策等多方面进行组织引导。事实上，也只有国家相关机构才能承担起这样的责任。在政策和资金引导下，科研单位和企业共同建立较为紧密的产学研相结合的研发体系，促使产学研相结合创新技术平台的建设，从国家层面创造条件。政府通过运用科技计划手段对产学研合作给予直接支持、推动产学研合作组织的形成发展、以获取产业关键技术和共性技术作为产学研合作创新的主要目标、以立法形式奠定产学研合作的制度基础、建立和完善支持产学研合作的政策体系、加强产学研合作宏观协调机制等手段创造条件，全面推动产学研结合。

3. 完善国家医疗器械产业政策

制定医疗器械产业调整振兴规划。医疗器械产业是促进国民经济增长的新兴产业，涉及面广、关联度高、消费拉动大。目前的产业政策，对国内医疗器械行业的

发展还有着很多制约，主要表现在医疗器械审批周期较长、招标采购中对本土产品的歧视、技术标准体系的不完备以及信贷政策的不对称等方面。制定实施医疗器械产业调整振兴计划，对于推进医疗器械产业结构优化升级，增强企业素质和国际竞争力，促进国民经济较快发展都具有重要意义。加快医疗器械产业调整和振兴，必须实施积极的产业政策，满足国内医疗需求，同时以结构调整为主线，推进国内中小企业发展，以适宜技术为突破口，重点支持企业技术创新、技术改造，加强自主创新，形成新的竞争优势。

4. 加快医疗器械产业结构调整

加强医疗器械行业研发、技术平台建设。加大政府医疗器械科技创新投入，引导企业和社会资金积极参与医疗器械研发，建立以政府为主导，以市场为导向，以企业为主体，以大学、科研院所为依托，官产学研结合紧密的医疗器械创新体系。从国内企业的发展现状和产品、技术需求出发，大力发展、建设一批技术创新平台，解决一批制约我国医疗器械产业向高技术、高附加值下游深加工产品领域延伸发展的关键性工艺技术，以及绿色清洁生产、污染治理技术、循环经济等共性技术。

坚持政府引导和市场调节相结合原则，制定高风险和产能过剩产品的行业准入标准，推动医疗器械行业的优胜劣汰。加快产业组织结构调整。继续推进和完善产权制度改革，加快医疗器械行业组织结构调整，加大产业资源整合，培育具有国际竞争力的大型医疗器械企业集团。

5. 优化产业布局

突出重点、特色发展。积极推动企业实施技术改造，加快与欧美发达国家生产质控体系的接轨。支持一批优势企业，加快技术改造和产品升级换代，发挥示范作用，带动我国整体原料药和制剂生产技术水平和管理水平的提高，提升我国医疗器械产业的国际竞争能力。继续实施“医疗器械国产化”专项，面向国内广大的基层医疗机构，研制开发我国卫生事业发展中急需的医疗器械。攻克产业发展中的重点技术瓶颈难题，在重点领域实现重大医疗装备的本地化和关键技术的突破。

6. 大力推动医疗器械行业信息化建设

坚持以信息化带动工业化，充分利用信息技术与网络技术，改造传统医疗器械产业。以推进公共卫生、医疗、医保、监管信息化建设为着力点，整合资源，加强信息标准化和公共服务信息平台建设，大力推进医疗器械信息化建设，建立实用共享的医疗器械信息系统。建立医疗器械行业运行监测网络体系，完善医疗器械行业统计、监测和信息发布制度建设，密切关注行业生产、投资和市场供求形势的变化趋势，做好医疗器械行业运行动态的跟踪分析。加强国际医疗器械市场、政策信息研究，建立医疗器械产品出口信息平台，主动为国内医疗器械企业“走出去”提供信息服务，提高我国医疗器械产品和医疗器械企业的国际竞争力。

参 考 文 献

［1］中国生物技术发展中心．中国医疗器械科技创新与产业竞争力国际比较．北京：科学出版社，2010

Progress and Trends of China Medical Device Industry

Li Qing[1], Ao Yi[2]

([1]Development Center for Medical Science and Technology, Ministry of Health;
[2]China National Center for Biotechnology Development,
Ministry of Science and Technology)

Medical device industry has been developing at a rate which is twice of the global economic average growth in the last three decades. This continuous improvement is promoted largely by the new innovative technologies coming up and pouring into the medical device industry.

Developed countries still reign supreme in this market. The medical device industry mainly distributes in the USA, representing North America; Europe, such as German, France, United Kingdom and Ireland; and Asian region like Japan and China. America, European Union and Japan constitute almost 90% of the international production and consumption share.

Medical device industry is a typical technology- intensive industry. The development of biomedical engineering and its industrial application lead the direction of medical device industry ' s future evolution, and determine each country's role in the industrial value chain and position in the global market of medical device.

Nowadays, profound changes are happening in biomedical engineering technique and medical device industry around the world:

1) the focus of work is gradually switching to human ' s health instead of curing diseases;

2) special attention is given to the prevention and treatment of chronic diseases;

3) interdisciplinary integration of multiple technologies is getting more and more crucial.

Under such circumstances, the recommendations for the strategies and countermeasure to develop China medical device industry are as follows:

1）To prepare a plan for the development of national biomedical engineering technology innovation and the biomedical device industry;

2）To improve the incentive policy system for technical innovation and commercialization of research findings;

3）To speed up on upgrading and reforming medical device industry, which will focus on making breakthrough innovations in high-end key parts;

4）To further optimize the structure of medical device industry.

3.5　生物育种产业现状与发展趋势

李新海[1]　李晓辉[2]　刘录祥[1]

（[1] 中国农业科学院作物科学研究所；[2] 吉林省农业科学院生物技术研究中心）

生物育种产业是相对于传统育种产业而言，即将转基因、分子标记、细胞工程、辐射诱变、杂种优势利用等现代生物育种技术应用于育种研究领域，培育优良新品种，开发繁育技术，建立良种繁育基地，构建市场服务体系，加速新品种的推广应用。生物育种产业具有基础性和保障性特点，已成为我国加快培育和发展的战略性新兴产业。

一、国际生物育种产业的发展现状

1. 生物育种产业迅猛发展，成为新的世界经济增长点

现代育种技术研发日新月异，推动生物育种产业迅猛发展。2010 年，全球已有 29 个国家批准了 24 种转基因作物的商业化种植，种植面积由 1996 年的 170 万公顷①发展到 2010 年的 1.48 亿公顷，15 年间增长了 86 倍，累积种植面积首次超过 10 亿公顷。至 2005 年转基因作物累计种植面积达到 5 亿公顷历时 10 年时间，但是下一个 5 亿公顷仅历时 5 年就在 2010 年实现。全球转基因作物种子市场规模已由 1996 年的 1.15 亿美元增至 2009 年的 112 亿美元，产值达到 1500 亿美元，年增长率达 10% ~15% [1]。

① 1 公顷 =0.01 平方千米

2. 现代生物技术持续创新，引领作物育种发生深刻变革

生物组学引领着生物技术不断创新，新一代高通量、高性价比的测序技术为基因组学研究与应用带来了革命性突破。全基因组选择技术体系逐步建立，引领作物育种全面进入分子育种新阶段。以转基因技术、分子标记、多基因操作与表达调控等为核心的现代生物技术广泛应用于作物新品种培育，带动生物技术产品更新速度不断加快。同时，生物技术的创新发展推动了生物育种产业组织模式的重大改变。美国等发达国家公益性研究与企业投资的生物育种合理分工，形成了完善的生物育种科研、生产、贸易体系。市场化、专业化和社会化的种业技术服务网络基本形成，大幅度提高了经营管理效率、产业整体效益和市场竞争能力。

3. 行业集中度大幅度提升，跨国集团正加速瓜分全球种业市场

近年来，跨国集团实施全球化战略，联合瓜分和控制国际作物种业市场的步伐逐步加快。根据国际种子联合会（ISF）统计，孟山都公司占美国棉花种子市场的份额为42%、玉米的为27%、大豆的为27%，杜邦先锋公司占美国棉花种子市场的份额为39%、玉米的为29%、大豆的为24%。孟山都公司、杜邦先锋公司、先正达公司三家种子公司拥有40%的商用种质资源。跨国种业公司在占领欧美主要种业市场之后，又将目光瞄向中国、印度等发展中国家的巨大种业市场。孟山都公司、杜邦先锋公司、先正达公司、利玛格兰集团等跨国公司纷纷在中国建立研发中心、布局销售渠道、集聚种业人才，并积极参股本土市场的优势种子企业[2]。

4. 研发投入巨大并逐年增加，核心技术已成为生物育种产业竞争的焦点

各国政府和跨国种业公司高度重视种业科技创新，不断增加投入，努力争夺种业技术制高点。2006～2007 年度，世界前 5 强的种业公司研发投入 14.7 亿美元，占同期销售总额的 12.8%。2008 年，孟山都公司斥资 9.8 亿美元用于科研开发。跨国企业不但在产业核心技术上加强研究，更将研发范围延伸到基础研究，如孟山都公司等纷纷开展玉米、水稻等作物基因组学研究。高投入带来丰厚回报，目前植物转基因关键技术的知识产权大多掌握在美国和欧洲等国家和地区手中，其拥有全球70%以上的水稻基因专利，90%以上的玉米基因专利和 80%以上的小麦基因专利。据统计，世界 10 大跨国种业公司在农业生物技术方面的专利份额达到 50%～60%。生物育种产业中的资源战、基因战和专利战，已成为不争的事实，并且愈演愈烈[3]。

5. 知识产权垄断加剧，国际寡头日益掌控产业发展的话语权

跨国集团通过种业科技创新，获得作物特异种质资源、优异基因产权、新品种权及关键技术专利等，进而对这些资源和技术实施源头垄断，同时结合相关产业环节的同步科技创新，直接或间接控制整个生物种业产业链，最终掌握种业竞争主动权、规则制定权和话语权。国际种业企业高度重视前瞻性、高效益种业科技的研发，是引领国际种业发展的主体力量。孟山都公司依靠在生物技术前沿领域的抢先突破，坐上了世界种业的头把交椅。“落后就得挨打”，杜邦先锋公司由于生物技术研发启动滞后5年，失去了转基因生物种业市场竞争的主动权。

二、我国生物育种产业的发展现状

1. 生物育种技术创新取得突破，自主发展能力逐步增强

我国生物育种技术总体研发水平在发展中国家中居领先地位，部分领域跻身世界前列。我国研制成功首张水稻全基因组覆瓦式寡聚核苷酸芯片，建立了籼稻全长cDNA文库；领先完成了水稻、马铃薯、黄瓜等基因组测序；克隆了一批抗虫、抗除草剂、控制株高、抽穗期和穗粒数的重要基因。水稻杂种优势利用技术一直处于国际领先地位，并不断取得新的突破。水稻、玉米等高效规模化遗传转化技术，水稻、小麦等作物抗病优质多基因的分子标记聚合选择技术，航天生物工程育种技术等取得显著进展，促进了我国作物育种水平的不断提升。

2. 新品种培育取得重大进展，产业应用水平显著提升

生物技术的应用加速了重大新品种的培育与产业应用。截至2010年年底，已育成并审定转基因抗虫棉品种200多个，累计推广4.6亿亩①，使国产抗虫棉份额达到93%[4]。2009年转基因抗虫水稻和植酸酶玉米获准生产应用安全证书，具备了产业化条件。超级稻品种宁粳3号由于其高产稳产、抗稻瘟病、纹枯病、米质优，在江苏等地大面积推广；高产优质小麦济麦22实现了高产与广适性的重大突破，2011年全国种植面积超过3000万亩；强优势高产玉米新品种浚单29、中单909等具有亩产1100公斤以上的高产能力；油菜新品种中，“双11号”是世界上首个高含油量（49.04%）且适合机械化收割的强抗裂角、抗菌核病和病毒病的优质油菜新品种。

① 1亩≈666.7平方米

一系列重大新品种应用为我国粮食生产实现“八连增”（2004～2011 年）做出了重要贡献。

3. 股份制种子企业发展迅速，成为我国种子市场的主力军

目前，我国有种子企业 8700 多家，其中注册资本 500 万元以上的企业 3000 多家，注册资本 3000 万元以上的企业 80 多家[5]。外商投资企业 70 多家，上市公司 6 家。各种类型的股份制民营企业占据了大多数，已经成为种子市场的主力军。有关数据显示，目前我国“育繁推一体化”种子企业占种子市场的份额在逐步增加，已经占到了整个市场份额的近 26%。我国种业前 50 强企业的种子经营额由 2001 年的 30 多亿元提高到 2011 年的 140 亿元，市场占有率由 15% 增至 25% 以上。

三、我国生物育种产业发展面临的机遇

1. 全球创新要素重新配置，为我国生物育种产业发展带来难得机会

当前，全球现代生物育种产业发展正处于产业发展初期，产业内尚未形成类似汽车、半导体、软件等成熟产业那样由少数跨国公司控制产业发展的垄断格局。这为我国生物育种产业在局部领域实现跨越式发展提供了机遇。同时，经济全球化和科技全球化向纵深发展，国际合作将是生命科学研究、生物技术创新和生物产业发展的基本趋势。利用全球化机遇，广泛参与国际交流与分工合作，充分发挥我国生物资源优势和市场优势，能够加速生物育种产业发展。从技术引领和产业需求角度，大力发展转基因、分子标记等生物育种产业，将是我国种业发展的必然选择。

2. 我国经济社会发展加速，给生物育种产业提供了巨大的发展空间

我国人口增长和社会经济持续发展对农产品的需求将呈持续增长趋势。我国要保障 2020 年 14.5 亿人口的食物安全，粮食产量必须达到 6 亿吨，需比现有生产水平提高 20%[6]。同时，我国耕地和水资源稀缺，农业生态环境脆弱，约 60% 的耕地缺乏灌溉条件，7 亿多亩农田常年受旱灾威胁，农业生态环境恶化已成为制约我国农业和农村经济持续发展的重大问题。稳定发展粮食生产，只有依靠科技进步。因此，大力发展现代生物育种产业，不仅能够提高农作物产量，而且可以改善农业生态环境，对推进我国现代农业发展、保障国家粮食安全具有重大意义。

3. 我国生物资源优势明显，为生物育种产业持续发展提供了重要基础

据统计，我国有高等植物 30 000 余种，占世界总数的 10%；农作物种质资源 41 万份，居世界第二位。植物种类和农作物数量之多，是发展生物育种产业独特的资源优势。进一步将资源优势转化为基因专利和自主知识产权优势，将为我国生物育种产业开拓国际、国内两个市场，提升国际竞争力和推动产业发展提供重要基础保障。

4. 产业环境逐步改善，为生物育种产业加快发展提供了重要保障

2010 年以来，国家陆续推出了一系列促进生物育种产业发展的政策措施。生物育种被列入《国家战略性新兴产业发展“十二五”规划》，国务院出台了《关于加强现代农作物种业发展的意见》，农业部已经完成《全国现代农作物种业发展规划》的编制与论证，等等。政府对生物育种产业的重视激起了社会各界的极大关注，生物育种产业的社会认知度大大提高，生物种业发展的社会环境不断改善。

四、我国生物育种产业发展面临的挑战

1. 产业发展的核心技术自主创新能力不足

我国生物育种产业在技术创新和产权专利方面与发达国家尚存在较大差距。主要体现为育种理论和技术创新薄弱，种质资源创新不足，有育种利用价值和自主知识产权的新基因少，重大新品种缺乏。

2. 产业发展的组织体系尚不健全

我国种子产业尚处于起步阶段，种质资源创新、技术研发、品种选育、种子生产、市场营销脱节，尚未形成种业产业链。我国种子企业数量巨大，但科技创新和管理创新能力薄弱，育繁推一体化的龙头企业较少。目前，我国生物育种创新主体主要集中在科研院所和高等院校，企业的育种创新能力薄弱，产学研结合不紧密。

3. 产业发展的支撑条件薄弱

目前，国家对生物种业管理部门多，缺乏统一规划和协调。虽然我国已建成了一批与作物育种有关的国家和部门重点实验室、农作物改良中心等设施条件，但生物育种产业的核心技术创新、重大技术的工程化集成和熟化能力依然薄弱。我国生物育种产业发展所需的重要仪器、设备、试剂等主要依靠进口，尚不具备自主研制

和生产的能力。我国目前有一大批从事农业生物和育种研究的队伍，但是缺乏生物技术研究的创新人才、品种选育的领军人才和经营管理的高端人才[7]。

4. 产业投资与融资渠道尚不完善

目前，我国生物育种产业投资主体尚以政府投入为主，企业和个人所占比例较小。我国生物育种产业初始投资规模较小，尽管经过配股增资，但远远小于国际生物育种产业，对资本市场的利用还不充分。产业的融资渠道，包括创业者个人出资，上市公司、民营企业投资，风险投资，政府的中小企业担保基金，中小企业科技创新基金等尚不完善。

五、我国生物育种产业的发展趋势

1. 规模化、集团化和全球化将成为生物育种产业发展的必然趋势

物质资源、人力资源、市场资源等科技资源是种业发展的核心要素。谁最大限度地占有资源，谁就将成为最大的赢家。我国种业企业将从创新发展、能力提升、市场开拓的内在要求出发，逐步加快与科研单位开展实质性合作，带动或整合国内外种业创新要素，加快提升种业科技创新能力，构建以企业为主体，产学研联合，育繁推一体的生物育种产业链，促进种业企业向规模化、集团化、全球化发展。

2. 高端抢占基因专利与知识产权将成为生物育种产业竞争的焦点

基因是现代生物技术创新的源泉。谁掌握了基因，谁就掌握了生物育种的制高点。种业市场垄断的本质是对基因权、品种权、专利权的控制。随着国家进一步加大对种质资源鉴定、新基因挖掘、育种技术创新、育种材料创制、重大新品种培育等领域的投入，我国在超级稻、抗虫棉、优质小麦、杂交油菜等领域的基因专利发掘与产品研发领先优势将得到进一步稳固，依托高端基因专利与自主知识产权的商业化育种将得到快速发展。

3. 完善的市场环境与市场服务将成为生物育种产业发展的有力支撑

目前，我国尚未有完善的市场化、专业化和社会化的生物育种产业服务体系。亟须制定和完善农业生物技术和产品创新的知识产权保护、市场准入，以及市场监管等方面的政策法规，营造良好的产业发展环境。加快形成以企业为主体的资源整合机制、成果转化机制、风险共享机制和人才培养机制，激活生物育种产业创新的

原动力，不断提升生物育种产业的竞争力。

参 考 文 献

[1] Clive J. 2010 年全球生物技术/转基因作物商业化发展态势．中国生物工程杂志，2011，31(3)：1～12

[2] 周骅．如何应对国际种业巨头的挑战．中国农村科技，2010，2：33～36

[3] 罗忠玲，邹彩芬，于亚鹏．跨国种业巨头扩张与世界种业科技竞争．中国科技论坛，2005，5：127～130

[4] 韩庚辰．农业生物技术产业的机遇与挑战．中国农村科技，2010，2：37～40

[5] 王学君，宋敏．国际化背影下中国种业竞争力分析．中国种业，2009，2：5～9

[6] 国家发展和改革委员会．国家粮食安全中长期规划纲要（2008～2020 年）. 2008. http://www.gov.cn/jrzg/2008-11/13/content_11148414.htm [2008-11-13]

[7] 姜长云，刘明轩．对我国种业发展的几点思考．中国发展观察，2010，9：41～45

Progress and Trends of Bio-breeding Industry Development

Li Xinhai[1], Li Xiaohui[2], Liu Luxiang[1]

([1]Institute of Crop Science, Chinese Academy of Agricultural Sciences;
[2]Biotechnology Research Center, Jilin Academy of Agricultural Sciences)

As the strategic emerging industry, bio-breeding industry is promoting the upgrading of conventional agriculture and the development of world economy, which also plays an important role in maintaining food safety and developing modern agriculture. This paper briefly introduces the progress of bio-breeding industry in developed countries, analyzed the development, opportunity and challenges for Chinese bio-breeding industry with an outlook for the future development.

3.6 生物制造与可持续发展

马延和

（中国科学院天津工业生物技术研究所（筹））

生物技术在医药和农业食品行业中的应用已经成为人们众所周知的两个领域。

但是在今天，现代生物技术已经渗透到包括医药、农化、能源、材料、轻纺、采矿、精细化工、环境保护等几乎所有的工业领域，这在很大程度上影响经济社会可持续发展进程。工业生物制造科技已成为推动生物经济发展与国家长久、可持续发展的强劲驱动力。

一、工业生物制造及其发展趋势

以石油化工为基础的现代工业体系是国家经济发展的支柱。但由于对不可再生化石资源的过分依赖，人类社会的可持续发展正面临着能源资源短缺、生态环境恶化与气候变化等空前挑战。生物制造是以生物体为基础大规模生产人类所需化学品、药品、能源、材料等的一种工业方式，可以大大减少工业发展对化石资源依赖，减少原材料和能源消耗，减少废弃物的产生与排放。生物制造的产业与技术模式主要可以理解为两类：一类是将原料（化石、农业原料）通过生物功能（微生物、酶）转变为工业产品，强调生物过程；另一类是将生物质原料通过生物与化学方法转变为工业产品，强调生物质资源。生物制造的核心是工业生物技术，目前其边界还不十分明确，但它在研究方式上体现从实验到工程化这个过程中化学家和生物学家紧密合作的特色，这种学科的密切交叉体现了现代技术科学的活力与优势；而在研究方法上则体现了化学向生物学的深层次渗透，并与生物学共享分子的结构与反应性原理。目前，生物发酵、生物催化、化学化工技术分别占生物制造技术体系的75%、10%、15%。

工业生物制造对基础物质加工业（包括化学工业、材料工业、能源工业、医药工业、轻工业、食品工业、纺织工业、采矿业等）带来根本性的变革，并将极大地影响一个国家的工业经济地位以及环境安全状况。世界各主要经济强国都把生物技术确定为21世纪经济与科技发展的关键技术，美国、欧盟、日本等国家和地区都制定了雄心勃勃的战略目标与重大行动计划，以加速发展清洁、高效和低碳的工业生物制造产业，降低经济发展对化石能源的依赖和减少人类社会活动的碳足迹。在各国政府的支持下，生物技术不断从医药和农业食品领域向化工领域转移，汽油、柴油、塑料、橡胶、纤维及许多大宗的传统石油化工产品，正在不断地被来自可再生原料的工业生物制造产品所替代，高温、高压、高污染的化学工业过程，正不断向条件温和、清洁环保的生物加工过程转移。现代生物制造产业正在加速形成与扩展，一个大规模的生物产业即将到来。欧洲化学品工业协会（CEFIC）调查表明，由于生物基化学品的快速发展，2010年欧盟化学品产量比2009年增长9.5%，显示出生物基产品驱动经济发展的强劲动力。世界经济论坛（WEF）发布的报告显示，利用可再生的原料生产生物基产品是未来新兴生物经济的重要特征。根据经济合作与发展组织（OECD）的统计，目前生物制造产品的产值达到1350亿欧元（占所有化学品销售额的7.7%），到2017年，预计生物制造产值将达到3400亿欧元（占所有化学品销售额的15%）。OECD在《面向2030年的生物经济》报告中预计，至2030年，35%的化学品和其他工业品将出自生物制造，生物制造的经济和环境效益将超过生物农业和生物医药（在生物经济中的贡献率分别为39%、36%、25%而生物农业和生物医药）。

二、构建工业原材料的可再生路线

生物制造是对可再生生物质资源贮存的太阳能与物质资源进行深度加工和循环利用的过程，理论上90%的传统石油化工产品可以由生物制造获得。以糖、油脂、非粮生物质、有机废弃物甚至工业废气和CO_2等为原料，生产与石油炼制类似的化工产品，包括三烯三苯等基本化工原料、溶剂、表面活性剂、化学中间体以及塑料、尼龙、橡胶等高分子材料，从而构建出一条可再生的化工原材料原料路线，摆脱工业化进程对化石资源的过分依赖。同时，由于可再生资源的使用，生物制造产品的生命周期大大减少了CO_2的排放，对于缓解气候变化压力具有重要意义。世界自然基金会（WWF）报告预测，到2030年，工业生物技术每年将可降低10亿~25亿吨的CO_2排放，并具有更持久的减排潜力。

随着工业生物技术的突破，一大批化工原材料正在走出传统的石油路线，生物塑料、生化纤维、生物尼龙、生物橡胶等将逐渐走向市场。对于1，3丙二醇、3-羟基丙酸、丁二酸、异丁醇、异戊醇等传统石油化工产品，生物制造已经或即将取得对石油路线的竞争优势，聚乳酸等生物基材料已经市场化应用，生物橡胶概念轮胎已推出，尼龙66纤维、树脂、聚氨酯泡沫塑料的原料即将取得突破，一大批生物基产品与生物基材料在化石资源节约和CO_2减排等方面取得令人关注的成就。例如，在杜邦公司资助下，杰能科公司将酵母的甘油途径和克氏杆菌的1，3-丙二醇合成途径在大肠杆菌中进行重组合成，使原来不能合成1，3-丙二醇的大肠杆菌变成合成石油化学品的细胞工厂。该生物路线完全具备了与石油路线产品竞争的能力。并且与石油路线相比，CO_2减排63%，原料成本下降37%，能耗减少30%。2006年年底，该项目已顺利实现工业化生产，目前已经达到年产9万吨的规模，效益显著，创造了一个化纤原料摆脱石油价格体系的范例。荷兰DSM公司和美国Myriant公司、BioAmber公司等已经开发出微生物发酵法生产丁二酸的生物制造技术。和化学制造技术相比，该生物制造技术能耗降低30%~40%，并且在生产丁二酸的同时还能吸

收 CO_2，对缓解温室气体效应也有很好的促进作用。Cargill 公司通过组合 β-丙氨酸代谢途径和 3-羟基丙酸循环途径，并进行关键酶不同来源的替换组合，设计的用葡萄糖生产 3-羟基丙酸的生物制造新路线，为从头生物合成大宗化学品开辟了新的技术路线。此外，利用 CO 生物制造燃料和化学品（甲乙酮、丙烯酸和异戊二烯）、利用 CO_2 光合生物制造异丁醛的技术也已经取得重大突破。基于含碳气体原料的生物制造正在成为现实，为从根本上降低温室气体排放对环境的冲击提供了可能。

由此可见，生物制造能从根本上解决石油化工路线的弊端，促进大宗化学品原料及高分子材料的生产从石油基向生物基转变，保证产品的长期可持续生产，并可简化生产工艺，降低生产能耗、物耗，减少环境污染。发展生物基产品，加大绿色、低碳、可再生的生物基化工比重，重组我国石油化工原料结构，对于我国工业经济可持续发展、降低石油资源依赖、减少 CO_2 排放具有重大战略意义。

三、建立绿色、清洁的工业生产方式

基于生物催化剂清洁、高效等特点，与化学制造相比，生物制造具有常温下的高反应速率、转化条件温和、优异的化学选择性、区域选择性和立体选择性、温和的反应条件、无需功能基团保护－去保护、能耗低、物耗少、对环境友好等优点。抗生素、化学原料药、除草剂、食品添加剂、农药中间体、生物增塑剂、生物乳化剂、表面活性剂等采用生物工艺，可以取得明显的经济与环境效益。特别是在精细化学品生产部门，生物催化剂具有很大影响。例如，维生素 B_2（核黄素）的生物制造，用生物转化过程替代了原有的 8 步化学过程，废水排放减少 66%，废弃物排放减少 50%，成本降低了 50%。丙烯酰胺的生物制造，与传统方法相比，蒸汽消耗降低 80%，电耗下降 67%，CO_2 排放降低 80%。再以微生物酶法拆分制备 D-泛解酸内酯用于生产 D-泛酸钙与 D-泛醇为例，该工艺实施成功地将生产原材料消耗减少 69.2%，废液、废渣排放分别减少 65.5%、43.8%，能耗减少 12.7%，综合生产成本降低了 26.5%。OECD 对 6 个发达国家进行分析的结果表明，生物技术的应用可以使工业过程能耗下降 15% ~80%、原料消耗下降 35% ~75%、空气污染下降 50% ~90%、水污染下降 33% ~80%，操作费用降低 9% ~90%。尽管 2000 年以来全球化学品产量增加了 4 倍，但由于生物催化剂的使用，废物的生成却减少了约 20%。基于工业酶与微生物应用的生物加工技术飞速进步，生物印染、生物脱胶、生物造纸、生物脱硫、生物采矿等已经成为节能、减排、降耗的新工业模式。例如，新型生物脱胶工艺以酶处理过程取代强酸、强碱、高温、高压等恶劣条件的后处理环节，节省加工成本 30% 以上，提高资源利用率 15% 以上，减轻污染处理负荷

60%以上。与传统方法相比，生物纺织工艺节能率高达30%，适着性能大幅度提高。例如，制革工艺中的酶脱毛工艺比传统工艺可减少硫化物用量85%以上，化学需氧量（COD）排放量和总固体分别减少50%~84%和74%~84%。

随着高效、稳定、低成本的生物催化剂研发的加速和生物催化工艺与生物加工技术的进步，生物制造将绿化更多的工业制造过程，促进高温高压、高污染、高能耗、高水耗的化学工业过程不断向条件温和、清洁环保的生化过程转移，从而革新化学工业过程，促进传统化学工业转变成为安全、可持续的全新制造产业。生物催化剂减少化学助剂、有机溶剂的使用，将促进医药、纺织、制革、苎麻、采矿工业的生产方式变革。大力发展生物制造，对于实现工业节能减排、促进经济与环境协调发展，具有重大战略意义。

四、生物制造发展的限制性因素与主要科技问题

尽管生物制造的发展取得了许多显著的成就，但国内外该领域的发展还处于成长阶段，生物制造对社会与经济的影响力还非常有限，发展生物制造的限制性因素和重要科学技术问题亟待解决。

（一）生物制造产业发展中的主要限制性因素

为了实现生物制造的所有潜能，需要突破一系列制约生物制造产业发展的技术、原料和资本等限制性因素。

1. 技术发展的限制

生物制造是生物技术中研发路线最长的，技术风险高，盈利潜力与生物基产品技术的商业化风险不相称，技术发展受限制，生物制造产品与石油化工产品相比的经济竞争力不足，生物质原料加工处理成本尚高。

2. 原料的限制

原料的供应必须是不会给目前的环境增加额外的负担和压力，也就是说原料供应必须是既要满足经济效益，也要满足生态环境效益。自然农业资源不足以支撑一个庞大的工业原料体系，目前采用的玉米等粮食原料与粮食供给产生矛盾，秸秆等木质纤维素、废气等利用技术尚不成熟。

3. 资本缺乏，吸引投资困难

大宗生物基产品风险高、成本高、市场化风险大，一般投资者偏向附加值高的精细化学品。因此生物制造产业的发展需要国家政策扶持与市场培育。

（二）生物制造的主要科技问题

突破技术发展的限制，提高工业化学品生物制造的效率，需要解决的关键核心科技问题包括以下三个方面。

1. 可再生碳资源生物转化利用的效率与途径

虽然存在着丰富的生物质、工业废气 CO 以及 CO_2 等有效碳资源，但进入能源与工业原料循环的利用量不足 1%。目前的问题一是木质纤维素高效降解能力有限，纤维素酶成本高；二是自然微生物的酶系种类有限，对生物质所有组分转化效率与能力也有限；三是自然微生物合成化学品的代谢途径有限，许多化合物不能合成或微量合成。随着技术的发展，基因组学、系统生物学和合成生物学已能使生物体高效利用原来不能利用的碳资源及其组分，也能使生物体高效合成原来不合成或低效率合成的化学品。进一步解析微生物的基因、蛋白、网络与代谢过程的本质，认识、改造微生物的自然代谢能力与途径，设计、重构自然生产线，天然化合物与非天然化合物将可随意合成，丰富的可再生碳资源将真正成为替代石油的工业原料，石油炼制将转向生物炼制，石油化学品将逐步让位生物基产品。可再生碳资源生物转化利用将减少物质需求对自然资源的依赖和破坏，促进工业原料路线的变革性转移与低碳经济发展。

2. 有机化学品生物催化合成的能力与范围

理论上微生物酶系可以催化几乎所有的化学反应。化学品的生物合成对化学法的替代从 2005 年的 5% 上升到了 18%，但是生物催化合成仍然无法全面取得对化学合成的经济优势。我们对生物催化剂的了解远远不及对化学催化剂的了解。有机化学品生物催化合成的主要问题是生物催化剂不稳定、反应类型局限、所适应底物浓度低、反应适应范围小、生物催化工艺复杂等，在适用性与经济性上不能与化学法竞争。随着蛋白质分子进化、理性设计、模块组装等新技术的发展，酶蛋白与生物催化技术将快速进步。进一步解析工业酶蛋白质的结构与功能，加深理解生物催化剂活性中心结构与反应活性和立体选择性的关系，提高酶催化剂稳定性、活性、底物范围与选择性，将逐渐突破生物催化剂的局限，形成新一代生物催化技术体系，促进我国化学工业节约发展、清洁发展、安全发展。

3. 复杂生物系统的工程化应用

未来的生物制造产业将不再是传统意义上的发酵产业。由于既要求高水平的生产指标、高精细的操作过程，又要求大规模、低成本的产业模式，未来生物产业发展需要新的生物过程科技支撑，需要解决目前生物转化效率低和规模化生产困难等难题。解决问题的重点在于发展微生物细胞、微生物群落、酶制剂等工程化应用技术，发展基于计算科学、生物学与工程学的交叉的生物过程工程技术，解析生物过程基本放大原理、复杂生物体系多相传递原理、物质与能量转化规律、单元耦合集成规律与过程优化原理等，建立多元化、精准化、智能化、高效化发酵工艺系统工程与分离纯化工艺，建立高效的生物加工工艺，提高生物产品与生物过程的技术经济性，促进生物制造经济性与规模化的实现。

当前，我国正处于工业化进程加速时期，面临着严峻的资源与环境压力，迫切需要加快转变经济发展方式。生物制造与其他现代工业制造技术相结合，将成为一种新的制造技术典范。抓住生物科技发展的机遇，推进工业生物技术创新，加快培育发展生物制造战略性新兴产业，对缓解经济发展瓶颈制约，实现社会经济可持续发展具有重大战略意义。

参 考 文 献

[1] Ad-hoc Advisory Group for Bio-based Products in the Framework of the European Commission's Lead Market Initiative. Taking bio-based from Promise to Market. 2009. http：//ec. europa. eu/enterprise/sectors/biotechnology/files/docs/bio_ based_ from_ promise_ to_ market_ en. pdf [2012-02-10]

[2] Biomass R&D Technical Advisory Committee. Vision for bioenergy and biobased products in the United States. 2006. http：//www1. eere. energy. gov/biomass/pdfs/final _ 2006 _ vision. pdf [2012-02-10]

[3] Biotechnology Industry Organization (BIO). Biobased chemicals and products：A new driver of US economic development and green jobs. 2010. http：//www. bio. org/ind/20100310. pdf [2010-12-01]

[4] Bozell J J. Bio-Based Chemicals：Renewble Carbon for Biorefinery Production. Encyclopedia of Biotechnology in Agriculture and Food. 2010

[5] Bruggink A，Straathof A J，Wielen L A. A 'Fine' chemical industry for life science products：green solutions to chemical challenges. Adv Biochem Eng Biotechnol，2003，80：69 ~ 113

[6] Cefic. Cefic review 2009 ~ 2010. 2010. http：//cefic. org//Files/Publications/cefic-review-2009-2010/index. htm [2011-12-13]

[7] European Commission. The Knowledge-Based Bioeconomy in Europe (KBBE): Achievments and Challenges. 2010

[8] King D. The Future of industrial biorefineries 2010. http://www. weforum. org/docs/WEF_FutureIndustrialBiorefineries_Report_2010. pdf [2011-05-06]

[9] OECD. The Bioeconomy to 2030: designing a policy agenda. http://www. oecd. org/futures/bioeconomy/2030.

[10] Soetaert W, Vandamme E J. Industrial Biotechnology: Sustainable Growth and Economic Successes Wiley-VCH, 2010

[11] Straathof A J, Panke S, Schmid A. The production of fine chemicals by biotransformations. Curr Opin Biotechnol, 2002, 13 (6): 548 ~ 556

[12] USDA. U S Biobased Products Market Potential and Projections Through 2025. 2008. http://www. usda. gov/oce/reports/energy/BiobasedReport2008. pdf [2012-02-01]

Biobased Manufacturing: A New Driver of Sustainable Development

Ma Yanhe

(Institute of Tianjin Industrial Biotechnology, CAS)

Biobased manufacturing refers to the use of biological tools for chemicals and material processing. Combining biotechnology with manufacturing technology, biobased manufacturing accomplish the large-scale production of industrial products, such as fuels and chemicals in eco-efficient and environmentally friendly way. It could establish a new mode for economy growth by completely changing the raw materials and processing mode for industrial production, which is strategically important for the sustainable development of society. However, its societal and economical impacts were still very limited so far. The development of biobased manufacturing is suffered from the availability of technology, raw material, and capitals. Progresses on the enabling technologies for biobased manufacturing are to be made through understanding and exploration of the biochemical converting and synthesizing functionality of living organisms, and unraveling the mechanism of complex biological systems and processes as the basis for engineering application. This will promote the establishment and development of a biotechnology-based, sustainable economy system.

3.7 民用航空装备产业技术研发重点与方向

陈少军
（中国航空工业发展研究中心）

民用航空装备产业是战略性高技术产业，居于制造业的高端，具有产业关联度高、带动作用强、投入高、风险高、周期长等特点，其发展水平是国家综合实力的重要标志。民用航空装备产业市场前景广阔，技术、经济和社会效益显著，是世界大国博弈的重要领域和手段。由于经济发展的客观需求和先进国家的高度重视，世界民用航空装备产业发展迅速，新概念、新技术、新产品、新计划不断出现。民用航空装备的快速发展也对世界科技进步和经济全球化产生了深刻影响。进入21世纪以来，我国政府高度重视民用航空装备产业的发展，做出一系列重大决策，加快其发展。

一、国际民用航空装备产业技术发展现状

民用航空装备主要有民用飞机和民用直升机两类，其产业发展呈现少数主制造商引领和全球供应商配套的产业发展模式。

（一）民用飞机产业技术快速发展

大型喷气干线客机（100座以上）和喷气支线客机（小于100座的运输类飞机）的发展水平代表了民用飞机产业技术的最新进展。

1. 喷气客机研制呈现垄断和反垄断的竞争格局

目前全球干线客机市场基本上由美国波音公司和欧洲空中客车公司（简称空客公司）这两大巨头垄断，其资金、技术和遍布全球的销售服务体系占绝对的竞争优势。波音公司和空客公司各自形成了从150座级的单通道客机到500座以上的超大型客机的全谱系产品系列，全方位满足市场需求。喷气支线飞机市场目前由加拿大庞巴迪宇航公司、巴西航空工业公司垄断。中国商用飞机有限责任公司、俄罗斯苏霍伊公司、日本三菱重工正在努力进入干线和支线客机市场。

2. 新一代大型客机技术进步显著

近年来，随着经济全球化发展，民航运输需求持续攀升。在不断增长的市场需求牵引下，世界航空强国都加强了民用飞机先进技术研究，传统布局飞机仍将作为未来一段时间内研究和发展的重点。近些年来波音公司和空客公司先后开展了波音787 和空客 A380、空客 A350 等最新一代先进民用飞机研制，目前使用数量最多的空客 A320 和波音 737 更换新型发动机的改型方案 737MAX、A320NEO 已经确定，其后继机方案也在积极研究中。波音 787 和空客 A380、空客 A350 飞机代表了目前大型民用飞机的最新水平，采用了更加精细化的总体气动设计、大比例复合材料结构、多电系统、新型发动机等先进技术。

以波音 787、空客 A350 为代表的新一代宽体客机主要技术特点如下。

（1）采用高效的先进气动布局，使用先进高涵道比涡扇发动机，油耗比同座级上一代飞机降低 15% ~20%，排放减少 20% 左右，座公里成本降低 10% 左右，起降噪声显著降低。

（2）波音 787 和空客 A350 机身结构的复合材料用量分别达到 50% 和 53%，远高于大型客机的传统用量（之前的最高水平为 25%），显著地减轻了飞机结构重量。

（3）采用开放式架构的机载系统，提高了飞机系统的可靠性。

（4）使用新一代电传操纵系统、先进显示系统等，进一步减轻了飞行员的工作负担，提高了安全性。

3. 技术研发重点与方向

世界各国民航管理当局及环保组织对航空飞行器尤其是民用航空飞机提出了更为苛刻的环保标准和要求。国际航空运输协会（IATA）在 2009 年提出了航空业的减排目标，承诺在 2050 年前，燃油效率年均提高 1.5%，碳排放量将比 2005 年减少 50%。为满足航空运输对环境影响的要求，美国、欧洲提出了一系列研究计划来实现“绿色航空”、“绿色飞机”的目标。美国国家航空航天局（NASA）于 2009 年启动“环境可信赖航空”计划，力争到 2030 年左右实现燃油消耗降低 70%，NO_x 排放减少 75%，噪声减少 71 分贝的目标（均与现役飞机相比）。欧洲也出台了“清洁天空”联合技术创新计划，提出了到 2020 年飞机的减排降噪目标。旨在通过技术革新与创新，保持其航空工业在全球的领先优势，抢占未来航空市场竞争的制高点。

在“绿色航空”的背景下，民用飞机将向更安全、更经济、更舒适、更环保的方向发展。在安全性方面，将从材料、设计、制造、试验和使用等全过程考虑，不断提高最低适航要求。预计到 2020 年，航线飞机安全性提高为 2000 年的 5 倍，即事故率降低到1/5。在经济性方面，将采用轻质材料和一体化综合设计、进行全寿命经济评估、降低保障费用等策略提高经济性。预计到2020年经济性相比2000年提高一倍，即运营成本降低50%。在舒适性方面，将主要着眼于提高乘坐品质，降低噪声，扩大个体空间，改善舱内压力、温度、湿度和视界环境等是主要方向。在环保性方面，主要集中在降低发动机排放、降低舱外噪声等方向，力争到2020年飞机的 NO_x 排放减少80%，CO_2 排放减少50%，噪声降低50%（均与2000年相比）。同时，力争飞机研制时间缩短30%，研制费用降低35%，制造成本减少35%，巡航效率增加30%，飞机结构重量减轻20%。上述目标要靠先进的设计和制造技术来实现。

在气动设计方面，将综合利用先进的计算流体动力学技术、风洞试验技术和飞行试验技术，完善大展弦比超临界机翼设计，开发先进的减阻、推进系统和机体一体化等总体综合设计技术。随着计算流体动力学、层流减阻等技术的进步，阻力将进一步降低，升阻比进一步提高，预计到2020年大型客机的气动效率将提高5%~10%。

在结构设计方面，将采用耐久性损伤容限设计准则，进行长寿命结构设计，大量应用新型复合材料，主要解决抗冲击损伤设计技术，提高结构许用应变值，同时着重研究复合材料过屈曲稳定性和结构健康监控，提高结构效率。在新材料应用方面，将广泛应用复合材料、钛合金、铝锂合金，以及超塑成形金属机体结构等，以降低结构重量和成本，重点研究智能结构材料，开发自适应结构等新概念结构技术。

在发动机方面，为进一步降低发动机的耗油率、噪声，以及污染物排放，同时提高可靠性和维修性，目前国外正在研发齿轮传动发动机（GTF）、开式转子发动机、多电发动机、间冷回热发动机等新型民用飞机发动机技术。这些发动机都体现了未来发动机的节能、环保特点。

民用飞机机载系统的技术发展趋势是更加突出综合化、模块化、数字化和多电化。综合化进一步提高信息利用和资源共享能力。模块化的航空电子通用平台具有较强的接口能力，可适应各种档次的机载电子设备配置。模块化的航空电子综合系统，可大大提高系统的可靠性、维修性和保障性。多余度数字式电传飞行控制系统将成为大型客机飞行控制系统配置的主要结构形式。多电化可以优化飞机的总体结构、简化飞机的动力系统结构、改善飞机发动机的性能、减少飞机的能源消耗并提高效率。

在飞机制造和管理方面，三维数字化设计与三维数字化制造技术得到广泛应用，仿真技术也越来越多地发挥作用。先进的少夹具和无夹具装配技术、搅拌摩擦焊等先进连接技术正在扩大应用；重视实现并行工程，缩短飞机的研制周期，降低成本，提高飞机质量。

（二）民用直升机产业技术不断完善

直升机由于其垂直起降、不依赖机场的独特优势，在航空领域发挥着不可替代的作用，已被广泛应用于军事、国民经济建设及人们日常生活的诸多领域。目前，全球共拥有约52 000架直升机，其中民用直升机约30 000架，美国有14 000多架，加拿大有2000多架，日本、法国、南非、德国、意大利、新西兰各有700多架；我国仅有约200架民用直升机，且绝大多数是进口机型。

直升机独特的技术特点，决定了其产业技术发展需要相对独立的设计、试验、试制和技术基础等支撑体系。

1. 美国、欧洲已形成较完整的军民协调发展的直升机产业体系

美国、欧洲等都形成了包括直升机技术研究，整机、发动机及各类设备研制，零部件制造，整机改装，售后服务等在内的完整产业链，直升机在军用和民用领域的应用都非常广泛。

民用直升机产业显现多强竞争格局，主要集中在欧洲直升机公司、阿古斯塔·韦斯特兰公司、贝尔飞机公司、西科斯基飞行器公司、波音公司和俄罗斯直升机公司，这六家公司都形成了自己的产品系列，其产值约占世界的98%。

2. 美国、欧洲、俄罗斯常规直升机技术日趋成熟，并不断探索新技术领域

目前，美国、欧洲、俄罗斯常规直升机技术发展已经达到相当高的水平，在不断尝试采用新技术来提升直升机的综合性能。

在设计技术方面，采用数字化综合设计/制造/试验一体化技术，机身采用模块化结构设计，综合采用抗坠毁、防除冰、状态与使用监控、障碍物探测等技术提升安全性，采用可靠性维修性综合设计、低成本制造及综合维修保障等技术提高经济性，采用减振降噪、舱内环境优化等技术提高舒适性。

在旋翼系统方面，采用新的高效三维变化桨尖形状和高气动性能翼型、复合材料桨叶、球柔性或无轴承桨毂，完善涵道尾桨和无尾桨技术。目前正在研制智能旋翼。

在传动系统方面，采用超临界复合材料尾传动轴、镁合金机匣、齿轮深氮化等新技术，主减速器翻修间隔时间达3000小时，传动效率超过97.3%，具有30分钟以上的干运转能力。

在涡轴发动机方面，采用组合压气机、环形回流燃烧室、高速转子、全权数字控制、状态与使用监控等先进技术，功重比已达到7～8，耗油率0.27～0.28千克/千瓦时，正在研制功重比8～13、耗油率更低的发动机，变循环涡轴发动机和可转

换的涡轴/涡扇发动机也在研究中。

在材料技术方面，复合材料广泛应用于旋翼、机体、传动系统上，占全机材料重量1/2以上，零部件数量和结构重量大幅减少，可靠性、维护性和使用寿命显著提高，目前正在研发智能材料。

在任务设备方面，大都采用已取得适航证的货架产品，灭火、警用及医疗救护等设备品种齐全，能满足用户选用要求。

二、中国民用航空装备产业技术发展现状

经过60年的发展，我国建成了基本完备的航空工业体系，经历了从测绘仿制、改进改型到自主研制的转变。进入21世纪以来，国家高度重视民用航空装备产业的发展。我国政府、航空工业企业在航空科学技术研究领域的投入力度不断加大，我国民用航空科学技术自主创新能力显著增强。同时，经过科学论证，国家先后决策立项了一批重点民用航空项目和重大专项，我国民用航空装备产业进入快速发展期。

1. 民用飞机

民用飞机方面，"一干两支"的航线运输飞机产品格局正在形成。"新舟"新型涡桨支线飞机初步形成系列化发展能力，具有一定的市场竞争力。自行研制的ARJ21中短程新型涡扇支线飞机，于2008年11月成功首飞，目前正在进行适航审定。通过ARJ21的研制，我国初步建立了窄体客机技术体系，基本具备100座以下先进支线客机的研制能力。大型客机C919是2007年立项的国家科技重大专项，是我国自主研制的150座级、单通道、高亚声速、中短程商用运输机，目前已转入详细设计阶段。C919的研制和生产，将带动关键技术的集群性突破和诸多基础学科的重大进展，将提高我国民用飞机工业的管理水平、制造能力和服务水平，并使我国具备150座级先进干线客机的研制和批量生产能力。

2. 民用直升机

民用直升机方面，我国已形成了2吨级直11/AC311、4吨级直9/AC312、13吨级的直8/AC313三个军民通用平台，直9A、H410、H425和直11、直11MB1、AC313等先后取得中国民航型号合格证和生产许可证。与国际合作研制了2吨级EC120和6吨级直15两个平台；同时国际合作和转包生产规模不断扩大。通过型号研制和技术研究，我国突破并掌握了多项直升机的总体设计、旋翼设计、航空电子等关键技术，建立了较完整的技术体系，科研生产能力达到20世纪90年代国际先

进水平，具备研发和生产第三代直升机的水平和能力。我国直升机工业已初步形成军民融合的产业化发展格局，快速发展初现端倪。

3. 存在问题

虽然我国民用航空装备产业取得了长足进步，但总体而言，还属幼稚产业，主要表现在以下六个方面。一是产业发展法规政策环境的完善尚需时日；二是产业规模小，规模效应尚未充分体现，产业自主发展能力不强，市场机制有待完善；三是我国民用航空产品种类偏少，技术水平不高，市场竞争力不强；四是我国民用航空科技虽然与自身相比取得了长足进步，但是与航空发达国家相比，差距仍然明显；五是航空发动机、机载系统和设备、原材料和元器件等瓶颈问题突出；六是民用飞机研发人员短缺，工程经验不足。

三、未来民用航空装备产业技术发展趋势

未来民用航空装备产业的发展将继续呈现产业规模扩大、技术快速进步、新产品不断出现、市场竞争更加激烈的局面。由于中国、俄罗斯、日本等国的加入，干线飞机和支线飞机市场两强垄断的局面都将可能被打破。同时，中国也将成为民用直升机领域的一支重要力量。

（一）传统民用飞机渐进式改进发展

2030 年前，传统民用飞机的发展主旋律是渐进式的改进，而不是革命性的创新。为满足未来市场需求，会有新的设计产生，但新设计的民用飞机相对今天使用的民用飞机也许不会有太大的改变。

现役民用飞机的一大发展趋势是超高效。“超高效”有两层含义，一是以更低的成本获得比现在使用的民用飞机更多的经济效益，要实现这一目标需要采用先进的气动技术、高效的发动机和先进的结构与材料技术等；二是通过推出新型高效的民用飞机，提高整个航空运输系统或航空作业的效率。

（二）国外正在抓紧研发第二代超声速客机技术

第一代超声速客机“协和”号退役后，美国、欧洲、俄罗斯、日本等国家和地区就未来超声速客机的推进、导航、环境污染等问题加紧研究。第二代超声速民用飞机技术将会日趋成熟，超声速公务机可能会在 2020 年后投入使用，超声速运输机也可能在 2030 年后投入商业运营。图 1 是 Lockheed Martin 公司研究的超声速飞机方案。

图 1　Lockheed Martin 公司研究的超声速飞机方案

资料来源：NASA. Green Supersonic Machine. 2010. http：//www. nasa. gov/topics/aeronautics/features/future_ Airplanes_ gallery6. html［2010-7-02］

（三）新概念民用飞机探索将不断深入

在航空技术快速进步和"绿色航空"要求的共同推动下，发达国家已经在探索新概念的新型民用飞机技术，新气动布局、新构型设计方案多种多样。目前，具有代表性的是翼身融合体（BWB）飞机和高速旋翼机方案。

1. 翼身融合体飞机方案

采用新概念气动布局技术开发未来新型飞机是适应日益苛刻的环保要求和解决航线拥堵问题的有效途径。BWB 飞机是目前比较有发展潜力的创新气动布局概念飞机（图2、图3），美国、欧洲、俄罗斯都在积极发展该技术，都有自己的BWB 布局方案。在未来 20 年内，新概念气动布局飞机的研究将从目前的概念研究进展到试验阶段。

2. 高速旋翼机新构型

高速旋翼机技术已经取得突破性进展，已成为竞争焦点。美国已成功研制V-22"鱼鹰"倾转旋翼机并已列装部队，其最大飞行速度可达 638 千米/小时。贝尔飞机公司和阿古斯塔·韦斯特兰公司正在联合研制 9 座 BA609 民用倾转旋翼机（图 4）。

图 2　波音公司和 NASA 的 BWB 布局方案

资料来源：NASA. X-48B Blended Wing Body. 2007. http：//www. dfrc. nase. gov/Gallery/Photo/X-48b/index. html［2007-8-13］

图 3　美国麻省理工学院的 BWB 布局方案

资料来源：NASA. Bigger is Better. 2010. http：//www. nasa. gov/topics/aercnautics/features/future_ airplanes_ gallery8. html［2010-7-2］

图 4　AW609 民用倾转旋翼机

资料来源：Agusta Westland Company. Aw609 Tilt Rotor. 2012. http：//www. agustawestland. com/product/aw609［2012-2-6］

西科斯基飞行器公司 2005 年就开始高速直升机技术验证计划，2010 年 X2 新构型复合推动力高速直升机（图 5）飞出了 463 千米/小时的高速度，2010 年开始应用该技术研制 S-97，计划 2014 年首飞。欧洲直升机公司 X3 新构型复合推动力高速直升

图 5　X2 新构型复合推力高速直升机

资料来源：Sikorsky Aircraft Corporation 2012. X2 Technology™ Demonstrator. 2012. http：//www. sikorsky. com/Innovation/Technologies/X2 + Technology［2012-2-6］

机（图6）也于2010年9月开始在法国试飞，试验目标是达到444千米/小时的飞行速度。同时，俄罗斯也正在积极研究高速直升机。

图6　X3新构型复合推力高速直升机

资料来源：Eurocopter 2012. The X3 Concept. 2012. http：//www. eurocopter. com/site/en/ref/X3-Demonstrator_1099. html［2012-2-6］

鸣谢：本文得到杨新军和张广林两位同志的大力支持，特致谢意。

参　考　文　献

［1］中国航空工业发展研究中心．国外新一代大型客机技术发展与应用．2006.（内部研究报告）

［2］中国航空工业发展研究中心．民用飞机技术现状及发展趋势．2010.（内部研究报告）

［3］European Aeronautics. A Vision for 2020：Meeting Society's Needs and Winning Global Leadership，2001

［4］中国航空工业发展研究中心．绿色航空及其对民机发展的影响．2010（内部研究报告）

［5］Rotorcraft Forecast. Forecast International 2011. 2011

［6］Civil Helicopter Inventores. Forecast International 2010

［7］张广林，李昊．未来旋翼机技术展望．国际航空．2010，5：48～52

［8］张广林，段勇，李昊．国外航空应急救援体系的发展与启示．中国应急管理，2010，1：53～56

Technology Progress and Trends of Civil Aviation Equipment Industry

Chen Shaojun
(Aviation Industry Development Research Center of China)

The industry of civil aviation equipment is one of strategic high technology industries. Civil aviation equipment mainly consists of civil airplanes and civil helicopters, which is located at the high end of manufacturing industry featured by fierce market competition and rapid technological advancement. This pape firstly introduces the progress of civil aviation industrial technologies in developed countries. Then technology progress and industry development of China's civil aviation equipment industry are described with analysis of the existing problems. After that, a technological outlook in global civil aviation equipment industry is provided.

3.8 智能装备产业发展的重点与方向

孙容磊[1] 李 斌[1] 朱森第[2]
([1]华中科技大学;[2]中国机械工业联合会)

智能装备是制造技术、传感与控制技术、计算机与人工智能技术深度融合的结果，是实现高效、高品质、节能环保和安全可靠生产的高端装备，具有感知、决策、执行等功能。其主要技术特征：具有对装备运行状态和环境的实时感知和分析能力，根据运行状态和环境变化的自主规划、决策和控制能力，对性能劣化和装备故障的自诊断、自维护能力，自学习和知识发现能力，以及参与网络集成和网络协同的能力。智能装备产业主要包括工业机器人、智能数控机床、智能成形装备、智能工程机械、智能物流装备、用户端智能电器设备等制造业，以及传感器、控制系统、执行器等产品的生产。支撑智能装备产业发展的关键技术有智能检测与感知技术、自主规划与决策技术、自动编程技术、智能控制技术、自诊断与自维护技术、自学习与系统进化技术、图形化建模仿真与智能人机交互技术、网络集成与多机协同技术等。作为装备制造业金字塔尖的智能装备产业，对于提升我国装备制造业整体水平起着举足轻重的作用。发展智能装备产业是改造和提升传统产业、促进战略性新兴产业发展的需求，同时对促进我国制造业实现由大到强、由制造到创造的转变具有重要作用。

一、我国智能装备产业发展现状

1. 市场规模迅速扩大，市场占有率逐步提高

近10年来，我国智能装备产业市场规模不断扩大，呈现快速发展趋势。以工业机器人为例，2001年我国工业机器人装备总量近4000台，2004年工业机器人装备总量增加至10400台，预计2011年新安装各类工业机器人9500台，市场保有量将达到48600台。在我国产业结构调整和升级的进程中，随着劳动力供应格局从供大于求转向供求平衡、劳动密集型企业逐步向技术和资金密集型过渡，工业机器人的装备数量出现逐年大幅递增的趋势，预计到2015年我国工业机器人保有量将达到10万台。

我国数控金切机床的产量从2000年的1.4万台增长到2010年的22.39万台，年产量已居世界首位。国产数控机床市场占有率迅速提高，按机床价格计算，2000年国产数控机床市场占有率为21%，2006年为38%，2010年达到56.7%，国产数控机床已能满足国内需求的一半以上。

工业自动控制系统装置制造业近几年发展迅速，2010年产值达1699亿元，同比增长38.6%，新产品产值345亿元，同比增长60%。不少产品的国内市场占有率大幅提高。

2. 技术创新成果显著，产业规模逐渐扩大

我国从1972年开始在高校和科研单位开展工业机器人的研究，经过“七五”、“八五”、“九五”国家科技攻关计划和国家高技术研究发展计划（“863”计划）智能机器人主题的支持，已经取得很多成果，研制出具有20世纪90年代国际水平的装配机器人、弧焊机器人和点焊机器人等一系列产品，部分产品接近或达到国际先进水平。

高速精密加工中心、重型数控镗铣床、3.6万吨黑色金属垂直挤压机等一批重点产品相继研制成功并投入应用。高端立卧车铣复合加工中心采用了国产总线式高档数控系统，打破了国外在这一领域长期的垄断。国产集散控制系统（DCS）已在百万千瓦超超临界火电机组、年产45万吨合成氨装置、1500万吨炼油装置、轨道交通等多项重大工程项目中应用。大型轴流式压缩机组、离心式压缩机组、施工机械等已陆续采用远程监控、诊断和维护，实现了智能化和网络化。国产数控系统已经开始向中高端市场迈进。

近10年来，培育和发展了一批智能装备制造骨干企业，沈阳机床股份有限公司、大连机床集团有限责任公司、武汉华中数控股份有限公司、沈阳高精数控技术有限公司、大连光洋科技工程有限公司、广州数控设备有限公司、中国四联仪器仪表集团有限公司、浙江中控技术股份有限公司、和利时集团、沈阳新松机器人自动化股份有限公司、徐工工程机械集团有限公司、三一重工股份有限公司、中联重工科技发展股份有限公司、沈阳鼓风机集团股份有限公司和西安陕鼓动力股份有限公司等逐步壮大，一批具有创新活力的企业活跃于智能装备市场，显现出蓬勃的竞争力。

3. 核心技术掌握不足，关键部件发展滞后

与工业机器人强国相比，我国工业机器人的研究和发展起步晚、投入少，缺乏核心技术的突破，交流伺服电机和减速器等配套零部件依赖进口，不能生产高精度、高速和高稳定性的关键部件，总体上与国外先进水平相比还有很大差距。良好的产学研联合环境尚未形成，至今仍未培育出具有影响力的工业机器人产品和有规模的工业机器人产业。近10年来，进口工业机器人的价格大幅降低，我国自主研发制造的工业机器人的性价比更显劣势，此外，由于相应的零部件产业发展滞后，国内企业生产的工业机器人关键零部件主要依赖进口，更削弱了我国企业的市场竞争力。

目前国内数控机床企业在产品设计水平、质量、精度、性能等方面与国外先进水平相比落后了5～10年，在高精尖技术方面的差距则达到10～15年。同时，我国在应用技术及技术集成方面的能力也还比较低，相关的技术规范和标准的研究制定相对滞后，国产的数控机床还没有形成品牌效应。

由于缺乏原创技术、缺乏系统设计能力和核心制造技术，我国高端装备制造呈现失守困局。我国高档数控机床的70%、集成电路芯片制造装备的85%、光纤制造装备的100%，都依赖进口，其中多为智能装备。这对我国由制造大国走向制造强国形成制约因素。发展智能装备产业，必须掌握其关键技术、形成自己的核心技术并加强原创研究。

二、智能装备关键技术

1. 智能检测与感知技术

装备运行状态和作业环境的实时感知与识别是智能装备的必备功能。新型传感技术、嵌入式传感技术、射频识别（RFID）技术、高速数据传输与处理技术、计算

机图像处理技术、视觉导航和定位技术等都是智能检测与感知的关键技术。射频识别技术与智能传感器的结合与集成不仅具有感知与识别功能，还具有传输和联网功能，它们与装备技术结合，不仅提高了对装备运行状态和作业环境的实时感知与识别能力，而且还提高了装备远程控制与网络协同操作能力。

2. 自主规划、自动编程与智能决策技术

智能装备具有根据工作状态和环境的改变而实时规划、调整自身工作模式和工作参数的能力。工业机器人和智能机床等装备的运动规划应综合考虑机器结构、工件几何形状、工艺系统的物理特性、作业环境等因素，优化运动轨迹和加工参数，自动生成高效、高品质数控程序，提高工作质量和工作效率。决策与推理是智能装备的灵魂，是系统智慧的直接体现。制造信息的非完整、不精确、不确定、异构特性，需要不同的推理模型、推理技术及决策支持系统，面向特定制造环节和产业的综合推理技术是复杂制造对象实现自动推理和决策支持的必需技术。

3. 智能控制技术

智能控制技术是在无人干预的情况下能自主地驱动机器实现控制目标的自动控制技术。智能装备与环境共同构成强耦合、非线性、多约束系统，经典控制理论和现代控制理论很难解决智能装备的实时控制问题，而基于计算智能（模糊数学、神经网络、基因算法）的智能控制为提高装备性能提供了有效方案。它利用计算智能方法建立制造过程和对象的动态模型，既采用专家系统的“If-Then”推理规则进行控制，又可利用模糊集合和模糊关系的鲁棒性将模糊信息集成到闭环控制，还可利用神经网络的学习功能和信息并行处理能力，进行在线学习控制、处理非完整信息。嵌入式智能控制器、集散控制系统、现场总线控制系统等是智能装备应用智能控制技术的基础。

4. 自诊断与自维护技术

在复杂的制造环境下，性能预测、故障诊断和智能维护是装备可靠运行的关键，为此需要提高监控的实时性、预测的精确性、控制的稳定性和维护的主动性。面向复杂工况的状态监控技术和装备性能预测技术等是当今制造装备研发的热点，已开发了初级的智能化产品和功能模块，如振动监测模块、刀具磨/破损监控模块等，但其功能和智能水平尚需进一步提高。

5. 自学习与系统进化技术

借助先进传感与信息技术，可以实时获取装备的自身状态与工作环境信息，机器学习、数据挖掘、知识发现技术能够从数据和信息中自动提炼生产知识并升华为智能策略，从而使智能装备能够在运行过程中不断地充实知识库、提升工艺规划能力、改进控制器性能，最终提升整个装备的性能和装备对环境的适应能力。

6. 图形化建模仿真与智能人机交互技术

图形化编程通过导入、拖放基本图素并定义图素之间的连接关系和交互信息而完成系统建模和程序的自动生成，它提供了直观、快速、高效、可靠的系统建模、编程与仿真方法，是建模、仿真技术的发展方向。图形、图像、视频、语音、触屏等人机交互方式与装置彻底改变了人们对计算机的使用方式，并将进一步改变制造系统中的人机交互方式。未来的智能装备将提供触摸屏、语音、图形、图像、视觉等多种人机交互方式，并能主动适应使用者的习惯，为使用者提供个性化的操作界面和操作方式，并提供辅助操作决策。

7. 网络集成与多机协同技术

智能装备网络化包括内部网络化和外部网络化。内部网络化是指装备控制系统与装备的传感和执行部件之间以现场总线网络连接，从而简化系统结构、提高通信效率。外部网络化是智能装备与其他装备或设备的网络连接。外部网络化可以使智能装备快速参与系统集成，构成动态、高效的制造系统；同时也可以对装备进行远程访问、监控、维护和故障诊断。外部网络化还使得多机协同作业成为未来制造的主要和常态工作模式，通过网络直接协调制造系统中各智能装备和子系统之间的工作，以便获取全局最大效益。

三、智能装备产业发展趋势

1. 产业技术不断创新，产品门类日益拓宽

在高性能装备和关键部件中，已大量采用新型光机电传感技术、微机电系统（MEMS）技术、可编程门阵列和嵌入式控制系统技术等；流程工业中，正大力推广智能仪表、智能变送器、智能调节阀技术及集散控制技术等。知识表示、机器学习、自动推理、智能计算等人工智能技术与制造技术相结合，促进了智能设

计技术、智能工艺规划技术、智能控制与数控技术、智能故障诊断与维护技术、智能物流技术、智能管理技术等的快速发展。互联网、物联网及射频识别技术促进了分布智能制造技术的发展，扩展了智能制造的研究领域。分布智能控制/集散智能控制理论推动了离散与连续制造技术的进步。互联网技术彻底打破了地域界限，为制造企业提供了前所未有的全球广阔市场、丰富多样的客户群、数量庞大的合作资源。快速组织异地产品设计、生产、销售和服务技术等受到高度重视。目前，日本已经推出全信息化装备（图 1），瑞士推出智能机床（图 2），英国、德国和西班牙的研究者们提出了超越智能制造的新一代柔性智能数控机床概念。这些装备共同的特点就是：具有更加丰富的传感功能、更为先进的控制功能、更为智能化的诊断与维护功能，以及网络远程交互功能，其中一些装备甚至具有局部的自主决策功能。

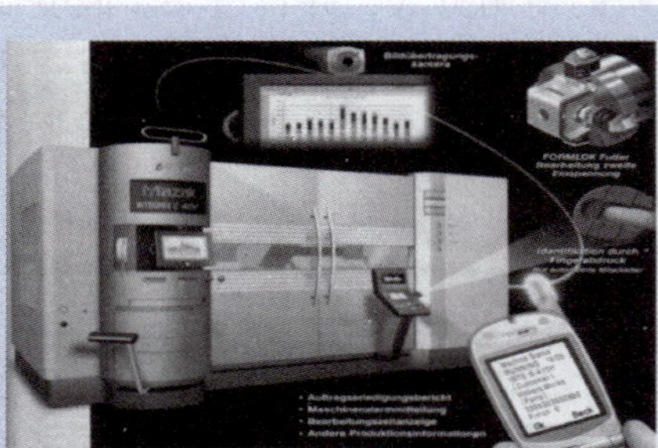

图 1　日本的全信息化装备

图 2　瑞士的智能机床（Smart Machine）

随着信息技术的发展和网络的普及应用，智能装备的应用领域不断拓展，智能装备的产品门类日益拓宽。智能装备不仅在制造业广泛应用，在其他经济活动和人们日常生活中也日渐普遍应用。服务机器人、生物医疗设备、防灾救援设备、公共安全监控设备、水处理设备、纺织机械、包装机械、视听设备、办公设备与家用产品等不断智能化，加入到了智能装备的行列。

2. 政府持续高度重视，官产学研良性互动

百多年来，装备制造技术经历了机械化、电气化、数字化、网络化的不同发展阶段，目前正处于从数字化、网络化向智能化方向发展的关键历史时期。各国政府高度重视，官产学研良性互动，以期取得未来竞争的制高点。

20 世纪 70 年代的美国，传统的制造业曾被视为夕阳产业，制造技术的发展遭受极大的冷遇，结果导致了 70 年代美国科技优势和经济竞争力的大衰退。直到 80

年代末，美国意识到制造业和制造技术对国家和经济的巨大作用，相关机构、组织纷纷要求政府出面协调、支持产业技术的发展。90 年代初，美国白宫科学技术政策办公室发表了包含智能制造技术相关内容的《美国国家关键技术》的报告，并为增强美国制造业竞争力和促进经济增长制定了先进制造技术（AMT）计划和制造技术中心（MTC）计划等一系列的计划，意欲重新开启美国制造业领先之路。2006 年，在《美国科学技术委员会联合工作组有关制造研发报告》的报告中，智能集成制造被确定为美国政府制造研发的三大重点领域之一。2011 年 6 月，美国总统奥巴马启动先进制造伙伴关系（AMP）计划。AMP 计划将聚合工业界、高校和联邦政府，投资到可创造高品质制造业工作机会以及提高美国全球竞争力的新兴技术领域，下一代机器人技术名列其中。AMP 计划通过制定一个先进制造技术的路线图，加快“将创意转化为产品”的速度，相应增加原创技术，加快建设可为中小型企业提供创新与竞争力的基础设施和共享设施，为企业界和学界提供一个突破性的平台。

其他主要发达国家也纷纷推出自己的发展计划。例如，日本于 1989 年提出智能制造系统，并于 1994 年启动了先进制造国际合作研究计划。该计划包括了公司集成和全球制造、制造知识体系、分布智能系统控制、快速产品实现的分布智能系统技术等。德国提出了“德国制造 2000”。加拿大制定的 1994 ~ 1998 年发展战略计划，认为未来知识密集型产业是驱动全球经济和加拿大经济发展的基础，而发展和应用智能系统则至关重要，具体研究项目有智能计算机、人机界面、机械传感器、机器人控制新装置、动态环境下系统集成等。这些计划都着眼于 21 世纪先进制造技术的发展，并满足制造业的需要。

我国在 20 世纪 80 年代末也将“智能模拟”列入国家科技发展规划的主要课题，已在专家系统、模式识别、机器人等方面取得了一批成果。国家自然科学基金委员会分别于 1994 年、1996 年启动关于智能制造和先进制造的重点项目和重大项目，在智能制造基础理论、制造信息学、智能化单元技术和智能机器、智能制造模式、智能制造系统等方向持续支持相关研究。2002 年，中国科学院启动了知识创新工程重大项目“数字化智能制造装备与系统技术”。《国家中长期科学和技术发展规划纲要（2006—2020 年）》将“数字化和智能化设计制造”列为重点领域及其优先主题，将“先进制造技术”列为前沿技术。温家宝总理提出要尽快建立“绿色智能制造体系”。2009 年，中国科学院在《中国至 2050 年先进制造科技发展路线图》中提出了“基于泛在信息的智能制造系统”。2010 年，中国机械工程学会在路甬祥理事长的倡导下，组织各方面专家编制《中国机械工程技术路线图》，其中“智能制造技术”为六大技术领域之一。

3. 多种学科交叉融合，国际合作广泛开展

智能装备涉及制造技术、传感与控制技术、计算机与人工智能技术等，相关学科中单元与系统技术的不断创新、不同学科技术的交叉融合，为智能装备技术的发展注入了强劲动力。多学科的交叉融合，必然促进国际合作与交流。

在网络化信息时代，高新技术研究的国际合作是一种必然趋势。参与合作的国家政府、大学、研究机构和企业形成技术联盟，共同制定技术标准，从而领导和影响行业的发展。

1990 年，由日本倡导，美国、加拿大、澳大利亚、瑞士、韩国和欧盟共同参加的为期 10 年的“智能制造系统”（IMS）国际合作研究计划启动，该计划的目标是全面展望 21 世纪现代制造技术的发展趋势，先行开发下一代的制造技术。

2010 年，由欧盟主要成员国、美国、日本、韩国等主要发达国家学者组织编写的 *IMS2020——Roadmap on Sustainable Manufacturing，Energy Efficient Manufacturing and Key Technologies* 正式发布，其目的是聚焦制造领域研究主题、支持 2011 ~ 2013 年需要开展的国际合作研究。该路线图提出了关键性的研究课题，它们的实施将重塑 2020 年后的智能制造系统。

中日韩机器人论坛每年举办 1 次，已连续举办 6 次，对促进亚洲机器人技术研究及机器人产业发展起到良好的作用。

国际合作交流的广泛开展，扩大了从事这个领域研究人员的视野，加速了智能装备技术的进步与转移步伐，促进了智能装备产业的发展与壮大。

四、我国智能装备发展展望与建议

改造提升制造业、加快培育战略新兴产业是国家“十二五”规划中明确的重要任务。智能装备是集高新技术、高利润附加值为一体的高端装备，更是其他高端制造业快速发展的基石，将为航空装备、卫星及应用、轨道交通设备、海洋工程等高精尖领域提供智能控制系统、自动化生产线等高科技生产控制设备，促进整个高端装备制造业的发展和国民经济的产业战略升级。智能化不仅是制造技术自身发展的必然结果，也是社会经济发展的自然选择（图 3）。

未来 5 ~ 10 年我国智能装备产业将迎来高速增长，预计“十二五”期间智能装备产业主营业务收入年均增长率将超过 25%；2015 年智能装备产业市场规模将超过 1 万亿元，占高端装备制造业的比重达到 20% 左右；2020 年智能装备产业规模预计达到 2 万亿元。智能装备产业将在信息技术朝着泛在、融合、智能方向发

展的过程中快速发展。智能装备产业的发展也将促进物联网产业和智能电网产业的发展。在促进我国智能装备产业健康、跨越发展的诸多有力措施中，需突出强调以下几条。

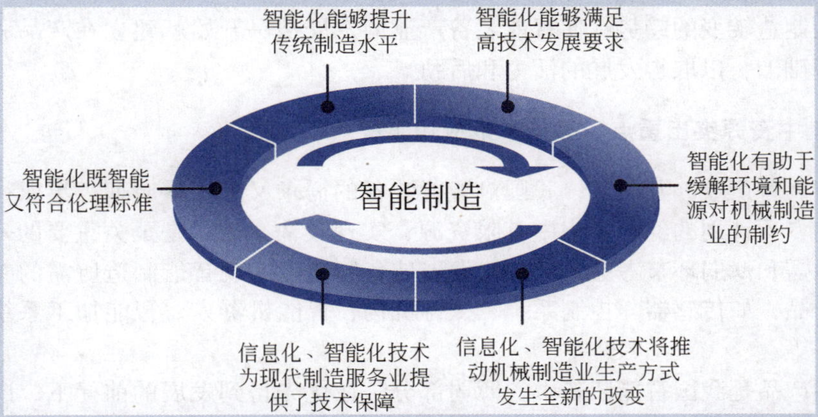

图 3　智能化对社会经济发展的促进作用

资料来源：路甬祥．走向绿色和智能制造——中国制造发展之路．机械工程导报，2010，1：3～14

1. 加快创新体制建设，加强共性技术研究

智能装备技术涉及多个学科，应加快促进高等院校、科研院所、骨干企业强强联合，组建国家智能装备创新研究基地，制定智能装备专项科技计划，支持源头、基础创新研究。构建国家级技术创新体系，包括基础研究、应用研究、开发、技术推广和转移的各个环节。

结合机械制造、航空航天、能源化工、海洋工程、轨道交通等领域的重大、核心装备中的智能化理论与技术开展研究，加强智能检测与感知技术、自主规划与决策技术、自动编程技术、智能控制技术、自诊断与自维护技术、自学习与系统进化技术、图形化建模仿真与智能人机交互技术、网络集成与多机协同技术等基础理论与核心共性技术的研究，为智能装备产业持续、健康发展打下坚实基础。

2. 注重发展基础部件，优化完善产业结构

重视关键基础零部件、元器件及通用部件的研发与生产，重点发展高性能的几何量、物理量、生化量智能传感器，新型微机电系统，物联网传感与控制部件，嵌

入式测控系统，智能仪器仪表与变送器，精密高速重载轴承与传动机构，高性能液压、气动、密封元件，智能伺服驱动与主轴部件，精密、复杂、长寿命模具，大功率电力电子器件及变频调速装置等。

同时注重优化完善产业结构，发展现代制造服务业，顺应制造业由生产型制造向服务型制造转变的趋势，使智能装备产业的发展从一开始就建立在产品和服务相融合的基础上，以取得发展的活力和后劲。

3. 集中资源突出重点，实施示范应用工程

智能装备产业涉及面广，我国对智能装备的需求又处旺盛时期，集以往多次攻关计划和专项计划的经验，集中有限资源，实现较快突破，是至关重要的一条。从当前的急需和薄弱环节考虑，应加快发展装备制造业实现智能制造所需的基础性和共性的产品，如传感器、控制系统、执行机构、智能机器人、智能加工系统、智能成形装备等。

上述产品是我国智能装备中的薄弱部分，在优先得到发展的前提下，应加强整机与成套装备研发与生产，实施应用示范工程。应用示范工程有两类，一类是智能装备中采用国内研制的传感器、控制系统、执行机构的示范工程，另一类是应用国内开发的智能装备于航空航天、能源化工、海洋工程、轨道交通、节能环境、土方施工等领域的重大智能装备与系统示范工程。

参 考 文 献

[1] 国防科技信息网．美国总统启动“先进制造伙伴关系”计划．2011. http：//www. cannews. com. cn/2011/0630/129692. html［2011-06-30］

[2] 路甬祥．走向绿色和智能制造——中国制造发展之路．机械工程导报，2010，1：3～14

[3] 中国机械工程学会．中国机械工程技术路线图．北京：中国科学技术出版社，2011：87～108

[4] 中国行业研究网．我国智能制造装备产业发展新趋势点评．2011. http：//www. chinairn. com/doc/70310/652015. html［2010-11-25］

[5] IMS2020-智能制造技术发展路线图（General Description of the IMS2020 Project）．2010. http：//www. ims2020. net

Focus and Direction for Developing Intelligent Equipment Industry

Sun Ronglei[1], Li Bin[1], Zhu Sendi[2]
([1] Huazhong University of Science and Technology;
[2] China Machinery Industry Federation)

Intelligent equipment comes from essential fusion of manufacturing technology, sensor and control technology, computer and artificial intelligence technology. Featured with functions of perception, decision-making and execution, the intelligent equipment is the most important high-tech equipment that performs with more efficiency, higher quality, energy saving, environmental protection and safe production. The typical intelligent equipments mainly include industrial robots, intelligent numerical control machine tools, intelligent forming equipments, intelligent engineering machinery, intelligent logistics equipment, client-end intelligent electrical equipment, etc. The key technologies supporting the development of intelligent equipment industry are intelligent sensing and perception technology, autonomous planning and decision-making techniques, automatically programming technology, intelligent control technology, self-diagnosis and self-maintenance technology, self-learning and system evolution technology, graphical modeling and simulation technology, intelligent human-machine interaction technology, network integration and multi-machine coordination technology, etc. Chinese intelligent equipment industry has been developed rapidly in recent years and has formed a certain scale of productivity. Compared with developed countries, Chinese intelligent equipment industry suffers from the lack of core technologies, lags behind development of basic components. It is urgent to accelerate the promotion of accelerate Chinese intelligent equipment industry to ensure the speedup pace of fostering and developing strategic and emerging industries.

3.9 太阳能产业发展现状与方向

王仲颖　孙培军　朱顺泉
（国家发展和改革委员会能源研究所）

一、国际太阳能产业技术发展现状

（一）太阳能光伏发电

随着太阳能光伏发电市场不断增长，全球太阳能光伏发电产业自 20 世纪 90 年代后半期开始快速发展，目前已经形成了完整成熟的产业链。进入 21 世纪后，太阳能光伏发电技术水平逐步提高，产品成本快速下降，产业发展快速，技术更新加速。

1. 成本下降快速，暴利时代结束

在生产成本方面，随着太阳能光伏发电产业的规模扩大、技术水平提升及市场竞争加大，相关产品价格在过去 30 年间一直保持下降趋势。其中，晶体硅光伏电池组件价格由 1980 年的 21 美元/瓦下降到 2011 年的 1.0 美元/瓦左右，降幅超过 95%（图 1）；而多晶硅原料产品的价格也由 2007 年的 400 美元/千克下滑至 2011 年的30 ~ 50 美元/千克的范围内，降幅超过 87%。随着包括逆变器在内的平衡部件的价格的快速下降，太阳能光伏发电产业已经告别暴利时代，进入稳定发展阶段。

2. 补贴力度减弱，发展增速减缓

在政策扶持方面，随着光伏产品价格的下降和金融危机的影响，部分国家对太阳能光伏发电补贴力度开始减弱。特别是欧洲主要国家不断下调太阳能光伏发电上网电价，其中，德国于 2010 年第一季度、第三季度和第四季度三次下调太阳能光伏发电上网电价，下调幅度分别为 9%、13% 和 3%，导致欧洲市场出现了需求延迟，进而带动全球太阳能光伏发电市场增速减缓。虽然美国、日本等传统国家以及印度和中国等新兴国家均出台一定的太阳能光伏发电激励政策，但仍不足以抵消欧洲市场增速减缓的影响。2011 年全球太阳能光伏发电市场全年光伏安装量预计将达到 2100 万千瓦，增速出现明显下滑，同比增长 20% 左右（图 2）。

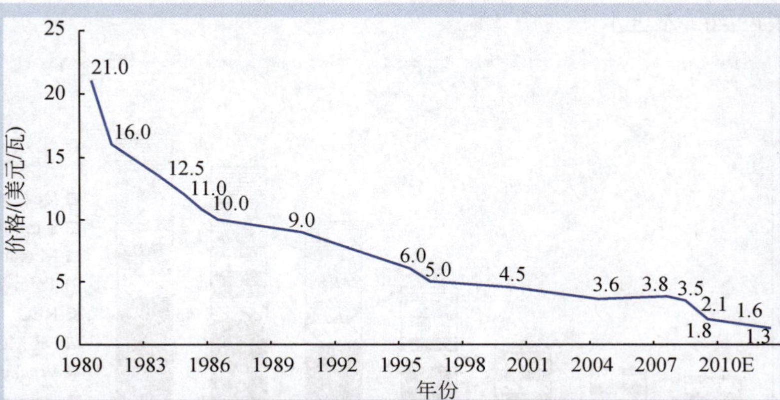

图 1　1980～2011 年晶体硅光伏电池组件价格下降趋势

资料来源：高盛银行．欧洲清洁能源——太阳能．纽约，2011：11，12

注：E 表示预计

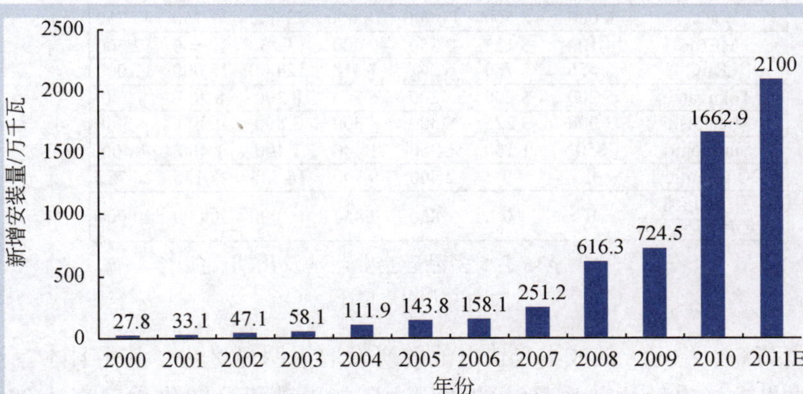

图 2　全球太阳能光伏发电市场新增安装量变化趋势

资料来源：欧洲光伏工业协会．全球太阳能光伏 2015 年发展展望．比利时，2011：9，10

注：E 表示预计

3. 技术更新加速，产业化步伐加快

在技术发展方面，太阳能光伏发电产业在原料供应、工艺和技术水平、前沿技术研发等方面均出现了新的进步，技术更新加速，产业化水平提高。

首先，多晶硅产量和技术水平显著提升。2010 年全球多晶硅产量达到 12 万吨以上，产业原料瓶颈得到有效缓解。其中我国多晶硅产量达到 4.3 万吨以上，位居世界第三，仅次于美国和德国，连续三年整体增幅超过 50%，能耗水平大幅下降，多数企业接近国际先进水平（图3）。

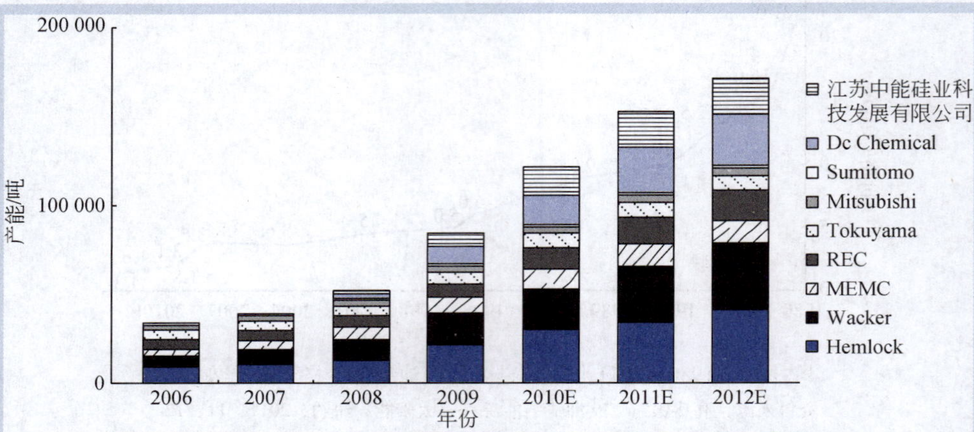

	2006	2007	2008	2009	2010E	2011E	2012E
Hemlock	8 850	10 005	12 320	21 125	29 625	33 875	41 000
Wacker	6 000	8 500	11 900	18 000	23 000	31 750	37 750
MEMC	4 100	5 125	7 350	9 000	11 250	12 500	12 500
REC	5 556	5 780	6 241	7 518	12 000	15 000	17 000
Tokuyama	5 200	5 200	5 200	6 700	8 200	8 200	8 200
Mitsubishi	3 000	3 225	3 300	3 300	3 800	4 300	4 300
Sumitomo	850	1 100	1 350	1 400	1 400	1 400	1 400
DC Chemical	0	0	2 500	9 700	16 335	25 135	28 783
江苏中能硅业科技发展有限公司	0	0	1 850	7 454	16 000	20 000	20 000

图3　全球主要多晶硅企业产量及预期产能

注：E 表示预计

其次，高效、稳定、低成本光伏电池的研发取得明显进步。其中日本三洋电机公司研发出世界上光电转化效率最高的商用太阳能电池板，转化效率高达 20.7%。此外，经过美国国家可再生能源实验室证实的大面积太阳能薄膜电池（CIGS）组件的光电转化效率达到了 14.3%，这一效率是所有商业规模 CIGS 组件技术的最高效率。

最后，太阳能光伏电池前沿技术研发取得新的进步。高效率薄膜电池、光热混合利用电池、有机物光伏电池的研发取得了一定的进展。包括太阳能飞机和太阳能手机在内的太阳能光伏发电利用也得到了示范和应用。

（二）太阳能热发电

1. 商业化工程规模扩大

根据 GTM 研究报告，全球目前规划的太阳能热发电项目共计 17.54 吉瓦，其中美国 8.67 吉瓦，西班牙 4.46 吉瓦，其余分布在非洲国家、印度、中国、中东等新兴市场国家或地区。截至 2010 年年底，全球建成运行的太阳能热发电站约 1.095 吉瓦，其中 90% 为槽式太阳能热发电站。2011 年在建太阳能热发电项目共计 1.17 吉瓦，其中西班牙的项目最多，共计 582 兆瓦，其次为美国，约为 507 兆瓦。从项目分布来看，太阳能热发电项目仍集中在少数几个国家，但是范围逐渐向非洲，中东，亚洲的印度、中国等太阳能直射资源丰富的地方扩大。非洲逐渐成为太阳能热发电项目开发商的关注热点区域之一，2009 年开始的“沙漠产业行动计划”，通过在北非沙漠和近中东地区建设太阳能和风能发电设施为欧洲提供电力。按照该计划，到 21 世纪中叶，从撒哈拉输送到欧洲的电力将占欧洲电力消耗的 15%，项目总投资高达 4000 亿欧元。经过前期的准备，该计划第一个太阳能热发电站将于 2012 年在摩洛哥开始建设，装机容量 500 兆瓦，投资 28 亿美元。同时埃及、阿尔及利亚等北非国家也正在筹划太阳能热发电站的建设，标志着该计划进入实质性建设阶段。

2. 技术有待进一步提高，成本有待进一步降低

技术方面，槽式太阳能热发电技术仍然是目前太阳能热发电站应用的主流技术。近几年，塔式太阳能热发电技术因其较高的热效率得到了推广，西班牙可再生能源中心、BrightSource 等公司力推塔式太阳能热发电技术，并成功建设了商业化运作的工程，从而使塔式太阳能热发电技术如同槽式太阳能热发电技术一样，建成了实际运行的商业化工程。

近期，由于太阳能热发电技术面临巨大的成本压力，蓄热技术得到重视，以使太阳能热发电可以平稳输出电力，提高其竞争性。目前，槽式太阳能热发电技术的产品，如槽式高温集热管、跟踪系统、导热介质、发电设备等产品技术逐渐成熟，但还集中在少数几个大厂家生产，没有得到大规模推广。塔式太阳能热发电技术由于实际应用的工程较少，其吸收塔、高温蓄热、导热、跟踪、集热等系统的产品技术还处在开发、示范阶段。碟式太阳能热发电技术由于斯特林发动机还没有实现质的突破，目前发展缓慢。

此外，由于太阳能热发电工艺中需要大量的水，而且对太阳能直射辐射资源的要求较高，又需要大量的安装空间，所以太阳能热发电站的选址面临着矛盾，太阳能直射辐射资源好的，安装空间大的地区通常是缺水地区。因此，太阳能热发电工艺需要不断提高、改善各种工艺技术，以适应其对自然资源的要求。目前这方面的改进，主要是进行空冷技术的研究和推广，以及热发电技术与海水淡化技术的结合应用，以解决面临的水资源问题。

3. 太阳能热发电产业体系正在培育，但面临的成本压力加大

目前，从事太阳能热发电产业链相关产品研发生产的企业数量逐渐增多，除了德国、美国、以色列、西班牙等在热发电集热部件、系统集成、传热部件等生产领域的传统公司外，一些著名集团公司也逐步参与到太阳能热发电行业。例如，2011年8月，通用电气公司投资4000万美元从事太阳能热发电相关产品生产，是继西门子公司、阿尔斯通公司等后又一进入太阳能热发电行业的著名公司。

太阳能热发电产业虽然近几年得到了快速发展，但还没有形成产业体系，而其面临的压力却逐渐增大，2011年尤为突出，主要是因为太阳能光伏发电成本的快速下降，使得太阳能热发电的竞争性削弱。美国的一些原先规划建设的太阳能热发电项目，由于太阳能光伏发电成本的下降，出于经济原因考虑，改为太阳能光伏发电项目。从事太阳能热发电产品生产的公司面临的逐渐加大的成本压力，促进其加快了技术研发和工艺改进的步伐，尤其是对蓄热技术、系统集成技术、发电工艺技术等给予了更大关注。

（三）太阳能热利用

1. 热利用技术应用规模不断扩大

太阳能热水系统是太阳能热利用应用最广泛的技术，近几年在世界范围内得到了快速发展。累计至2010年年底，全球太阳能热利用累计安装运行总面积约2.8亿平方米，中国持续位居市场第一位，其次为欧洲（图4）。

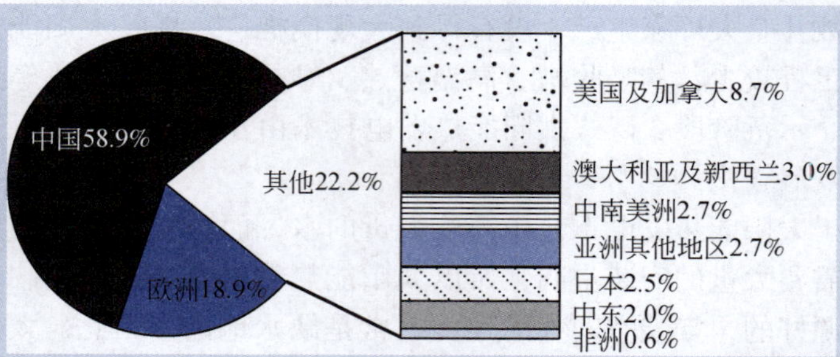

图4　全球太阳能热利用市场的区域分布

资料来源：Weiss W，F Mauthner. Solar Energy Heat Worldwide. Austria，IEA，2011：7，8

在产品结构方面，目前世界太阳能热水器以有盖板产品为主，并以真空管型累计

安装量最多，约占56%，主要为中国市场；其次为平板型，约占32%，以欧洲为最大市场。无盖板产品约占12.4%，以美国为最大市场，主要应用于温水游泳池（图5）。

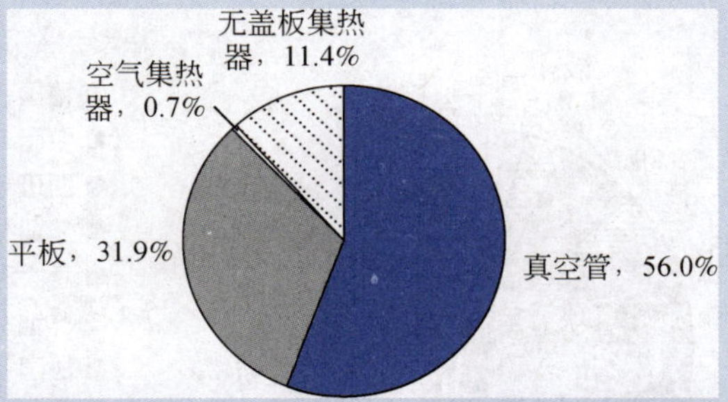

图5　全球太阳能热利用各种集热器技术安装量占安装总量的比例

资料来源：Weiss W，Mauthner F. Solar Energy Heat Worldwide，Austria. IEA，2011：10，11

2. 热利用技术应用范围逐步扩大

欧洲仍然是太阳能热利用应用范围最广泛的市场，除常规的热水系统外，还包括家庭及宾馆的取暖系统及不断增长的大型区域性供暖系统、空调系统和工业应用系统。在奥地利、德国、瑞士和荷兰等国，超过20%的太阳能系统不仅提供热水，还提供取暖等其他热利用系统（图6）。

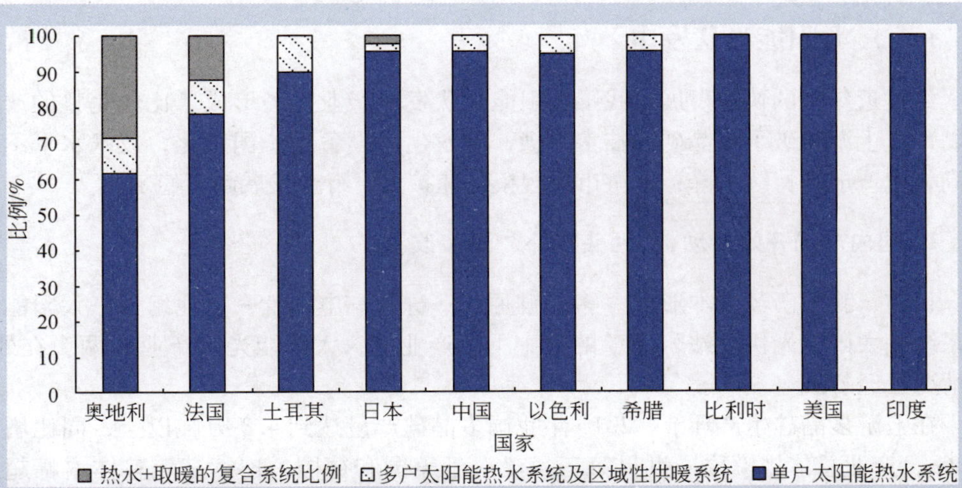

图6　2009年世界太阳能集热器保有量前十位国家的太阳能应用系统类型分布

资料来源：Weiss W，Mauthner F. Solar Energy Heat Worldwide. Austria. IEA，2011：21，22

太阳能空调在欧洲处在推广阶段。截至 2008 年，太阳能辅助空调系统总装机容量为 9 兆瓦，西班牙占 31%，德国占 18%，希腊占 12%。欧洲现在已有近 100 个太阳能空调示范工程，主要分布在西班牙和德国（图 7）。

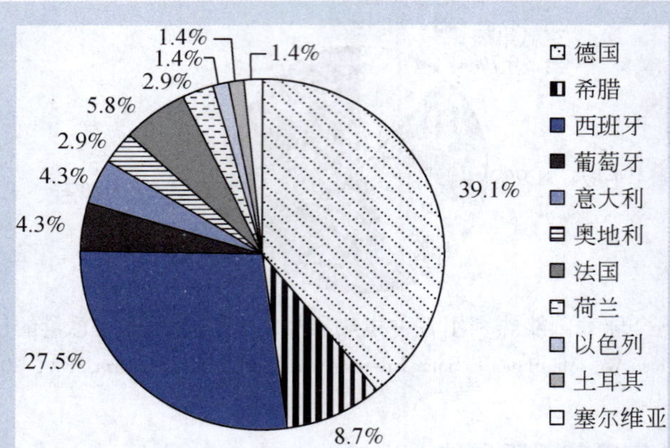

图 7　欧洲太阳能空调工程分布

资料来源：欧洲太阳能热利用产业协会 . Solar Assisted Cooling. Brussels，2008

二、国内太阳能产业技术发展现状

（一）太阳能光伏发电

经过近年来的快速发展，我国太阳能光伏发电产业已经形成了比较完整的产业链。产业上游突破了多晶硅的技术封锁；中游生产设备逐步国产化，技术水平不断提高，生产成本持续下降；下游市场规模迅速扩大，行业发展趋于稳定。

1. 国内市场开始启动，“两头在外”逐步改善

目前，我国已经基本形成“多晶硅原料—硅片—电池片—电池组件—太阳能发电系统—太阳能光伏电站”完整的上中下游产业链，太阳能光伏产业“两头在外”的情况已经打破。

在上游多晶硅生产环节，2010 年我国多晶硅产量达到 4. 3 万吨以上，同比增长 110%，产业总体规模位居世界第三，仅次于美国和德国，连续三年整体增幅超过 50%，多晶硅自给率达到 50% 左右（图 8）。

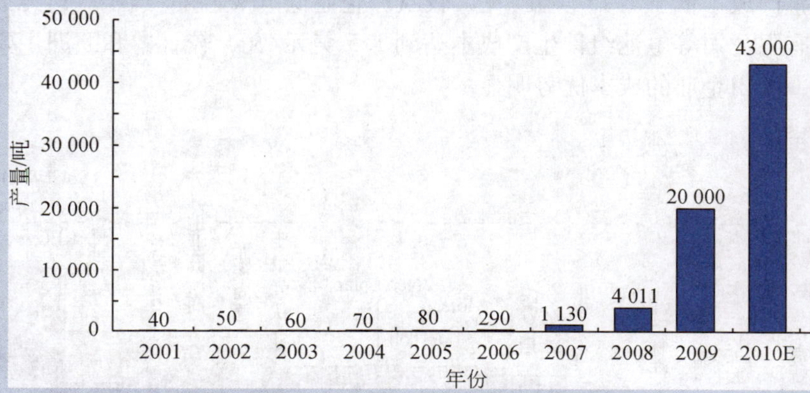

图 8　2001 ~ 2010 年我国多晶硅产量变化

注：E 表示预计

在下游太阳能光伏发电市场方面，2009 年，我国先后启动了太阳能光电建筑应用一体化示范项目、“金太阳”示范工程和敦煌大型荒漠光伏电站招标等多个项目。在这些项目的带动之下，我国太阳能光伏发电市场连续两年翻番，截至 2010 年，全国太阳能光伏发电累计达到 86 万千瓦时，同比增长 186%；当年新增装机容量 56 万千瓦，同比增长 261%，超过了历年装机容量总和，如表 1 所示。

表 1　2004 ~ 2010 年我国太阳能光伏发电累计装机和新增装机容量及其增长率

年　份	2004 年	2005 年	2006 年	2007 年	2008 年	2009 年	2010 年
累计装机容量/兆瓦	63	68	80	100	145	300	860
累计装机容量年增长率/%		7.9	17.6	25	45	103	186
新增装机容量/兆瓦		5	12	30	45	155	560
新增装机容量年增长率/%			140	150	50	244	261

资料来源：王仲颖，任东明等．中国可再生能源产业发展报告．北京：化学工业出版社，2011：69 ~ 72

2. 成本下降加快，竞争加剧

我国太阳能光伏发电产业健康快速发展，光伏电池制造业在欧洲主要国家消费市场的拉动下，行业规模连续三年位居世界第一。

在生产成本方面，随着企业规模的扩大和技术水平的提高，我国光伏产品的成本持续下降，其中江苏中能硅业科技发展有限公司多晶硅生产成本达到 25 美元/千克，接近世界领先水平；江西赛维 LDK 太阳能高科技有限公司等硅片企业的生产成本低于 0.7 美元/瓦，较国际厂商低 10% 左右；河北晶澳太阳能有限公司等电池制造企业的生产成本低于1.15美元/瓦，较欧洲企业低20%左右（图9）；无锡尚德太阳能电力有限公司等电池组件生产成本达到1.5美元/瓦，较日本和欧洲主要企业低30%以上，国内企业的成本优势明显。

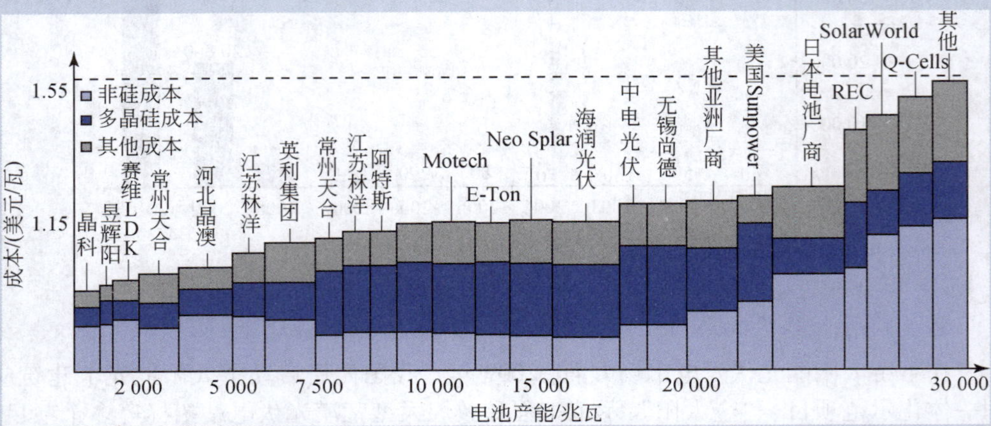

图9 我国晶体硅电池企业与国际企业生产成本对比

资料来源：巴克莱银行．全球清洁能源手册——2011展望（2011），伦敦，2011：19，20

目前，全球太阳能光伏制造业持续向我国集中，其中在全球排名前10的多晶硅生产企业中，中国内地企业占2家；排名前10的硅片生产商中，中国内地企业占6家；排名前10的太阳能电池生产商中，中国内地企业占5家；排名前10的组件生产商中，中国内地企业占6家。随着产业集中度不断提高和产能的不断增加，我国太阳能光伏企业竞争加剧，产业发展面临产能过剩的危机。

3. 核心技术自主化提高

在技术引进、消化吸收的基础上，我国的太阳能光伏企业将自主创新和集成创新相结合，技术水平有了较大突破，并在某些方面达到了国际领先地位。

在太阳能多晶硅生产技术方面，我国千吨级多晶硅规模化生产初步实现循环环保、节能低耗生产，产品质量有了较大提高（图10）。

在硅片加工环节，我国企业有了明显的技术进步。例如，保定英利集团有限公司的高速多线切割及硅浆料回收技术属于该公司的自有知识产权专利，该专利技术使得太阳能电池高纯硅材料的用量从9克/瓦下降到5.8克/瓦，降低了约35%，大大降低了制造成本。

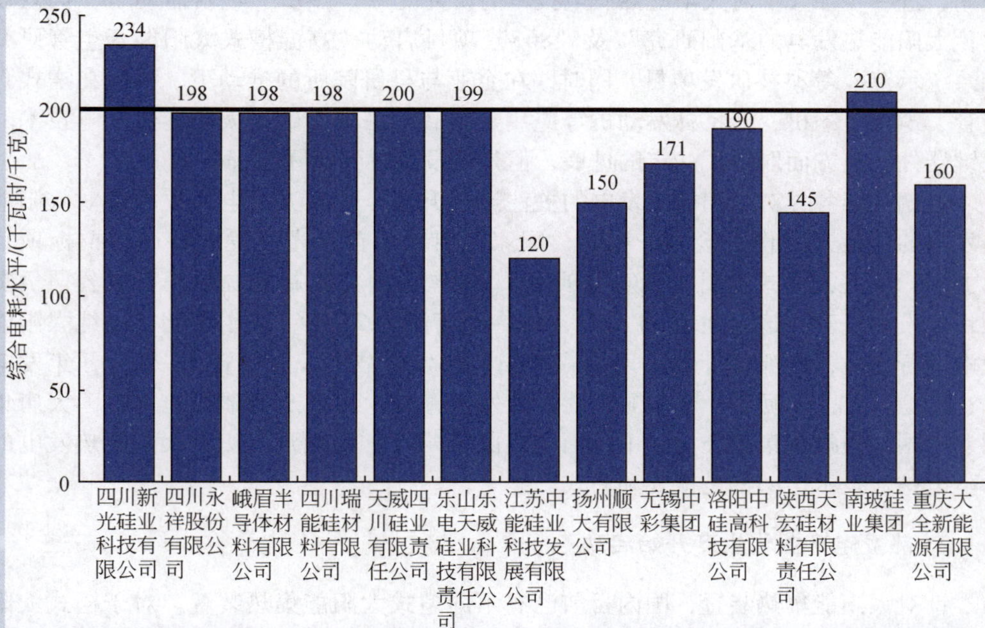

图 10　2010 年我国主要多晶硅企业综合电耗水平

在晶体硅太阳电池方面，我国企业已经在产品质量和成本上世界领先。无锡尚德太阳能电力有限公司的冥王星技术将单晶硅太阳能电池的有效面积转化效率提高到了 18.8%，多晶硅提高到 17.2%；多晶硅电池的全光照面积的转化率达到了 16.5%，创造了世界纪录；冥王星电池组件比使用传统技术的太阳能电池多输出约 12% 的电量。此外，南京中电电气集团有限公司至今保持着单晶硅太阳能电池实验室效率的世界纪录（25%）。

（二）太阳能热发电

1. 热发电试点、示范工程规模扩大

我国太阳能热发电还处在试验、示范阶段，产业还未形成，目前仍无在运行的太阳能热发电站。但国家从“七五”期间就已经开始设立有关太阳能集热发电技术项目以对其进行技术跟踪，科学技术部就关键部件在技术研发方面给予了持续支持，在“十一五”期间启动了 1 兆瓦塔式太阳能热发电技术研究及系统示范。“十二五”

期间，进一步加大了对太阳能热发电技术的研究支持，“973”项目启动了“高效规模化太阳能热发电的基础研究”及“863”项目启动“高温槽式太阳能真空管研究和系统示范”等科技研发项目。同时，在企业与科研院所的推动下，我国在槽式真空管、螺杆压缩机、斯特林发动机等应用于槽式、塔式、碟式太阳能热发电技术的关键器件研究方面取得了一定的进展，但是还没有得到实际工程的验证。

近期社会各界对太阳能热发电的关注迅速升温，国家五大电力集团都对太阳能热发电的项目开发作了规划。同时，国家也启动了首个光热发电特许权招标项目“内蒙古 50 兆瓦槽式太阳能热发电项目”，中国大唐集团新能源股份有限公司负责项目建设和经营，建设期为 30 个月，特许经营期为 25 年，采用带储能的纯太阳能发电运行模式，该项目计划采用槽式太阳能热发电技术，总投资 16 亿元，年发电 1.2 亿度，目前该项目已经开工建设。另外在青海、甘肃及新疆等地，中国大唐集团、中国电力投资集团公司和中国国电集团公司等，相继开工建设太阳能热发电的示范电站，技术类型都是槽式和塔式。

2. 热发电产业化生产开始启动

针对太阳能集热装置，国内目前已有不同型式太阳能集热装置。对于槽式太阳能集热装置中的核心部件，高温集热管的生产开发，已经有多家国内公司宣称能够生产可用于槽式太阳能热发电系统的双端开口金属/玻璃太阳能真空管及全玻璃螺旋太阳能真空管，工作温度已经可以达到 350°C，但由于没有实际工程运行，产品还缺乏验证。对于塔式太阳能集热装置，随着我国北京延庆 1 兆瓦示范项目的基本建成，在大型定日镜反射镜面制作定型、轻型支架结构设计、大荷重传动系统，以及定日镜的高精度跟踪系统方面积累了经验。对于碟式太阳能集热装置，我国处在研制阶段，目前研究单位基本掌握了太阳位置三维跟踪技术和设备姿态高精密度控制传动技术。

太阳能热发电与传统发电结合紧密，一旦掌握了太阳能集热部分的核心技术和制造工艺，那么无论是玻璃、钢材等常规原材料的采购，还是土建、机械，乃至汽轮机、热交换系统、高温吸热和储热材料等已商业化生产成熟的材料或部件，都可以实现在中国的产业化。近年来，中国太阳能热发电通过自己研发，或者给国外企业代工出口，已经形成了从基本材料到主机设备的工业化制造的产业链。但由于没有规模化的商业电站投建，对于已经研发成熟或者接近成熟的核心制造技术，无法在工业化实践中进行技术验证和改进。目前国内的在熔盐、镜子玻璃、槽式反射镜支架、斯特林部件等太阳能热发电产品实现了出口，为国外电站提供配套产品。

（三）太阳能热利用

1. 市场竞争进一步加剧，增速进一步放缓，市场服务体系有待进一步加强

我国的太阳能热利用主要是低温热水的应用，供应生活热水，市场自 20 世纪 90 年代以来，保持了 10 多年的快速增长。太阳能集热器年生产量由 1997 年的 250 万平方米，快速增长到 2010 年的 4900 万平方米，年均增长率超过 23%。太阳能热水器运行保有量由 1997 年的 1200 万平方米，增长至 2010 年的 16 800 万平方米，年均增长率为 21%，年生产量和运行保有量均连续多年位居世界第一位。但近几年随着市场的普及，竞争逐渐加剧，增长速度进一步放缓（图 11）。

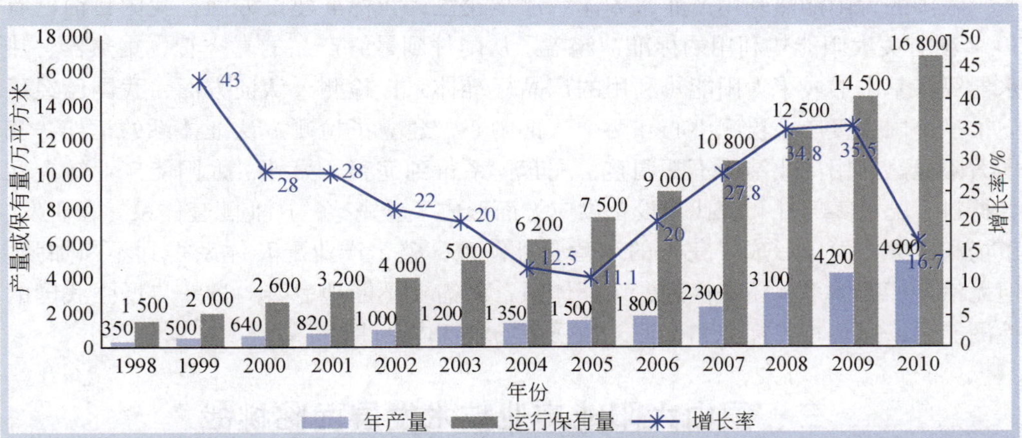

图 11 历年太阳能热水器年产量和保有量及产量增长率的曲线图

资料来源：梁志鹏，罗振涛等．中国太阳能热利用产业发展研究报告（2008～2010）．北京：中国农村能源行业协会太阳能热利用专业委员会，2010：3，4

我国家电下乡项目的实施加速了太阳能热水器在市场尤其是农村市场的推广普及，同时也促进了销售与售后服务渠道的扩展完善，加剧了太阳能热水器的市场竞争。与之对应的太阳能热利用产业的产品质量控制体系、市场监管体系、市场服务体系等产业体系有了一定的发展，但还需要不断加强和完善。

2. 技术应用范围逐步扩大

从产品的应用类型上看，直插紧凑式太阳能热水器仍然是当前市场的主流产品。随着市场对智能化产品和建筑一体化产品的需求增加，分体式太阳能产品和全天候

智能太阳能热水系统得到了快速推广，应用比例逐渐提高，以适应市场的要求；工程用太阳能热水系统的应用进一步扩大，目前市场所占比重在40%左右，比重不断提高；太阳能热水系统供暖、制冷及工农业太阳能热利用系统呈现出新的发展态势，逐渐在新农村建设中的供暖和一些工业领域（如纺织、印染等行业）得到应用，成为新的增长点，应用范围逐步扩大。但是，太阳能热水器在推广与使用过程中也表现出太阳能热水器产品品种单一，同质化严重，主流产品不易与建筑结合，不利于城市市场的应用等问题，大规模的集中太阳能取暖、工业应用系统领域先进集中中高温热利用系统技术应用发展缓慢，有待突破中高温集热器及蓄热技术等瓶颈。

3. 产业体系逐渐完善

我国的太阳能热利用产业服务体系逐步建立，在标准建设方面，我国目前已有30多项有关太阳能热利用的标准，涵盖了从配件到最终产品的真空管、集热器、热水器等，基本形成了太阳能热利用的产品标准体系；检测、认证方面，我国已经建立了三个国家级产品检测中心和两个认证中心，建立了检测、认证体系的框架，我国太阳能热利用产业结构不断调整，配套体系得到完善。另外，太阳能产业链在配套材料、配件零部件和现代化设备供应方面形成了较完整的产业配套体系，在研发、市场和服务方面也形成了完整的运营服务体系，整个产业配套体系得到不断加强，但无论是标准体系，还是检测、认证体系，都需要不断地完善，进一步增强我国的检测能力，完善相关标准和认证，加强市场监管体系建设。

三、国内太阳能产业技术发展面临挑战

（一）太阳能光伏发电

太阳能光伏发电产业作为一个新兴的可再生能源产业，在快速发展的同时，也面临着自身经济性、技术创新、政策扶持和配套设施建设等多方面的困难和挑战。

1. 技术创新

从产业角度来看，我国太阳能光伏发电产业的技术创新能力有待进一步提升。从上游多晶硅材料制造来看，国内企业单位产品能耗约为150千瓦时/千克，比国外先进水平高20%～30%；从生产设备来看，晶体硅电池用的大部分高档设备仍需进口，国产薄膜太阳能电池设备和技术水平与国外差距很大，多数企业的薄膜生产装备从国外进口，产业化步伐缓慢；从太阳能光伏电池辅助材料来看，大部分产品以

仿制进口产品为主，高纯和高端材料没有摆脱依赖进口的局面。

2. 产品成本

从市场应用方面来看，高成本仍然是目前太阳能光伏发电大规模应用的主要障碍。相对于常规能源和其他可再生能源，太阳能光伏发电的成本目前仍然过高。对比火力发电建设投资6000元/千瓦、风力发电1万元/千瓦，太阳能光伏发电的系统成本是火电的2倍以上，约是风力发电的1.5倍（图12）。

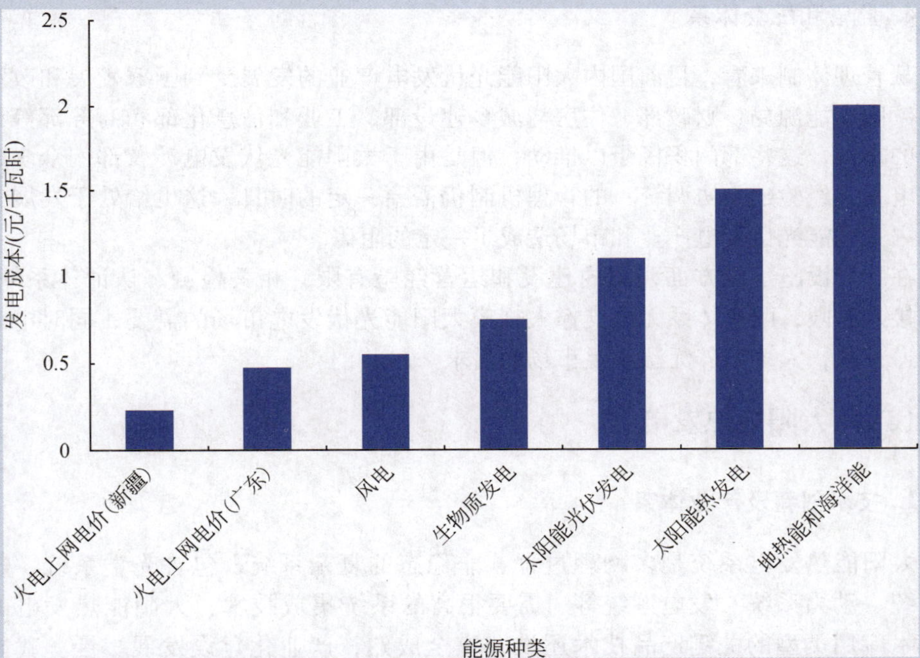

图12　我国太阳能光伏发电成本与常规电力价格比较

3. 政策体系

我国太阳能光伏发电产业和市场正处于快速成长期，产业和市场发展所需的基础条件和设施均不完善，产业发展必然面临各种的问题和挑战，急需相关政策的引导和支持。

从产业政策来看，目前产业关键技术创新尚不能完全适应产业持续发展需要，制约产业升级和整体竞争力提高的因素依然存在，支持企业提高自主创新能力、加快技术改造、加强环保治理、降低能源消耗和生产成本的政策措施亟待强化。

从市场应用政策来看，太阳能光伏发电的高成本决定了国内市场的启动只能依靠政府推动，但我国仍处于太阳能光伏发电大规模发展的起步阶段，虽然已经推出了金太阳示范工程，但三年的总装机容量只有大约 700 兆瓦，年均安装量不到 250 兆瓦；大规模并网光伏发电项目目前配套政策还不完善，2010 年我国太阳能光伏电池仍有 94% 以上的产品需要出口，国内太阳能光伏发电产业对国外市场依赖的局面仍没有根本改观。

4. 监管和配套体系

从管理体制来看，目前国内太阳能光伏发电产业的发展受到国家发展和改革委员会、国家能源局、财政部、住房与城乡建设部、工业和信息化部和商务部等诸多部门的重视，这些部门积极予以推动，但是由于太阳能光伏发电涉及部门众多，借鉴风电发展经验建立协调统一的管理机制仍需要一定的时日，这也给处于发展初期的国内太阳能光伏发电产业和市场造成了一定的阻碍。

在配套设施建设方面，国内建设和运营经验有限，相关检测、认证体系缺乏，电网接入有限，配套体系无法支撑大规模太阳能光伏发电市场的需要，同时电站融资渠道有限，人才培养无法满足市场的需求。

（二）太阳能热发电

1. 技术创新及产业体系

太阳能热发电系统是多物理过程、非稳态的复杂系统，包含光学系统、热力学系统、动力系统、发电系统等，需要很高的系统集成技术，太阳能热发电的各种技术应用类型的关键产品技术还没有完全成熟，产业化建设发展缓慢。我国的太阳能热发电发展刚刚起步，尚处于技术研发阶段。虽然投资市场的热度较高，但由于技术研发、系统集成、项目选址、工程示范和运行、设备制造等关键环节的能力比较薄弱，所以还需要我国的科研机构、相关企业从技术创新、试验、示范项目开始逐步积累经验，带动产业链相关技术和产品的发展，促进产业体系的建设。

2. 成本

成本方面，目前太阳能热发电成本高，是常规能源发电成本的 2~3 倍。造成太阳能热发电成本高的主要原因有三个。第一，太阳能能流密度低，需要大面积的光学反射装置和昂贵的接收装置，将太阳能直接转换为热能这一过程的投资成本占整个电站投资的1/2以上，目前这些转换装置还没有大规模生产，制造和安装成本较高，增加了太阳能热发电的技术和经济风险。第二，太阳能热发电系统的发电效率低，年太阳能净发电效率不超过20%，在相同的装机容量下，较低的发电效率需要更多的聚光集热装置，增加了投资成本，并且目前还缺乏这类电站的运行经验，整个电站的运行和维护成本高。第三，由于太阳能供应不连续、不稳定，需要在系统中增加蓄热装置，大容量的电站需要庞大的蓄热装置和管路系统，造成整个电站系统结构复杂，增加了成本。

3. 资源制约

从资源方面分析，太阳能热发电系统需要较高的太阳能直射辐射资源，同时太阳能热发电系统在运行过程中需要消耗大量的水，而太阳能直射资源丰富的地方往往缺乏水资源，这成为其推广的一个制约因素，虽然有新的技术（如空冷技术）可以减少水的消耗，但投资成本增加且效率会降低；另外大规模的太阳能热发电系统需要大量的安装面积，土地资源也是制约因素。这些都是太阳能热发电系统未来发展所面临的挑战。

（三）太阳能热利用

1. 技术创新

太阳能热利用系统要在建筑供热、制冷及工农业领域得到大规模发展，非常重要的一点是产品与系统的技术创新，关键在于中高温集热器技术和蓄热技术的突破。集热器是太阳能热水系统的关键部件，它的技术水平决定了太阳能热利用的应用范围，同时随着集热技术的提高和市场的发展，也会促使与之配套的太阳能取暖空调设备、海水淡化设备及工业用热设备的发展。蓄热技术也是太阳能热利用未来扩大应用范围的重要方面，尤其是在太阳能区域性供热、取暖、综合系统方面有着重要作用。而目前我国虽然在中高温集热器技术、太阳能供暖、制冷系统和中高温工农业应用方面具有了自己的产品和系统，但是产品和系统还没有实现产业化生产，目前的成本较高，面临大规模推广的挑战。

2. 装备制造

我国太阳能热利用产业经过一定时期发展，规模不断扩大，但与其他行业相比，还存在企业规模小、产业集中度较低、生产装备落后、缺乏现代化管理制度等问题。

目前，规模较大的企业已经进行了装备的改造，例如，真空管的连续镀膜、连续排气，真空管的拉封清洗生产线，水箱的连续焊接生产线等一批自动、半自动生产线投入了使用，大大提高了生产效率。因此如何以现代化的装备和先进的企业管理制度来进行产业升级，提高企业的管理水平，创建世界知名品牌，增强企业的核心竞争力是未来几年太阳能热利用产业面临的一个制约问题。

3. 产业服务与监管体系

太阳能热水器产业的产品质量控制体系、市场监管体系、市场服务体系等产业体系有了一定的发展，但还需不断加强和完善。目前，我国太阳能检测中心的检测能力无法满足产业发展的需求，无法完成产品的中高温及超低温技术检测，需要从硬件和软件两方面加强、提升检测能力。市场的监管体系和社会化服务体系还有待建立，以规范和满足国内日益扩大的市场。目前我国还缺乏国家级的太阳能热利用研发、试验平台和国家级的太阳能技术和产业管理机构，对于一些前瞻性、风险较高的研发应用项目，缺乏有效的支持和协调。

四、太阳能产业发展趋势

太阳能的开发与利用是朝阳产业，随着国际气候谈判压力的加剧，国内能源安全与环境改善要求不断提升，太阳能占据未来能源主流的时间会提前，全球特别是发达国家都在加快推动自身的能源转型战略，将包括太阳能在内的新能源作为能源发展战略的重点。

（一）太阳能光伏发电

在未来相当长一段时期内，我国太阳能光伏发电产业都将保持良好的生机和活力。一方面，国内太阳能光伏发电产业竞争优势明显，技术创新将带动产品成本进一步下降；另一方面，太阳能光伏发电产业政策将不断完善，带动其市场不断扩大，太阳能光伏发电的能源贡献量不断增长。

1. 技术创新加速推动产业快速发展

随着全球范围内太阳能光伏发电产业竞争日趋激烈，以及企业自身技术进步的需要，预计太阳能光伏发电产业的技术创新速度将进一步加快，光伏产品价格仍然呈现下降趋势，光伏发电成本将以超过预期的速度下降。从国内来看，预计在2015年前后，发电成本可以达到0.7元/千瓦时，与东部地区工商业用电价格达到一致，国内市场开始快速发展；在2020年前后，发电成本可以低于0.6元/千瓦时，与全国大多数地区常规电力价格一致，太阳能光伏发电进入迅猛发展期，并成为重要的能源供应来源。

2. 能源替代作用逐渐突出

虽然相对于核能、水能和风能等非化石能源，我国太阳能光伏发电还处于起步阶段，但国内太阳能光伏发电市场的市场空间非常巨大，其对能源供应的贡献将逐步提高。

从近期看，我国太阳能光伏发电项目建设规模将持续扩大。其中，第二轮光伏电站特许权招标项目、西藏光伏电站工程建设将继续推进；金太阳示范工程将继续支持城市建筑推广太阳能光伏发电；户用光伏系统或独立光伏电站将进一步解决无电人口集中地区的用电问题；从长远看，我国太阳能光伏发电市场空间广阔、潜力巨大，具有至少上亿千瓦的市场潜力。在即将公布的“十二五”可再生能源规划中，初步预计2015年我国太阳能光伏发电安装量将达到1500万千瓦，年均安装量达到300万千瓦左右。

3. 政策体系不断完善

由于太阳能光伏发电成本仍然是常规电力的数倍以上，政府补贴政策将是未来较长一段时期内我国太阳能光伏发电规模化应用的最主要驱动力。从金太阳示范工程到光伏电站特许权招标工程，再到光伏发电上网电价的公布，我国太阳能光伏发电补贴政策正在摸索中不断完善。随着未来“十二五”可再生能源规划以及相关配套措施的出台，未来3~5年我国太阳能光伏发电的政策将会更具操作性和系统性，并将直接带动国内太阳能光伏发电市场大规模发展。

4. 行业监督和管理逐渐加强

针对太阳能光伏发电产业发展存在的突出问题，预计太阳能光伏发电产业的政策引导将逐步加强，与市场配套的产业体系建设将加速进行。其中在行业管理方面，多部门协调机制将逐步建立并健全，行业监管在按照市场需求自主发展产业的原则下将逐步加强；在行业自律和产业发展方面，行业协会、行业团体和研究机构的作用将得到有效发挥，行业自律水平提高；在配套体系建设方面，以我国自主知识产权为基础的标准、检测、认证和监测制度将不断完善，行业的规范化和标准化发展值得期待。

（二）太阳能热发电

1. 技术创新促使成本继续降低

我国太阳能热发电示范工程建设将推动产业技术创新，尤其是应用技术和产品生产技术加快发展，也将带动高温真空管、镜面、跟踪装置等相关产品的产业化生产和推广，从而推动太阳能热发电的系统成本下降。近期将主要针对目前投入建设的太阳能热发电站和国外的相关工程建设，发展我国的太阳能热发电配套产品的生产，逐步孕育我国的太阳能热发电产业。

2. 商业化工程逐步启动，电站的大规模化发展是趋势之一

我国首个太阳能热发电特许权项目的开工建设将引导相关的商业化的热发电示范工程的建设，为将来太阳能热发电的进一步发展积累经验。目前，降低太阳能热发电成本的必要途径是规模化，机组容量越大，则电站的综合效率就会越高，单位投资成本及度电成本就会越低，国外公布的正在建设和规划的太阳能热发电厂的装机容量和规模都在不断扩大。

3. 与常规能源电厂联合运行

太阳能热发电系统与常规能源电厂（在我国主要是与火电厂）联合运行，将是未来太阳能热发电的主要应用形式。这种联合运行系统可以高效利用太阳能热发电系统提供相对的低温、低压水蒸气，结合常规能源电厂的高温、高压热源，可以大大提高系统的综合运行效率。

（三）太阳能热利用

1. 新技术产业化加快，成本下降

随着市场竞争的加速，目前市场已经出现的中高温真空集热管、集热器、建筑一体化产品等新技术和新产品将加速产业化进程，以满足市场的需求，抢占市场份额，而随着市场的扩大，产业化的推进，产品的成本将得到下降，从而使得规模化大型热利用系统可以大范围推广，也使得太阳能热利用的应用空间拓展和产业的进一步快速发展具备了产品基础。

2. 太阳能热利用应用范围逐渐拓展，能源替代作用逐渐突出

将来随着太阳能集热技术的提高，太阳能热水系统技术的完善，太阳能热水系

统的应用范围将逐渐由家庭、公共建筑用热水，扩展到工业应用领域，为一些需求热水的行业（如印染行业、陶瓷行业等）提供用热需求，这为太阳能供热水提供了广阔的发展空间。因此，需要积极提高太阳能系统，尤其是大规模太阳能集热系统的系统集成能力，发掘工程运作的商业模式，扩展太阳能热利用的应用范围。

太阳能热利用的应用发展趋势是围绕建筑节能和工业用热领域，开拓新的应用方式，目前已经建成相关的商业化太阳能取暖、工业用热的示范工程，为下一步的规模化应用奠定了基础，需要进一步推动新型系统的规模化利用和系统的集成能力提升。建筑能耗在我国终端能源消耗中占近30%的比重，而建筑能耗的80%以上是热能消耗，其中建筑供热、采暖能耗占的比重最大，而这部分热能大部分可以采用太阳能热利用技术来提供。因此，太阳能热利用技术对实施建筑节能有巨大作用，特别是太阳能供热、采暖综合利用系统具有更为明显的能源替代作用。未来将加大对中高温集热器的产品研发和装备制造的支持力度，实现中高温集热器的规模化生产；加大对平板集热器及其生产装备的研发力度，重点发展易与建筑结合、分体、承压的热水系统，加强太阳能建筑一体化技术的推广与应用。

3. 完善产业体系建设，提高产业自动化水平，加强产品质量监控

太阳能热利用产业需进一步完善产品质量控制体系，包括标准、检测、认证等，引导产业健康发展。加快产业生产自动化水平的提高，重点支持真空管全自动生产线的研发和生产，实现全部工艺的连续生产和自动控制，提高产品质量。尽快规范产品售后服务体系，对施工安装和售后服务提出明确要求，加强监管。

参考文献

[1] 黄其励，李俊峰，殷志强等．中国能源中长期发展战略研究——可再生能源卷．北京：科学出版社，2011：165~243

[2] 梁志鹏，罗振涛等．中国太阳能热利用产业发展研究报告（2008~2010），2010：10~23

[3] 王仲颖，任东明等．中国可再生能源产业发展报告．北京：化学工业出版社，2011：69~87

[4] Janet L S，Eric M. Renewables bounced back in 2010，finds REN21 global report. 2010. http：//www. renewableenergyworld. com/rea/news/article/2011/09/renewables-bounced-back-in-2010-finds-ren21-global-report［2011-09-29］

[5] Joanna C，Giorgia C. Global Market out look for photovolaticsutill 2015. 2011. http：//www. epia. org/publications/photovoltaic-publications-global-market-outlook. html［2011-12-20］

[6] Weiss W，Mauthner F. Solar Energy Heat Worldwide（2011），2011. Austria，IEA，10~39

Progress and Trends of Solar Energy Industry

Wang Zhongying, Sun Peijun, Zhu Shunquan
(Energy Research Institute, NDRC)

The international solar energy industry, including PV which has a blooming global market, sharply decreased product prices and expanding manufacturing capacity, solar power with evolving technologies and solar thermal energy which enlarged both its scope and scale coordinately, developed very quickly since 2000. At the meantime, the domestic solar energy industry, along with the development of international solar energy industry, especially for PV and solar water heating, has established a well-designed manufacturing chain and a continuously improved industry system, but is still facing some shortcomings from ineffective technology innovation, poor industry service system as well as the lack of a whole framework of supporting policies. The solar energy industry with its decreased price, advance technologies, improved service system and sufficient policy support, could play an important role in future green energy system before our estimation.

3.10 生物质能产业发展现状和趋势

胡润青[1]　窦克军[2]　秦世平[1]
([1] 国家发展和改革委员会能源研究所；[2] 中丹可再生能源发展项目)

生物质能通常是指直接或间接地通过绿色植物的光合作用，把太阳能转化为化学能后固定和贮藏在植物、动物和微生物等有机物生物体内的能量。生物质能一般可转化为常规的固态、液态和气态燃料，是一种可再生能源，同时也是唯一可再生的碳源。有机物中除矿物燃料以外的所有来源于动植物的能源物质均属于生物质能，通常包括林业废弃物、农业废弃物、水生植物、油料植物、城市和工业有机废弃物、动物粪便等。长远来看，生物质能源受制于资源的约束，产业规模可能会小于风电和太阳能利用。但由于生物质资源和应用的独特性，在妥善处置废弃物、替代液体燃料、电力调峰等方面存在较大优势，在延长农业产业链、增加农民就业机会和收入、建设社会主义新农村等方面能够发挥较大作用，因此应积极开发利用生物质能。

一、国际生物质能产业发展现状

目前，世界上技术较为成熟、实现规模化开发利用的生物质能主要包括生物质发电、液体燃料、燃气和成型燃料等。

1. 生物质发电技术成熟是主要的生物质能应用技术

生物质发电技术包括生物质直燃发电技术、生物质与煤混燃发电技术、生物质气化发电技术、生物质沼气发电技术。生物质发电技术成熟，应用广泛，到2010年底，全球生物质发电装机容量已达到6200万千瓦。

目前，美国处于全球生物质发电量的领先位置，2010年装机容量达到1040万千瓦（不包括城市有机废弃物），发电量为480亿千瓦时。美国生物质发电的原料主要来自农林废弃物和用作燃料的黑液。未来美国将重点支持生物质发电原料供给系统、高效的生物质直燃发电设备、混燃发电设备的研发和生产。欧洲以生物质热电联产为主，能源利用效率高，以煤和生物质混燃发电项目较多。丹麦的秸秆直接燃烧发电技术和芬兰的生物质流化床锅炉发电技术居国际领先水平。2010年年底，德国生物质发电量占电力消耗总量的5.5%，是仅次于风电的第二大可再生能源。瑞典的生物质供热发电量占全国能源消费总量的16.5%，占全国供热能源消费总量的68.5%。

2. 成型颗粒燃料得到广泛的应用

生物质固化成型燃料是将农作物秸秆、稻壳、木屑等农林废弃物粉碎后，送入成型器械中，在外力作用下压缩成需要的形状，作燃料直接燃烧，也可进一步加工形成生物炭。

2010年，全世界生物质成型燃料产量超过1500万吨，规模化利用主要集中在欧洲和北美地区，主要用途是作为供热燃料。在瑞典的供热能源中，生物质成型燃料占70%左右。

3. 生物质燃气稳步增长

生物质燃气主要包括沼气和采用热解技术以生物质为原料生产的燃气。近年来，欧洲沼气产业发展迅速，沼气经提纯压缩后进入天然气管道，或作为车用燃料。截至2010年，欧洲沼气工程已超过4000座，沼气发电装机容量超过2000万千瓦。德国已成为世界沼气产业的领导者，拥有先进的沼气设备制造技术，并构建了较为完善的标准、服务、政策体系；在瑞典，沼气作为汽车燃料使用已形成一定规模。

4. 生物液体燃料——最具潜力的清洁替代燃料

生物液体燃料是唯一能够替代石油的可再生能源，备受美国及欧洲等国家和地区的关注和支持。随着国际石油市场供应紧张和价格上涨的影响，发展燃料乙醇和生物柴油等生物液体燃料成为替代石油燃料的重要方向。目前实现较大规模应用的是以甘蔗、玉米和薯类为原料的燃料乙醇和以植物油脂为原料的生物柴油。纤维素乙醇生产技术是新一代的燃料乙醇生产技术，尚处于研发阶段，预计将在2020年以后获得突破，届时可使用农作物秸秆等生物质原料生产燃料乙醇，大规模地替代车用燃油。

2010年全球生物液体燃料使用量约8000万吨，其中燃料乙醇6800多万吨，巴西的车用汽油已经全部由乙醇汽油替代，生物柴油在欧洲达到了较大利用规模。

美国是世界第一大燃料乙醇生产国，主要是利用玉米生产燃料乙醇。作为全球生物燃料的领导者，美国生物乙醇生产能力和生产量保持快速增长的态势，2010年美国乙醇生产量已达3900万吨，约是2000年产量480万吨的8倍。巴西是世界上第二大燃料乙醇生产国，主要是利用甘蔗生产燃料乙醇，目前巴西所有的车用汽油已全部采用乙醇汽油。

欧盟是全球生物柴油最大的生产和消费地区。根据欧盟的发展目标，欧盟成员国2010年和2020年生物液体燃料在车用燃料中所占比例要分别达到5.75%和10%以上。为了实现欧盟设定的目标，欧盟各国都实施了一系列的政策和措施，推动生物柴油的发展。2010年欧洲生物燃料消耗量大约为1390万吨，比上一年增长13.6%。但2010年欧盟生物柴油消费量在车用燃料消费量中的比例不到4.7%，未能达到设定的5.75%的发展目标。

二、国内生物质能产业发展现状与问题

我国生物质能资源丰富，应用方式多种多样。2010年，我国生物质能利用总量为2130万吨标准煤，占非水可再生能源的35%，与风电和太阳能形成了三足鼎立的局面，成为可再生能源利用的重要组成部分。

经过“十一五”时期的培育，我国生物质能产业逐步成长壮大。2010年我国生物质能产业年产值近1000亿，就业人数将近80万，并初步形成了生物质能产业发展架构。

在直燃发电领域，国家实施固定上网电价政策（0.75元/千瓦时），应用规模迅速扩大，效益开始逐步显现。在成型颗粒燃料领域，国家实施生产补贴政策，产业规模和企业积极性不断提高，现阶段已从产业初创期进入快速增长阶段。在生物质

沼气领域，近年来国家投入累计超过230亿，户用沼气和中大型沼气工程应用量大幅度提升，沼气产业得到迅猛发展。在生物液体燃料领域，国家坚持“不与人争粮、不与粮争地”的原则，大力发展以陈化粮、木薯为原料的非粮生物液体燃料，并在纤维素乙醇和航空生物燃油等前沿技术领域进行了探索。

（一）产业发展现状

生物质发电是我国最成熟和应用规模最大的生物质能技术，产业发展迅速。国家非常重视生物质发电产业的发展，连续出台了一系列的激励政策，推动生物质直燃发电项目的发展。2006年，国家开始实施生物质直燃发电电力在当地燃煤脱硫标杆上网电价的基础上补贴0.25元/千瓦时的电价；2009年，国家开始实施统一的生物质发电固定上网电价（0.75元/千瓦时）政策。这些激励政策的实施对生物质直燃发电产业的发展起到了积极的推动作用。我国第一个装机容量为2.5万千瓦的生物质直燃发电项目于2006年年底投产；到2010年底，生物质直燃发电总装机容量已达190万千瓦。在此期间，生物质直燃发电产业受生物质原料收集价格高企和经济效益低下等问题的困扰和考验，目前已经进入“重视资源、合理布局、讲求效益”的理性发展阶段。

沼气作为我国农村地区清洁能源的主要组成部分和连接养殖与种植业的资源循环利用的纽带，多年来一直受到各级政府的重视，成为许多地方经济发展的增长点和新农村建设的抓手。沼气产业规模不断壮大，截至2010年年底，我国农村户用沼气4000万户，占适宜农户总数的33.3%。全国沼气生产工已达27万多名，各类沼气生产和服务企业4000多个，实现产值260多亿元；农业废弃物沼气工程达7万余处（图1），年产沼气约10.54亿立方米；户用沼气池和大中型沼气工程的年沼气利用总量约为140亿立方米，约折合1000万吨标准煤。

我国生物质成型燃料尚处于产业化发展初期，近年来通过技术改进和不断创新，主要设备已经实现国产化，生物质成型燃料初步呈现良好发展势头。2010年，我国专业生产生物质成型机生产厂家约60家，年销售生物质成型机约450套（台），产值1.6亿元；生物质成型燃料生产厂约250家，生物质成型燃料年产量超过350万吨，年产值约为19.2亿元。

我国的燃料乙醇产业始于20世纪90年代，2000年以后进入快速发展时期。经过几年的试点和推广使用，我国在乙醇汽油的在生产、混配、储运及销售等方面已拥有较成熟的技术，燃料乙醇年生产量已从2005年的102万吨增加到2010年的184万吨，成为继美国和巴西之后的世界第三大燃料乙醇生产国。2010年，我国燃料乙醇产业的总产值约为142亿元，就业人数达3.4万人。在“不与人争粮，不与粮争地”

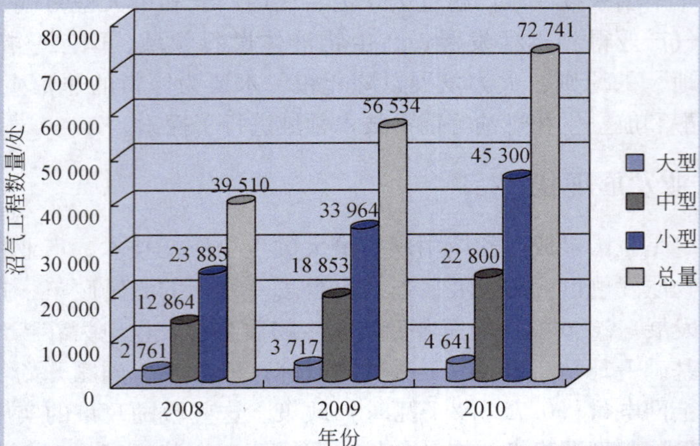

图 1　我国农业废弃物沼气工程

资料来源：王仲颖．中国可再生能源产业发展报告 2011．国家发改委能源研究所．2011

的发展原则下，目前我国燃料乙醇的生产原料以陈化粮、木薯为主，生物质纤维素燃料乙醇生产技术尚处于研发阶段。在生物质纤维素燃料乙醇技术获得突破之前，我国燃料乙醇的生产规模不会有大的变化。我国已开始筹划启动万吨级的纤维素乙醇示范项目，意味着我国已经开始进入第二代生物燃料的商业化示范阶段。

2011 年，我国生物柴油产能约为 150 万吨/年，全年产量仅为 50 万吨左右。我国生物柴油生产主要以废弃油脂为原料，由于原料供应不足以油料作物为原料的生物柴油生产开工率不到 30%。2011 年年末，我国在航空运输中首次在飞机燃料中掺入生物柴油，实现了历史性突破。但是，生物柴油产业的规模化发展需依赖生物柴油能源林的培育和规模化种植，而我国的能源林选种、育种工作尚处于起步阶段。

（二）产业发展现存问题

总体来看，我国大多数生物质能技术尚处于初级阶段，在资源评价、技术研发、装备制造、市场监管、激励政策等方面都存在着一些问题。

（1）资源评价方面，缺乏细致深入的资源调查和评价，对资源收集过程中存在的问题估计不足，造成项目原料供应紧张等问题。

（2）技术研发方面，缺乏持续的技术研发，核心技术领域缺少自主知识产权，且技术的产业化和商业化转化程度低，缺乏持续发展的动力。

（3）装备制造方面，我国的生物质能设备制造业还没有形成独立的产业制造体系，关键零部件配套能力低，大型核心设备的总体设计和集成技术与国际先进水平有一定差距。

（4）监管方面，尚未制定实施有效的土地、环保相关标准和经济约束指标，缺乏生物质能各类转化技术的科学分析评价，缺乏系统的技术人才培养体系。

（5）激励政策方面，仍缺乏透明、清晰的生物质产业政策、市场体系和产业发展路线。

生物质能技术种类多，各种技术所处的发展阶段不同，技术成熟度、产业化能力、经济性等都有很大的不同，具体分析如下。

1. 生物质发电

我国生物质发电产业虽然发展前景广阔，但资源开发利用不均衡和原料收储运体系缺失仍制约着生物质发电产业的发展。发电能力依然较低，生物质发电装机容量在可再生能源发电中仅占0.5%，远低于25%的世界平均水平。

虽然生物质与煤混燃发电项目的发电效率高、应用规模大、对燃料成本有一定的调价作用，但由于缺乏必要的计量监督机制和手段，生物质混燃发电项目尚不在生物质发电固定上网电价的激励范畴内。生物质混燃发电项目的计量监督机制的设计和实施也是下一步国家应着力推动和落实的工作。

2. 沼气工程

沼气工程项目主要受到项目规模小、资源量不确定、投资成本高、缺乏大型设备行业标准，以及可操作的支持政策等因素的影响，目前大中型规模化畜禽养殖场建设沼气项目不足总数的10%，尚未形成规模化发展效益。另外，大量沼渣沼液的回收利用问题尚未有效解决，沼气发电规模偏小、并网困难等问题都在制约着沼气工程项目的规模化发展利益。

3. 成型燃料

成型燃料在我国处于发展初期阶段，成型燃料生产的核心设备为成型机，目前成型机的稳定性、能耗、原料适应性等指标已经取得了重大突破，易损件的寿命也有大幅度提高，与发达国家同类产品相比，主要是装备的自动化程度较低，总体差距不大。目前影响产业发展的主要存在两大问题：一是装备领域尚未形成行业标准，不利于行业装备的规范发展；二是生物质成型燃料的市场准入尚有较大阻碍，许多城市不允许生物质成型燃料用于城市供热，对生物质成型燃料的规模化利用造成一定阻碍。

4. 生物液体燃料

生物液体燃料在原料供给和生产技术两个方面都存在重大制约。尽管国家发展非粮燃料乙醇的方向已经非常明确，但现有非粮原料的供应十分有限。燃料乙醇非粮原料供给链的建设和完善，是燃料乙醇产业发展的保障前提。现有木薯、甜高粱的种植还远未达到非粮乙醇产业化生产所需要的规模，产量无法满足燃料乙醇生产的要求，无论是种植品种、种植布局，还是单产和总产都存在问题，严重制约着非粮乙醇产业化的进程。纤维素乙醇技术的原料供应没有问题，但生产技术尚处于研发阶段，主要存在高效、低污染原料预处理以及低成本纤维素糖化酶两大技术问题尚未得到解决，要实现技术突破尚有很长的路要走。

我国生物柴油产业主要受制于原料供给。目前缺乏原料收集保障体系，麻风树和黄连木等生物柴油专用能源作物的原料供应产业化仍需较长周期，生产企业没有可靠的原料来源保障。另外，具有可操作性的生物柴油国家标准尚未形成，生物柴油仍未正式进入交通燃料应用领域，产业链尚未成熟。

三、生物质能产业发展趋势

（一）产业发展趋势

生物质能源融入传统能源，成为国家能源战略体系的重要组成部分，是生物能源产业发展的必然趋势。目前，我国生物质能源产业存在的利用规模小、专业化程度低、市场准入难等问题，制约了生物能源产业与化石能源一体化发展的进程。

“十二五”时期，我国生物质能发展思路是：推动生物质能源的规模化发展，在电力、供热、农村生活用能等领域初步实现生物质能的商业化、规模化利用，在交通能源领域扩大生物质液体燃料替代石油燃料的规模和水平；形成较为完整的生物质能产业体系，生物质能利用技术和重大装备技术能力显著提高，出现一批技术研发能力强、规模较大的新型生物质能企业。

推动我国生物质能发展，一是要加快生物质原料基地建设和生物质原料的专业化回收、储藏、运输体系建设，形成具有中国特色的生物质能源产业的原料保障体系；二是要全面提升生物质能源产业在原料供应、能源转换和能源利用等各个环节的装备保障能力；三是要鼓励新一代生物质能源利用技术的研发和产业化示范工程建设，进一步缩小与发达国家在生物质能源领域的技术差距；四是要建立健全生物质能源标准体系，为生物质能源提供良好的市场环境；五是要完善生物质能源利用政策体系，为生物质能源产业发展营造规范有序与传统能源一体化的外部环境。

（二）技术发展趋势

1. 生物质发电

生物质发电项目受资源条件的制约，在生物质资源相对集中地区，优先发展中型生物质直燃/混燃发电和生物质热电联产项目，生物质资源相对分散区域（如广大农业区）灵活发展中小型生物质或与煤混合燃烧发电，在大中城市发展城市有机垃圾直燃发电或填埋产生的沼气发电。

2. 沼气工程

装备的标准化是沼气产业实现规模化发展的必然趋势。随着社会经济水平的不断提高和畜禽养殖集中化，大中型禽畜养殖场等沼气工程，采用集中工业化处理模式、兆瓦级大型沼工程的热电联产供将是未来农村沼气的利用和发展方向。另外，沼气净化作为车用燃气具有极大开发应用潜力。大型沼气工程将实现废弃有机垃圾的全回收利用，由此带来巨大的社会效益和环境效益。

3. 生物质成型燃料

随着城市节能减排力度加大和农村清洁能源利用水平的提高，对生物质致密成型燃料的需求将日趋增大。随着技术的发展、生产成本的降低，成型燃料产品的竞争力逐步增强，将作为替代城市供热锅炉燃煤和农村生活用能的原料之一，在资源富集地区将具有很大的市场发展空间。

4. 非粮生物液体燃料

“不与人争粮，不与粮争地”仍是发展生物液体燃料的基本原则。近中期我国发展生物液体燃料的技术路线以甜高粱、木薯、甘薯等低质糖类和淀粉类作物为原料，未来主要以纤维素为原料制备乙醇。“十二五”时期是我国纤维素乙醇产业发展的关键时期，将由千吨级中试规模向万吨级商业化规模发展。生物柴油产业要实现规模化的发展，能源林的规模化培育是重点。此外，生物质合成燃料和裂解油、藻类生物柴油、微生物制氢等先进生物燃料未来应用前景也将十分广阔。

参 考 文 献

[1] 王仲颖．中国可再生能源产业发展报告2011. 北京：化学工业出版社，2011

[2] Dinneen B. Ethanol lndustry Outlook，Renewable Fuels Association，2011

[3] Flach B. Brief Analysis of the EU National Plans，FAS/The Hague，2010

[4] Sawir J L. Renewables Global Status Report，REN21 Secretariat and Deutsche Gesellschaft für Internationale Zusammenarbeit（GIZ）GmbH，2011

[5] Sikkema R. The European wood pellet markets：current status and prospects for 2020. Biofuels Bioprod Bioref，2011，5：250～278

Progress and Trends of Bioenergy Industry Development

Hu Runqing[1]，Dou Kejun[2]，Qin Shiping[1]

（[1]Energy Research Institute，NDRC；

[2]Sino-Danish Renewable Energy Development Programme）

Bioenergy technologies，including biomass power generation，biomass pellet，biogas and biofuel，have been widely utilized in the world. In China，bioenergy utilization is not only being taken as an energy supply source，but also playing important roles on treating waste，substituting liquid fuel and increasing farmers，incomes. This paper introduces the progress of biomass energy technologies and industry globally and in China，analyzes the barriers of each biomass technology development in China and forecasts the biomass development trends in the aspects of technology and industry trends.

3.11 新型功能材料技术现状及发展趋势

翁 端 冉 锐 马 静

（清华大学）

一、新型功能材料技术现状及发展趋势

新型功能材料是新材料领域的核心，种类繁多，用途广泛，有着十分广阔的市场前景和极为重要的战略意义。目前，新型功能材料的研发投入约占全球新材料研

发投入总经费的85%。面对资源枯竭、环境污染和人口膨胀的巨大压力，新型功能材料的研究与应用技术发展日新月异，新型功能材料技术已经成为部分发达国家强化经济和军事优势的重要手段。

在电子信息材料领域，随着集成电路向超大规模发展，半导体硅片尺寸呈现不断增大的趋势。从全球范围来看，直径200毫米的硅片生产量最大，直径300毫米的硅片生产量以30%以上的速度增长，但直径450毫米硅片应用前景仍不确定。关于硅基SOI材料，薄膜SOI市场大部分为8～12英寸SOI圆片市场。目前世界上智能切割SOI片是所有SOI材料中产能最大的，达到全部SOI销售量的50%以上。关于砷化镓和氮化镓材料，日本是最大的砷化镓生产国和输出国，占世界市场的70%～80%；美国砷化镓生产技术处领先地位，目前已拥有数条6英寸砷化镓生产线；大直径（6～8英寸）半绝缘砷化镓（Si-GaAs）技术快速发展，日本已经成功研制出4英寸70厘米长、6英寸35厘米长和8英寸的Si-GaAs。此外，美国、日本等在SiC和GaN方面的研究也相对成熟。

在新能源材料领域，各类光伏材料及器件、储能材料（电池材料）都是世界各国政府及科学家关注的焦点，各国投入大量人力物力进行相关材料研发。例如，硅材料是太阳能电池的核心材料，占光伏产业原材料市场份额的90%以上。其中多晶硅材料的主要生产厂家大部分采用先进的改良西门子法，其主要工序采用计算机控制，装备水平和综合利用程度较高，成本低，经济效益高，环境污染少，具有明显的竞争优势。

新型电池中的电极材料、隔膜材料、电解液等的发展是保证电池具有大容量、长寿命等优势的关键。锂离子正极材料已经从单一的钴酸锂发展到锂钴镍锰氧三元系、尖晶石锰酸锂和磷酸铁锂等多种材料并存局面。层状富锂材料和高电压正极材料正处于开发阶段，安全性能和循环性能在日本和韩国均已得到解决。目前，国外磷酸铁锂的生产以Phostech公司的P2产品性能最佳，尖晶石锰酸锂的生产主要在日本，如GS-Yuasa公司生产的EV用锂离子电池。锂离子电池用的电解液、隔膜等主要被日本、美国等的公司垄断。

生物材料及其产品目前主要应用于医疗领域。由于用途特殊，该类材料要求同时具有良好的生物相容性和环境相容性。关于介入性生物材料，国外已掌握血管支架不锈钢316L和钴铬L605、镍钛合金管材的生产工艺，并开始进行可降解金属支架开发与临床实验；介入治疗用输送器械的基础必备耗材——导丝也主要由美国Cordis公司、日本Terumo公司等国外医疗器械公司垄断。关于组织修复材料，主要包括治疗或替换机体的组织、器官或增进其功能的材料，市场巨大并呈逐年增长态势，国外在此领域的技术较为先进，且产品更新速度很快。

在航空航天材料领域，无论是铝合金、钛合金、镁合金，还是碳纤维复合材料，美国、日本等的研究水平都居世界领先水平。

环境材料是指绿色建材、环境治理材料等同时具有满意使用性能和优异环境协调性，或者能够改善环境的材料。关于建筑材料，国外建材行业大多使用绿色化技术，提高矿山的综合利用率，基本可以做到“无剥离”和“零污染”，同时还进行旧矿山的环境再造修复工作；在产品制造过程中，采用粉煤灰、赤泥、废轮胎等工业废弃物和尾矿等替代建筑材料生产中的原料、燃料；在生产过程中，注重节能技术开发和减排技术的研究实践；在产品使用过程中，注重研发多功能室内外环境建筑材料，如能吸附带臭味分子的硅藻土涂料，可杀菌、防霉的陶瓷材料等。高净化效率、长寿命、抗中毒等特种功能净化材料（包括催化材料、过滤材料、载体材料等）是大气污染物净化技术的关键。大气污染物净化技术的竞争，核心是高性能环境治理材料技术的竞争。国外对大气污染物净化技术的研究也很早，且制定了非常严格的废气排放限制法规。在政策和技术发展的双重推动下，目前欧洲、美国等都已具备非常成熟的废气净化用关键材料技术以及系统集成技术，可同时脱尘、脱硫和脱硝，在机动车尾气以及挥发性有机物（VOC）的治理方面也有非常成熟的成套技术。

二、我国新型功能材料产业技术现状与问题

随着国民经济和国防建设的不断发展，我国在功能材料及其应用技术领域取得大量突破性进展。总体来看，“十一五”期间，我国新型功能材料产业发展迅速，产品种类日益丰富，产业规模平稳增长，经济效益显著提高，一批具有国际竞争力的企业和产业集群初步形成。

（一）我国新型功能材料产业技术现状

1. 我国功能材料种类日益丰富，产业规模保持平稳增长，经济效益显著提高

我国已经初步建立国民经济发展急需功能材料产业创新体系，涌现一大批具有自主知识产权和核心技术的新材料产品，部分关键新材料品种的质量、工艺技术和技术经济指标达到新水平。

在信息材料和新能源材料等领域，国内企业依靠自主创新和技术引进，产品结构不断完善，不但满足了国内发展的需求，也在国际上占据了重要地位。例如，我国锂离子电池产量已占世界总产量的约20%；我国钕铁硼磁体年产量占世界总产量

的约40%，居世界第一位，并开始争夺高端应用市场。国内芯片制造行业向高端迈进，我国集成电路芯片已具备8英寸或12英寸，线宽0.25~0.11微米的规模生产技术和生产能力，其中8英寸以上的高端生产线已经发展为国内芯片制造行业的主体。线宽0.25~0.18微米的芯片技术目前已逐步成为芯片制造业的主流技术，较先进的生产线制造技术可提升到0.13~0.11微米。

在生物材料领域，随着政府的重视和投入的不断增加，近十几年来一直保持较高增速，取得了一批较高水平的研究成果，例如，生物活性骨、关节系统替换材料、人工心脏瓣膜等心血管替换材料，以及眼科手术用高分子复合材料等。

在航空航天材料领域，我国钛合金工业的发展经过了50余年的发展形成了较为完整的工业体系，装备和产品水平均显著提高，尤其在大规格钛合金材料加工等方面取得的突出进展，使我国在逐步成为世界钛强国的路上迈出了重要一步。我国研制生产的部分高强高韧铝合金、铝锂合金、喷射沉积快速凝固铝合金的性能也已达到国际先进水平，为我国航空航天领域的发展做出了重要贡献。在国家的积极推动下，T300级碳纤维实现了规模化生产，目前产能超过3万吨/年，国产化产品已陆续进入市场，部分已在若干军工装备型号上得到应用。T700级碳纤维及其工程化技术实现了技术突破，预计三年内将有T700级碳纤维产品批量上市。此外，目前我国还基本掌握了T800级高强中模和M50J级高强高模碳纤维的制备技术，有效缩短了与国际先进水平的差距。随着我国节能减排工作的深入推进，节能环保材料产业正迎来历史性发展机遇，成为“十一五”时期发展最突出的产业之一。另外，在超导材料、纳米材料、半导体照明等新材料领域，我国产业实现了从无到有的历史性转变，已经逐步建立产业体系，形成一批拥有自主知识产权的技术产品，有效遏制了国外企业对国内市场的垄断。

2. 一批具有国际竞争力的企业和产业集群初步形成

新型功能材料产业的快速发展，带动了相关产业和配套产业的大力发展，形成一大批新材料产业集群和龙头企业，推动形成具有鲜明区域特色和优势的新材料产业基地。目前，国家已经有20多个城市建成特色鲜明的新材料产业基地。例如，浙江宁波在半导体材料、钕铁硼永磁材料的研发和产业化方面已居全国前列；甘肃金昌、湖南长株潭、陕西宝鸡、重庆及山西太原等内陆地区依托资源优势成为航空航天材料、能源材料及重大装备材料的主要基地；大连、福州、宜昌等在光电新材料及电子信息材料领域具有较强优势；另外，河南洛阳、江苏连云港等地区的硅材料产业也呈现出良好的发展态势。

（二）我国新型功能材料产业技术问题

必须清醒地看到，目前许多高端功能材料的核心技术都掌握在外国人手中，我国许多新型功能材料技术与国际先进水平还有较大差距。主要表现在以下四方面。

1. 产业科技创新能力与发达国家仍然还有很大差距

尽管目前拥有自主知识产权的新材料产品及技术种类大幅增加，但以低端产品为主，高端产品领域缺乏国际竞争力，部分高附加值新材料还依赖进口。例如，世界先进的多晶硅生产技术一直由美国、日本、德国的七家公司垄断着，其中海姆洛克公司、瓦克公司和德山公司三家企业产量占世界总产量的68.4%，对国际多晶硅市场起着决定性作用；我国锂离子电池用的隔膜材料几乎依赖进口，尚未实现国产化；我国钕铁硼磁体年产量占世界总产量的约40%，但产品性能指标多在0.5特斯拉以下，而日本现在已经可以生产0.7特斯拉以上的钕铁硼磁体产品；我国生物医用材料，如导丝、心脏介入（室间隔缺损）封堵器、口腔种植体材料、人工软组织材料等，仍然大量依赖进口；半导体照明材料的外延和芯片制造的关键设备，以及整套设备的系统化技术等都掌握在日本、韩国和欧洲企业手中。此外，极端服役环境条件下要求的高规格品种的硬铝合金、钛合金，以及碳纤维复合材料等也大部分需要进口，受制于人。

2. 资源能源消耗偏高，节能减排任重道远

2007年以来，我国整个材料工业大力倡导节能减排、清洁生产，但多年来材料生产和加工行业特点所决定的高能耗、高污染的状况不可能在短期内完全改变。我国在绿色建筑材料领域与世界先进水平相比也有较大的差距，主要是资源利用率低、能源消耗高、环境负荷重；基础工程耐久性无法满足不断提升的要求，也不能满足节能、智能化及太阳能建筑的需求。我国海绵钛生产过程中，能耗高、生产效率低和环境污染大，产品质量不稳定，优质品率低；而日本、美国和俄罗斯的海绵钛产品的铁、氧、碳和硅含量明显低于我国同级别的产品，且粒度均匀，质量稳定。

3. 部分新型功能材料产业竞争力不强

我国部分新型功能材料生产企业规模小、抵抗市场风险能力低、企业发展后劲不足，是制约新型功能材料产业发展的关键瓶颈。例如，我国平板显示产业链并不完善，许多配套的原材料仍以依赖外商为主，国产率低。我国碳纤维产业尽管发展了40余年，但加上沥青基活性炭纤维，总产能还不足全球总产量的0.4%，各种配

套跟不上，以至于目前我国航空航天和民用领域所需的高端碳纤维品种几乎全部依赖进口。此外，新材料产业化过程需要大量资金投入，但目前该领域多元化投融资体系尚未建立，且面向产业化服务的中介服务体系尚不完善，一定程度上制约了我国功能材料产业的发展。

4. 产业发展政策环境不完善

在新型功能材料产业领域，许多先进技术在发展初期往往成本较高，且很难给企业带来实在的经济效益，不宜于推广，这就需要政策的大力推动和支持。最典型的例子是环境材料的推广，以工业脱硝为例，尽管我国通过引进吸收国外成熟的 V_2O_5-WO_3/MoO_3-TiO_2 脱硝材料制备技术，已经实现了脱硝催化剂的国产化，但由于投资和运行费用较高，企业经营者的环保意识和社会责任缺失，在没有国家政策的强制要求下，火电厂、水泥厂等排放大户也很少安装脱硝装置。我国也直到“十一五”期间才相继出台限制火电厂 NO_x 和 SO_2 排放的相关法规。而许多欧美国家在 20 世纪 90 年代就已经开始普及推广。另外，随着机动车保有量的迅速增加，城市机动车污染物已经对大气环境造成了严重污染，而我国直到 2001 年才出台机动车尾气污染控制国Ⅰ、国Ⅱ标准，北京等城市在 2005 年、2008 年率先实施国Ⅲ、国Ⅳ标准，其余城市机动车尾气控制标准基本停留在国Ⅲ标准。相关的治理技术与关键材料的研发自然是大部分停留在国Ⅳ标准。而许多欧美国家早已经开始广泛实施相当于欧Ⅵ标准的排放法规，大大领先于我国的进程。

三、我国新型功能材料技术发展趋势

“十二五”时期，我国新型功能材料技术发展应聚焦于以下领域。

1. 电子信息材料领域

加速发展高纯硅材料以及其他半导体材料产业化的进程，加大新型芯片的研发力度，形成产业化规模，力争达到目前国际的产业和技术水平；重点发展大尺寸 LCD 背光照明材料产业，形成从原材料到器件加工再到最终产品应用的产业链，满足国内经济发展和社会需求。

2. 新能源材料领域

着力推动薄膜太阳能电池和新型高效二次电池产业的发展，形成我国高效能量转换与储能材料的标准与材料体系，全面提升安全高密度高压储氢、固态储氢材料技术水平。重点培育以动力汽车电池用高效储能材料、新型电池材料、燃料电池电解质膜材料等为核心的产业链或产业集群，带动相关产值达到2000亿元。

3. 生物材料领域

继续跟踪国际前沿研究，在带有活性的可降解材料、组织工程支架材料、纳米生物材料等生物医用材料和植入器械方面取得关键技术的突破，研发一批具有自主知识产权的重大专利产品和技术，提升产业技术创新和集成创新能力，提高现有量大面广的生物材料产品质量，并降低价格，从而提高国内市场占有率。

4. 航空航天材料领域

重点是发展航空航天高端应用的碳纤维复合材料，力争在宇航级高端碳纤维的核心技术和产业化规模上取得重大突破，达到和接近目前国外先进国家的水平。形成从树脂基体、纤维增强体到复合材料加工制造再到最终产品应用的各自领域的产业链，力争满足我国大飞机生产对复合材料需求的产业化规模。同时也根据各行业的需求，发展其他纤维复合材料。

5. 环境材料领域

一方面针对改善生活品质，重点开发墙体材料、安全保温材料、节能玻璃等新型节能建筑材料及其与相变储能材料等新能源材料的建筑一体化应用技术，为城镇绿色建筑提供新材料和新技术支撑；开发推广建材行业协同处置和利用城市废弃物成套技术，为绿色城市建设提供保证。另一方面针对环境保护，开发面向更严格排放标准的高性能机动车尾气、工业烟气净化用催化材料，例如高活性、耐硫型 NSR 催化材料、无钒 SCR 催化材料及 VOCs 催化材料。

参 考 文 献

［1］国家发展和改革委员会，中国材料研究学会．中国新材料产业发展报告（2010）．北京：化学工业出版社，2010：1～50，86～208，241～248

［2］师昌绪．在人生道路上．北京：科学出版社，2011：207～282

［3］中国科学院先进材料领域战略研究组．中国至2050年先进材料科技发展路线图．北京：科学出版社，2009：25～87

Progress and Trends in Novel Functional Materials

Weng Duan, Ran Rui, Ma Jing
(Tsinghua University)

Functional materials are considered as the special category of materials which own some specific functions and exhibit extremely high performance. The development of novel functional materials can effectively promote the evolution of science and technology, as well as the new industry. The present report mainly focuses on the progress of some typical novel functional materials closely related to resource and environment, human life and national defense, such as electronic information materials, new energy materials, bio- materials, aerospace materials and eco- materials. It also summarizes the bottleneck problems and the trends during the development of functional materials industry in China.

3.12 我国高性能纤维材料产业发展现状与建议

赵庆章
（中国纺织科学研究院）

当前，世界科技发展日新月异，高新技术产业快速发展，作为高新技术的基础和先导，材料技术作用日益凸显，高性能纤维以其独特的性能和广泛的应用获得快速发展并渗透到军事、航空航天、交通运输、建筑、医学、环保、体育等各个领域。

相对传统服用纤维而言，高性能纤维是具有特殊化学及物理性能的一类纤维，曾被特指为强度大于17.6厘牛/分特，弹性模量在440厘牛/分特以上的纤维。随着高性能纤维的发展，低于上述强度指标，但具有特殊性能的纤维也被归入高性能纤维的范畴。高性能纤维可进一步细分为耐腐蚀性纤维、耐高温纤维、抗燃纤维、高强高模纤维等。

近年来，高强高模纤维的需求增幅高达10%～16%，世界高性能纤维生产厂家数量以年均8%～15%的速度增长[1]。高性能纤维产业呈现出良好的发展前景。

一、高性能纤维产业发展现状

尽管高性能纤维新品种不断推出，但进入规模化生产阶段的产品不多。目前，碳纤维、芳纶和高强聚乙烯仍是高性能纤维的主要品种，其高端技术被发达国家垄断。

全世界高性能纤维的产能约为 23 万吨/年，其中碳纤维、芳纶、高强聚乙烯的合计产能近 20 万吨/年，约占高性能纤维总产能的 85%，如图 1 所示。近年来，聚苯硫醚和玄武岩纤维发展较快，产能已超 1 万吨/年，成为继三大高性能纤维后产量较大的品种。值得指出的是，聚苯硫醚和玄武岩纤维的新增产能大部分在中国，但由于处于起步阶段，其实际产量远低于产能。例如，我国的聚苯硫醚产能为11 500 吨/年，实际年产量在 2000 吨左右。

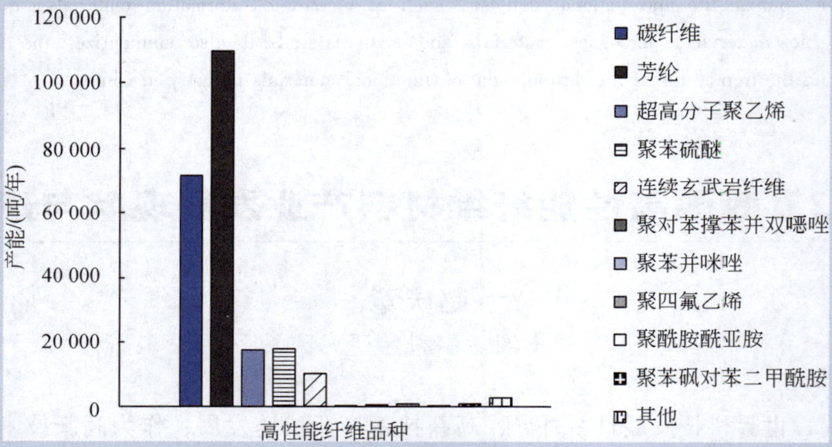

图 1　世界高性能纤维品种

目前，世界碳纤维总产能在 5 万吨/年左右，主要来自日本和美国。在碳纤维领域，日本占绝对优势地位，并通过合资或收购在欧美设厂，如美国东丽复合材料公司、东丽法国（SOFICAR）等公司，产能占世界总产能的 50% 以上（含在其他国家建的厂）。美国是碳纤维的第一应用大国和第二生产大国，产能占世界总产能的 1/3。我国碳纤维的产能约占世界总产能的 6%，实际产量约占世界总产量的 1%，且产品质量不稳定、品种单一，与国外仍有较大的差距，如图 2 所示。

对位芳纶由美国杜邦公司开发，也是重要的高性能纤维品种。目前，美国杜邦公司是芳纶生产的最大企业，其产能为 3. 65 万吨/年，约占世界总产能的 52%；其次是日本的帝人公司，其产能为 2. 6 万吨/年，占总产能的 37%。俄罗斯独立开发了对位芳纶的制造技术，但产量一直不大。我国近年来在对位芳纶的生产技术上已取得突破，实际产量在百吨量级，如图 3 所示。

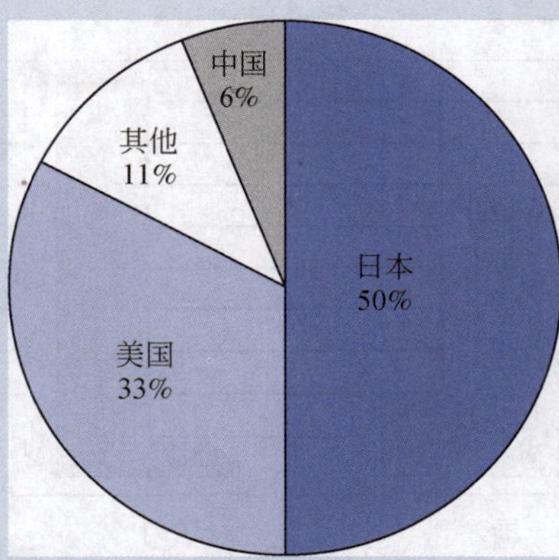

图 2　碳纤维产能分布

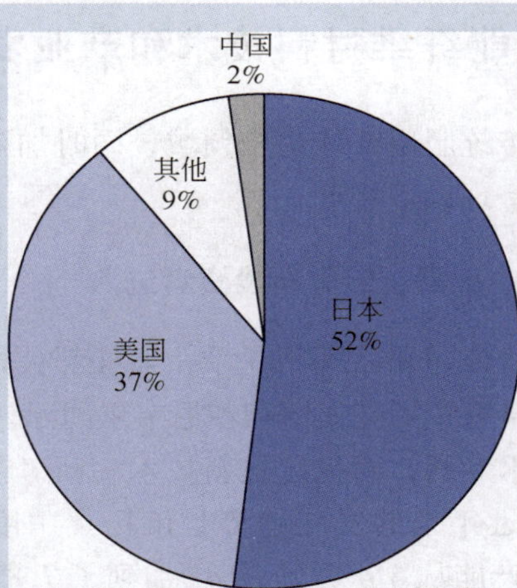

图 3　对位芳纶产能分布

高强聚乙烯制备有湿法和干法两种工艺，其产品各有特点，干法工艺生产的产品在强度和抗蠕变方面有优势，但技术难度较大。目前，我国高强聚乙烯的产能已经达到世界总产能的 56%，干法纺丝工艺的 300 吨级的生产线已投入生产，千吨级生产线正在建设。国外高强聚乙烯的生产以干法工艺为主，约占其产能的 80%，我国干法工艺仅占总产能的 3%。随着我国千吨级干法纺丝生产线投入运行，干法工艺有望得到较大发展。

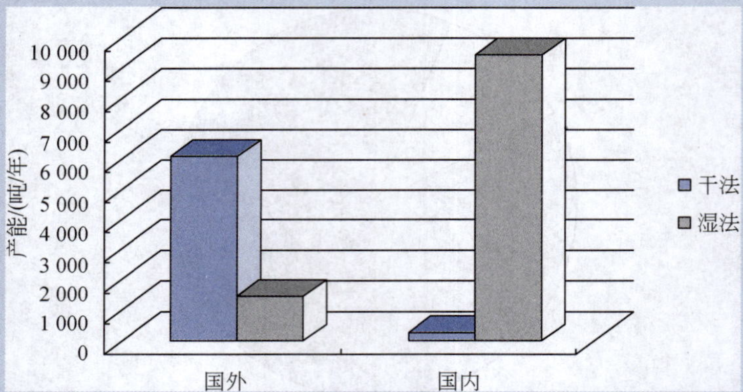

图 4　高强聚乙烯产能分布

二、高性能纤维材料技术和产业发展趋势

发达国家正逐步退出传统服用纤维生产领域，同时加强了高性能纤维的扩能力度，高性能纤维发展主要呈现以下特点。

1. 高性能纤维市场集中度高，鲜有新投资者进入

高性能纤维总是与著名公司和品牌相联系，如杜邦公司的芳纶、日本东丽工业株式会社的碳纤维、荷兰皇家帝斯曼集团和霍尼韦尔国际公司的高强聚乙烯纤维等，这些著名公司不仅拥有技术专利，而且注重新技术、新工艺的开发，使它们的产品始终处于市场领先地位。近年来的发展趋势是市场集中度在进一步提高。2008～2011 年，国外碳纤维的总产能从 6.4 万吨/年增加到了 7.8 万吨/年，除了土耳其的 Aksa 公司新增 1500 吨/年外，其他都是美日公司通过扩能来完成的。日本东丽工业株式会社投资 450 亿日元分别在法国、美国和日本扩大碳纤维的产能。由于生产高性能纤维的技术难度高、投入大、知识产权限制等方面的因素，在一定程度上限制了新投资者的进入，形成了与我国截然不同的发展模式。

2. 性能指标不断创新，并形成了系列产品

国外公司十分注重系列产品的开发，不断推出高指标的新品种。如日本东丽工业株式会社开发出了高强、高模、高弹性模量三大系列的几十个型号的产品，在高强系列中，从最初的 T300 发展到了今天的 T1000；在高模量系列中，从 M30 发展到

了 M50；在高弹性模量系列中，开发出了 M70J。在芳纶领域里，杜邦公司开发的 K129、K149 等新品种，其强度和模量都比早期型号的 K29 和 K49 有大幅度提高。此外，杜邦公司还开发了中等模量的 K68、K49HS、K-Ha、Kelar XP 等一系列新品种。每个品种的推出都意味着性能指标新的突破。

3. 扩大生产规模，降低生产成本

提高与普及是国外公司发展高性能纤维的两个方向，提高即不断提高产品的性能指标，普及即降低生产成本。国外公司正通过扩大单线产能和扩大生产规模来降低生产成本。在碳纤维生产方面，日本目前单线最大产能已经达到了 1800 吨/年（12K），最大的丝束已经达到了 540K。日本东丽工业株式会社已决定逐步淘汰 T300 类碳纤维，重点发展拉伸强度为 4000～5000 兆帕、价格与 T300 相当的碳纤维品种。同时，开发 T6005、T7005、T700G 类的大丝束碳纤维等[2]。

4. 注重应用研究，工业应用比例在不断增加

高性能纤维的开发大都起源于军事、航空航天等特殊领域，但这些领域的用量有限，工业应用是最大的潜在市场。以碳纤维为例，其应用领域大致分为体育、航空和工业。过去 10 年，航空、体育和工业三个应用领域的年均增长率分别为 9.4%、2.1% 和 10%，增长最快的是工业领域，2000 年和 2010 年体育、航空、工业应用的比例分别是 27∶15∶58 和 15∶16∶68，工业已经成了碳纤维的主要应用领域。芳纶和高强聚乙烯也如此，除了军事上应用外，骨架、传送带、绳索等工业方面的应用比例也在不断增加。高性能纤维在工业领域应用已成为重要的发展方向。

三、我国高性能纤维材料产业现状及问题

我国高性能纤维的研发起步不晚，但产业化技术的突破和高速发展主要在最近几年，目前我国已经具备了主要高性能纤维品种的年生产能力；但就总体而言，我们的产品还处于高性能纤维的低端。我国高性能产业的现状与问题归纳起来有以下特点。

1. 主要品种有重大突破

湿法高强聚乙烯纤维是我国最早实现产业化的高性能纤维之一，从 2006 年开始以上海斯瑞聚合体科技有限公司、北京同益中特种纤维技术开发有限公司、宁波大成新材料股份有限公司和湖南中泰特种装备有限责任公司为代表的生产厂陆续建成，

形成了近万吨的生产能力；2010 年中国石化仪征化纤股份有限公司 300 吨干法高强聚乙烯生产线投产，使我国高强聚乙烯的生产步入了世界先进行列。2004 年，烟台氨纶股份有限公司在国内率先实现间位芳纶的工业化生产，2009 年达到了 4300 吨/年的生产能力，成为世界第二大间位芳纶供应商。2011 年，1000 吨/年对位芳纶生产线投入运行，标志着我国对位芳纶产业化技术的重大突破。2008 年，中复神鹰碳纤维有限责任公司千吨级 T300 碳纤维生产线投产，2011 年，千吨级 T700 投入试生产。江苏恒神纤维材料有限公司 T300 千吨级相继开发成功使我国的碳纤维生产步入了工业化生产阶段。2009 年，四川得阳特种新材料有限公司和中国纺织科学研究院合作建成了 5000 吨/年国产 PPS 树脂及纺丝生产线。江苏瑞泰科技有限公司 4000 吨/年 PPS 纺丝生产线的投入生产，使我国成了 PPS 纺丝的主要生产国。浙江石金玄武岩纤维有限公司建成了年产 2500 吨连续玄武岩纤维生产厂，等等。这些生产线的建成投产标志着我国在主要高性能纤维的生产方面已经有了质的飞跃。

2. 民营企业已成为高性能纤维发展的重要力量

我国高性能纤维快速发展过程中一个不容忽视的事实是，多个高性能纤维的研究都始于高校和研究单位，多年未能产业化，恰恰是民营企业使这些成果开花结果。民营企业通过引进适用人才，在某种程度上实现了小范围、低层次的产学研合作，加上充足的资金投入和灵活的用人机制，使项目得以成功。民营企业已经成了高性能纤维开发中的不可忽视的重要力量。

3. 严重缺乏宏观规划

我国高性能纤维产业发展态势喜忧参半，成绩可喜，但严重缺乏宏观规划。一方面新上项目的产能已远远超过实际市场需求，另一方面由于参与项目的企业过多，单位产能严重偏小。以碳纤维为例，有据可查的新上碳纤维项目多达 20 个，规划新增产能就达到了 7 万吨/年（目前世界实际需求约为 5 万吨/年）。在高强聚乙烯领域，新建项目至少有 8 个，规划的新增产能达到了万吨，企业平均产能每年不足千吨。对位芳纶技术的突破又迎来了上芳纶的热潮，据不完全统计，新增企业 7 家，规划产能达到 9000 吨/年，其中大部分企业的规模在 1000 吨/年以下。新上项目存在以下几方面的问题，首先是技术来源，上述品种均属发达国家禁止向我国出口的范畴，我国虽然在技术上有突破，但要达到长期稳定生产尚有诸多技术问题需要解决，新上项目有很大的技术风险。其次，产能过小，经济性差。再次，总产能严重过剩，势必导致大部分企业的破产。

4. 缺乏深层次的产学研合作和工程化的人才队伍

国外著名公司在高性能纤维领域获得成功的主要原因在于它们不仅具有雄厚的经济实力，而且拥有配套的各类人才及机制，基础研究、工程化研究及产业化可在公司内独立完成。而我国尚未培育出类似杜邦公司、日本东丽工业株式会社这样的大公司，这就注定了我国高性能纤维的开发必须走外部产学研合作的途径。高性能纤维的研究和开发需要大量的基础研究已成共识，然而，我国由于体制、政策及文化等多方面的原因，合作并不理想，尤其缺乏专业化的工程研究团队。

四、我国高性能纤维材料产业发展思路及建议

鉴于我国高性能纤维材料产业存在的问题，亟须通过宏观控制防止低水平的重复建设，逐步形成具有完整产业链的高性能纤维生产基地；技术上要通过政策的引导和平台建设实现深层次的产学研合作；品种上要大力支持具有我国自主知识产权的高性能材料的开发。具体建议如下。

1. 在国家层面建立权威性咨询和审批机构

中央和地方政府大力发展高性能纤维的相关举措促成大量新项目上马，也在一定程度上导致我国规划的高性能纤维产能远超市场需求，因此必须从国家的层面对高性能纤维的发展进行宏观控制。在市场经济条件下，政府可以设立权威性咨询机构，对新上项目进行严格审核，防止无技术来源、产能过小的项目上马。

2. 强化高性能纤维产业体系建设，建立高性能纤维产业基地

高性能纤维的生产通常涉及化工原料制备、聚合物的合成、纺丝、溶剂回收、后加工等多个环节，企业只有建立完整的产业链并具备一定的生产规模才具竞争力。这也是国外高性能纤维生产企业采取的成功发展模式。在我国，高性能纤维生产企业普遍存在生产规模小、产品档次低的问题，缺乏产业体系完整、规模较大的龙头企业，甚至出现部分一体化项目被人为分割的情况（例如将碳纤维原丝合成和纺丝分割立项等）。这种分散布点、上下游分离的局面严重影响竞争力。因此建议在有条件的地方，大力培育高性能纤维龙头企业，打造产业体系完备、创新能力强、大中小企业协同发展的产业链，建设具有国际竞争力的高性能纤维产业基地。

3. 加强产学研合作，建立结构合理的人才队伍

高性能纤维企业的研究开发、工程化放大和产品完善升级、高端品种开发等环节牵涉大量基础理论问题，只有通过紧密的产学研合作才能解决。目前，我国高性能纤维领域尚未建立结构合理的研究队伍，尤其在工程化过程中专业研发人员匮乏，也未能形成长期、密切、高效的产学研合作，这在很大程度上制约了我国高性能纤维高端技术的发展。因此，我国急需加强产学研合作，建立结构合理的专业研究人才队伍。

4. 大力支持具有我国自主知识产权的高性能纤维产品技术开发

我国必须大力支持具有自主知识产权的高性能纤维的开发，尤其要大力支持该类产品的工程化研究。由江苏港洋实业股份有限公司新近开发的阻燃耐高温聚芳噁二唑（POD）和由上海市合成纤维研究所开发的芳砜纶（PSA）都是完全具有我国自主知识产权的高能性纤维品种，它们的综合性能可与美国开发的芳纶 1313 媲美，但由于缺乏必要的资金和工程化研究等诸多原因，规模化生产的进程不甚理想。因此，建议在政策和资金上给这类项目以更大力度的支持。

5. 加快建立国家标准和认证体系

我国高性能纤维还没有建立独立的国家标准、检测和认证体系。随着美国、日本部分高性能纤维作为民用产品进入我国市场，企业已经开始应用其附带的美国、日本高性能纤维的应用标准。这对处于初创阶段的我国高性能纤维的发展将带来不利影响，也会成为今后我国高性能纤维出口的巨大阻碍。因此，必须根据我国的实际情况尽快制定、颁布高性能纤维的系列标准，并在此基础上积极参与国际标准的制定。同时要规范检测方法，确定权威检测机构，以维护市场秩序，促进产业的健康发展。

参 考 文 献

[1] 中商情报网 . 2010 ~ 2011 年中国碳纤维行业的技术进展分析 . 2011. http：//www. askci. com/freereports/2011/07/2716164125680. shtml［2011-12-30］

Progress and Suggestions on High Performance Fiber Industry in China

Zhao Qingzhang
(China Textile Academy)

High performance fiber plays a more and more important role in high-tech industry for the widespread use in different fields. Great progress has been made in Chinese high performance fiber industry with rosy prospect for future development. After an introduction of global high performance fiber industry, this paper focuses on the development of main categories including aromatic polyamide, carbon fiber and high tenacity polyethylene with detailed analysis of progress and tendency in developed countries. Then current situation and problems on development of high performance fiber in China are discussed. With several suggestions for healthy development of high performance fiber industry in China.

第四章 高技术产业创新能力与国际竞争力评价

4.1 中国通信设备制造业创新能力评价[①]

陈　芳　穆荣平

（中国科学院科技政策与管理科学研究所）

一、中国通信设备制造业创新能力评价方法

"十一五"期间，我国通信设备制造业持续快速发展，产业规模不断扩大，龙头企业作用凸显，技术创新能力显著提升。但是，我国通信设备制造业仍面临提升自主创新能力和国际竞争力的艰巨任务，集成创新和关键核心技术与标准开发成为发展关键。因此，监测产业创新能力建设进展，识别影响能力建设关键因素，对于优化创新资源配置和推进我国通信设备制造业创新能力建设具有重要意义。

借鉴《中国创新发展报告2009》中有关制造业创新能力研究，结合我国通信设备制造业发展阶段和现实情况，本文构建了一套我国通信设备制造业创新能力测度指标体系，从创新实力和创新效力两方面表征通信设备制造业创新能力，涉及创新投入、创新产出和创新绩效三方面，综合分析通信设备制造业创新活动规模、创新

① 本文数据如无特殊说明，数据均来自：国家统计局等．中国高技术产业统计年鉴．2010～2011．北京：中国统计出版社。数据是通信设备制造业大中型企业数据

活动效率与效益。

本文主要选取 8 个指标表征通信设备制造业创新实力，包括创新投入实力指标 4 个、创新产出实力和创新绩效实力指标各 2 个；选取 9 个指标表征通信设备制造业创新效力，包括创新投入效力、创新产出效力和创新绩效效力指标各 3 个。

创新投入实力指标包括 R&D 人员、R&D 经费、消化吸收经费和研发机构数。创新产出实力指标包括有效发明专利数和专利申请数。创新绩效实力指标包括新产品销售收入和利润总额。创新投入效力指标包括 R&D 人员占从业人员比例、R&D 经费内部支出占主营业务收入比例、消化吸收经费支出与引进技术经费支出比例。创新产出效力指标包括平均每个企业有效发明专利数、单位 R&D 人员的专利申请数和单位 R&D 经费内部支出的专利申请数。创新绩效效力指标包括新产品销售收入占主营业务收入比例、利润总额占主营业务收入比例和人均工业总产值[①]。

通信设备制造业属于我国国民经济行业分类的中类行业，包括通信传输设备制造业、通信交换设备制造业、通信终端设备制造业、移动通信及终端设备制造业、其他通信设备制造业 5 个行业[②]。本文仅评价中国通信设备制造业及其所包含的通信传输设备、通信交换设备、通信终端设备、移动通信及终端设备[③] 4 个子产业的创新能力。

二、中国通信设备制造业创新实力

1. 中国通信设备制造业创新投入实力

“十一五”期间，我国通信设备制造业研发投入规模快速扩大，移动通信及终端设备和通信交换设备制造业贡献巨大。2006～2010 年，我国通信设备制造业 R&D 人员全时当量、R&D 经费内部支出年均增速分别达到 19.3% 和 23.4%，其中，移动通信及终端设备制造业 R&D 人员全时当量年均增速高达 31.0%，通信交换设备制造业 R&D 经费内部支出达到 25.9%。通信设备制造业研发机构数年均增速为 16.4%，其中，通信交换设备制造业和移动通信及终端设备制造业年均增长高达

① 人均工业总产值 = 工业总产值/从业人员年平均人数

② 依据《国民经济行业分类》(GB_T4754-2002)，通信传输设备制造业指有线或无线通信传输设备的制造；通信交换设备制造业指实现电路（信息）交换或接口功能设备的制造；通信终端设备制造业指有线电话机、可视电话、传真设备等各种有线通信终端接收设备的制造，但不包括无线电话机的制造；移动通信及终端设备制造业指移动通信设备及无线电话机（手机）等终端设备的制造；其他通信设备制造业指其他通信设备的制造，以及对通信设备的修理

③ 说明：移动通信及终端设备制造业包括《国民经济行业分类》(GB_T4754-2002) 中的移动通信及终端设备制造业、其他通信设备制造业两个行业

23.8%和23.2%。如表1所示。同期，我国通信设备制造业工业总产值（当年价，下同）年均增长8.2%，低于研发活动投入规模扩张速度。

表1　中国通信设备制造业创新投入规模情况（2006～2010年）

指标	产业分类	2006年	2007年	2008年	2009年	2010年	4年年均增长率/%
R&D人员全时当量/（万人·年）	通信设备制造业	4.9	7.5	9.3	8.6	9.9	**19.3**
	通信传输设备制造业	0.4	0.4	0.4	0.7	0.8	**17.8**
	通信交换设备制造业	3.6	5.8	7.6	6.2	7.1	**18.8**
	通信终端设备制造业	0.3	0.2	0.2	0.3	0.4	**1.7**
	移动通信及终端设备制造业	0.5	1.0	1.0	1.4	1.6	**31.0**
R&D经费内部支出/亿元	通信设备制造业	131.3	157.1	202.1	238.8	304.7	**23.4**
	通信传输设备制造业	10.5	9.9	8.1	15.7	13.9	**7.4**
	通信交换设备制造业	94.2	110.8	148.2	176.0	236.7	**25.9**
	通信终端设备制造业	4.5	3.0	3.7	6.6	8.7	**18.3**
	移动通信及终端设备制造业	22.2	33.3	42.2	40.5	45.4	**19.5**
消化吸收经费/万元	通信设备制造业	11 629	10 660	7 015	3 252	4 910	**-19.4**
	通信传输设备制造业	797	926	996	580	410	**-15.3**
	通信交换设备制造业	35	28	—	—	502	**94.6**
	通信终端设备制造业	171	366	942	180	1067	**58.1**
	移动通信及终端设备制造业	10 627	9 340	5 077	2 492	2 931	**-27.5**
研发机构数/个	通信设备制造业	161	175	230	239	296	**16.4**
	通信传输设备制造业	45	49	62	67	73	**12.9**
	通信交换设备制造业	26	32	36	41	61	**23.8**
	通信终端设备制造业	34	29	27	28	33	**-0.7**
	移动通信及终端设备制造业	56	65	105	103	129	**23.2**

我国通信设备制造业总体上实现了从引进消化吸收再创新为主向依靠关键核心技术创新和集成创新转变，主要体现在通信交换设备制造业。2006～2010年，我国通信设备制造业消化吸收经费支出呈现大幅下滑趋势，年均下降19.4%；同期，技术改造经费支出和技术引进经费支出也均呈现下滑态势，年均分别下降9.7%和5.5%，发展态势与R&D投入规模快速扩大形成鲜明对比。2010年，我国通信交换设备制造业R&D人员全时当量、R&D经费内部支出分别达到7.1万人·年、236.7亿元，分别占通信设备制造业整体的72.1%、77.7%；通信终端设备制造业R&D

人员全时当量、R&D 经费内部支出分别占通信设备制造业整体的 3.6%、2.9%，研发活动投入规模最小。如表 1 所示。

与发达国家相比，我国通信设备制造业行业研发投入规模仍有较大差距。2010 年，我国通信设备制造业 R&D 经费内部支出 304.7 亿元，约为 45 亿美元；同期，诺基亚公司 R&D 支出高达 65.4 亿美元，思科公司为 52.1 亿美元，爱立信公司约为 40.1 亿美元，我国通信设备制造业研发投入规模还不到部分发达国家一家企业投入水平[①]。值得指出的是，我国华为技术有限公司（简称华为公司）等通信交换设备制造龙头企业研发投入规模与国际标杆企业差距较小。2010 年，华为公司 R&D 经费支出达到 23.9 亿美元，约为思科公司的 45.9%[②]。

2. 中国通信设备制造业创新产出实力

我国通信设备制造业发明专利创造能力大幅提升。2006～2010 年，我国通信设备制造业专利申请数年均增速达 11.1%，其中，移动通信及终端设备制造和通信传输设备制造业专利申请数年均增速超过通信设备制造业整体水平，分别达到 55.9%、22.2%；同期，我国通信设备制造业有效发明专利数年均增速高达 93.4%，其中，通信交换设备制造业年均增速最高，超出通信设备制造业整体水平约 8 个百分点，如表 2 所示。

表 2　中国通信设备制造业专利情况（2006～2010 年）

指标	产业分类	2006 年	2007 年	2008 年	2009 年	2010 年	4 年年均增长率/%
专利申请数/件	通信设备制造业	11 069	16 342	16 159	18 913	16 886	**11.1**
	通信传输设备制造业	328	555	748	707	731	**22.2**
	通信交换设备制造业	8 618	14 591	13 527	15 771	12 003	**8.6**
	通信终端设备制造业	1 567	147	258	378	867	**-13.8**
	移动通信及终端设备制造业	556	1 049	1 626	2 057	3 285	**55.9**
有效发明专利数/件	通信设备制造业	1 713	3 492	10 222	14 770	23 979	**93.4**
	通信传输设备制造业	142	346	303	155	727	**50.4**
	通信交换设备制造业	1 283	2 837	9 059	13 537	21 091	**101.4**
	通信终端设备制造业	94	73	77	160	465	**49.1**
	移动通信及终端设备制造业	194	236	783	918	1 696	**72.0**

①② 数据来源：European Union. The 2011 EU Industrial R&D Investment Scoreboard. 2011. http：//iri. jrc. ec. europa. eu/research/docs/2011/SB2011. pdf［2012-01-22］

我国通信交换设备制造业专利创造能力最强，通信终端设备和通信传输设备制造业较弱。2010 年，我国通信交换设备制造业专利申请数为 12 003 件，约占通信设备制造业专利申请数的 71. 1%；通信交换设备制造业有效发明专利数为 21 091 件，约占通信设备制造业有效发明专利数的 88. 0%。如表 2 所示。

我国通信设备制造龙头企业专利创造能力显著提升，PCT 专利申请量跃居世界前列。据世界知识产权组织（WIPO）统计资料，2006 ~ 2010 年，我国中兴通讯公司（简称中兴公司）申请 PCT 专利由 135 件增加到 1863 件，企业 PCT 专利申请量排名由世界第 92 位跃居第 2 位；华为公司申请 PCT 专利由 575 件增加到 1528 件，企业 PCT 专利申请量排名由世界第 13 位上升到第 4 位；诺基亚公司申请 PCT 专利自 1036 件下降到 632 件，企业 PCT 专利申请量排名由世界第 4 位下滑到第 15 位。此外，我国积极参与通信领域相关国际标准制定。继 2000 年国际电信联盟（ITU）将我国提交的 TD- SCDMA 技术方案作为第三代移动通信（3G）国际标准之后，2010 年 10 月，ITU 再次将我国提交的 TD-LTE-Advanced（LTE-Advanced TDD 制式）技术方案纳入 4G 国际标准①。

3. 中国通信设备制造业创新绩效实力

我国通信设备制造业创新绩效实力大幅提升，通信交换设备制造业尤为显著。2006 ~ 2010 年，我国通信设备制造业利润总额和新产品销售收入年均增长分别达到 20. 0% 和 24. 6%，其中，通信交换设备制造业年均增速最快，分别高达 55. 4% 和 29. 0%，如表 3 所示。通信传输设备和通信交换设备制造业出口快速增长。2007 ~ 2010 年，我国通信传输设备制造业和通信交换设备制造业年均增长分别高达 44. 0% 和 21. 2%。

目前，我国通信交换设备和移动通信及终端设备制造业创新绩效规模相对较大，通信传输设备和通信终端设备制造业较小。2010 年，我国通信交换设备制造业和移动通信及终端设备制造业利润总额分别为 376. 8 亿元和 194. 5 亿元，约占通信设备制造业整体的 57. 1% 和 29. 5%；新产品销售收入分别为 1544. 0 亿元和 2433. 1 亿元，约占通信设备制造业整体的 36. 1% 和 56. 9%。同期，通信传输设备制造业和通信终端设备制造业利润总额分别占通信设备制造业整体的 8. 3% 和 5. 1%，其新产品销售收入分别占通信设备制造业整体的 3. 2% 和 3. 8%。如表 3 所示。

---

① 参见：ITU. ITU Paves Way for Next-Generation 4G Mobile Technologies. 2010. http：//www. itu. int/net/pressoffice/press_ releases/2010/40. aspx［2012-01-22］

表3　中国通信设备制造业创新绩效情况（2006~2010年）

指标	产业分类	2006年	2007年	2008年	2009年	2010年	4年年均增长率/%
利润总额/亿元	通信设备制造业	317.7	262.7	268.8	500.9	659.6	**20.0**
	通信传输设备制造业	13.2	9.4	26.9	33.7	54.8	**42.8**
	通信交换设备制造业	64.7	83.8	83.2	278.5	376.8	**55.4**
	通信终端设备制造业	13.5	20.0	12.6	13.1	33.5	**25.6**
	移动通信及终端设备制造业	226.4	149.4	146.1	175.6	194.5	**-3.7**
新产品销售收入/亿元	通信设备制造业	1770.9	2938.1	3099.0	4143.1	4274.9	**24.6**
	通信传输设备制造业	50.0	71.1	118.7	144.2	135.0	**28.2**
	通信交换设备制造业	557.8	657.1	773.6	1686.6	1544.0	**29.0**
	通信终端设备制造业	73.9	34.9	131.9	141.6	162.7	**21.8**
	移动通信及终端设备制造业	1089.1	2174.9	2074.7	2170.7	2433.1	**22.3**

三、中国通信设备制造业创新效力

1. 中国通信设备制造业创新投入效力

我国通信设备制造业研发经费投入强度显著提高。2006~2010年，我国通信设备制造业R&D经费内部支出占主营业务收入比例由2.04%增加到3.36%，其中，通信终端设备制造业增幅最大，增加0.97个百分点，移动通信及终端设备制造业次之，增加0.46个百分点，如表4所示。同期，我国通信设备制造业主营业务收入年均增速为9.0%，表明我国通信设备制造业整体规模扩大的同时，更加重视产业创新投入。

表4　中国通信设备制造业创新投入效力情况（2006~2010年）（单位:%）

指标	产业分类	2006年	2007年	2008年	2009年	2010年
R&D人员占从业人员比例	通信设备制造业	11.05	11.79	12.93	11.31	11.25
	通信传输设备制造业	10.60	8.43	6.17	8.16	7.99
	通信交换设备制造业	41.03	49.22	47.35	32.37	34.39
	通信终端设备制造业	3.71	2.28	2.31	3.16	3.76
	移动通信及终端设备制造业	2.42	2.69	2.62	3.54	3.36

续表

指标	产业分类	2006 年	2007 年	2008 年	2009 年	2010 年
R&D 经费内部支出占主营业务收入比例	通信设备制造业	2.04	2.18	2.70	3.05	3.36
	通信传输设备制造业	5.13	3.77	2.22	3.25	2.12
	通信交换设备制造业	7.57	6.57	7.36	6.75	7.45
	通信终端设备制造业	0.90	0.65	0.81	1.61	1.87
	移动通信及终端设备制造业	0.50	0.70	0.91	0.94	0.95
消化吸收经费支出与引进技术经费支出比例	通信设备制造业	5	3	2	2	3
	通信传输设备制造业	26	14	13	15	7
	通信交换设备制造业	1	1	—	—	16
	通信终端设备制造业	8	10	1	1	8
	移动通信及终端设备制造业	5	3	2	2	2

注：—表示没有数据

“十一五”期间我国通信设备制造业更加重视新产品开发能力，尤其是通信终端设备制造业。2006～2010 年，我国通信设备制造业新产品开发经费年均增速为 9.7%，其中，通信终端设备制造业年均增速较高，为 18.6%；新产品开发经费占主营业务收入比例先由 2.14% 持续增加到 2009 年的 3.57%，再下降到 2010 年的 2.20%。仅通信终端设备制造业新产品开发经费占主营业务收入比例显著提升，由 1.22% 提升到 2.57%。

值得指出的是，我国通信传输设备制造业在规模扩张的同时没有实现创新投入的同步增长。2006～2010 年，我国通信传输设备制造业主营业务收入年均增速分别高达 34.0%，R&D 人员占从业人员比例则由 10.60% 下降到 7.99%，R&D 经费内部支出占主营业务收入比例由 5.13% 下降到 2.12%，新产品开发经费占主营业务收入比例分别由 5.39% 减少到 2.55%。此外，通信交换设备制造业 R&D 人员占从业人员比例和 R&D 经费内部支出占主营业务收入比例虽然也有所降低，但是仍然远高于通信设备制造业整体水平。如表 4 所示。

我国通信交换设备制造在通信设备制造业中创新投入效率最高。2010 年，我国通信交换设备制造 R&D 人员占从业人员比例、R&D 经费内部支出占主营业务收入比例、消化吸收经费支出与引进技术经费支出比例分别为 34.39%、7.45%、16%，远高于通信设备制造业 R&D 人员占从业人员比例（11.25%）、R&D 经费内部支出占主营业务收入比例（3.36%）、消化吸收经费支出与引进技术经费支出比例（3%）。如表 4 所示。

我国通信设备制造龙头企业研发投入强度快速提高，与著名跨国公司差距显著缩小。2010 年，我国中兴公司 R&D 经费内部支出占净销售收入比例为 11.3%，比 2007 年增加 2.1 个百分点；同期，思科公司和诺基亚公司 R&D 经费内部支出占净销售收入比例分别为 13.2% 和 11.6%，分别比 2007 年增加 0.3 个百分点和 1.3 个百分点①。

2. 中国通信设备制造业创新产出效力

我国通信设备制造业发明专利创造效率增长快速。2006 ~ 2010 年，我国通信设备制造业企均有效发明专利数由 6 件增加到 59 件，年均增幅达 76.6%。其中，通信交换设备制造业企均有效发明专利数增加数量最多、增长速度最快，由 2006 年的 44 件上升到 2010 年的 753 件，年均增长 103.1%。如表 5 所示。

我国通信设备制造业技术创新效率呈下降态势。2006 ~ 2010 年，我国通信设备制造业每万名 R&D 人员对应的专利申请数、每亿元 R&D 经费内部支出对应的专利申请数分别减少了 565 件和 29 件；通信终端设备制造业大幅降低，2006 ~ 2010 年，通信终端设备制造业每万名 R&D 人员对应的专利申请数、每亿元 R&D 经费内部支出对应的专利申请数分别减少了 2277 件和 252 件。此外，通信交换设备制造业技术创新效率也有所下降。如表 5 所示。

表 5　中国通信设备制造业创新产出效力情况（2006 ~ 2010 年）

指标	产业分类	2006 年	2007 年	2008 年	2009 年	2010 年
企均有效发明专利数/（件/企）	通信设备制造业	6	11	28	39	59
	通信传输设备制造业	3	6	4	2	9
	通信交换设备制造业	44	101	266	423	753
	通信终端设备制造业	2	1	1	3	8
	移动通信及终端设备制造业	1	1	4	4	7
单位 R&D 人员的专利申请数/（件/万人）	通信设备制造业	2279	2182	1738	2206	1714
	通信传输设备制造业	785	1278	1725	1049	908
	通信交换设备制造业	2416	2499	1777	2535	1691
	通信终端设备制造业	4726	771	1247	1493	2448
	移动通信及终端设备制造业	1027	1024	1557	1443	2061

① 数据来源：European Union. 2008. The 2008 EU Industrial R&D Investment Scoreboard；European Union. The 2011 EU Industrial R&D Investment Scoreboard. 2011

续表

指标	产业分类	2006 年	2007 年	2008 年	2009 年	2010 年
单位 R&D 经费内部支出的专利申请数/（件/亿元）	通信设备制造业	84	104	80	79	55
	通信传输设备制造业	31	56	93	45	53
	通信交换设备制造业	92	132	91	90	51
	通信终端设备制造业	351	48	71	57	99
	移动通信及终端设备制造业	25	31	39	51	72

我国通信传输设备制造创新产出效率相对较低。2010 年，我国通信传输设备制造业企均有效发明专利数为 9 件，约为通信交换设备制造业（753 件）的 1.3%。同期，我国通信传输设备制造业每万名 R&D 人员对应的专利申请数和每亿元 R&D 经费内部支出对应的专利申请数分别达到 908 件和 53 件，约为通信终端设备制造业（最多，分别为 2448 件和 99 件）的 37.1% 和 53.0%。如表 5 所示。

值得指出的是，我国通信设备制造龙头企业技术创新效率已经高于国际著名跨国公司。从每亿美元 R&D 经费支出对应的 PCT 专利申请量指标看，2010 年，我国中兴公司和华为公司分别约为 157 件和 64 件，而诺基亚公司仅约为 10 件，远低于我国龙头企业水平①。

3. 中国通信设备制造业创新绩效效力

我国通信设备制造业创新效益水平大幅提升。与 2006 年相比，2010 年我国通信设备制造业利润总额占主营业务收入比例增加 2.3 个百分点，达到 7.3%，其中通信交换设备和通信终端设备制造业分别增加 6.7 个百分点和 4.5 个百分点，增幅较大。2006 ~ 2010 年，我国通信设备制造业新产品销售收入占主营业务收入比例由 27.6% 增加到 47.1%，上升 19.6 个百分点，其中移动通信及终端设备制造业和通信终端设备制造业分别增加 26.7 个百分点和 20.0 个百分点，增幅较大。如表 6 所示。值得注意的是，我国通信设备制造业人均工业总产值不断降低，尤其是移动通信及终端设备制造业大幅下降。

我国通信交换设备制造业创新效率和效益最高。2010 年，我国通信交换设备制造业人均工业总产值和利润总额占主营业务收入比例最高，分别达到 137.7 万元/人和 11.9%，约为通信终端设备制造业的 2.8 倍和 2.9 倍；同期，新产品销售收入占

① 数据来源：European Union. The 2011 EU Industrial R&D Investment Scoreboard. 2011. http：//iri. jrc. ec. europa. eu/research/docs/2011/SB2011. pdf ［2012-01-22］

主营业务收入比例达到48.6%，虽略低于移动通信及终端设备制造业水平，但远高于通信传输设备制造业。如表6所示。

表6 中国通信设备制造业创新产出效力情况（2006～2010年）

指标	产业分类	2006年	2007年	2008年	2009年	2010年
人均工业总产值/（万元/人）	通信设备制造业	145.3	112.7	106.5	102.8	100.1
	通信传输设备制造业	43.7	48.4	53.1	58.2	62.3
	通信交换设备制造业	137.3	126.8	131.2	130.1	137.7
	通信终端设备制造业	55.5	56.0	53.6	52.5	49.6
	移动通信及终端设备制造业	202.2	129.5	117.8	108.9	101.8
利润总额/主营业务收入/%	通信设备制造业	4.9	3.6	3.6	6.4	7.3
	通信传输设备制造业	6.5	3.6	7.4	7.0	8.3
	通信交换设备制造业	5.2	5.0	4.1	10.7	11.9
	通信终端设备制造业	2.7	4.3	2.8	3.2	7.2
	移动通信及终端设备制造业	5.1	3.1	3.1	4.1	4.1
新产品销售收入/主营业务收入/%	通信设备制造业	27.6	40.8	41.4	53.0	47.1
	通信传输设备制造业	24.6	27.0	32.6	29.8	20.6
	通信交换设备制造业	44.8	38.9	38.4	64.7	48.6
	通信终端设备制造业	14.9	7.5	29.2	34.6	34.9
	移动通信及终端设备制造业	24.3	45.5	44.6	50.3	51.0

四、中国通信设备制造业创新能力建设政策环境

1. 颁布实施相关科技发展规划，促进通信设备制造业技术创新

2006年以来，中国政府颁布实施《国家中长期科学和技术发展规划纲要2006—2020》、《实施〈国家中长期科学和技术发展规划纲要（2006—2020年）〉的若干配套政策》及76个“配套政策实施细则”，将“现代服务业信息支撑技术及大型应用软件”、“下一代网络关键技术与服务”、“传感器网络及智能信息处理”、“数字媒体内容平台”、“面向核心应用的信息安全”、“城市信息平台”、“国家公共安全应急信息平台”等列入优先主题，将“新一代宽带无线移动通信”、“核心电子器件”、“高端通用芯片及基础软件”列入了16个重大科技专项。此外，中国政府还颁布实

施了《我国信息产业拥有自主知识产权的关键技术和重要产品目录》①，明确将“互联网与通信”、“新一代宽带无线移动通信”、“网络和信息安全”作为重点技术领域，国家科技计划和建设投资将对列入目录的技术和产品研制及产业化予以重点支持，为我国通信设备制造业创新能力建设奠定了制度基础。

2. 颁布实施信息产业发展规划，引导通信设备制造业创新发展

近年来，中国政府颁布实施了《信息产业“十一五”规划》② 提出将新一代通信产品作为新的产业群培育重点之一，重点发展新一代移动通信、宽带接入、先进光通信以及农村通信产品；通过实施新一代移动通信、下一代互联网、宽带通信、网络与信息安全重大工程，提升产业关键技术研发能力。《高技术产业发展“十一五”规划》③ 提出发展新一代蜂窝移动通信、数字集群、宽带无线接入产品，积极推进关键核心技术研发和产业化，培育高端路由器、网络交换机等新增长点。《高技术产业化“十一五”规划》④ 明确提出实施下一代互联网重大专项和新一代移动通信重大专项。《电子信息产业调整和振兴规划》⑤ 从四个方面促进通信设备制造业发展：一是以新一代网络建设为契机，加强设备制造企业与电信运营商互动，推进产品和服务融合创新，以规模应用促进通信设备制造业发展；二是加快第三代移动通信网络、下一代互联网和宽带光纤接入网建设，开发适应新一代移动通信网络特点和移动互联网需求的新业务、新应用，带动系统和终端产品升级换代；三是支持网络电视（IPTV）、手机电视等新兴服务业发展；四是建立内容、终端、传输、运营企业相互促进、共赢发展的新体系。

3. 进一步推进经济社会信息化，拓展通信设备制造业发展空间

中国政府颁布实施《2006～2020 年国家信息化发展战略》⑥ 提出制定并实施“国民信息技能教育培训计划”、“电子商务行动计划”、“电子政务行动计划”、“网络媒体信息资源开发、利用计划”、“缩小数字鸿沟计划”等计划，加速我国经济社会领域信息化应用与发展，为我国通信设备制造业带来巨大发展空间。2009 年，我

① 2006 年 12 月 25 日，国家信息产业部发布《我国信息产业拥有自主知识产权的关键技术和重要产品目录》

② 2007 年 3 月 1 日，国家信息产业部发布《信息产业“十一五”规划》

③ 2007 年 7 月 10 日，国家发展和改革委员会发布《高技术产业发展“十一五”规划》

④ 2008 年 1 月 15 日，国家发展和改革委员会发布《高技术产业化“十一五”规划》

⑤ 2009 年 4 月 15 日，国家发展和改革委员会发布《电子信息产业调整和振兴规划》

⑥ 2006 年 3 月 19 日，中共中央办公厅、国务院办公厅印发了《2006～2020 年国家信息化发展战略》（中办发［2006］11 号）

国电话用户总量、移动电话用户、互联网用户分别达到 10.61 亿户、7.47 亿户、3.84 亿户，普及率分别达到 79.9%、56.3%、28.9%，为通信设备制造业发展提供了庞大的市场空间①。同期，中国电信、中国移动、中国联通三家企业共完成 3G 网络建设直接投资 1609 亿元，带动了我国 3G 用户的快速发展，进而拉动了 3G 设备和终端市场发展②。《中华人民共和国国民经济和社会发展第十二个五年规划纲要》③ 已明确支持新一代移动通信、下一代互联网、三网融合、物联网、云计算、工业信息化、电子政务等领域发展，这势必会带动通信设备行业快速发展。

五、主要结论及对策建议

综合我国通信设备制造业创新实力、创新效力和创新政策环境分析，可以得出以下 4 点结论。

（1）我国通信设备制造业创新能力大幅增强，但产业研发实力与发达国家差距仍较大。2006～2010 年，我国通信设备制造业创新实力和效力均明显提升，R&D 经费投入和有效发明专利数快速增长，在 3G、下一代网络和光通信等领域取得一批重大创新成果，我国提交的 TD-LTE-Advanced（LTE-Advanced TDD 制式）技术方案被纳入 4G 国际标准候选技术提案。但是，我国通信设备制造业研发活动投入规模与发达国家仍有较大差距。2010 年，我国通信设备制造业 R&D 经费内部支出约为 45 亿美元，约为诺基亚公司 R&D 经费支出的 68.8%。

（2）我国通信交换设备制造业创新能力相对强，已经具备较强的国际竞争力。我国通信交换设备制造是通信设备制造业中创新实力最强和创新效力较高的行业，在创新投入、创新产出和创新绩效等方面表现均良好，已经实现从引进消化吸收再创新为主向依靠关键核心技术创新和集成创新的转变。我国通信终端设备和通信传输设备制造业创新规模较小，尤其是通信终端设备制造业。移动通信及终端设备制造业创新投入效力最弱。通信终端设备制造业创新投入效力和创新绩效效力较小。通信传输设备制造业创新产出效力较低。

（3）我国通信交换设备制造龙头企业创新能力凸显，国际影响力显著增强。我国龙头企业研发能力快速提升，接近国际著名跨国公司。2010 年，我国华为公司 R&D 经费支出 23.9 亿美元，比 2009 年增加 6.2 亿美元，与思科公司差距缩小；同

①② 数据来源：王长胜．中国信息年鉴 2010. 北京：中国信息年鉴期刊社，2010.

③ 2011 年 3 月 16 日，中华人民共和国国务院发布《中华人民共和国国民经济和社会发展第十二个五年规划纲要》

期，中兴公司 R&D 经费内部支出占净销售收入比例分别为 11.3%，比 2007 年增加 2.1 个百分点，与思科公司差距缩小。我国龙头企业专利创造能力显著增强。2010 年，我国中兴公司和华为公司 PCT 专利申请量分别排名第 2 位和第 4 位，跃居世界前列，遥遥领先于思科公司（86 件）；每亿美元 R&D 经费支出对应的 PCT 专利申请量也远多于思科公司。

（4）国家创新政策和相关规划颁布实施为我国通信设备制造业创新发展奠定了制度基础。2006 年以来，中国政府颁布实施《国家中长期科学和技术发展规划纲要（2006—2020）》、《实施〈国家中长期科学和技术发展规划纲要（2006—2020 年）〉的若干配套政策》及 76 个"配套政策实施细则"、《我国信息产业拥有自主知识产权的关键技术和重要产品目录》、《信息产业"十一五"规划》、《高技术产业发展"十一五"规划》、《高技术产业化"十一五"规划》、《电子信息产业调整和振兴规划》、《2006～2020 年国家信息化发展战略》、《中华人民共和国国民经济和社会发展第十二个五年规划纲要》，为通信设备制造业科技进步与创新奠定了制度基础，为产业发展提供了巨大发展空间。

为进一步提升我国通信设备制造业创新能力，本文认为应着力解决以下 4 个问题。

（1）加大自主创新政策落实力度，引导高端创新要素加速向企业集聚，激励企业加大创新投入，提升通信设备制造业关键核心技术开发和集成创新能力。

（2）加强产业创新基础能力建设，重点突破新一代移动通信、下一代互联网、三网融合、物联网、云计算等领域关键核心技术研究开发和推广应用，促进产业结构优化升级。

（3）加强技术工程化平台、中间试验基地和产业化示范基地建设，把握新一代国家信息基础设施建设、信息化与工业化和城市化融合发展带来的战略机遇，带动产业创新发展。

（4）优化布局信息产业国家高技术产业基地，培育有国际影响力的创新型龙头企业，支持企业参与或主持国际技术标准制定，推进企业由制造业向服务业领域延伸发展。

参 考 文 献

[1] 国家发展和改革委员会．高技术产业发展"十一五"规划．2007

[2] 国家发展和改革委员会．高技术产业化"十一五"规划．2008

[3] 国家统计局，国家发展和改革委员会，科学技术部．中国高技术产业统计年鉴 2010．北京：中国统计出版社．2010

[4] 国家统计局，国家发展和改革委员会，科学技术部．中国高技术产业统计年鉴 2011．北京：中国统计出版社．2011

[5] 国务院办公厅．电子信息产业调整和振兴规划．2009
[6] 信息产业部．我国信息产业拥有自主知识产权的关键技术和重要产品目录．2006
[7] 信息产业部．信息产业“十一五”规划．2007
[8] 张晓强．中国高技术产业发展年鉴 2011. 北京：北京理工大学出版社．2011
[9] 中共中央办公厅．国务院办公厅．2006—2020 年国家信息化发展战略（中办发［2006］11 号）．2006
[10] “中国工程院中国制造业可持续发展战略研究”咨询研究项目组．中国制造业可持续发展战略研究．北京：机械工业出版社．2010
[11] 中国科学院．2008 高技术发展报告．北京：科学出版社．2008
[12] 中国科学院．2010 高技术发展报告．北京：科学出版社．2010
[13] 中国科学院．2011 高技术发展报告．北京：科学出版社．2011
[14] 中国科学院创新发展研究中心．中国创新发展报告 2009. 北京：科学出版社．2009
[15] 中华人民共和国国务院．国家中长期科学和技术发展规划纲要（2006—2020 年）．2006
[16] 中华人民共和国国务院．国务院关于实施《国家中长期科学和技术发展规划纲要（2006—2020 年）》若干配套政策的通知（国发［2006］6 号）．2006
[17] 中华人民共和国国务院．中华人民共和国国民经济和社会发展第十二个五年规划纲要．2011
[18] European Union. The 2008 EU Industrial R&D Investment Scoreboard. 2008. Luxem bourg：Publications Office of the European Union
[19] European Union. The 2010 EU Industrial R&D Investment Scoreboard. 2010. Luxem bourg：Publications Office of the European Union
[20] European Union. The 2011 EU Industrial R&D Investment Scoreboard. 2011. Luxem bourg：Publications Office of the European Union

Evaluation of Innovation Capacity of Chinese Telecommunication Equipment Manufacturing

Chen Fang，Mu Rongping
(Institute of Policy and Management，CAS)

The paper analyses innovation capacity of manufacture of telecommunication equipment (including manufacture of telecommunication transmitting equipment, manufacture of telecommunication exchanging equipment, manufacture of telecommunication terminal equipment, manufacture of mobile telecommunications and terminal equipment) in China, in terms of the analysis framework which consists of the innovation strength and the innovation effectiveness. The innovation strength and the innovation effectiveness are both described from three aspects, namely: innovation input, innovation output, and innovation performance. On the basis of statistical data and systematic analysis, the paper generates the following points.

Firstly, the innovation capacity of Chinese telecommunication equipment manufacturing (CTEM) is obviously strengthened in general from 2006 to 2010, but there is a big difference between china and advanced countries in the industrial research and development (R&D) inputs. Secondly, Chinese telecommunication exchanging equipment manufacturing is advantageous in both the innovation strength and the innovation effectiveness and has stronger international competitiveness. Thirdly, the key enterprises of Chinese telecommunication exchanging equipment manufacturing obviously go up in the innovation capacity and the international effectiveness. Finally, the issue and implementation of national innovation policies and related plans provide the important system foundation for the innovation and development of CTEM.

In order to enhance innovation capacity of CTEM, the paper points out four crucial issues to resolve, namely: (1) to enhance the carrying-out of innovation policies, quicken high-end innovation resources input to enterprises, and to increase enterprises, R&D inputs; (2) to build industry innovation infrastructure so as to break through the key technology development and application in some fields such as a next generation mobile telecommunication, the next generation internet, triple-play, things internet and cloud computing; (3) to build engineering technology platform, industrialization demonstration base and middle trial base, based on the new generation national information infrastructure construction, informatization development in economic and society fields in order to promote the industrial innovation and development; (4) to optimize state-level high-tech industrial bases of the information industry, actively breed strong innovative enterprises in the international effectiveness, to support participating in the formulation of international technology standards, and to boost the extension and development towards the service sector for firms of CTEM.

4.2 中国电子计算机及办公设备制造业国际竞争力评价

曲 婉 穆荣平 王 婷

（中国科学院科技政策与管理科学研究所）

电子计算机及办公设备制造业包括电子计算机整机制造业、计算机网络设备制造业、电子计算机外部设备制造业和办公设备制造业①。电子计算机及办公设备制

① 本文分析基于《中国高技术产业统计年鉴》和《中国海关统计年鉴》。计算机及办公设备制造业分类参见国家统计局高技术产业统计分类目录，网址：http：//www. states. gov. cn/tjbz/t20061123-402369836. htm。《中国高技术产业统计年鉴》电子计算机及办公设备制造业统计数据仅包括电子计算机整机制造、电子计算机外部设备制造和办公设备制造

造业是技术密集产业，是改造提升制造业、培育发展战略性新兴产业和现代服务业的基础条件。近年来，中国电子计算机及办公设备制造业产业规模迅速扩大，技术水平快速提升，自主创新能力明显增强，在推动发展方式转变和保障国家安全方面的作用日益凸显。

“十一五”时期，中国电子计算机及办公设备制造业规模不断扩大，盈利能力有所提升，三资企业举足轻重。2010 年，中国电子计算机及办公设备制造业总产值（当年价）高达 18 179.10 亿元，占我国高技术产业的 32.85%。其中，三资企业总产值（当年价）占电子计算机及办公设备制造业的 91.7%，企均产值①是产业平均水平的 1.7 倍。

本文将在相关研究基础②上，从竞争实力、竞争潜力、竞争环境和竞争态势四个方面分析中国电子计算机及办公设备制造业国际竞争力③。

一、中国电子计算机及办公设备制造业竞争实力

竞争实力主要体现在资源转化能力、市场竞争能力和技术能力三个方面，本文将从这三个方面评价中国电子计算机及办公设备制造业竞争实力。

1. 资源转化能力

资源转化能力衡量生产要素转化为产品与服务的效率和效能，主要体现在全员劳动生产率④和产值利税率⑤两项指标。全员劳动生产率是企业生产技术水平、经营管理水平、职工技术熟练程度和劳动积极性的综合体现；产值利税率反映产业的生产盈利能力。由于产业增加值数据难以获得，本文认为，人均总产值一定程度上可以反映产业全员劳动生产率的发展水平。

中国电子计算机及办公设备制造业全员人均总产值较高，但产值利税率与制造业和高技术产业存在较大差距。2010 年，中国电子计算机及办公设备制造业人均总产值为 115.4 万元／（人·年），分别是制造业［72.64 万元／（人·年）］和高技术产业［73.28 万元／（人·年）］的 1.59 倍和 1.57 倍。然而，我国电子计算机及办公设备制

① 企均产值＝当年价总产值/企业数

② 参见：穆荣平．中国高技术产业国际竞争力评价．见：中国科学院．2000 高技术发展报告．北京：科学出版社，2007；穆荣平．高技术产业国际竞争力评价方法初步研究．科研管理，2000，21（001）：50～57

③ 所有数据如无特殊说明，均采用当年价，统计口径为大中型工业企业，下同

④ 全员劳动生产率＝产业增加值/全部从业人员平均人数

⑤ 产值利税率＝（利税总额/工业总产值）×100%

造业产值利税率较低，2010 年仅为 4. 50%，远低于同期制造业（11. 42%）和高技术产业（8. 55%）的平均水平。从细分行业看，中国电子计算机整机制造业人均总产值较高，2010 年高达 186. 12 万元 /（人 · 年），分别是制造业和高技术产业的 2. 56 倍和 2. 54 倍；中国办公设备制造业产值利税率相对较高，2010 年为 7. 66%，但仍分别比制造业和高技术产业平均水平低 3. 76 个百分点和 0. 89 个百分点。

与发达国家相比，中国电子计算机及办公设备制造业人均总产值仍然偏低。经济合作与发展组织（OECD）数据显示，2009 年美国电子计算机及办公设备制造业人均总产值高达 50. 63 万美元 /（人 · 年），2008 年日本、德国电子计算机及办公设备制造业人均总产值分别高达 42. 40 万美元 /（人 · 年）和 37. 89 万美元 /（人 · 年），2006 年英国电子计算机及办公设备制造业人均总产值高达 76. 68 万美元 /(人 · 年)，是中国电子计算机及办公设备制造业的 2. 2 ~5. 0 倍。

总体而言，中国电子计算机及办公设备制造业资源转化能力较弱，产值利税率远低于我国制造业和高技术产业平均水平，人均总产值与美国、日本、德国、英国等发达国家存在较大差距。

2. 市场竞争能力

市场竞争能力主要由产品贸易竞争指数[①]和价格指数[②]两项指标表征。贸易竞争指数反映了一国某商品贸易进出口差额的相对大小，1 表示只有出口，－1 表示只有进口。价格指数表明该国某商品进出口价格比率，0 ~1 表明该商品出口价格低于进口价格，大于 1 表明该商品出口价格高于进口价格。

我国电子计算机、办公设备及其零部件贸易顺差显著，市场竞争能力相对较强。海关统计数据显示，2010 年，中国电子计算机及办公设备领域进出口产品涉及五大类 54 种商品[③]，共出口商品 1729. 78 亿美元，进口 467. 73 亿美元，贸易顺差为 1262. 05 亿美元。其中，“自动数据处理设备及其部件”（商品编号 8471，下同）类商品国际贸易最为活跃，分别占中国电子计算机及办公设备制造业出口总额和进口总额的 80. 39% 和 57. 42%。

在全球市场，中国电子计算机及办公设备制造业贸易竞争指数相对较高，价格指数偏低，这表明我国该产业领域仍相对处于价值链低端环节，产品附加值较低，市场竞争力主要来自于低价优势，如表 1 所示。2010 年，中国电子计算机及办公设

① 贸易竞争指数 =（出口额 – 进口额）/（出口额 + 进口额）

② 价格指数 =（出口额/出口数量）/（进口额/进口数量）

③ 2010 年，中国电子计算机及办公设备制造业进出口商品种类高达 54 种，因此细分商品的分析仅包括在全球市场进口或出口金额高于 10 亿美元的商品，下同

备领域存在国际贸易的五大类商品中，“打字机及文字处理器”（商品编号 8469）和“计算机器；装有计算机装置的会计计算机等机器”（商品编号 8470）两大类

表 1　中国电子计算机及办公设备制造业贸易竞争指数和价格指数（2010 年）

商品编号	商品名称	全球		美国		欧盟		日本	
		贸易竞争指数	价格指数	贸易竞争指数	价格指数	贸易竞争指数	价格指数	贸易竞争指数	价格指数
8469	打字机及文字处理器	0.91	0.04	0.98	0.02	0.96	0.01	-0.99	0.22
8470	计算机器；装有计算机装置的会计计算机等机器	0.80	0.08	0.98	0.01	0.99	0.03	0.94	0.01
8471	自动数据处理设备及其部件等	0.68	2.48	0.95	0.13	0.96	0.11	0.80	2.67
84713000	重量≤10 公斤的便携数字式自动数据处理设备	0.99	1.39	1.00	1.15	1.00	0.25	0.94	0.71
84714140	其他微型数字式自动数据处理机	0.92	0.69	0.97	0.12	0.94	0.23	0.96	0.56
84714190	未列名数字式自动数据处理设备	0.95	0.24	0.97	0.08	0.97	0.05	0.97	0.04
84714940	系统形式的微型机	0.95	0.95	0.97	0.08	0.96	0.23	1.00	0.14
84715040	微型机的数字式处理部件	0.88	0.94	0.96	0.08	0.95	0.23	0.95	0.16
84716070	键盘、鼠标器	0.78	0.58	0.99	0.05	0.98	0.05	0.98	0.10
84717010	硬盘驱动器	-0.23	0.80	0.90	0.08	0.97	0.10	0.61	0.15
84717030	光盘驱动器	-0.22	0.70	0.98	0.33	0.99	0.13	0.83	0.19
84718000	自动数据处理设备的其他部件	0.49	0.72	0.67	0.03	0.87	0.16	0.67	1.91
8472	其他办公室用机器	0.47	0.01	0.94	0.005	0.88	0.001	-0.36	0.004
8473	专门或主要用于 8469 至 8472 机器的零件、附件	0.24	0.29	0.86	0.12	0.94	0.36	0.12	0.12
84733010	大、中、小型计算机及其部件的零件、附件	-0.04	0.33	0.42	0.05	0.71	0.04	-0.55	0.12
84733090	8471 所列其他机器的零件、附件	0.30	0.26	0.90	0.12	0.98	0.29	0.25	0.08

数据来源：中华人民共和国海关总署．中国海关统计年鉴 2010. 北京：中华人民共和国海关总署《海关统计》发行部，2011

商品的贸易竞争指数分别为 0. 91 和 0. 80，价格指数却仅为 0. 04 和 0. 08，表明这些商品主要依靠低价格占领全球市场。值得指出的是，“自动数据处理设备等”（商品编号 8471）商品贸易竞争指数为 0. 68，价格指数高达 2. 48，表明该类商品产品技术较先进，国际化程度较高，综合竞争优势显著。我国自动数据处理设备领域的市场竞争优势主要体现在“重量≤10 公斤的便携数字式自动数据处理设备”（商品编号 84713000）商品上，其贸易竞争指数高达 0. 99，价格指数为 1. 39，表明该商品具有较强的综合竞争能力；“系统形式的微型机”（商品编号 84714940）和“微型机的数字式处理部件”（商品编号 84715040）贸易竞争指数均大于 0. 8，贸易竞争指数则接近 1，表明该类商品具有一定的综合竞争优势；“其他微型数字式自动数据处理机”（商品编号 84714140）、“未列名数字式自动数据处理设备”（商品编号 84714190）和“键盘、鼠标器”（商品编号 84716070）三种商品贸易竞争指数均大于 0. 7，价格指数则小于 0. 7，表明这些类商品主要依靠价格优势占领国际市场。

美国、欧盟和日本是世界电子计算机及办公设备制造业的技术领先国家和地区以及重要的国际市场。美国和欧盟是我国电子计算机设备制造业出口第一和第二大目标市场，2010 年中国电子计算机设备制造业向美国和欧盟出口金额分别占该类商品出口总额的 28. 54% 和 25. 06%。日本是我国办公设备制造业的主要第一大进口目标市场，2010 年中国办公设备制造业从日本进口金额占该类商品进口总额的 35. 54%。值得指出的是，我国向美国、欧盟和日本三大目标市场的出口商品主要为商品编号 84713000 的便携式自动数据处理设备，表明我国电子计算机及办公设备制造业虽然主要依靠低价占领国际市场，但该产业正向国际产业链高端移动，产品附加值呈逐步增加的趋势，如表 1 所示。

在美国市场，中国计算机及办公设备相关产品主要依靠较低价格获得竞争优势，五大类商品的贸易竞争指数均高于 0. 8，价格指数均小于 0. 02；只有商品编号为 84713000 的商品依靠技术优势获得综合竞争能力，贸易竞争指数为 0. 9996，价格指数为 1. 15。在欧盟市场，中国电子计算机及办公设备制造业则完全凭借低价优势获得市场竞争能力，所有商品的贸易竞争指数均高于 0. 7，且价格指数均小于 0. 37。在日本市场，中国商品编号 8470 类商品依靠低价优势具有较强市场竞争力，贸易竞争指数为 0. 94，价格指数为 0. 01；而商品编号 8471 类则凭借技术能力占领日本市场，贸易竞争指数为 0. 80，价格指数则高达 2. 67；商品编号 8496 和 8472 类商品在日本市场竞争能力较弱，贸易竞争指数为 -0. 99 和 -0. 36，价格指数低于 0. 30，表明这些商品依靠低价格仍无法获得市场份额。

综合考察在全球市场和美国、欧盟、日本三大目标市场的贸易竞争指数和价格指数，可以认为中国电子计算机及办公设备制造业依靠低价优势获得一定的市场竞争能力，仅部分商品（如商品编号 84713000 商品）技术较为先进，国际化程度较高，在国际市场具备综合竞争优势。

3. 产业技术能力

产业技术能力主要体现在产业关键技术水平、新产品销售率[①]和新产品出口销售率[②]等三项指标。产业关键技术水平体现产业技术硬件水平，与产业技术能力有着直接的关系。新产品销售率和新产品出口销售率一定程度上反映了新技术的市场化收益，也是衡量产业技术水平的重要指标。

经过多年发展，中国电子计算机及办公设备制造业技术能力有较快提升，产业关键技术在若干领域取得一定突破。在高性能计算领域，2011 年 11 月第 38 届全球高性能计算 TOP 500 榜单显示：由国家超级计算天津中心研制的中国首台千万亿次超级计算系统“天河一号”排名居第二位，理论计算峰值能够达到 2570 万亿次/秒，仅次于日本富士通公司研制的“京”超级计算机（K Computer）；中国曙光公司研制的“星云”高性能计算机排名第四，理论计算峰值为 1270 万亿次/秒[③]。此外，中国科学院计算技术研究所与曙光公司正在研发“曙光 6000”千万亿次高性能计算机，将首次采用国产通用处理器龙芯作为核心部件，标志着我国国产高性能计算机的历史性突破。在芯片领域，中国自主设计基于 ARM 公司技术构架的 NuSmart2816 计算机系统芯片，中芯国际集成电路制造有限公司成功研制出“65 纳米产品工艺”并开始批量生产，这些都标志着我国集成电路制造技术完全达到国际主流先进生产水平，我国芯片制造依赖进口已成为历史。在激光打印机领域，由珠海赛纳打印科技股份有限公司自主研发、具有自主知识产权的“奔图”激光打印机问世并开始批量生产，标志着中国成为全球第四个掌握激光打印核心技术的国家[④]。

处理器是电子计算机设备制造业的运算核心和控制核心，是电子计算机产业关键技术的重要体现。中国电子计算机及办公设备制造业虽然在该领域取得一定进展，但与发达国家的差距依然显著。发达国家在处理器研制领域具有明显的技术优势，并致力于新型处理器的研发。2010 年，英特尔公司发布基于新的高性能服务器构架的 32 核服务器芯片，浮点运算速度高达 5000 亿次/秒。此外，英特尔公司开发出世界首个集成激光器的硅基光电数据联结系统研究原型，AMD 公司推出 CPU 和图形

---

① 新产品销售率 =（新产品销售收入/产品销售收入）×100%

② 新产品销售利润率 =（新产品出口销售收入/新产品销售收入）×100%

③ 资料来源：TOP500 Supercomputer Sites. TOP500List-November 2011. 2011. http：//top500. org/static/lists/2011/11/TOP500_ 201111_ Poster. pdf［2012-01-31］

④ 参见：张晓强主编 . 中国高技术产业发展年鉴（2011）. 北京：北京理工大学出版社 . 2011

处理器（graphic processing unit，GPU）融合的融聚芯片，IBM 公司以微硅片电路中的光脉冲信号取代铜线中的电子信号，美国伦斯勒理工学院（RPI）在碳芯片研究领域取得重大进展，均显示出发达国家在电子计算机产业关键技术领域的领先优势。

中国电子计算机及办公设备制造业新产品销售率低于高技术产业平均水平，新产品主要销往国外市场。2010 年，中国电子计算机及办公设备制造业新产品销售率为 23.10%，比高技术产业（27.05%）低 3.95 个百分点，但比制造业（19.69%）高 3.41 个百分点。同期，中国电子计算机及办公设备制造业新产品出口销售率达 65.71%，分别比高技术产业和制造业高 20.28 个百分点和 45.29 个百分点。其中，电子计算机外部设备制造业新产品销售率和新产品出口销售率均分别为 33.63% 和 75.90%，远高于高技术产业平均水平，而电子计算机整机制造业新产品销售率仅为 15.01%，表明我国电子计算机及办公设备制造业产品创新仍主要集中在计算机外部设备等低端领域，整机等核心产品仍未实现较大技术突破。

三资企业仍然是我国电子计算机及办公设备制造业新产品的主要来源。2010 年，三资企业电子计算机及办公设备制造业新产品销售收入占我国该产业新产品销售收入的 88.53%，新产品出口销售收入占我国该产业新产品出口销售收入的 98.10%。可以认为，我国电子计算机及办公设备制造业产品创新主要来自三资企业，内资企业新产品研发能力仍处于较低水平。

综合考察资源转化能力、市场竞争能力和产业技术能力，当前我国电子计算机及办公设备制造业国际竞争力主要来源于低价优势，部分领域具有一定技术优势，三资企业举足轻重。

二、中国电子计算机及办公设备制造业竞争潜力

竞争潜力体现在产业运行状态、技术投入、比较优势和创新活力四个方面。由于产业运行状态缺乏统计数据，本文仅从技术投入、比较优势和创新活力三个方面分析我国电子计算机及办公设备制造业的竞争潜力。

1. 技术投入

技术投入强度高低直接影响产业未来技术水平和竞争力的提升，体现在研发（R&D）人员比例、R&D 经费强度、技术改造经费比例①及消化吸收经费比例②等四项指标。

---

① 技术改造经费比例 =（技术改造经费/主营业务收入）×100%

② 消化吸收经费比例 =（消化吸收经费/技术引进经费）×100%

总体而言，中国电子计算机及办公设备制造业技术投入低于高技术产业平均水平，技术改造和消化吸收经费投入与制造业平均水平有较大差距。2010 年，中国电子计算机及办公设备制造业 R&D 人员比例和 R&D 经费强度为 4.16% 和 0.61%，分别比高技术产业低 0.69 和 0.99 个百分点。同年，中国电子计算机及办公设备制造业技术改造经费比例和消化吸收经费比例为 0.11% 和 25.32%，分别比制造业低 0.78 和 15.29 个百分点。值得指出的是，中国电子计算机整机制造业消化吸收经费比例高达 121.58%，显示出该细分行业在引进消化吸收再创新方面有较大投入，如表 2 所示。

表 2　中国电子计算机及办公设备制造业技术投入指标（2010 年）（单位：%）

	R&D 人员比例	R&D 经费强度	技术改造经费比例	消化吸收经费比例
制造业	1.52	1.03	0.89	40.61
高技术产业	4.85	1.60	0.44	20.10
计算机及办公设备制造业	4.16	0.61	0.11	25.32
电子计算机整机制造	4.16	0.44	0.09	121.58
电子计算机外部设备制造	4.35	0.84	0.13	24.96
办公设备制造	1.73	0.52	0.09	3.97

数据来源：国家统计局，国家发展和改革委员会，科学技术部．中国高技术产业统计年鉴．2011．北京：中国统计出版社

与发达国家相比，我国电子计算机及办公设备制造业 R&D 投入总量和比例均有较大差距。2010 财年，惠普公司 R&D 经费支出达 29.59 亿美元（约合人民币 197.18 亿元），是中国电子计算机及办公设备制造业 R&D 经费内部支出（117.57 亿元）的 1.68 倍。2009 年，我国电子计算机及办公设备制造业 R&D 经费投入占工业总产值比例为 0.64%，美国、瑞典、德国 2007 年该比例分别高达 10.69%、13.92% 和 4.46%，日本和韩国 2006 年该比例分别高达 26.06% 和 3.41%，比中国高出 2.8～25.4 个百分点。

总体而言，中国电子计算机及办公设备制造业技术投入偏低，R&D 经费投入总量和投入强度等方面不仅与美国、日本等发达国家存在巨大差距，也低于我国高技术产业和制造业的平均水平。

2. 比较优势

中国电子计算机及办公设备制造业发展的比较优势主要包括我国劳动力低成本优势、我国电子计算机及办公设备制造业产业规模和我国相关产品的市场规模等 3

个方面。

与发达国家相比，中国电子计算机及办公设备制造业劳动力成本优势依然显著。2010 年，我国制造业单位就业人员平均工资为 3.09 万元，约合 0.46 万美元。OECD 数据显示，美国电子计算机及办公设备制造业 2009 年劳动力成本高达 8.42 万美元，日本、德国电子计算机及办公设备制造业 2008 年劳动力成本分别高达 4.62 万美元和 8.09 万美元，英国电子计算机及办公设备制造业 2007 年劳动力成本高达 17.53 万美元，分别是我国制造业单位就业人员平均工资的 10～42 倍。

中国电子计算机及办公设备制造业产业规模不断扩大，与发达国家相比优势显著。OECD 数据显示，日本电子计算机及办公设备制造业 2008 年产值为 702.91 亿美元，美国电子计算机及办公设备制造业 2009 年产值为 558.50 亿美元。2010 年，中国电子计算机及办公设备制造业产值约合 2851.46 亿美元，分别是日本和美国的 4.1 倍和 5.2 倍。

中国电子计算机及办公设备制造业市场前景广阔。中国居民在信息和通信支出方面与发达国家还存在较大差距。2008 年，中国人均信息和通信技术支出为 194.9 美元，美国、英国、日本、德国的人均信息和通信技术支出分别为 3412.0 美元、2758.6 美元、2571.5 美元和 2396.9 美元，是我国的 12.3～17.5 倍。“十二五”时期，中国将着力加快建设下一代国家信息基础设施，推动信息化和工业化深度融合，推进经济社会各领域信息化。可以预见，我国人均信息和通信技术支持将大幅增长，必将为我国电子信息及办公设备制造业带来巨大市场空间。

总体而言，与发达国家相比，中国电子计算机及办公设备制造业劳动力成本比较优势显著，产业规模和市场增长潜力巨大，有着广阔的发展空间。

3. 创新活力

创新活力主要体现在专利申请数、有效发明专利数和单位产值对应有效发明专利数[①]三个方面。

中国电子计算机及办公设备制造业专利数量占我国高技术产业专利数量比例不高。2010 年，中国电子计算机及办公设备制造业共申请专利 10 810 项，有效发明专利 7552 项，仅占高技术产业专利申请总量的 18.11% 和 15.05%。其中，电子计算机整机制造业专利申请量和有效发明专利数分别为 5644 项和 4641 项，电子计算机外部设备制造业专利申请量和有效发明专利数分别为 4990 项和 2812 项，办公设备制造业专利申请量和有效发明专利数分别为 176 项和 99 项。

中国电子计算机及办公设备制造业单位产值对应有效发明专利数与高技术产业

① 单位产值对应有效发明专利数 = 有效发明专利数/工业总产值

平均水平还存在一定差距。2010 年，中国电子计算机及办公设备制造业单位产值对应有效发明专利数仅为 0.40 项/亿元，其中，电子计算机整机制造业、电子计算机外部设备制造业和办公设备制造业单位产值对应有效发明专利数分别为 0.47 项/亿元、0.34 项/亿元和 0.14 项/亿元，远低于高技术产业 0.83 项/亿元的平均水平。

与发达国家相比，中国电子计算机及办公设备制造业创新活力不足，专利申请量差距巨大。世界知识产权组织（WIPO）统计显示，2009 年前三季度，中国在"计算机技术"（computer technology）、"IT 管理方法"（IT methods for management）和"半导体"（semiconductors）三个领域共申请 PCT 专利 434 项，同期美国、日本、德国在该领域分别申请专利 6547 项、4312 项和 981 项，分别是我国的 15.1 倍、9.9 倍和 2.3 倍。

综合考虑技术投入、比较优势和创新活力，我国电子计算机及办公设备制造业竞争潜力较弱，虽具劳动力低成本、市场前景广阔等比较优势，但技术投入偏低，创新活力和能力不强，严重制约产业未来创新发展。

三、中国电子计算机及办公设备制造业竞争环境

竞争环境主要体现在政治经济环境、贸易和技术环境、相关产业发展环境、产业政策环境等方面。总体上看，中国电子计算机及办公设备制造业面临的竞争环境具有以下四个特点。

1. 发达国家领先高端市场，后发国家技术追赶成效显著

（1）全球化加速创新要素全球范围流动，加剧了技术、标准、人才、市场等创新资源的国际竞争。跨国公司力图通过控制电子信息产业核心关键技术，占据产业链和创新链高端，构筑产业核心竞争优势。后发国家依靠自主创新和比较优势，力图通过技术追赶把握产业发展主动权。创新已经成为主要国家信息产业获取竞争优势的重要手段。

（2）美国和日本仍在信息领域高端市场占据主导地位。全球超级计算机制造商中，美国 IBM 公司、日本富士通公司和美国 Cray 公司的市场份额名列前三。2011 年全球高性能计算 TOP 500 中，有 76.8% 的系统使用英特尔处理器。目前，美国和日本正研发低成本、高能效的新一代兆兆位以太网技术，替代传统硅芯片的碳芯片技术、超高速低能耗光网技术、光通信嵌入芯片处理器技术等，试图改变未来计算机设计方式和数据中心构架，保持高端领域领先地位，引领产业发展方向。

（3）后发国家利用比较优势占据中低端产品市场并开始向高端市场渗透。中国

电子计算机及办公设备制造业产业规模世界第一，相关产品依靠价格优势获得全球市场份额；通过产业技术追赶成为高性能计算领域第二大国家[①]。世界贸易组织（WTO）数据表明，2010 年中国电子数据处理及办公设备共出口 2059.92 亿美元，占世界该类产品出口总量的 37.92%。印度软件服务业承接了全球 65% 的离岸软件外包业务和 46% 服务外包业务，并致力于开发面向未来的计算系统和操作系统。印度超级技术开发中心（C-DAC）正研发运算速度 1000 万亿次浮点运算/秒的新一代的帕拉姆高速超级计算机[②]。

2. 信息应用领域快速拓展，引领信息技术产业跨越发展

（1）应对全球性挑战，拓宽了信息技术应用领域。国际金融危机、全球气候变化及能源资源安全等问题引发了全球需求结构变化，加速了信息技术在智能生产、智能物流、智能交通、智能医疗、智能教育、安全防控等领域的应用和渗透，云计算、绿色信息技术、智能应用等成为产业未来发展方向。

（2）云计算应用呈现加速发展态势，为计算机产业带来巨大发展空间。云计算具有超大规模、高扩展性、高可靠性、高通用性等特征，代表了下一代信息技术发展方向。跨国公司纷纷涉足云计算领域，如亚马逊公司提供云计算平台，微软公司推出云计算产品，苹果公司推出云服务，谷歌公司将云计算作为关键支撑技术，IBM 公司将云计算及其相关服务作为长期发展主流业务。云计算正改变着传统的商业模式，为计算机硬件供应商带来发展新机遇。据预测，2015 年，云计算及其相关服务市场将达 94 亿美元[③]，云计算服务商对计算机硬件需求将达 103 亿美元[④]。

（3）绿色信息技术成为信息产业未来发展关键。发达国家充分认识到绿色信息技术在解决能源资源环境制约、推动可持续发展等方面重要作用，纷纷推动绿色信息技术的智能应用。英国政府提出绿色信息技术战略以实现政府信息系统零碳排放；美国能源部提供在线工具测度并改进数据中心能源使用效率；日本提出推动高效节能信息产品的开发；丹麦提出绿色信息技术行动计划[⑤]。绿色信息技术正成为经济部门绿色增长主要动力，推动社会绿色低碳发展。

---

① 2011 年中国有 74 台超级计算机进入 2011 年全球高性能计算 TOP500 榜单

② 数据来源：C-DAC. Faster PARAM to take on US supercomputer. 2009. http：//www.cdac.in/html/press/3q09/spot687.aspx.［2012-01-31］

③ 数据来源：IDC. Worldwide Enterprise Server Cloud Computing 2011 ~ 2015 Forecast. 2011

④ 数据来源：IDC. Worldwide IT infrastructure hardware for public and private cloud 2011 ~ 2015 forecast：Convergence and self-built solutions drive expansion. 2011

⑤ 参见：OECD. OECD information technology outlook 2010. 2010

（4）信息服务成为信息产业未来发展的重要方向。传感技术、网络技术、云计算技术等推动信息技术和业务创新，催生电子商务、定位服务、在线应用、基础设施即服务、软件即服务（SaaS）、平台即服务（PaaS）等多种服务模式，带来智能化生产性信息服务、民生性信息服务和公共文化信息服务蓬勃发展。OECD 数据显示，2010 年世界计算机服务支出高达 7671.77 亿美元，占全球计算机支出的 49.26%，已超过计算机硬件和软件支出成为全球信息支出主要内容。

中国正推动发展方式转变，大力发展信息产业和信息服务业，推动经济社会各领域信息化。加快利用信息技术改造提升制造业和改善人民生活，拓展了中国电子信息及办公设备制造业绿色、智能、融合发展的新方向，极大拓展产业创新发展空间。

3. 主要国家调整发展战略，力图把握新一轮竞争主动权

主要国家调整信息通信技术战略，力图通过加大关键核心技术研发和基础设施建设投入，拓展应用领域和服务覆盖范围，把握产业发展和国际竞争主动权。

（1）美国政府提出以无线基础设施和宽带为核心的信息发展战略，打造 21 世纪数字基础设施。美国政府出台《国家无线计划》①，在未来五年建设覆盖 98% 美国人的高速无线服务，并支持无线网络安全和可信技术研发。美国出台《复兴法案》② 和《国家宽带计划》③，提出建立连接美国基金，改革标准、政策和法律以激励公共教育和医疗健康领域宽带应用，提供 70 亿资金用于国家宽带建设。2011 年 2 月，美国政府发布《美国创新战略：确保经济增长和繁荣》④，提出建立面向 21 世纪创新需求，包括关键信息、计算和网络平台的信息技术生态系统。

（2）日本政府在大地震后致力于通过 ICT（information communication technology）促进日本复兴。日本提出利用 ICT 实现经济增长、增强日本在 ICT 领域国际竞争力、促进 ICT 在教育医疗和环境领域应用、强化宽带普及和应用环境建设、加强

① 参见：White House. National Wireless Initiative. 2011. http：//www. whitehouse. gov/the- press- office/2011/02/10/president- obama- details- plan- win- future- through- expanded- wireless- access［2012-01-31］

② 参见：White House. The recovery act. 2009. http：//www. recovery. gov/About/Pages/The_ Act. aspx［2012-01-31］

③ 参见：FCC. Connecting America：The national broadband plan. 2010. http：//www. broadband. gov［2012-01-31］

④ 参见：National Economic Council，Council of Economic Advisers，Office of Science and Technology Policy. A Strategy for American innovation：Securing our economic growth and prosperity. 2011. http：//www. whitehouse. gov/sites/default/files/uploads/InnovationStrategy. pdf［2012-01-31］

超高速低能耗光网技术等下一代先进技术研发等五大战略，并在 2012 年度预算草案[①]提供总预算达 1147.3 亿日元的信息化建设经费。

（3）欧洲国家纷纷调整信息通信技术发展战略。2010 年，欧洲委员会发布《欧盟 2020 战略》[②]，提出到 2013 年全面普及宽带，2020 年宽带网速提高到 100Mbps；德国出台《2020 德国高技术战略》[③] 和《信息与通讯技术战略》[④]，强调信息通讯技术领域技术研发，建设适应未来需求的信息通讯网络设施，并通过推广应用信息通讯技术强化德国经济竞争力，实现经济增长和就业增加。2011 年，英国政府公布《政府 ICT 战略》[⑤] 及实施方案[⑥]，提出在云计算、绿色 IT、终端用户设备和 ICT 能力建设等方面愿景；法国发布《数字法国 2020》战略[⑦]，提出法国将重点发展固定和移动宽带，推广数字化应用和服务，扶持电子信息企业的发展，为法国信息化发展营造良好的政策环境。

（4）俄罗斯、印度、巴西等国纷纷推出信息发展新规划。2008 年，俄罗斯出台国家战略经济领域关键技术清单，包括软件生产技术、分布式计算与系统技术、电子元器件制造工艺等[⑧]。2010 年，俄罗斯政府提出 2011 ~2015 年投资 1005 亿卢布建设斯科尔科沃研发中心，重点发展信息、能源等现代产业领域，打造新经济政策试验场和未来城市，推动斯科尔科沃研发中心成为俄罗斯的“硅谷”[⑨]。2011 年，

---

① 参见：日本总务省 . 2012 年度重点施策 . 2012. http：//www. soumu. go. jp/main_ content/000130210. pdf [2012-01-31]

② EU. Europe 2020. http：//ec. europe. eu/europe 2020 [2012-01-31]

③ 参见：BMBF. Ideas innovation prosperity：high- tech strategy 2020 for Germany. 2010. http：//www. bmbf. de/pub/hts_ 2020_ en. pdf [2012-01-31]

④ 参见：BMWI. ICT Strategy of the German Federal Government：Digital Germany 2015. 2010. http：//www. bmwi. de/English/Redaktion/Pdf/ict-strategy-digital-germany-2015，property = pdf，bereich = bmwi，sprache = en，rwb = true. pdf [2012-01-31]

⑤ 参见：UK Cabinet Office. Government ICT strategy. 2011. http：//www. cabinetoffice. gov. uk/content/government-ict-strategy [2012-01-31]

⑥ 参见：UK Cabinet Office. Government ICT Strategy-Strategic Implementation Plan. 2011. http：//www. cabinetoffice. gov. uk/content/government-ict-strategy-strategic-implementation-plan [2012-01-31]

⑦ 参见：Ministère de l'Économie，des Finances et de l'Industrie. France numérique 2020. 2011. http：//www. economie. gouv. fr/france-numerique-2020/france-numerique-2020-0 [2012-01-31]

⑧ 参见：俄罗斯政府 . 外资投资俄罗斯战略领域管理办法 . 2008. http：//www. rbc. ru/rbcfreenews/20080826190839. shtml [2012-01-31]

⑨ 参见：中国科学院规划战略局等 . 科技战略与政策动态监测快报 . 2010 年第 14 期 . http：//infoshare. las. ac. cn/bitstream/123456789/1522/2/% E7% A7% 91% E6% 8A% 80% E6% 88% 98% E7% 95% A5% E4% B8% 8E% E6% 94% BF% E7% AD% 96% E5% 8A% A8% E6% 80% 81% E7% 9B% 91% E6% B5% 8B% E5% BF% AB% E6% 8A% A52008% E5% B9% B4% E7% AC% AC19% E6% 9C% 9F. pdf [2012-01-31]

印度发布《国家信息政策 2011》①，提出建设具有世界竞争力的信息产业生态系统，强化信息领域研发和创新，增强印度新兴产业关键领域生产率和竞争力，大力发展信息定位服务、移动通信增值服务等信息服务业。

4. 中国信息化发展进程加快，引领计算机产业创新发展

中国政府颁布实施《中华人民共和国国民经济和社会发展第十二个五年规划纲要》，提出要提高电子信息产业研发水平，增强基础电子自主发展能力，引导向产业链高端延伸。同时要加快建设宽带、融合、安全、泛在的下一代国家信息基础设施，推动信息化和工业化深度融合，推进经济社会各领域信息化。这为电子计算机及办公设备制造业创新发展指明了方向。

（1）颁布实施国家信息化相关战略和政策，拓展计算机及办公设备制造业发展空间。2006 年，中国政府颁布实施《2006～2020 年国家信息化发展战略》提出制定并实施“国民信息技能教育培训计划”、“电子商务行动计划”、“电子政务行动计划”、“网络媒体信息资源开发、利用计划”、“缩小数字鸿沟计划”等计划，加速我国经济社会领域信息化应用与发展。2011 年，中国政府出台《关于加快推进信息化与工业化深度融合的若干意见》，提出要以信息化创新研发设计手段，推动生产装备智能化和生产过程自动化，推动信息化与生产性服务业融合发展，促进产业自主创新能力提升，加快建立现代生产体系。

（2）颁布实施信息产业相关发展规划，引领电子计算机及办公设备制造业创新发展。2010 年，中国政府发布《关于加快培育和发展战略性新兴产业的决定》，颁布实施《国家“十二五”科学和技术发展规划》，强调重点发展新一代移动通信、下一代互联网、三网融合、物联网、云计算、集成电路、新型显示、高端软件、高端服务器和信息服务，加快实施核心电子器件、高端通用芯片及基础软件产品国家科技重大专项，开展下一代广播电视网和光纤无线融合的宽带接入环境与示范工程和“中国云”工程。

“十二五”时期，我国将进一步强化信息产业创新发展环境建设，重点发展电子信息核心基础产业、新一代信息技术产业和信息服务业，深化信息技术在经济社会各领域的渗透和应用，极大地推动了中国电子计算机及办公设备制造业自主创新能力建设和创新发展进程。

---

① 参见：NPIT. National policy on information technology 2011. 2011. http：//india. gov. in/allimpfrms/alldocs/16391. pdf［2012-01-31］

四、中国电子计算机及办公设备制造业竞争态势

竞争态势反映产业竞争力演进的趋势和方向，主要体现在资源转化能力、市场竞争能力、技术创新能力和比较优势四个方面的发展。中国电子计算机及办公设备制造业国际竞争力不仅取决于竞争实力、竞争潜力和竞争环境，还受到产业竞争态势的影响。

1. 资源转化能力变化指数

资源转化能力竞争态势反映全员劳动生产率和产值利税率的变化趋势，是把握资源转化能力发展趋势的重要前提。

“十一五”时期，中国电子计算机及办公设备制造业人均总产值和产值利税率均呈震荡上升趋势，分别从 2006 年的 107. 92 万元/（人・年）和 2. 74% 增加到 2010 年的 115. 39 万元/（人・年）和 4. 50%，年均增速为 1. 69% 和 13. 22%。同期，制造业和高技术产业人均总产值分别从 43. 26 万元/（人・年）和 64. 03 万元/（人・年）增加到 72. 64 万元/（人・年）和 73. 28 万元/（人・年），年均增幅达 13. 83% 和 3. 43%；产值利税率分别从增加 8. 62% 和 5. 82% 到 11. 42% 和 8. 55%，年均增幅分别达 7. 28% 和 10. 11%，如表 3 所示。

表 3　中国电子计算机及办公设备制造业主要经济指标（2006 ~ 2010 年）

		2006 年	2007 年	2008 年	2009 年	2010 年
人均总产值/［万元/（人・年）］	制造业	43. 26	51. 58	57. 08	62. 07	72. 64
	高技术产业合计	64. 03	68. 25	67. 96	69. 57	73. 28
	计算机及办公设备制造业	107. 92	111. 94	106. 54	105. 50	115. 39
	电子计算机整机制造	164. 89	168. 65	154. 94	176. 35	186. 12
	电子计算机外部设备制造	76. 88	79. 29	75. 19	67. 33	81. 13
	办公设备制造	78. 12	80. 09	80. 69	80. 92	85. 67
产值利税率/%	制造业	8. 62	9. 57	9. 07	10. 38	11. 42
	高技术产业合计	5. 82	6. 10	6. 51	7. 18	8. 55
	计算机及办公设备制造业	2. 74	3. 36	4. 04	3. 61	4. 50
	电子计算机整机制造	1. 87	2. 02	2. 81	2. 06	2. 88
	电子计算机外部设备制造	3. 48	4. 89	5. 55	5. 02	6. 17
	办公设备制造	5. 96	6. 00	6. 34	7. 42	7. 66

数据来源：国家统计局，国家发展和改革委员会，科学技术部．中国高技术产业统计年鉴（2007 ~ 2011）．北京：中国统计出版社

总体而言，中国电子计算机及办公设备制造业资源转化能力呈上升态势，但与高技术产业平均水平相比，产值利税率偏低，如不加快开发高附加值产品，推进向产业链高端移动，难以确保产业利润快速增长。

2. 市场竞争能力变化指数

市场竞争能力变化指数主要反映产品目标市场份额、贸易竞争指数和价格指数的变化趋势。

“十一五”时期，中国电子计算机及办公设备制造业国际贸易总额总体呈增长态势，出口额从 2006 年的 1282. 58 亿美元震荡增加到 2010 年的 1729. 78 亿美元，年均增速达 7. 76%；同期，进口额从 393. 99 亿美元震荡增加到 467. 73 亿美元，年均增速为 4. 38%；贸易顺差从 888. 58 亿美元震荡增加到 1262. 05 亿美元，年均增速达 9. 17%，如图 1 所示。

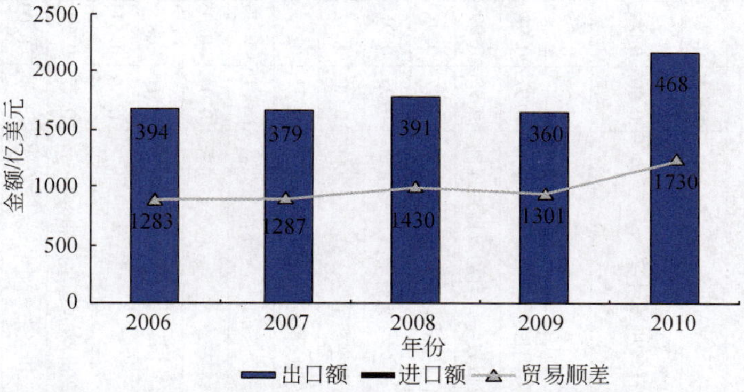

图 1　中国电子计算机及办公设备制造业进出口情况（2006 ~ 2010 年）

数据来源：中华人民共和国海关总署．中国海关统计年鉴（2006 ~ 2010）．北京：中华人民共和国海关总署《海关统计》发行部

在全球目标市场，中国电子计算机及办公设备相关产品市场竞争能力总体呈上升态势。2006 ~ 2010 年，我国电子计算机及办公设备制造业国际贸易量最大的是商品编号 8471 类商品，其价格指数从 2006 年的 1. 31 持续上升到 2010 年的 2. 48，且贸易竞争指数震荡中有略微增长，表明我国自动数据处理设备类商品通过技术创新正逐步占领国际高端市场。同期，商品编号 8469 类商品贸易竞争指数略微增加到 0. 91，商品编号 8470 类商品贸易竞争指数在 0. 8 上下波动，价格指数均呈下降态势，表明这两类商品价格优势持续占领全球市场。商品编号 8472 和商品编号 8473 类商品贸易竞争指数则呈下降态势，价格指数基本不变，表明我国该类商品市场竞争能力有所下降，如表 4 所示。

表 4　中国电子计算机及办公设备制造业贸易竞争指数和价格指数(2006～2010 年,全球市场)

商品编号	商品名称	贸易竞争指数					价格指数				
		2006 年	2007 年	2008 年	2009 年	2010 年	2006 年	2007 年	2008 年	2009 年	2010 年
8469	打字机及文字处理器	0.88	0.94	0.95	0.87	0.91	0.07	0.07	0.18	0.04	0.04
8470	计算机器;装有计算机装置的会计计算机等机器	0.80	0.76	0.77	0.82	0.80	0.17	0.46	0.50	0.21	0.08
8471	自动数据处理设备及其部件等	0.65	0.65	0.64	0.65	0.68	1.31	—	1.94	2.34	2.48
84713000	重量≤10 公斤的便携数字式自动数据处理设备	0.97	0.98	0.99	0.99	0.99	0.90	0.84	1.03	1.03	1.39
84714140	其他微型数字式自动数据处理机	0.98	0.99	0.97	0.96	0.92	0.38	0.40	0.31	0.44	0.69
84714190	未列名数字式自动数据处理设备	0.92	0.98	0.97	0.96	0.95	0.24	0.11	0.11	0.11	0.24
84714940	系统形式的微型机	0.95	0.91	0.94	0.95	0.95	0.11	0.11	0.30	0.60	0.95
84715040	微型机的数字式处理部件	0.80	0.82	0.83	0.85	0.88	1.55	0.98	0.93	0.82	0.94
84716070	键盘、鼠标器(6071 +6072)	0.72	0.74	0.76	0.78	0.78	0.51	0.53	0.58	0.57	0.58
84717010	硬盘驱动器	-0.16	-0.17	-0.22	-0.28	-0.23	0.71	0.76	0.75	0.74	0.80
84717030	光盘驱动器	0.04	-0.05	-0.16	-0.16	-0.22	0.65	0.65	0.69	0.71	0.70
84718000	自动数据处理设备的其他部件	–	0.60	0.55	0.42	0.49	–	1.19	1.02	0.98	0.72
8472	其他办公室用机器	0.66	0.64	0.48	0.44	0.47	0.02	0.02	0.01	0.00	0.01
8473	专门或主要用于商品编号 8469～8472 机器的零件、附件	0.27	0.30	0.34	0.31	0.24	—	0.28	0.32	0.32	0.29
84733010	大、中、小型计算机及其部件的零件、附件	-0.11	-0.03	0.11	0.01	-0.04	0.43	0.43	0.43	0.31	0.33
84733090	8471 所列其他机器的零件、附件	0.40	0.38	0.53	0.40	0.30	0.27	0.26	0.42	0.32	0.26

数据来源:中华人民共和国海关总署．中国海关统计年鉴．(2006～2010)．北京:中华人民共和国海关总署《海关统计》发行部

注:—表示没有数据

综合考察贸易竞争指数和价格指数的发展变化，可以认为，中国电子计算机及办公设备制造业大部分产品在全球市场竞争力有所提升，尤其在自动数据处理设备领域，我国产品正凭借技术优势逐渐占领国际高端市场。

3. 技术能力变化指数

技术创新能力竞争态势主要反映产业技术投入、产业技术能力和创新活力等指数变化情况。

“十一五”时期，中国电子计算机及办公设备制造业 R&D 人员比例、有效发明专利数和单位产值对应有效发明专利数均有所增长，且增幅高于高技术产业平均水平。2006～2010 年，中国电子计算机及办公设备制造业 R&D 人员比例、有效发明专利拥有量和单位产值对应有效发明专利数分别从 2.27%、1174 项和 0.10 项/亿元增加到 4.16%、7552 项和 0.40 项/亿元，年均增幅分别高达 16.41%、59.26% 和 41.11%，高于制造业和高技术产业增长水平。然而同期，中国电子计算机及办公设备制造业 R&D 经费强度在 0.60% 上下震荡，新产品销售率从 24.93% 震荡下降到 23.10%，与高技术产业平均水平差距呈扩大态势，如表 5 所示。

表 5　中国电子计算机及办公设备制造业技术能力指标（2006～2010 年）

		2006 年	2007 年	2008 年	2009 年	2010 年
R&D 人员比例/%	制造业	0.98	1.13	1.19	1.39	1.52
	高技术产业合计	3.46	3.99	4.14	4.57	4.85
	计算机及办公设备制造业	2.27	2.33	2.13	2.41	4.16
	电子计算机整机制造	3.43	3.22	2.50	3.41	4.16
	电子计算机外部设备制造	1.78	1.86	1.85	1.47	4.35
	办公设备制造	0.45	1.43	2.16	2.64	1.73
R&D 经费强度/%	制造业	0.88	0.90	0.96	1.08	1.03
	高技术产业合计	1.31	1.29	1.43	1.60	1.60
	计算机及办公设备制造业	0.61	0.57	0.52	0.63	0.61
	电子计算机整机制造	0.63	0.44	0.39	0.46	0.44
	电子计算机外部设备制造	0.64	0.79	0.73	0.73	0.84
	办公设备制造	0.24	0.34	0.44	0.67	0.52

续表

		2006 年	2007 年	2008 年	2009 年	2010 年
新产品销售率/%	制造业	17.57	18.19	18.87	20.43	19.69
	高技术产业合计	23.60	24.46	28.03	26.09	27.05
	计算机及办公设备制造业	24.93	19.58	27.51	14.41	23.10
	电子计算机整机制造	28.92	20.54	28.50	10.36	15.01
	电子计算机外部设备制造	20.93	18.99	27.70	20.50	33.63
	办公设备制造	13.36	12.90	12.60	8.10	17.50
有效发明专利数/项	制造业	28 168	42 455	54 223	78 884	10 9732
	高技术产业合计	8 141	13 386	23 915	31 830	50 166
	计算机及办公设备制造业	1 174	3 210	3 344	4 192	7 552
	电子计算机整机制造	180	1 961	1 466	2 738	4 641
	电子计算机外部设备制造	974	1 216	1 866	881	2 812
	办公设备制造	20	33	12	42	99
单位产值对应的有效发明专利数/（项/亿元）	制造业	0.10	0.12	0.12	0.16	0.18
	高技术产业合计	0.23	0.32	0.51	0.65	0.83
	计算机及办公设备制造业	0.10	0.22	0.21	0.27	0.40
	电子计算机整机制造	0.03	0.25	0.17	0.31	0.47
	电子计算机外部设备制造	0.20	0.21	0.31	0.15	0.34
	办公设备制造	0.03	0.05	0.02	0.07	0.14

数据来源：国家统计局，国家发展和改革委员会，科学技术部，中国高技术产业统计年鉴（2007～2011）. 北京：中国统计出版社

与发达国家相比，我国电子计算机及办公设备制造业发明专利数量还存在较大差距，但发展态势较好，差距不断缩小。2006～2009 年，中国电子计算机领域发明专利申请量从 8109 项持续快速增加到 17 287 项，年均增幅高达 28.70%。同期，美国电子计算机领域发明专利申请量从 52 255 项增加到 60 515 项，日本、德国电子计算机领域发明专利申请量则分别从 66 437 项和 10 299 项下降到 61 740 项和 9823 项，年均增幅分别为 3.08%、－2.41% 和 －1.56%，我国与这些国家差距不断缩小，如表 6 所示。

中国电子计算机及办公设备制造业技术能力总体呈上升态势，研发人员投入和专利数量均呈上升态势；但产业研发经费投入强度与高技术产业平均水平差距呈扩大态势，且与发达国家差距显著。

表 6 电子计算机领域各国居民发明专利申请公开公告量

	公告量/项				年均增速/%
	2006 年	2007 年	2008 年	2009 年	
中国	8 109	11 007	14 812	17 287	28.70
日本	66 437	66 156	62 480	61 740	-2.41
美国	55 255	57 292	64 473	60 515	3.08
德国	10 299	10 321	10 082	9 823	-1.56

数据来源：WIPO. Patent publications by field of technology. http：//www.wipo.int/ipstats/en/statistics/patents/ [2012-01-31]

注：统计领域包括“计算机技术”（computer technology）、“IT 管理方法”（IT methods for management）和“半导体”（semiconductors）

4. 比较优势变化指数

比较优势竞争态势反映中国劳动力低成本优势和中国电子计算机及办公设备制造业产业规模等变化趋势。

“十一五”时期，中国制造业单位就业人员平均工资呈上升态势，但与发达国家相比低成本优势依然显著。中国制造业单位就业人员年均工资从2006 年的1.82 万元快速增加到2010 年的3.09 万元，年均增幅达14.12%。与美国、日本、德国、英国电子计算机及办公设备制造业劳动力成本相比，我国制造业单位就业人员平均工资仅为其2% ~ 10%，如表7 所示。然而，随着社会经济发展与和谐社会建设进程加快，可以预期，未来一段时间我国劳动力成本仍将快速增长，与发达国家相比，优势将呈减弱态势。

表 7 电子计算机及办公设备制造业比较优势指标（2005 ~ 2010 年）

		2005 年	2006 年	2007 年	2008 年	2009 年	2010 年
劳动力成本/万美元	中国*	0.20	0.23	0.28	0.36	0.39	0.46
	美国	8.97	8.86	9.06	9.30	8.42	—
	日本	4.99	3.71	3.99	4.62	—	—
	德国	7.14	8.78	9.56	8.09	—	—
	英国	10.59	13.70	17.53	—	—	—
产值（当年价）/亿美元	中国	1234.82	1486.54	1915.58	2279.93	2268.30	2851.46
	美国	653.58	669.08	649.49	680.75	558.50	—
	日本	573.83	517.30	617.52	702.91	—	—
	德国	161.71	172.08	219.71	155.33	—	—
	英国	147.34	151.21	156.16	—	—	—

* 为制造业单位就业人员平均工资；—表示没有数据

数据来源：OECD. OECD StatExtracts. http：//stats.oecd.org/Index.aspx [2012-01-31]

与发达国家相比，中国电子计算机及办公设备制造业产业规模优势显著并呈扩大趋势。2007 年，中国电子计算机及办公设备制造业产值（当年价）达 1915. 58 亿美元，高于同年美国、日本、德国和英国电子计算机及办公设备制造业产值（当年价）之和。

综上所述，中国电子计算机及办公设备制造业国际竞争力发展态势良好，与主要发达国家差距不断缩小但仍然显著，主要表现在以下方面：

（1）资源转化能力有所提升，但产值利税率低于高技术产业平均水平，人均总产值与发达国家差距显著；

（2）产品在全球市场竞争能力呈上升态势，贸易顺差有所扩大，自动数据处理设备等产品逐步占领国际高端市场；

（3）技术能力总体呈上升态势，发明专利数量有较快增长，但 R&D 经费强度和新产品销售率低于高技术产业平均水平，技术能力与发达国家相比差距显著；

（4）与发达国家相比，产业规模和市场规模等比较优势显著，但劳动力低成本优势呈缩小态势。

五、主要研究结论

综合分析中国电子计算机及办公设备制造业竞争实力、竞争潜力、竞争环境和竞争态势，可以得出以下四点结论。

1. 产业竞争实力总体偏弱，但若干产品技术领域取得一定突破

中国电子计算机及办公设备制造业资源转化能力和产业技术水平仍然偏低，产值利税率和新产品销售率低于我国高技术产业平均水平，人均总产值和产业关键技术能力与发达国家还存在较大差距，大部分产品依靠较低价格在国际市场获得竞争优势。但是，我国已经在高性能计算、激光打印机等若干领域取得一定技术突破，自动数据处理设备及其部件等商品凭借技术优势在国际市场获得综合竞争优势。

2. 产业竞争潜力与发达国家相比差距显著，但存在一定比较优势

中国电子计算机及办公设备制造业产业竞争潜力总体较弱，与我国高技术产业和发达国家相比，产业技术投入和创新活动不足，研发经费投入总量和强度偏低，发明专利数量和单位产值对应有效发明专利数也存在一定差距。然而，相比发达国

家，我国该产业劳动力低成本和产业规模等比较优势仍较为显著，市场增长潜力巨大，产业发展空间广阔。

3. 产业竞争环境总体向好，发展机遇与挑战并存

信息技术应用领域快速扩展，新时期中国政府相继出台一系列创新政策等，极大拓展信息产业发展空间，为产业创新发展提供历史性机遇。与此同时，发达国家在处理器等高端领域占据领先地位，并纷纷调整发展战略，将信息领域作为国家战略予以重点发展，加剧了该产业的国际竞争，给我国未来产业发展带来一定的压力和挑战。

4. 产业国际竞争力有所增强，与发达国家差距依然显著

产业竞争实力和竞争潜力均呈上升态势，资源转化能力、市场竞争能力、产业技术能力、创新活力等均有不同程度增强，产业规模和市场潜力等比较优势呈扩大态势，发明专利与发达国家差距逐渐缩小，部分商品依靠技术创新逐步占领国际高端市场。然而，三资企业在我国电子计算机及办公设备制造业举重若轻，产值和新产品销售收入分别占该产业的85%以上，内资企业创新能力与水平还有较大差距。与发达国家相比，我国该产业技术投入严重不足，产业技术能力仍然差距显著。

参 考 文 献

[1] 穆荣平．中国高技术产业国际竞争力评价．见：中国科学院．2000 高技术发展报告．北京：科学出版社，2000

[2] 穆荣平．高技术产业国际竞争力评价方法初步研究．科研管理，2000，21（001）：50～57

[3] 国家统计局，国家发展和改革委员会，科学技术部．中国高技术产业统计年鉴（2007～2011）．北京：中国统计出版社，2007～2011

[4] 中华人民共和国海关总署．中国海关统计年鉴（2006～2010）．北京：中华人民共和国海关总署《海关统计》发行部，2007～2011

[5] OECD. OECD Information Technology Outlook 2010. OECD Publishing. 2010. http：//dx. doi. org/10. 1787/it_ outlook-2010-en［2010-11-22］

The Evaluation of International Competitiveness of Chinese Computers and Office Equipments Industry

Qu Wan, Mu Rongping, Wang Ting
(Institute of Policy and Management, CAS)

The paper analyzes the international competitiveness of Chinese computers and office equipments industry from four aspects, including competitive strength, competitive potential, competitive environment, and competitive tendency. On the basis of statistical data and systematic analysis, four conclusions are drawn. First of all, the competitive strength of Chinese computers and office equipments industry is weak, but there are breakthroughs in selected technology areas. Secondly, compared to developed countries, there remains huge gap of competitive potential but with comparative advantage in terms of labor cost and industrial scale. Thirdly, the overall competitive environment of Chinese computers and office equipments industry is well with both opportunities and challenges. Fourthly, the competitive tendency of the Chinese computers and office equipments industry is improving; the gap compared to the developed countries is narrowing but still significant.

第五章 高技术与社会

5.1 会聚技术的科学寓意与经济寓意

李真真
（中国科学院科技政策与管理科学研究所；中国科学院科技伦理研究中心）

2001年12月，由美国商务部技术管理局、美国国家科学基金会和美国科学技术委员会纳米科学工程技术分委会联合发起和举办的、以“会聚四大技术，提升人类能力”为主题的圆桌会议，预见性地提出“NBIC会聚技术”概念。其中，“NBIC”是指纳米技术（nanotechnology）、生物技术（biotechnology）、信息技术（information technology）和认知科学（cognitive science）。会议认为，这四大科技领域的协同和融合，将形成的巨大的技术能量并对社会经济的产生深远影响。

2002年6月，美国国家科学基金会和商务部共同资助的《提升人类能力的会聚技术》报告的发表，更是使“会聚技术”（converging technologies）成为许多国家关注的焦点。我国也不例外。2004年《科技成果纵横》[1]和《世界科学》[2]分别发文，全面而翔实地介绍了“NBIC会聚技术”概念的起源及其内涵，引起国内科学家的广泛关注，进而成为我国科技界探讨科技发展及其战略定位的一个重要话题。NBIC会聚技术被看做是中国的新机遇，成为中国科学家向政府建言的新议题[3]。

尽管“会聚技术”是一种预见性的概念，但是，会聚技术将激发人类潜能，提升人类能力，带来新的科技复兴，为经济社会发展提供巨大机遇，等等。这些诱人的前景使得这一概念一经提出即迅速成为各国抢占科技制高点的新领地，成为国际社会的共同期望。会聚技术之所以带给人类以如此的信心，最直接地导源于它所具有的跨越边界特性及优势。

纵观20世纪以来的科学发展，实际上就是一个不断跨越边界的过程。不断扩展的不同学科领域间、科学和技术间、科学与社会间的边界跨越，已经成为知识创造和领域扩展的重要源泉。可以说，会聚技术即是跨越边界的一个结果。但是，如果仅仅将其看作一个历史性结果，就无法理解“会聚技术”作为一个独立的概念而存在。并且一时成为备受关注的话题这一事实。显然，在会聚技术有可能成为一个国家的政策议程之时，我们需要深刻剖析和理解这个概念的独特寓意。

在“会聚技术”概念自2001年提出后的几年里，许多研究对这一情境进行了基汇于事实的经验描述，会聚技术立即获得许多国家及组织所认同，并且成为战略选择的重要考量。但迄今为止，它仍然是一个预言性的概念，人们对于会聚技术情境下的世界图景的认知仍然是模糊的。并且近两年来，人们对于这个概念似乎也不像前几年那样热衷，会聚技术也并没有被整体性地纳入到各国科技政策的核心议程。尽管如此，对会聚技术的解读仍然具有意义。

一、会聚技术情境下的图景

近十年来，NBIC会聚技术作为一个即将来临的全新技术而备受关注。根据《提升人类能力的会聚技术》报告，NBIC四大科技领域的协同与融合，将呈现出这样一幅新图景：“如果认知科学家能够想到它，纳米科学家就能够制造它，生物科学家就能够使用它，信息科学家就能够监视和控制它。”[4]这一图景似乎将人类带到了一个受无限的技术力量所驱动的时代。

实际上，对于这些科技领域来讲，无论我们独立地观察其中的哪一个领域，都能够感受到它自有或内在的巨大能量。其中，纳米技术不仅提供了在纳米尺度上重新认识我们所在的物质世界的视角，而且提供了按照人类意志操纵和创造具有特定功能产品的手段。现代生物技术使人类利用生物的特性及其功能，依据某种预期设计和创造新的生命或新的品系成为可能。信息技术不仅改变了人类传统的交往方式，而且在开拓人类交往新途径的同时，对人的交往行为的规定性与日俱增，甚至成为人际关系网络准入的约束性条件。而认知科学则展示出了它对自然科学和人文社会等学科的整合力量。由此不难看出，这些技术领域所蕴含的巨大能量就在于它们所具有的内在的控制性以及自我繁衍和自我增强的能力。

然而，许多研究表明，这些领域所展现的已经不仅仅是各自的独特风景，更是一幅领域间相互渗透的知识图景。如前所述，领域间的边界跨越或相互渗透是 20 世纪以来的科学不断呈现和增强的趋势及结果，它突出地体现了不同学科领域在认知方向上的融合，在理论方法上的借鉴，以及领域间的跨边界作业，知识生产单元的混合性特征[5]。

但是，“会聚技术”作为一个独立的概念而存在或被强调，显然，它就不只是这一趋势的一个结果，而且蕴含了更深层的意义。它也许预示了一个新的开端。而作为一个新开端，就不仅仅在于 NBIC 已经和正在呈现的某种融合的事实及趋势，实际上更在于人们基于这种趋势对于会聚技术的独特性的感知及预见性的判断。就目前来讲，它的独特性主要体现在三个方面：基于纳米尺度的物质研究、基于信息技术的知识生产、基于实用问题的边界跨越。

1. 基于纳米尺度的物质研究

纳米技术的发展为不同领域提供了在纳米尺度（1 ~ 100 纳米）上认识其研究对象的特性及其作用机理的物质基础。如生物技术的研究对象是生命，而作为生命的基本载体，如 RNA、DNA，以及核糖类各种复合物，都是纳米尺度或纳米水平的，可以说，纳米尺度为研究生命现象提供了物理技术工具。对于认知科学，纳米尺度将有助于揭示知觉信息的表达与处理、认识人脑工作机制这一生命科学的奥秘。而对于信息技术，纳米尺度满足了信息基础设施的微型化与功能化需求，并且为信息技术研发，如纳米芯片、纳米传输，提供了新的手段和途径。

2. 基于信息技术的知识生产

信息技术的发展为各领域提供了研究的基础平台和重要手段和途径，并且改变了传统的知识生产方式。目前，计算机模型和信息处理方法已成为生物学家观察生物学过程和了解复杂生物系统的普遍采用的方法。而无论是生物技术领域，还是纳米技术和认知科学领域，信息技术所提供的前所未有的计算能力和精密控制能力，以及处理复杂问题的建模方法，等等，都使得解决复杂的科学问题成为可能。

3. 基于实用问题的边界跨越

与学术问题有所不同，实用问题是基于需求而源源不断提出来的社会问题和技术问题。目前，从纳米技术、生物技术、信息技术和认知科学来讲，实用问题已经成为科学研究的主要甚或核心问题。实用问题所关注的对象通常会同时出现在不同领域之中，或者对此类问题的研究通常会出现多个领域进路。正如克莱恩所指出的，“任何一个客体都可能属于几个不同的领域”，它们以不同的方式阐述同一对象和界定问题的边界，并且在理论、概念和方法、工具上相互借鉴[5]。

二、会聚技术的科学寓意

尽管许多研究描述了NBIC四大技术会聚的情境，由此使我们了解了它所具有的实在性的一面，但不可否认的是，迄今为止它仍然是一个预言性的技术或事务。因此可以说，会聚技术既是实在的又是建构的，它的提出既体现了一种事实主张，也是一种价值主张。正由于此，会聚技术对于科学的寓意了成为了是一个应当关切和值得探讨的问题。总体讲，它关涉到科学形态的变化问题。

科学形态并非一个全新的话题。D. 普赖斯在20世纪60年代就曾描述了这种变化及其情境，他将之称为“小科学”和“大科学”。90年代，随着这种变化和新科学形态的相对明朗，对科学发展模式变迁及其新形态的研究一时为学界所特别关注。

科学形态的改变或发展模式的变迁已是一个不争的事实，可以说，会聚技术是这个变化的一个结果。但是，从会聚技术的社会建构性的角度来考量科学的未来，就不禁会问它对科学将给予怎样的寓意？让我们回到会聚技术的特性，如前所述，它具有“基于实用问题的边界跨越”特性。

历史地讲，科学研究并非从一开始就对实用问题具有突出的贡献及作用，甚至，在一个发展较为成熟和严谨的学科领域里，科学研究对实用问题是排斥的。但是，伴随着科学研究的大型化、对大规模投资需求的迅速提高，这一情境逐渐发生改变。导致这一改变有两个方面的原因：一是科学需要通过向社会给予越来越多的回报来展现自身价值，以获取更多的社会投资；二是实用问题在越来越多的学科领域中成为发现或创新源泉。例如，司托克斯的“巴斯德象限”所揭示的——“应用引起的基础研究”。司托克斯甚至告诉我们：“在巴斯德之后的世纪里，每一个科学领域的进步都或多或少地源泉于实际应用的考虑。”[6]

然而，实用问题在科学领域中的广泛而深入的渗透给科学带来的影响不仅如此，它更加深刻的影响是，伴随着科学研究在解决实用问题的贡献日益凸显，其所发挥的作用日益显现出它的不可替代性，科学形态也经历了一个持续性的变革过程。正如约翰·齐曼的研究所揭示的，我们正在经历着从“学院科学”向“后学院科学”的转变，学院科学是一种以“扩展证实无误的公共知识”为制度性目标的科学形态，而现在，“扩展知识”和促进知识“资本化”已经成为科学新的制度性目标[7]。

由此，会聚技术作为一个被建构的新的社会技术系统，它不仅寓意了科学在组织与管理方面的变革，而且更为重要的是，它寓意了一种新的价值取向及其科学制度性目标的重塑。

三、会聚技术的经济寓意

历史地讲，纳米技术、生物技术、信息技术和认知科学等之所以备受关注，是基于其本身长期的足够的知识储备和社会酝酿而获得突破性发展的结果，而会聚技术则是一种基于趋势的预见和基于需求的选择，以及由此而做出的战略判断。可以说，会聚技术更强烈地体现了一种社会设计与建构。由此不难看出，会聚技术的意义实际上已远远超越了科学技术的范畴，并且从一开始即被赋予了外在诉求，包含了多重寓意。它的提出不只是科学技术发展所显现出的一种趋势的判断结果，更重要的是有着特定的政治经济背景。

20 世纪下半叶，随着人类经济活动从“短缺经济”向“过剩经济”转变，科学技术对经济增长的贡献也逐渐摆脱了以往被资本规定的被动地位，具有了独立的意义。“过剩经济”的最大挑战是如何创造需求。在这个背景下，科学技术扮演了创造需求的角色，并且日益体现出它的不可替代性。而正是这种不可替代性，也使得经济发展越来越依赖于科学技术对新需求和新增长机会的供给能力。

一个典型的事例是，1998 年的东亚金融危机，许多国家都程度不同地强化了对高技术产业的政策支持，以创造新的发展机会。鉴于信息技术的产业化前景相对明朗，信息产业技术成为各国投资的重点领域，不仅以前所未有的速度提高了信息传输效率和知识在全球范围的可共享性，而且激发了社会各个领域的信息化需求，同时信息技术的产业扩张也为经济增长对新兴产业的需求提供了保证。

自 20 世纪 90 年代以来，需求的创造越来越依赖于科学技术已是一个不争的事实，随着信息、生物、纳米等科技领域的快速发展以及产业化前景的日趋明朗，“信息经济”、“生物经济”、“纳米经济”等都曾作为经济增长的新机会而被寄予期望。这一现象不仅体现了科学技术对经济增长的主导地位变得日益重要和稳定，同时也反映出新需求对经济增长的贡献周期变得越来越短。

随着经济增长日益依赖于科学技术的供给，这种依赖程度的日渐增强也使得经济自身变得脆弱。新需求对经济增长的贡献周期的迅速缩短，使得寻求经济增长新契机的紧迫性被提上日程。会聚技术即是在这种情境下被设计或建构的。

“会聚技术”概念发端于美国。让我们回顾这一概念提出前的美国。20 世纪 90 年代，美国经济进入增长期，但在全球化背景下，制造业转向其他国家而造成的技术进步损失，使得竞争的需要变得尤为强烈。正是基于这样一种紧迫感，美国也意识到了基于一种特定技术推动经济转变或增长的弊端或缺陷，进而转向了在更加宽泛的领域中寻求经济增长动力源泉或引擎的发展策略。而会聚技术的提出，实际上是这种策略的延续。显然，会聚技术不是以学术研究为背景提出来的，而是处于寻求经济增长机会压力下的战略性选择。只不过，与以往不同的是，会聚技术是一种预言性的事物，而且美国商务部作为其中的“始作俑者”，正由于此，会聚技术从一开始即被赋予了很强的政治经济寓意。正如美国 2003 年政府预算报告所指出的：“纳米技术与信息技术、现代生物和现代社会科学的会聚将会激发经济诸多领域的发现与创新。”[1]

由此不难看出，会聚技术实际上意味着一种对未来的投资，其寓意就在于，寻求经济增长新契机，进而使其成为保障竞争优势地位的着力点。

四、结 语

会聚技术具有诱人的前景，将会不断创造新的产业、新的市场、新的生活、新的文化、新的进步，对于国家的竞争力和国家安全具有重要的影响，因此我们必须给予高度关注和重视，并从多方面着手开展研究，以保障技术与社会的同步发展。

会聚技术为未来的发展提供了巨大的机遇，但从一开始就已经超越了技术本身，而被赋予了很多的涵义。因此我们在高度重视会聚技术的同时，必须用系统的思维来审视和规划会聚技术的发展路径。一方面，会聚技术超越了传统的知识生产的学科单位，反映了科学组织、管理上的变化以及科学技术发展制度性目标的重塑；另一方面，会聚技术成为未来新经济的摇篮，技术发展已不仅仅是科学界的工作，科技发展已远远超越科技共同体的范畴，需要全社会的协同。

与此同时，我们不能不关注到会聚技术在国家层面产生的前所未有的整体性响应。这反映了会聚技术已成为各国政治经济利益博弈的新场所，标志着我们已经进入到以国家利益的名义推进科技发展的时代。而正是这样的时代特点，也就决定了我们必须保持对科学技术的伦理反思。会聚技术给予人类自身更多的关注，也必然会导致技术发展与人类文明的冲突，这也是会聚技术发展过程中必须思考和解决的问题。

参 考 文 献

[1] 李大申. 会聚技术近年来的进展和突破. 科技中国，2005，6：59

[2] 裴钢，熊燕，高柳滨. NBIC 会聚技术：中国的新机遇？中国医药生物技术，2007，1：46 ~ 50

[3] 上海科技情报研究所信息咨询与研究中心. 21 世纪的科技复兴：NBIC 会聚技术. 科技成果纵横，2004，4：29 ~ 31

[4] 上海图书馆，上海科学技术情报研究所信息咨询与研究中心战略研究部. 四大技术会聚世界将会怎样. 世界科学，2004，5：8 ~ 11

[5] 司托克斯 D E. 基础科学与技术创新巴斯德象限. 周春彦等译. 北京：科学出版社，1999：11

[6] 约翰·齐曼. 真科学：它是什么，它指什么. 曾国屏等译，上海：上海科技教育出版社，2002

[7] 朱丽·汤普森·克莱恩. 跨越边界：知识学科学科互涉. 姜智芹译. 南京：南京大学出版社，2005：34～51

The Meaning in the Sense of Science and Economy about Converging Technologie

Li Zhenzhen

(Institute of Policy and Management, CAS;

Ethics of Science and Technology Research Center, CAS)

As the upcoming new technologies which are the interdisciplinary integration of nanotechnology, biotechnology, information technology and cognitive science, converging technologie have drawn greater attention in recent decades. Its speciality mostly represented in material research by nano-scale, intellectual production by information technology, across disciplinary boundaries based on practical issues.

Converging technologie have multiple meanings in the sense of science and economy. On the one hand, converging technologie are both reality and construction , concern the transformation of intellectual configuration and new value-oriented. On the other hand, converging technologie have been endowed with very strong political and economic implications from the beginning, that is an investment for the future. Converging technologie have been the main turning point of pattern of stimulative economy growth.

5.2 物联网与虚拟世界之整合前景及其基本问题

翟振明

（中山大学虚拟世界研究中心）

从技术的属性看，以往的技术主要是客体技术，即通过制造工具、使用工具来改造自然客体的技术，并且这种被制造和使用的工具本身也是客体，像汽车、电脑等，都是典型的客体技术产品；与客体技术形成强烈对照的是主体技术，这类新兴技术首先不是用来制造工具的，而是直接用来重塑人本身、改造人的本性，或重建人的整个经验世界的。像生殖性克隆技术、虚拟现实技术等，就是主体技术的典型范例[1]。由于主体技术的效用无需中介就直接在人身上起作用，其首先涉及的就不是经济效用问题，而是人的生活的终极价值意义问题。这里要讨论的是某种客体技术与主体技术的全面融合，即以互联网为共同平台发展起来的人联网和物联网（IOT）的可能整合带来的干涉人类文明前景的重大问题。

虚拟世界是人们通过自己的替身沉浸在其中与他人交往并共同创造人工环境的三维感性世界，也就是上述的人联网，现以美国的“第二人生”（Second Life）为代表，中国的“海皮士”（HiPiHi）曾经运行过类似的测试版，但正式的公众版一直没有发布。物联网则是将人工物全方位传感连接并通过互联网对物实施系统监控和操纵的网络系统。目前各种政府和非政府力量正在大力建设物联网。2009 年，温家宝总理将江苏的无锡物联网产业研究院的近期任务规定为建立“感知中国”中心。据报道，仅在中国，2012 年由物联网带动的产业的规模将达 1000 亿元[2]。人联网与物联网一旦整合起来，一个全新的生活方式就会形成，传统哲学中探讨的世界本性问题、人格同一问题、伦理和法理问题等，就会成为实践者必须直接面对的基本问题。

一、作为“人联网”的虚拟世界

当前，人联网的概念还没有真正成形，偶尔被提及也都是含义各异。但无论如何，使用这个词的人，基本上都强调通过移动互联网实现和导致的人与人之间的线下实时互动交往，以及由此带来的新的商业模式或人群聚合模式[3]。英国评论家本·翰墨斯里认为，互联网给人际关系带来的影响，使得原来以地理边界和层级关系为结构基础的社会政治运作模式迅速过时。在互联网氛围中成长的新一代人群的生活和思维方式，与其长辈已有质的不同。他们的人际交往方式已经基本摆脱了地理空间概念和垂直等级模式，什么样的人在赛博空间形成群体，已经与地理意义上的远近没有确定的关联，而主要是以兴趣爱好、价值取向、关注焦点、个人习性等心理文化特征为标杆。并且，他们的聚散兴衰，基本不依赖于金字塔式的层级组织的运作，而依靠以网络化的方式形成的一种自组织能力。在这种背景下，翰墨斯里认为，主流权贵们习惯了的旧的社会控制模式，已经处在苟延残喘的挣扎期。① 尽

① 参见：Ben Hammersley. British Counsel Lecture 2011：The Internet of People. 2011. http：//www. benhammersley. com/en/2011/03/british-council-annual-lecture-2011-the-internet-of-people ［2011-09-05］

管翰墨斯里有言过其实之嫌，我们确实也在现实中看到了不少这种断言的旁证。中东及北非革命与互联网的关联，伦敦骚乱对移动电话短信功能和互联网的依赖，“占领华尔街”运动从网络获得的动员力，都不同程度地显示了这种克服了地缘障碍的网络化信息传播的自组织威力。2011 年 8 月的伦敦骚乱后，英国首相卡梅伦认为新的社交媒体使反社会的骚乱分子能够在监管的薄弱地带积聚力量，威胁到主流社会的安全，曾提议“考虑禁止骚乱分子使用社交媒体”，但世界舆论似乎并不站在卡梅伦一边。这就似乎说明，翰墨斯里的看法确实值得参考。

美国的 Facebook、Twitter、Linkedin，以及中国的微博等都可以被看成是翰墨斯里意义上的人联网。但是，翰墨斯里所说的由互联网的应用导致的人际交往方式的变化，与本文所要讨论的人联网可能带来的颠覆性相比，只是小巫见大巫。我们这里所说的人联网，是指以人的替身为核心理念的感性虚拟世界，在这里，每个单一的参与者都以主体的身份浸蕴在这个“物理”的三维空间里，并且独自或者与他人合作“物理地”建造和改造这个世界中的一切环境和对象。最为重要的是，这些参与者以“居民”的身份通过替身在这里交流互动聚散离合，形成赛博社会和赛博文化。

美国的“第二人生”和中国的“海皮士”虚拟世界，就是这种人联网的雏形。“第二人生”由林登实验室（Linden Lab）于 2003 年推出，现注册账号超过 2000 万，在线用户的高峰量为 88 200 人，2011 年的活跃用户在 100 万人以上。“第二人生”的用户可以随意选择自己的替身的模样，以走、飞、乘坐交通工具等各种方式移动，通过文字、图像、声音、视频等各种媒介交流。这个虚拟世界中的拟物环境及其中的物品都由用户创建，创建完成后既可以自用，也可以通过其中通行的林登币（Linden dollar）进行交易，目前进入商业流通的东西大致有土地、房屋、车辆、各种用具、动画、衣服、皮肤、头发、珠宝、植物、动物、艺术作品等。用户也可以买卖任何种类的服务，从最简单的“扎营”（camping）到专职的商业经营管理，服务提供者都可以赚取一定数量的林登币。这些林登币与美元可以随时在线上互换，汇率由市场决定自由浮动。仅 2009 年 2 月一个月时间，“第二人生”中就有 64 000 人赚取利润，其中 233 人各自赚取 5000 美元以上。2009 年的年度居民总收入为 5500 万美元。据“第二人生”官网公布的统计数字，2010 年“第二人生”的 GDP 超过 5 亿美元，美元与林登币的汇率在 1∶260 左右浮动。①

之所以再也没有人把“第二人生”简单称作一款网络游戏，除了因为没有游戏中典型的竞赛积分等机制外，更为重要的，是因为传统的各行各业都进驻其中开展业务。各大公司如 IBM、英特尔等都在其中设有分支机构，将需要与顾客交流的部

① 参见：Second Life. http：//en. wikipedia. org/wiki/Second_ Life#cite_ note-talksing-3［2012-01-06］

分业务转入其中。教育方面，包括哈佛大学在内的诸多著名学府在其中设立校园，如哈佛大学法学院就在其中建立模拟法庭供教学使用。各种各样的培训机构，更是不计其数。各种新闻机构、非营利组织也在其中办公，马尔代夫、瑞典、菲律宾等国政府在这里设有“领事馆”，完成部分政府办公功能。在这种情况下，无论怎样定义游戏，包括所谓的娱乐游戏和严肃游戏，都不能刻画这种人联网的特性。这确实是一个无所不包的人工世界，虽被称作“虚拟”，但里边的经济和社会文化活动，一点都不虚，与以华尔街为代表的“虚拟经济”风马牛不相及，也与“大话西游”和“魔兽世界”等网游相去甚远。在这里，平台设计运营者为“居民”提供包括“物理”法则在内的基本虚拟建设要素，利用它们，居民们可以在空无一物的“土地”上建造他们想要建造的各种东西。居民对其创造的虚拟财产拥有产权，由创造者决定他们的产品是否可以被复制、修改或者转手。同时，虚拟世界的生活与现实世界的生活在政治、经济、文化、教育等方面具有一定的平行关系。由于这个世界为其居民赋予了从内容到规则生产的最大自主权，也就成为社会经济和政治的实践和创新场所。这个场所，更是激发人们充分发挥创造力的艺术前沿阵地。

尽管像“第二人生”这样的网络感性世界已经让人耳目一新，但我们还只是将其称为虚拟世界的雏形。主要原因是，由于电脑屏幕和键盘鼠标的存在，用户还不能以第一人称的视角“进入”这个世界。但可以设想，只要计算机的威力足够，我们完全可以用已经相对成熟的虚拟现实（virtual reality）技术中的显示和传感硬件代替现有个人电脑的人机互动界面，并且充分利用移动互联网，通过手机与用户全天候连接。这样，每个用户的替身就在外部感觉层面完全替代了原来的身体而被虚拟世界中的场景环绕浸蕴。在此基础上，加上听觉和触觉的实时配合，进入虚拟世界的我们，就在感觉层面与原来的自然环境隔绝，畅游在具有完整的物理感的赛博空间里，与他人像在自然环境中那样通过第一信号系统直接进行感性的交往互动。这样的虚拟世界与虚拟现实技术结合而成的以人的替身为原始节点的人工环境和内容，正是笔者在1998年所设想虚拟实在的“延伸部分”（expansive part of virtual reality）[4]。

何为延伸？“延伸”部分是相对于“基础”（foundational）部分而言的。因为以上描述的虚拟世界只是以诸多人的替身（简称人替，avatar）为控制源的施展个人创造力和人际交往的场所，而我们不能在这个场所里对自然物理过程实施控制和操纵，为我们的基本生存和发展服务。亦即是说，在这个“扩展”部分，我们不能在其中进行农业和工业的劳作。而只有当我们能够在这里完成所有的经济活动的时候，我们才可以将其看做一个完整自足的世界。因为我们的生存任务的基础性，笔者把能够实施这种任务的虚拟世界部分称为虚拟实在的“基础”部分。那么，这个基础部分的建造何以可能？

二、物联网与遥距操作

在现阶段，物联网一般是指通过射频识别（RFID）、红外感应器、全球定位系统、激光扫描器等信息传感设备，按约定的协议，把最多种类的物品与互联网连接起来，进行信息交换和通信，以实现智能化识别、定位、跟踪、监控和管理的一种网络。

在物联网的基础上，我们可以把所有的机器设备的操作界面与传感系统契合起来，再通过互联网给这个系统发出指令信号以实施对物流和能量流的操作控制功能，这就是以互联网的终端为人机交互界面而实现的遥距操作。要在物联网的基础上实施遥距操作，有赖于遥感技术及主从机器人技术的发展。美国的 Intuitive Surgical 公司为医疗微创手术设计的 Da Vinci 系统，是遥距操作技术目前最成功的应用案例之一，中国已经有几家医院配置了 Da Vinci 系统。物联网的建设，有可能把类似的系统扩展应用到人类活动的各个领域。

无论是对物联网中的物件进行监控，还是借此对自然物理过程实施遥距操作，都需要一个人机交互的界面。作为物流操控系统操作界面的互联网终端，如果不与虚拟世界相整合，界面就是离散的。虚拟世界把这各自分离的界面连成一体，参与其中的个体也就结成联合体，与其相连的物联网就被置于这个联合体的监视操控之下。这样，虚拟现实就成了扩展现实①，这个联合体创造出来的虚拟世界就不仅是交往与体验的世界，更是操控自然因果过程的实践空间。

由此看来，物联网与人联网的融合，就相当于形成了虚拟实在的“基础”部分。有了这个部分，在原则上，我们就能够栖居于虚拟环境中，并在其中实施对物理过程的全面操控，无需离开这个虚拟世界就完成我们的生存和发展的基本任务。也就是说，如果我们愿意，这样形成的“扩展”现实就可以代替我们现今所习惯了的“自然”现实。②

三、扩展现实及其中存在物的种类

在我们按上述思路建造起来的扩展现实中，会遭遇如下各种对象。

---

① “扩展现实”这个词源于英文的 augmentedreality，但在现阶段，这个词的通行用法与这里的用法不同，一般被译为“增强现实”。扩展现实包含了系统对物理过程的遥距操作的“基础”部分，而增强现实通常只涉及虚拟影像与实在影像的融合

② 笔者在参考文献［4］中系统论证了虚拟实在与自然实在的本体论对等性，而从另一个角度，英国物理学家斯蒂芬·霍金最近在其著作《大设计》中讨论了将整个宇宙理解成虚拟实在的理论可能性，并以电影《黑客帝国》为例进行说明。参见：Hawking S W，Mlodinow L. The Grand Design. New York：Bantam Books，2010

（1）人替，直接由用户实时操纵的感觉综合体，将在完全的浸蕴环境中与物理身体的视像在空间上重合，由现今的第三人称的对象性表征转化为第一人称视听场域中心的主体表征。

（2）人摹（NPC），由人工智能驱动的摹拟人，可以是系统创设的，也可以是用户创建的。

（3）物替（inter-sensoria），对应于物联网中的物体的、服务于遥距操作的感觉复合体。

（4）物摹（physicon），该世界中各种不被赋予生命意义的“物体”。

（5）人替摹（avatar agent），用户脱线时派出的假扮真人的、由人工智能驱动的摹拟人替。

此外，考虑将来动物群体的加入，我们还会有如下对象。

（1）动物替（animal avatar），如果我们在信号输入端使用了完全的传感技术进行实时动态捕捉而摈弃键盘和鼠标，我们就可以允许我们的宠物或其他动物进入虚拟世界，于是该世界里就会有这类对象活跃其中。

（2）动物摹（animal agent），由人工智能驱动的摹拟动物，如“海皮士”河源虚拟恐龙公园中的“恐龙”。

为简洁明了，我们可以先不考虑动物，这样就有图1的扩展现实结构。

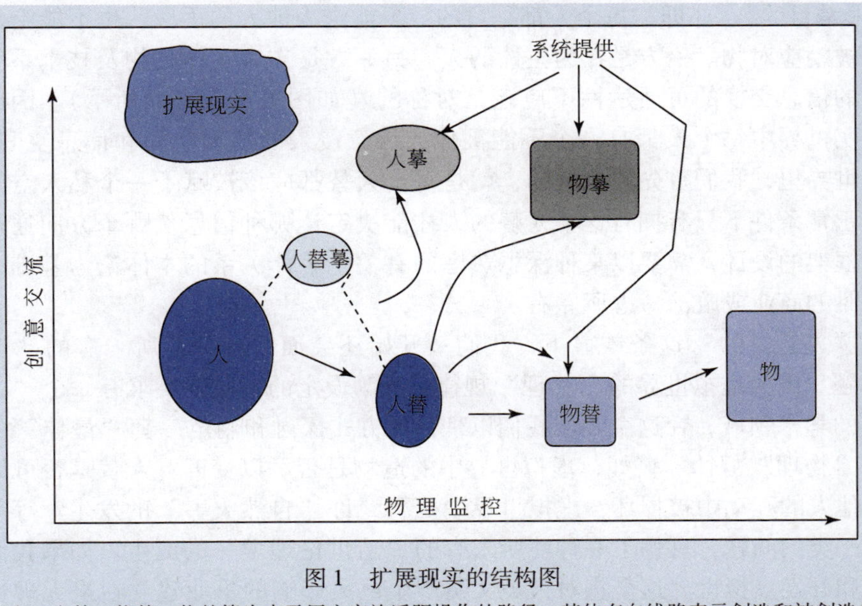

图1　扩展现实的结构图

注：以人→人替→物替→物的箭头表示用户实施遥距操作的路径，其他有向线路表示创造和被创造的关系

图 1 中，人与人替之间、物与物替之间最终都需要实时传感技术进行连接，箭头表示了信息交换关系的不对称性要求。

进一步设想，如果我们将各种数字城市整合到虚拟世界，现有的数字城市就会很自然地成为人联网与物联网融合的界面，亦即实施遥距操作的界面。现今的数字城市，主要是为城市规划和管理建造的。这类数字城市，一方面可以转化为供人替居住的城区，另一方面又可以转化为物联网在虚拟世界中的映射框架系统，为用户通过人替对物联网化的城市实施监控和遥距操作提供有效的界面。此外，像美国的 City Cluster 项目，却主要用于历史文化名城的再现。

进一步地，我们可以把网络游戏中的人摹释放到虚拟世界的大环境中，网络游戏的竞赛活动也可以转化为人替之间的一般交往和娱乐的内容，甚至用做军事训练。最后，游戏场景也可以转化成遥距操作的界面。

四、扩展现实所面临的规范性问题

在图 1 底部，有一组从“人”到“物”的箭头，是用来指示其中所涉及的最根本的哲学人文问题的。那就是，在这个无所不包的人工世界里，如何保证每个个体的人的生活意义，不被外在的力量奴役，保持人的基本尊严？

“人是目的”，亦即，每个人都是目的，不能沦为他人的手段，也不能沦为技术系统的被动应对物。一方是作为主体的人，另一方是作为客体的物及技术系统，两方之间的信息交换的可通达性不应该是对称的（如图 1 箭头方向所示）。因此，就像在现实世界中每个人都有一个不能被他人任意侵入的物理空间和信息空间一样，在虚拟世界里，我们首先要关注的，就是每个人替都应该被赋予一个私人空间的硬壳，在正常条件下只有拥有这个人替的人才能决定让哪种信息从哪个方向通过。这个技术框架的设计，需要以某种深思熟虑的有关主客体关系的本体论为基础，而不能被一时的商业或政治考虑所左右。

在“人是目的”这条铁律下，我们一开始还会面对一种前所未有的“造世伦理”问题。因为虚拟世界的“物理”规律是人为设定的，这就要求有一个“造世伦理学”的学术领域，在这个领域我们以理性的方式探讨和制定一套“最佳”的相互协调的“物理”规律。譬如，虚拟世界中的造物是否可以变旧？人替是否可以在与自然和他人的互动中被损坏？虚拟世界中是否允许“自然灾害”的发生？等等。要回答这一类的问题，有赖于一种前所未有的“造世伦理学”的诞生。如果我们不想把创建和开发虚拟世界这个将对人类文明产生巨大影响的事业建立在毫无理性根据的基础上，我们必须以高度的责任心创建这个学术领域，并在这里进行系统深入的研究探讨。

除了造世伦理之外，我们至少还要面临以下一组根本问题，这些问题亟须我们做出合乎理性的回答。

（1）一个责任主体 vs 双重身份。在道德和法律层面的单个的责任主体，却在现实世界和虚拟世界各有一个不同的角色，最常见的就是性别和年龄的不同。如果一种道德或法律责任与性别或年龄紧密相关，在虚拟世界内部发生的纠纷在追到现实世界中的责任主体时，就要求原来的适用于现实世界的规范的适用性按照新的原则进行新的解释。这种新原则到底是什么？如何论证其合理性和普遍有效性？

（2）隐私 vs 隐匿。如何保证虚拟世界中以人替为中心的私人空间的界定既能有利于维护每个个体的基本权利，又不赋予用户以完全隐身的方式活跃在赛博空间中制造事端的能力？

（3）物理伤害 vs 心理伤害。原来用来区分物理伤害和心理伤害的标准已不再适用，比如攻击一个人的人替，从虚拟世界内部看是“物理”性质的，而从现实世界的观点看却有可能只是心理的。如有相关的纠纷发生，如何决断？建立什么样的规则，才最符合普遍理性的要求？

（4）人工物 vs 自然物。虚拟世界里的山山水水等“自然”景观，都可以是用户创建的，当然房屋居所等都是毫无歧义的人造物。于是，人工物与自然物的界限已经模糊不清，这也就要求我们对财产、占有等概念的内涵和外延进行重大的修改。我们根据什么原则来修改呢？

（5）人身 vs 财产。在虚拟世界中和在一般的网络游戏中，攻击一个人替，一般是出于人身攻击的意图或冲动，但是如果这种攻击不与某种导向现实世界人身攻击动作的遥距操作相连接的话，实际的结果最多只能是对方的财产损失或尊严的贬损。这种行动的当下意向和预料中的结果之间的必然的相悖，势必导致道德或法律判断的困境。我们要遵循什么样的路径，才能走出这种困境？

（6）意图 vs 后果。用户要在虚拟世界里活动，在虚拟世界内部发生作用，就首先要有意图并引起后果。但是，如果你在虚拟世界里的这一切行为只是为了向物联网施加遥距操作做准备，那么真正的期待的后果是在虚拟世界之外发生的。于是，我们也可以把遥距操作实施前在虚拟世界中做的事仅仅看成是具象化的意图。再把一般情况下人替互动导致的在现实世界溢出的后果与遥距操作导致的后果归为一类，我们就要面对一个棘手的双重意图相对双重后果的问题。而意图与后果的关系问题，从来都是责任概念的一个关键点。问题是，效果与意图概念的不同组合将带来何种理解责任关联的新范式？

（7）人替、人摹、人替摹之间的识别及其不同责任关系的界定，在当事人无法区分时的责任问题。衡量人摹与人替摹的设计之成功的最重要的指标，就是要其行为表现无限接近人替的行为表现。这样，人摹与人替摹的逐日完善，就意味着用户逐渐失去区分这三种对象的能力。但是，人替是人的直接的感性呈现，是道德主体，我们对他/她也负有直接的道德责任；而人摹和人替摹却属于“物”的范畴，只是我们的工具而已。于是，我们就要回答这样的问题：如果用户不能区别这三种对象，用户如何能够被要求做一个道德上负责任的人呢？

（8）虚拟与现实之间的终极越界问题。当技术上允许我们将虚拟世界和现实世界的界限在经验层次抹掉的时候，我们应该如何面对这种颠覆性的越界的可能？

五、结　语

物联网与人联网的融合，看似必然趋势。但这种融合带来的问题，具有一定的颠覆性，也就把原来只有哲学家们才关心的问题带到了决策者的面前，成为我们实践上要直接面对的紧迫问题。我们依据什么对其做出决断，事关人类文明发展的大方向。这里涉及的学科，至少有哲学、计算机科学、传感技术、物理学、语言学、心理学、社会学、人类学、传媒学等。因此，我们殷切希望各界鼎力合作，对这些问题进行严肃的系统研究和探讨，才能在这块处女地上开拓乃至收获。

参　考　文　献

[1] 翟振明．赛伯空间及赛伯文化的现在与未来：虚拟实在的颠覆性．开放时代，2003，(2)：101～107

[2] 苏雁．无锡物联网项目总投资近百亿元．光明日报．2010-08-10（第3版）

[3] Harbor Research. The Internet of Things Meets The Internet of People. 2010. http：//www. harbor-research. com/HarborContent/whitepapers. html [2011-09-05]

[4] 翟振明．有无之间：虚拟实在的哲学探险．孔红艳译．北京：北京大学出版社，2007

On the Possible Integration Between Internet of Things and Virtual World and Its Impact on Human Society

Zhai Zhenming

(Sun Yat-sen University Center for Virtual World Research)

Internet of Things, Internet of People, Digital City, and online video games are currently proceeding almost independently. But if things go as usual, they will eventually merge into a seamless system. In such a system, people live in a shared virtual world from which they manipulate the outside physical process by teleoperation, and our biological body will be replaced by an avatar on the level of sensory perception, and on the functional level by an informational firewall that defines a default private space and thus withstand any unsolicited break into the space, without corrupting one's ability to reach out to the world. A set of rules that govern the design of such a one-way firewall has to be based on a thorough analysis and understanding of the correct relationship between community and individuality, and that between rights and duties, among others. In other words, we have to understand the asymmetrical relationship between active individual persons and passive "material" things in order to maintain the integrated world as a sustainable meaningful world for human individuals. If we expand the function of a digital city and let avatars and NPC's inhabit it, the planner might structurally place a controlling power over and above the whole system and let that power manipulate buildings, NPC's and human avatars as equal elements under control, or, alternatively, place all human avatars as interacting center of power that controls the system via an over-arching coordinating system. These two alternative architectural frameworks represent opposing normative presuppositions, and we have to theoretically demonstrate why the second choice is legitimate while the first illegitimate and thus should be avoided.

5.3 网络中立问题：在开放与控制之间

杜　鹏

（中国科学院科技政策与管理科学研究所；中国科学院科技伦理研究中心）

进入21世纪以来，美国的“网络中立”（network neutrality）争论产生了全球性的影响，引起了英国、欧盟和世界各国信息政策机构的重视，智利甚至成为世界上第一个通过“网络中立”立法的国家。在美国，在利益集团和政治集团的推动下，有关网络社会开放与控制的辩论与博弈愈演愈烈，网络中立问题从业界热点逐渐成为社会热点和政治议题，其解决方案不但影响互联网相关产业或与互联网竞争的相关产业的发展，而且极大地关系到网民可得到多大程度的软件应用和内容，直接关涉人们的日常生活。

当前，网络中立问题的争论仍在继续。面对复杂的形势，更好地理解网络技术发展的社会逻辑，在开放与控制之间保持一种有效平衡，将成为互联网技术未来发展的关键。

一、网络中立问题的由来及演进

20 世纪 90 年代末，有线运营商在互联网接入服务中出现强制搭售内容服务、屏蔽竞争对手的现象，这些现象首先引起了学术界对互联网接入与内容开放之间关系的关注[1~3]。其中，2003 年弗吉尼亚大学副教授吴修铭（Tim Wu，现任美国哥伦比亚大学教授）在分析宽带歧视现象时提出了“网络中立”的概念，其核心理念是保持互联网的自由和开放，所有的互联网用户都可以选择自己想要访问的内容、使用的设备及相应的服务提供商，网络平等地传输数据[3]。

随着谷歌等互联网企业的崛起，互联网接入服务提供商和电信运营商（以下简称运营商）发现，由其出巨资建立的网络，却将其自身的利益边缘化了。2005 年开始，AT&T 和 Verizon 等运营商的高管陆续发表言论，指责互联网企业是运营商巨额网络投资的“搭便车者”，应该付出额外费用购买管道服务。运营商的言论一出，立刻引起了社会各界的强烈反响[4]。除了言论外，运营商也采取了一系列的行动，如 2005 年 Madison River 通信公司封堵 Vonage 公司 VoIP 流量、2007 年 Comcast 公司限制 Bit Torrent 用户网速等事件。这些事件让网络中立争论持续升温，企业、媒体、学者、民众都纷纷加入争论，形成了支持和反对网络中立的两大阵营，并逐渐演变成了政治党派间的博弈。

美国政府机构在网络中立问题上并未形成统一的立场。作为行业监管机构，美国联邦通讯委员会（FCC）一直在努力营造一个开放的互联网环境，把网络中立问题纳入自己的管辖范围。2005 年，FCC 在《互联网政策声明》（FCC05-151）中对网络接入提出了四条原则，即消费者有权接入他们选择的合法内容，消费者在法律效力下有权运行应用软件和使用他们选择的服务，消费者有权连接他们选择的不伤害网络的合法设备，消费者有权在相互竞争的网络提供商、应用服务提供商、内容提供商之间进行选择。但美国政府的其他部门在网络中立问题上的态度则与 FCC 不完全一致，例如，联邦贸易委员会（FTC）在《宽带连接的竞争政策》中认为政策制定者在立法前要慎重考虑不利影响和非预期效应，尽管网络中立支持者有良好的意愿，但可能会影响消费者的利益；美国司法部（DOJ）认为可能会限制消费者的选择和阻止互联网投资[5]。

由于民主党和共和党在网络中立问题上的立场分歧，美国国会内部对网络中立也是争论激烈。美国国会中已经有议员提出了数项内容和 FCC 四项原则比较一致的法案，但在布什总统任期内，立法提案多次被共和党凭借国会多数优势击败，没有获得两院一致通过而成为法律，如《2006 互联网非歧视法案》、《2006 网络中立法案》、《2007 维护网络自由法案》、《2008 互联网自由与非歧视法案》[5] 等。尽管 FCC 一直积极争取网络中立立法，却没有取得实质性的成果，直到奥巴马执政才开始了网络中立的立法进程。

2009 年 7 月，FCC 宣布将网络中立原则纳入国家宽带发展计划。同年 9 月，FCC 在原网络接入四原则的基础上增加两条原则，即运营商不能歧视任何互联网的内容和应用程序、运营商的网络管理措施必须透明。2010 年 12 月，FCC 以 3∶2 的投票结果通过《网络开放条例》，新规则主要包括三大原则：透明、不得屏蔽合法内容、不得歧视。

2011 年 9 月 23 日，在美国第 185 期《联邦公报》中将《网络开放条例》正式编入《美国联邦法规汇编》第 47 章，拟定于 11 月 20 日生效。9 月 30 日，通信运营商 Verizon 公司将《网络开放条例》连同 FCC 一并告上了联邦哥伦比亚特区巡回上诉法院，诉称 FCC 根本无权出台此类规章，更无权对互联网进行监管，法院随即受理了此案。自此，《网络开放条例》进入涉诉状态，正式实施只能暂缓[6]。

二、网络中立问题的争论焦点及其原因分析

随着宽带流量和网络设备投入量的日益增加，美国的运营商和电信运营商发现其在追加投资、扩容网络以解决网络拥堵问题的同时，并没有得到额外的利润，反而那些免费利用宽带的内容服务提供商和其他互联网增值服务企业，却从扩容的网络宽带和设备中获得高速增长的经济收益。这是网络中立问题出现的触发因素。在这个意义上，网络中立问题首先是互联网集团与网络运营商集团之间的一场利益博弈，尽管两个阵营的界限并不完全清晰。

在利益的驱使下，双方围绕互联网结构、创新、效率等方面的内容各执一词，支持者高举自由、开放的“互联网精神”旗帜，认为既然用户购买了宽带接入服务，就应当在合同约定的速率下使用任何互联网服务，若赋予运营商管理网络的权利，那么互联网将不再自由，创新也将受到压制。反对者则强调“谁使用，谁付费”和等价交换的基本商业原则，认为为了保证运营商的投资激励和扩容动力，理应赋予其接入服务管理的权利，如果强制实施网络中立的话，会诱发少数用户侵占无限的资源，导致网络拥塞，妨碍到其他用户的使用，恶化网络环境。随着争论的进一步深化，网络中立问题也成为一个政治议题，主要体现在消费者保护和言论自由方面。前者意味着公平竞争、透明和保护消费者权利，后者则意味着平等对待、自由和开放[7]。

但是为什么会产生网络中立问题呢？从本质上看，网络的中立性结构——端对

端的透明性，既是创新之根本，也为创新所累，正是如此，才产生了网络中立问题。互联网的创建和发展呈现了军方、科学界、政府和法人组织等多重主体的相继加入和推进过程，在此过程中"端到端的透明性"是互联网少有的、一直坚持的体系架构的核心设计理念，这一理念将互联网系统中与通信相关的部分（IP 网络）与高层应用（端点）分离，使得网络内部不维护与特定应用相关的任何状态信息，以最大限度地简化网络的设计[8]。这种设计让终端的主观选择发挥了更大的作用，也使得互联网创新层出不穷，网络传播的内容和工具越来越丰富，网络负载也越来越大。也正因为如此，互联网从具有共同爱好的技术专家的小众走向全体社会的大众，网络参与者的信任关系发生显著变化，以教育科研为应用目标设计的互联网，其核心设计理念在现实和商业社会的应用中出现了诸多的问题，相关冲突（如病毒与反病毒、保密与合法拦截、共享与版权保护等）不断显现，由此也产生了网络应不应该中立、应不应该自由开放、应不应该被控制的问题。

具体来说，技术权力的不平衡才是导致网络中立问题的直接原因。"权力"（power）一词源自拉丁语 potestsa 或 potentia，本义为可以做某件事。在现代语境中，权力指通过意志的运用以达到某种目的的能力，即某种影响力和支配力。在互联网技术体系中，虽然从接入到内容传播的整个过程在整体上形成了信息服务产品，其中的各个环节是相互依存、相互依赖的，并不必然形成支配力，但由于不同阶段参与主体的形态并不完全一致，网络运营商（通信行业）是个相对封闭的行业，由垄断寡头占有，并且采取接入服务、信息服务"一体化"的经营模式[9]，与数量众多的终端内容与服务商及个人网站形成直接竞争，运营商对基础设施的控制就可以有效转换成一种技术权力，通过这种权力，运营商有足够的动力和能力减少竞争对手的发展机会。

三、网络中立问题的拓展

迄今为止，网络中立问题争论均指向运营商，但影响互联网自由开放的绝不仅仅如此，互联网内容服务提供商所形成的信息帝国是否是互联网的新威胁[10]，成为每一位关心互联网未来的人士必须思考的问题。

这种新威胁正在成为一种可能。任何掌握"主控开关"（the master switch）[10]的技术（企业）都有可能产生新的网络中立问题。互联网内容服务企业正在步运营商的后尘，其中的技术权力正在影响并产生网络中立问题。

一方面，互联网产业在不长的发展历史中已经呈现了较高程度的垄断市场结构。这种特点由网络产品的网络效应、产品生产的边际成本低廉、产品标准对用户的锁定作用、法律对信息产品的知识产权保护所形成[11]，其中网络效应是网络产业市场垄断形成的最为基础性的条件。由于存在需方规模经济，导致某一特定网络产品的用户越多，该产品所具有的价值越大，从而吸引更多的用户加入该网络，由此形成网络迅速扩张的正反馈效应，即“赢家通吃”现象。

另一方面，除了交易平台等典型的服务平台外，互联网还有一种特殊性，应用成为一定规模时，可以通过业态分离，产生基础业务和增值业务双层业务，基础业务就成了平台。例如，杀毒软件本来是一种应用，但变成安全服务之后，就成为系统服务平台。平台一旦不能一视同仁对待各个服务商提供的应用，这个问题就还原成运营商意义的网络中立问题[12]。

另外，搜索引擎也具有类似运营商的基础设施中立问题。虽然搜索引擎并不像接入服务那么必不可少，也不是在互联网上获取信息的必需品，但是搜索引擎能够帮助人们找到以各种媒体形式存在的分门别类的信息。正如 Siva Vaidhyanathan 指出，谷歌搜索引擎对全球文化具有巨大的影响力，随着谷歌搜索引擎在网络世界乃至现实世界的影响越来越大，它已经开始决定我们的判断，开始告诉我们什么样的信息是重要的、相关的和真实的[13]。在这个意义上，尽管搜索引擎并不制造信息，但由信息时代的海量信息所引致的这种支配力，直接影响终端内容与服务商及个人网站的生存和发展。

四、技术权力的制约与互联网的未来

综合以上分析可以看出，技术权力的不平衡导致网络中立问题需要三个条件：一是对其他技术产生影响的能力，这与该项技术在互联网技术系统中的位置有关，也就是吴修铭教授在2010年提出的具有“主控开关”的技术（企业），如运营商控制网络接入的“开关”、系统平台控制着应用软件的使用等；二是具有垄断或垄断寡头市场结构，权力的接受方没有过多的选择，只能被动接受；三是权力的施予方和接受方存在一定的利益冲突或竞争关系。在此，前两个条件只是必要条件，只有和第三个条件联系起来才构成了网络中立问题。而制约技术权力，也需要从这些条件入手，特别是解决具有不同技术权力的行为主体的利益分配、反垄断或不正当竞争问题。

在缺少有效规则和对互联网及其影响的理解有待进一步深化的背景下，这些问题仍然很难有效解决。在复杂的环境下，面对众多的利益诉求，均衡和透明成为解决网络中立问题的关键。这里的均衡不是指规则本身，而是指确立规则的原则[12]，而透明有助于在面临技术发展的不确定时各方的有效参与。总体来看，需要形成一个透明的架构应对技术发展的不确定性和平衡各方利益，维持各方力量在互联网自由开放发展过程中的整体均衡，以保护作为创新、投资、工作机会创造、经济增长和自由表达开放平台的互联网，促进有效竞争。只有在竞争的环境下，无论是运营商还是互联网企业，在提供更加完备服务的同时，还能有更多创新力量不断加入，才能营造出一个充满活力的市场。

互联网经历了多年的发展，在人类社会的各个方面已经具有了不可替代的重要位置。互联网的应用环境已经发生了很大的变化，互联网的影响力已远远超过教育和科学的范畴，以教育科研为应用目标设计的互联网，其核心设计理念在现实和商业社会的应用中出现了诸多的问题，面临着严峻的挑战，对其进行管制迫在眉睫。

毋庸置疑的是，网络中立问题正在影响互联网的结构和规则。从目前的情形来看，无论网络中立争论的最终结局如何，有一点基本上可以肯定，那就是本来意义的互联网将不复存在，一个新的、在很多方面适应商业社会的互联网将会逐渐成形，而广大的消费者和企业将不得不调整自己的心态和网络系统架构来适应这种新的互联网。但互联网的成功已经表明，分布式、轻权的互联网设计策略是其关键，互联网的最大特点是用户自己可以开发应用，从而不断为互联网增加价值。互联网的未来就在于其能够继续保持开放创新的特性，并继续承担作为社会经济发展创新动力的重要角色。

当前，政治、社会、文化和经济各领域的事务都在某种程度上走向了数字化，我们也就越来越依赖于互联网这个单一信息网络，维护该网络的开放性不受某些妄图主导产业的统治野心侵害也变得极端重要[10]。

就我国而言，网络中立问题的争论极具启发意义。一方面，网络中立在我国作为一个现实问题屡有发生，亟待解决。例如，各地不断出现电信运营商封杀P2P软件的事件；随着视频和网游的兴盛，带宽越来越成为一种重要的资源；百度搜索的竞价排名模式引发反垄断争议等。另一方面，对于我国社会经济而言，互联网的确是其创新发展的核心动力之一。不管是在我国三网融合进程中，还是在移动互联网发展进程中，或是在我国文化产业体制改革、文化产业发展，以及信息传播相关领域的融合发展进程中，具有持续而稳定的自由开放特质的互联网都不可或缺。因此，在互联网发展与维护消费者利益、促进创新和经济繁荣的协调发展的过程中，需要在我国特有的政治环境和法律传统下，保持网络社会开放和控制之间的有效平衡。

参 考 文 献

[1] 阿里森·鲍威尔．用网络中立平衡网络社会中的开放与控制．张进京译．中国信息界，2010，(1-2)：114～116

[2] 杜舟．AT&T 鲸吞 T-Mobile 美国电信市场或现双寡头格局．IT 时代周刊，2011，(7)：46，47

[3] 何宝宏．从技术的角度看互联网治理．电信网技术，2005，(10)：1～3

[4] 胡凌．"网络中立"在美国//张平．网络法律评论．第十卷．北京：北京大学出版社，2009：236～248

[5] 姜奇平．网络中立是最重要的．互联网周刊，2010，(24)：82～83

[6] 蒋岩波．网络产业的反垄断政策研究．北京：中国社会科学出版社，2008：56～69

[7] 沈玲．网络中立一波三折 美国上演最后博弈．人民邮电报．2011-12-07

[8] 杨然．"网络中立"论下的利益交锋．世界电信，2006，(11)：7～9

[9] Lawrence L. The Internet under Siege. Financial Post. 2001. http：//www. foreignpolicy. com/articles/2001/11/01/the_ internet_ under_ si ege? page＝0，0 [2012-01-02]

[10] Mark A L，Lawrence L. The end of end-to-end：Preserving the architecture of the internet in the broadband era. UCLA Law Review，2001，48：925～988

[11] Siva V. The Googlization of Everything (And why we should worry) . Berkeley Los Angeles：University of California Press. 2010

[12] Wu T. Network neutrality，broadband discrimination. Journal of Telecommunications and High Technology Law，2003，2 (1)：141～176

[13] Wu T. The Master Switch：The Rise and Fall of Information Empires. New York：Alfred A Knopf. 2010

The Network Neutrality Debate: Between the Openness and Control

Du Peng

(Institute of Policy and Management，CAS；Ethics of Science and Technology Research Center，CAS)

The debate over "network neutrality"，recently emerging as the most important communication policy issue，at least within the United States，is now being going on around the world. The resolution of this debate may greatly influence what applications and content are available to Internet users. The reverberations will also reach those sectors that build on or compete with the Internet. Facing the complicated situation, how to maintain a balance between the openness and control, will be the key points for the development of Internet. There needs to be a transparent framework set up to deal with the uncertainty and balance the benefit of all parties related.

5.4 转基因生物风险管理中的公众参与

薛 堃[1] 尹帅军[2] 汪文蓉[2] 薛达元[1,3]

（[1] 中央民族大学生命与环境科学学院；[2] 上海有机道文化发展有限公司；[3] 环境保护部南京环境科学研究所）

转基因技术的发展和利用转基因技术进行育种是国家的重大科技发展方向。2008 年 7 月启动的“转基因生物新品种培育科技重大专项”旨在“获得一批具有重要应用价值和自主知识产权的基因，培育一批抗病虫、抗逆、优质、高产、高效的重大转基因生物新品种”，表明中国已将现代生物技术作为未来解决粮食安全的重要途径之一[1]。与此同时，转基因技术也是公众关注的热点领域。

2009 年 11 月，农业部颁发了两种转基因水稻和一种转基因玉米的安全证书，这成为中国转基因领域公众参与的里程碑事件。在此之前，转基因问题虽然是公众和媒体关注的一个热点，但是讨论的范围和力度都有一定局限，主要是一些非政府组织和记者进行积极调查并发布信息。而在此之后，国内掀起了一轮更大范围的关于转基因问题大讨论，讨论的范围已经由最初的学者、政策制定者和一些关注相关问题的机构扩展到了多个政府机构、普通民众、海内外人士等，通过传统的平面媒体和电视媒体，以及各种新媒体将有关转基因技术及其产品的讨论推至前所未有的热烈程度。直到目前为止，辩论仍在持续进行中。

从全球范围来看，“公众参与”在关于基因工程讨论中变成一个越来越受关注的词，这既是《卡塔赫纳生物安全议定书》所指定的义务，也是围绕转基因技术问题的辩论。

一、公众参与概念的内涵和外延

公众参与的概念并非是在转基因生物安全问题上提出的。1992 年里约热内卢联合国环境与发展大会通过的《里约环境和发展宣言》（以下简称《里约宣言》）在其第 10 条明确提出[①]：环境问题最好是在全体相关市民的参与下，在有关级别上加以处理。在国家一级，每一个人都应适当地获得公共当局所持有的关于环境的资料，包括关于在其社区内的危险物质和活动的资料，并应有机会参与各项决策过程。各国应通过广泛提供资料来方便及鼓励公众的认识和参与。应让人人都能有效地使用司法和行政程序，包括补偿和补救程序。《里约宣言》第 10 条清楚地将环境问题和公众参与制度联系在了一起，并清楚地将公众参与的关键问题表述出来，即获取信息、促进决策参与的意识以及诉诸法律和行政诉讼。

此后的《生物多样性公约》和《卡塔赫纳生物安全议定书》也对公众参与提出了相应的要求。

《生物多样性公约》在其 13 条[②]中提出，缔约国应做到以下几点。

（1）促进和鼓励对保护生物多样性的重要性及所需要的措施的理解，并通过大众传播工具进行宣传和将这些题目列入教育课程；

（2）酌情与其他国家和国际组织合作制定关于保护和持续使用生物多样性的教育和公众认识方案。

《卡塔赫纳生物安全议定书》[③] 在其序言中要求各缔约方，“意识到现代生物技术扩展迅速，公众亦日益关切此种技术可能会对生物多样性产生不利影响，同时还需顾及对人类健康构成的风险。”

《卡塔赫纳生物安全议定书》还在第 23 条专门叙述了“公众意识和参与”，缔约方应做到以下几点。

（1）促进和便利开展关于安全转移、处理和使用改性活生物体的公众意识及教育活动和参与，同时顾及对人类健康构成的风险，以利于生物多样性的保护和可持续使用。各缔约方在开展此方面工作时应酌情与其他国家和国际机构开展合作。

（2）力求确保公众意识和教育活动的内容包括使公众能够获得关于可能进口的、根据本议定书确定的改性活生物体的资料。

《卡塔赫纳生物安全议定书》还要求：各缔约方应按照其各自的法律和规章，在关于改性活生物体的决策过程中征求公众的意见，并在不违反关于机密资料的第 21 条的情况下，向公众通报此种决定的结果；每一缔约方应力求使公众知悉可通过何种方式公开获得生物安全信息交换所需的信息和资料。

---

① 参见：http：//www. unep. org/Documents. Multilingual/Default. asp？documentid = 78&articleid = 1163

② 参见：http：//www. cepf. org. cn/projects/qhw/QHWZC/201111/t20111116_ 220097. htm

③ 参见：http：//sts. mep. gov. cn/swaq/200207/t20020701_ 90983. htm

如果说，《里约宣言》是在国际上第一次真正并且详细对“公众参与”的概念进行了规范，《生物多样性公约》和《卡塔赫纳生物安全议定书》则是在此基础上对公众参与在生物多样性和生物安全领域进行了详细的叙述，为公众参与的内涵和外延提供了精确的表述。从上述概念出发，公众参与的内涵或者其核心即为公众对于相关信息的交流和途径的畅通性。就转基因技术和转基因生物及其产品来说，公众参与的内涵一般包括相关信息的公开以方便公众查询，或者是建立畅通的公开或者沟通渠道使得公众能够及时了解并参与相关过程[2]。以公众参与的核心内容扩展开来，需要解决的就不仅仅是参与的目的、参与的原因、参与的内容等，而是要从意识、教育和制度等方面为公众参与提供深层次的保障。

二、公众参与的基本实现模式

《里约宣言》并不具备法律的约束力，因此，尽管其中提及了公众参与的内容，但是并没有对实现的途径进行规定或者描述。第一次赋予公众参与以法律约束力的国际公约是于 1998 年在丹麦奥胡斯举办的“欧洲环境进程大会”上达成，并于 2001 年 10 月 30 日进入实施阶段的《在环境问题上获得信息、公众参与决策和诉诸法律的奥胡斯公约》（以下简称《奥胡斯公约》）①。《奥胡斯公约》通过提高公众意识、加强公众参与和诉诸法律等规范成为国际社会在保护环境和促进人类发展方面迈出的重要一步。

《奥胡斯公约》的总目标是：为促进保护今世后代人人得以在适合其健康和福祉的环境中生活的权利，每个缔约方应按照本公约的规定，保障在环境问题上公众获得信息、参与决策和诉诸法律的权力。其总则要求“每个缔约方应力求确保各级官员，在环境问题上协助和指导公众设法获取信息、促进参与决策和诉诸法律”，“应在公众中促进环境教育和提高环境意识，特别是帮助公众了解如何在环境问题上获取信息、参与决策和诉诸法律”，“应准备对倡导环境保护的协会、组织或团体给予适当的承认和支持，并确保国家法律制度符合这项义务”。公约不但对涉及的环境信息的范围进行了规定，即各种环境要素以及正在或可能影响各种环境要素的各种因素及其综合作用等，还对公众参与决策过程中需要的各种信息提出了具体要求，一旦出现未能满足规定公开信息或合理请求都能够通过法律途径解决。

一般认为，《奥胡斯公约》从法律层面为公众参与提供了保障。除此以外，《奥胡斯公约》还对公众参与的基本实现模式进行了规定，即公众有权通过适当途径了

① 参见：http：//www. unece. org/fileadmin/DAM/env/pp/documents/chinese. pdf

解相关信息，并有权通过法律途径解决未能满足的合理要求。这在公众参与这一问题上是一个极大的进步，将公众参与由纸面上的概念变成了具有可操作性的条款，为类似于环境信息的相关问题的解决提供了一种途径。

三、公众参与的基本要素

《奥胡斯公约》已经清楚地描述了公众参与的基本要素——获取信息保证了公众的知情权，诉诸法律确保了公众参与的实施。其中包含：对正在进行的研究应有透明度；风险评估的信息应该可以获取；建立良好的评论机制和表达反对声音的途径。就转基因过程及其产物来说，公众参与与基因工程和转基因生物（GMOs）的评估和管理的所有阶段都相关，这包括参与国际政策的讨论，参与国家生物安全框架，政策和法律的发展，实施和审查，参与风险评估和应用的评价，参与监测过程。

在转基因生物应用的早期阶段，公众参与显得尤为重要，因为这个阶段是对如何更好地、可持续地利用转基因生物进行整体规划，需要考虑食品安全、文化整体性等，更多的公众参与有利于做出更好的选择。

与转基因生物相关的决策需要不断进行检查，对条件的变化、对科学的理解、对出现的问题和挑战等进行检查。即使某种转基因生物并未批准在某个国家或地区进行大规模释放，仍然有可能因为无意识的引入而造成污染，进而产生很多与此相关的影响。公众参与会在监测过程中起到重要作用，尤其是提供一些本地知识和经验为决策者和决策过程提供服务。监测过程中的公众参与可帮助土著社区和决策者共同解决应该监测什么内容、使用什么标准等问题[3]。

更加广义的公众参与体系除了《奥胡斯公约》当中涉及的信息相关问题和公众参与决策途径等内容，还涵盖了公众教育和公众意识的提升等方面，也就是说，为公众参与及其制度进行准备的各个环节同样包括在内。在公众教育和公众意识的提升方面，基本要素一般会涵盖：相关信息的背景知识、价值评判以及公众参与制度的利用等。

需要注意的是，公众意识的提升并不能等同于公众教育。转基因技术及其产品的公众教育的客体是技术信息、安全性研究信息以及信息研判方法等，目的是让公众具有判别该技术或产品相关信息的能力；而公众意识则是公众教育的目标对象之一，通过公众教育提升公众意识在确保政策和决策获取信息时具有重要的作用。究其本质，公众参与的目的之一就是提高公众和管理者的意识，提高应对相关社会经济影响的能力，在相互作用的过程中实现所有利益相关方共同获益的可持续模式。

可以认为，公众意识是公众参与的前提。从质上说，如果不能有效分享获取的信息也就不可能实现真正的公众参与；从量上说，公众教育和公众意识的提高可以将更多的人纳入公众参与之中，为实现有效的公众参与提供更宽的范围。

四、中国生物安全公众参与的现状及障碍

转基因生物技术研究和开发是中国优先发展的领域之一，国家先后通过“863”项目、自然科学基金项目和“重大专项”等投入大量资金，各个公共研究机构及其研究人员在其中起到了重要作用[1,4]。

我国是《卡塔赫纳生物安全议定书》的缔约方之一，2001 年，正式颁布了《农业转基因生物管理条例》，随后又制定并实施了一系列涵盖研究、试验、生产、加工、经营、进出口和标识等活动的转基因生物安全管理法规。目前，这些法规中强调的转基因生物环境释放和商业化生产的决定主要通过农业转基因生物安全委员会来进行讨论和投票，委员会中主要成员来自相关政府部门和研究机构。

公众作为转基因技术及其产物的最终承受主体，将承担着转基因生物所带来的环境和健康的潜在风险，不仅需要拥有知情权和选择权，更应该享有转基因生物安全监督和管理的决策参与权。公众参与生物技术的一项重要关注内容就是消费者的知情权，《农业转基因生物标识管理办法》中强制标识的要求正是基于这种考虑。除此之外，我国尚没有涉及公众参与的法律条款，转基因生物安全管理的公众参与机制也需要进一步丰富，以尊重和保障广大公众的生物安全信息知情权和公众参与权。

目前公众参与的障碍主要源于政策制定者经常做出的某些有关公众参与的假定，这些假定可划分为三类：第一是公众不感兴趣，第二是这类问题太复杂，第三是公众参与将引发不切实际的混乱[5]。但这些预设在理论上值得商榷。

总体来看，在中国，目前公众参与的现实障碍在于公众与转基因生物风险管理之间缺乏直接的联系，公众参与没有制度保障[5,6]。

首先，尽管中国是联合国《生物多样性公约》和《卡塔赫纳生物安全议定书》缔约国，中国国内的环境和资源保护法规，也基本包括公众参与管理和监督的条款（例如，1999 年，由国家环境保护总局、农业部、科技部、教育部、国家林业局、中国科学院、国家药品监督管理局发布的《中国国家生物安全框架》，特别提出建立生物安全管理的“公众参与制度”），但是在执行过程中实际应用的法律法规仍然很难落实这一基本制度。

其次，转基因技术及其产品应用的决策过程虽然有多部门参与，但是缺少公众

参与和监督。农业部国家农业转基因生物安全委员会是评审转基因安全性的机构，有权决定转基因产品是否可以获得“转基因安全证书”。该委员会的组成多为相关领域和研究机构的专家，专家评审结果将作为委员会结论，是农业部颁发安全证书的重要依据。安全证书的颁布意味着在国家层面上对于转基因生物品种的生物安全性的认可，是该转基因品种可以商业化的安全性保证。但是在整个过程中，没有来自民间社会团体和公众的代表，专家讨论结果以及行政主管部门决策过程透明度有待加强。

再次，一旦发生问题，主管部门和公众之间缺乏有效的沟通交流平台。转基因大讨论的过程，充分暴露了我国种业、农业、环境、经济、科研体制、国家安全等诸方面的问题。主管部门需要及时与公众建立起沟通交流的平台，建立信息发布渠道，以便更有效地发现问题、改正问题，有助于变被动为主动，提高政府职能部门的权威。

最后，公众法律诉诸渠道不够畅通。例如，国家要求对转基因生物及产品进行标识，但尚有许多不标识的情况，公众购买了未经标识的产品后，很难通过法律途径解决问题。

五、有关转基因生物安全公众参与的几种可行机制

1. 咨询委员会

咨询委员会是用于建议政府关于生物安全决策的一种工具，这类机构的权威性和可信性很大程度上取决于他们相对于政府与行业的独立程度，取决于他们能够代表的“非科学家”观点的程度，取决于他们代表的广泛利益的能力。咨询委员会的组成很重要，一些咨询委员会可能包括社会代表和社区居民。除了一些科学和技术的建议外，咨询委员会也需要考虑转基因生物的社会、经济、文化和道德影响。咨询委员会设立的目的是聆听公众的意见和接受公众咨询，其工作在一定程度上决定了公众参与的程度。

2. 公开辩论

公开辩论是公众教育的一部分，可以有效提高公众的生物安全意识，同时，公开辩论也是一种将公众意见反馈给机构的方式。英国举行的“转基因国度?”辩论[①]

① 参见：http：//www. gmnation. org. uk

就是一个很好的案例。这场辩论是由一个向政府提供有关生物技术及其农业和环境影响问题建议的独立机构“农业和环境生物技术委员会”（AEBC）的一条建议引发的。此次辩论不是简单地对转基因作物说“是”还是“不”，而是通过 9 次“基础讨论组”让公众对辩论内容有基本了解，产生需要咨询的问题，进而让公众对基因工程和转基因作物商业化以及可能出现的影响进行全面的了解。之后，根据实际情况，选择少部分人就此问题进行深层次学习和探讨。事实上，这样的一个规模巨大的活动完成了从公众教育和提高公众意识到真正公众参与的全过程。

3. 公民陪审团和情景研讨会

公民陪审团和情景研讨会也被称为“审议和包容性的政策进程”（DIPs）[7]，是一种复杂且耗费巨大的过程，但是 DIPs 具有扩大公众参与范围的潜力，能够产生更深层次的参与形式。在这种参与形式中，选择的参与者都是经过深思熟虑的，并且鼓励对专家观点进行交互检验。这和普通的咨询过程不同，目标就是在参与者内部促成有意义的集体审议，而不只是收集信息和意见。这和一般的听证会和公众会议是不同的，听证会和公众会议上官员和专家组的目的是收集信息和观点以及回答问题，但是不给公众讨论以及在各参与者之间进行公开对话的机会。2001 年印度召开的“食品和农业未来”的公民陪审团/情景研讨会[8]就是一个例子。此次审议的主题是转基因作物，参与者是边远地区的公民，选择是由一些独立的研究者按照选择标准进行的，即：①生活水平靠近或低于贫穷线的小型或者边远地区农民；②思想开放；③与非政府组织和政党无任何瓜葛；④可以清楚的表达。陪审员需要听取特殊证人对未来的三种情景和观点的表述，通过抗辩、质询等形式，陪审员利用自身知识，综合特殊证人的意见，来对三种前景的优缺点进行评估。最后，他们并没有选择其中的任何一种，而是批判性地评价了每一个情境中所有的要素，构建了他们自己希望的独特前景。

六、结　语

转基因生物技术及其产业化是以一种政府和公立研究机构主导的特殊形式进行的，所以带有更强烈的公共色彩，公众参与过程既是国际公约的要求，也是国内公众的强烈愿望。通过各种形式的公众教育，努力提高公众意识，可以增加政府部门决策的透明度，更好地提升政府部门的公信力和执政能力。有关转基因生物安全的公众参与，由大讨论肇始，目前已经覆盖了大多数形式的媒体，争论和困扰中掺杂了很多的由于公众参与程度不高导致的问题。建立并有效利用公众参与机制和平台可以最大程度地减少沟通障碍导致的各种问题，为生物技术及其产品的可持续利用提供良好的保障。

参 考 文 献

[1] 薛达元．论生物安全管理公众参与制度．见：薛达元．转基因生物环境影响与安全管理．北京：中国环境科学出版社．2006：249～258

[2] 薛达元．转基因生物安全与管理．北京：科学出版社．2009：318～337

[3] Chee Y L, Lim L L. Public Participation in the Implementation of the Biosafety Protocol. TWN Biosafety Briefing. Penang：TWN. 2005

[4] Glover D, Keeley J, Newell P, et al. Public participation and the catagena protocol on biosafety, a review for DFID an GEF Part I：The main report. Brighton：Institute of Development Studies. 2003

[5] Guijt I, Gaventa J. Participatory Monitoting and Evaluation：Iearning From Change. 1998. IDS Policy Briefing, Issue 12, Brighton：Institute of Development Studies

[6] Keeley J. Public participation in biosafety decision-making：linking international and Chinese experiences. 见：薛达元．转基因生物风险与管理．北京：中国环境科学出版社．2005：247～252

[7] Pimbert M P, Wakeford T. Prajateerpu：a citizens jury/scenario workshop on food and farming futures for Andhra Pradesh. Economic and Political Weekly (India), 2002, 27：2778～2787

[8] Stone R. China Plans 3. 5 Billion GM Crops Initiative. Science. 2008 (321)：1279

Public Participation in the Risk Regulation of GMOs

Xue Kun[1], Yin Shuaijun[2], Wang Wenrong[2], Xue Dayuan[1,3]

([1]College of Life and Environmental Science, Minzu University of China;

[2]Shanghai Organic Tao Cultural Development Company Ltd.;

[3]Nanjing Institute of Environmental Science, Ministry of Environmental Protection)

The debates on transgenic biotechnology and its products are related to the degree of implementation of "public participation" issues. Public participation is an important entry in Catagena Protocol on Biosafety which must be followed by each contracting parties must be performance. This paper introduce the concept of public participation, the basic elements, models and status of public participation, the barriers between public and decision-makers. Some possible improvements to participation mode are proposed, such as advisory committee, citizens juries.

5.5 关于核能安全发展的思考

王 毅
（中国科学院科技政策与管理科学研究所）

2011 年 3 月，日本福岛发生特大核事故再次引起人们对民用核能安全的广泛关注，然而讨论的结果却大相径庭。有些国家，如德国决定分阶段放弃使用核能；而像中国，因为能源禀赋、发展阶段、产业利益和决策机制等多方面原因，仍然决定在保证安全的基础上继续大规模发展核电。这充分说明了核能绝非单纯涉及技术安全问题，而是涉及一系列政治、经济和社会的复杂问题。

无论如何，福岛核事故将对未来的核能政策产生深远的影响。因此，重新审视全球核能发展趋势和我国的核电发展战略，总结以往国内外核能发展的经验和教训，梳理核电安全发展可能面临的各类风险，思考未来我国的绿色低碳发展、能源保障与核能安全发展问题，显得非常必要和迫切。

一、日本福岛核事故引发的反响及思考

2011 年日本发生大地震所引发的福岛核泄漏事故是继 1979 年美国“三哩岛”、1986 年苏联“切尔诺贝利”之后，第三次世界重大的核安全事故。这三次事故的原因各有不同，但每次都产生了重大影响，使核安全神话一次次被打破，并对核电产业的发展造成沉重打击。这次日本大地震、福岛核事故事件及其产生的放射性物质污染又一次引起了世界范围的核恐慌。不仅日本遭受巨大灾难和财产损失，经济复苏大伤元气，而且相关核电站的临时关闭和停运也造成短期的电力不足，导致公众反核运动一浪高过一浪，引起的日本能源和应对气候变化政策的改变在所难免[1]。

实际上，在全球关于发展核电一直是一个争议不断的话题。由于近年对应对气候变化议题重视程度的提高，许多人认为核电是清洁、低碳的能源，并希望其在替代化石能源和减少二氧化碳排放的过程中发挥更重要作用。然而，福岛核事故及其所造成的严重影响给核电事业的发展再次蒙上阴影，西方国家纷纷做出反应。例如，欧盟根据相关立法，对欧盟境内的核设施实施全面的安全和风险分析以及压力测试，并限期提交评估报告[2]；德国则决定于 2022 年前逐步关闭正在运行的核电站，彻底放弃核电；意大利全民公投否决了恢复实施核电的计划；英国和法国都将继续发展

核电的政策和计划，但比以往更加强调安全；美国则态度谨慎，虽然美国政府表示不会放弃核能，但来自国会和公众的反对声音依然强大。

从技术上看，核能发电及其安全管理确实存在着较高的复杂性。这不仅反映在各种反应堆堆型的技术路线不同，因而造成其运营和安全管理规范及相关技术人员培训等方面都大不相同，从而增加了管理成本和管理风险，而且由于涉及政治、经济、社会等方面因素，其投资成本、建设周期等都存在很大的不确定性，运营、维护、核废料处理及风险管理成本也在不断上升，并且存在发生多重复合风险的可能性，从而给其商业开发带来不小的难度。因此，核电到底是“香饽饽”还是“烫手的山芋”尚无定论，有专家则在综合利弊后无奈地说，核能至少不是问题能源中“最烂的那个土豆”[3]。

在中国，由于缺乏对核电技术及其影响的了解以及信息披露不完善，福岛核事故短期内引起了公众的恐慌，发生了因担心核辐射而抢购碘盐的风潮。这说明，我们主要强调核电技术的安全性，缺少对核电负面影响的宣传报道。即使在学术界内部，质疑核电发展的声音、负面影响的分析文章，以及对核电安全的公开研讨也不多见。由于福岛核事故，我国也立即组织对核设施进行全面安全检查，暂停了相关核电项目的审批，但核电发展的步伐并没有停止。温家宝总理在2011年全国节能减排工作电视电话会议上指出要“在确保安全的基础上高效发展核电”[4]，并在之后于阿布扎比召开的世界未来能源峰会上提出：“安全高效地发展核电，是解决未来能源供应的战略选择”。[5]尽管如此，这次核事故对中国快速发展的核电计划的影响还是显而易见的。

就中国而言，庞大的人口规模及快速的工业化和城市化进程，对能源的需求将不断提高，特别是对煤炭、油气、核能等提供高能量密度和稳定供应的能源的需求越来越高，这些能源对保证中国的经济发展及其能源安全至关重要。由于国际油价的高企和震荡，国际贸易分工格局短期内难以改变，能源环境问题日趋严重，再加上应对气候变化的压力，核电的竞争优势在一定程度上体现出来。在这种背景下，我国的核电产业正处于快速发展的阶段。根据《核电中长期发展规划（2005～2020年）》，到2020年，我国的核电运行装机容量将争取达到4000万千瓦，核电年发电量达到2600亿～2800亿千瓦时，估计占届时电力装机的4%左右。

“十一五”期间，随着经济形势的快速变化以及应对国际金融危机的经济刺激计划启动等，核电发展规划目标正在进行增加的调整。在福岛核事故的背景下，未来这种核电高速发展的格局及其存在的诸多尚没解决的问题更加引起我们对核电安全发展的担心。

从总体上看，福岛核事故不会影响全球核电发展的大趋势，影响最大的是类似中国这样国内优质资源有限、原计划大力发展核能作为电力主要供应来源之一的国家。核能的开发利用的科技要求及其复杂程度较高，并且涉及能源资源安全、经济、军事、反恐等广泛领域，因此对普通公众全面理解核电发展存在许多障碍。目前我们谈到的核电发展的优点比较多，但却很少认真地探讨核电发展所存在的问题。所以，我们有必要正确判断核电发展的客观趋势，了解国外发展核电的经验及发展受挫所存在的真实问题，这样将有助于我们制定更加详细、周密、安全的实施方案以及提供系统的问题解决方案，使我国的核电能够科学、有序、安全、健康地发展。

二、国际核电发展的经验和存在的问题

核能是当今一种重要的能源品种，核电在世界电源结构中发挥着重要作用，以法国为代表的一些国家在发展核电方面取得了成功的经验。但是，自 1979 年三哩岛事件和 1986 年切尔诺贝利核事故以来，由于核安全成本提高、社会公众压力、能源技术发展、解除电力管制、防止核扩散等多方面原因，核电处于缓慢发展甚至停滞状态。在经历了 20 多年不景气之后，21 世纪的核电又出现了新的转机。由于全球石油低成本时代行将结束、美国加利福尼亚州出现电力危机、气候变暖形势严峻，核电在世界上有重新启动的迹象。例如，美国小布什政府的能源政策强力支持发展核电，日本政府批准建设两座新的核电站，英国能源公司也宣布接管加拿大若干核反应堆的运营，中国和印度等新兴经济体准备大力发展核电，等等。

与此同时，核电本身的问题依然存在，我们还看到了一些负面的新闻。例如，德国计划在 2022 年关闭所有核电站，美国的核电发展只是小布什政府和奥巴马政府的一厢情愿等。根据国际能源机构（IEA）的参考情景，预计 2030 年的全球核电装机及发电量占一次能源需求的比重均有所下降；福岛核事故后，国际能源机构在 2011 年的《世界能源展望》中还设置了一个“低核发展情景”，通过增加煤炭和天然气供应来弥补减少核能发电产生的不足[6]。

从核电发展的历史看，核电成本高、建设周期长、核废料处理困难与公众恐惧心理是核电难以发展的真实原因。20 世纪 70 年代中期，美国原子能委员会预测，到 2000 年，美国将有超过 1000 座大型核电站运行，但无论如何在 1999 年年底实际运行的只有 104 座，仅占预测数的约 1/10。事实上，到 20 世纪 70 年代中期，传统的经济规模效应就已经消失了[7]。美国自 20 世纪 80 年代就没有再建核电厂，其真实原因是其在 20 世纪 70 年代的电力需求估计过高和核电全成本的估计过低，电力需求估计过高使核电站过量订货[8]，而对核安全、核废料处理考虑不足以及贷款利

率、运行成本提高等使核电失去竞争力。如果不解决好这些问题，美国核电的商业前景将面临极大的疑问。

对未来核电成本的预测无疑是充满争议的，其结果差异很大[9~12]，如表1所示。乐观派和悲观派各持己见。不同的假设和价值判断可以得出不同结果，甚至差出2~3倍。核能历史学家和经济分析专家科恩经过比较后做出预测：在10%的利率、65%的负荷因子和8年建设期的条件下，新的轻水堆核电站的投资成本约在2300~2650美元/千瓦，发电成本为7.5~8.5美分/千瓦时（1992年美元）[9]。

表1 新轻水反应堆的核电成本预测（1992年美元）*

成本类型	乐观派预测	科恩的预测	悲观派预测
总成本/（美分/千瓦时）	3.8~4.8	7.4~8.6+	8~12+
投资成本/（美厘/千瓦时）	23.5~29.5	42~48+	43~85+
建设成本/（美元/千瓦）	1590~1885	2300~2650+	2200~4000+
建设周期/年	5~6	8	10+
负荷因子/%	75~80	65	55~60
非燃料运行维修成本/（美厘/千瓦时）	6.5~10	14~17+	15+
资本附加/（美厘/千瓦时）	0.5	3~6	5+
燃料成本/（美厘/千瓦时）	6	7	7
废料处置/（美厘/千瓦时）	1	3	3+
退役基金/（美厘/千瓦时）	0.5~1	3	4
杂项/（美厘/千瓦时）**	0	2	2+

*假设10.3%的贴现率；**杂项包括资本市场高风险补偿的借方款项、选址罚款等

资料来源：参考文献[9]

法国成功的重要原因是政府在核能发展中扮演了重要角色，由于其缺少廉价的化石能源供应，因此制定了长远的核电发展规划，选择了合理的技术路线，实现了设计的标准化和国产化，减少了核电在技术、经济、管理等方面的风险。

核电存在的另一个重大问题是核废料处理。核废料处理长期以来是一个争论不休的问题，目前尚没有妥善处理高放射性核废料的办法，从这一点上不能说核电完全是一种清洁能源，因为其环境影响具有持久性和管理的艰巨性。寻找安全的地点存放是目前最现实可行的办法，但在处置厂选址、核废料运输、技术条件和公众接受程度方面都面临困难，而且还存在超长期安全管理的问题。快堆虽然可以循环利用核燃料，但由于技术复杂、事故风险高、经济成本过高和可能造成核扩散等，在

相当长的时间里难以有所作为。

此外，公众大多对核电站心存恐惧，这与专家们宣称的核电是安全的说法形成鲜明的反差。公众产生恐惧心理的原因是多方面的，这包括公众对于发生大型突发事件的恐惧感，这是核电风险的特殊性所决定的，这就像大众通常对发生飞机失事比造成常规车祸风险更为敏感；公众对核事故预测的风险概率法并不一定完全认同；由于没有置身事中，公众对核电发展的决策过程及监管机构的可信度存在怀疑。当然，核反应堆本身的固有安全也是一个问题，公众担心专家们并没有告知他们所有存在的风险[13]。虽然目前中国公众对核电的认知程度还很低，但不难预见，随着经济发展及人民生活水平的提高，社会对核电发展质疑甚至反对的声音会不断增强，核电开发的社会成本也将逐步提高。

三、中国核电快速发展面临的挑战和风险

从能源安全和工业化、城市化发展的角度来看，中国发展核电是能源多元化的重要手段之一，是完全必要的。由于前文所述原因，核电产业不景气，所以，快速发展的亚洲国家，特别是中国成为各核反应堆供应商争夺的最大潜在市场。发达国家的核反应堆供应商希望高速增长的亚洲国家和地区的潜在电力市场（包括中国及中国台湾、印度、韩国等）能给它们带来生机。在全球金融危机下，有能力应对危机并可能迅速恢复的中国及其庞大的核电计划就成为它们最大的猎物。当然，随着中国核电研发能力及消化吸收国产化能力的提高，中国自身的核电企业也希望占据更大的份额。

在这种情况下，我们必须清醒地认识到，在大力发展核电的同时，应该看到其存在的问题，并找出合理的解决办法。我们应从国际上各国核电发展的经验和发展趋势中得到启示，特别是从核电在其他国家失败的教训中得到启示。历史经验必须吸取，失败教训更应注意，包括电力需求预测、堆型及技术路线的选取、核废料的处理方法、公众参与，等等。只有通过深入细致的调查研究，倾听不同的观点和意见，进行充分和科学的论证，我们才能得出正确的判断、提高科学的解决方案。

根据目前的核电中长期规划，我国的核电战略将“坚持发展百万千瓦级先进压水堆核电技术路线，按照热中子反应堆—快中子反应堆—受控核聚变堆‘三步走’的步骤开展工作”，并“坚持核燃料闭合循环的技术路线”。但与其他国家一样，目前我国大规模发展核电不可忽视地存在多种风险。

由于核电发展受到经济、政治、科技等多方面因素的影响，中国在修改核电发

展计划及制定详细的实施方案的过程中必须考虑如下风险因素[14]：一是不断演化的国际金融危机将会给中国的产业结构及其能源需求产生多大的影响。二是铀资源的安全供应及其价格问题，与石油相比，由于铀资源出口国的相对集中，铀资源的安全供应及其价格将面临更加严峻的局面。三是经济成本问题，巨大的投资建设成本和较长的建设周期、不断增长的预算、日益积累的核废料及其高额的处理成本等，都会给未来的核电竞争力增加变数。四是技术问题及其成本不断提高的影响，包括处理好第三代核电（如 AP1000）及“二代加”核电等多种堆型的并存、标准化及国产化问题；解决第三代核电技术商业化过程中存在的问题；快堆及其他先进堆型的研发路径及商业化示范；选取和论证核废料处理技术路线等。五是保证项目的严格审批，建设、运行和退役的专业化运营管理和安全监管。六是公众的沟通交流问题。这些都需要经过时间的考验。

总而言之，如果中国大规模发展核电，将面临经济风险、管理风险、资源风险和环境安全风险[15]。我们必须未雨绸缪，在大规模发展核电之前，做好充分的准备，才可能避免由于大规模发展核电而产生的各种问题和风险。因此，在人才、技术、运营管理等多方面储备不足和存在多方面安全风险的情况下，我国应对核电开发规划进行重新审视，进一步明确发展路线图和空间布局，完善相关政策和监管体制，保持适当的速度和规模增长，使核电发展在规划指导下有序地展开，并适时对其进行评估和调整。

四、核能安全发展的政策建议

为了保证在规模迅速扩张的背景下实现核能安全发展，解决前文提出的涉及核安全的众多问题，我们提出如下政策建议。

1. 加快《原子能法》及相关安全规范的制定

虽然我国的核电进入快速发展期，但原子能相关立法始终没有出台。为了保证我国的能源安全，促进我国的原子能事业及核电产业健康有序地发展，保证核安全，必须尽快将《原子能法》或《核安全法》纳入相关立法程序，对我国原子能事业涉及的各项内容进行统筹安排，构建完善的管理体制和独立的强力监管机制，引入利益相关方参与，避免以个别利益集团利益代替国家利益。同时，修改、制定安全管理规范，完善相关评估规定，修订《放射性污染防治法》，使我国的核电安全管理和核废料处理能与时俱进，避免或减少出现各种安全风险的可能性。

2. 改革核安全管理体制，建立统一核能监管机构

由于发展时间短，我国的核安全管理体制并不健全，表现在管理缺位（如核燃料地质处理）、权威不够、人员短缺、技术手段不足等方面。除制定和完善上述相关法律法规外，应进一步理顺核安全管理体制，建立统一权威的监管部门，明确各相关机构的职责，提高其监管能力。同时，鉴于核电技术的复杂性和特殊性，即使在当前应对国际金融危机和刺激经济计划下，也必须严格论证和审批新建核电厂，对在建和运行中的核电厂加强监管，特别是加强对各类核燃料的监管；由于核废料处理将在核电厂运行 10 年后不断凸显出来，因此现在必须制定完善的核废料处理国家专项规划和行动方案，明确核废料处理的技术路线和配套方案，制定各种应急预案等。

3. 在长期能源发展战略框架下调整和完善核电发展规划及其实施方案

核电中长期规划的调整应在国家长期能源发展战略下进行，正确判断核电的应有地位，制定现实可行的目标。此外，仅有核电发展的中长期规划还不够，还需要在充分咨询、讨论的基础上制定具体的实施细则和方案，落实各项保障措施。实施细则需要根据形势的变化，进一步综合考虑我国的国防需求、经济状况、能源发展趋势与技术创新、能源安全、环境保护和应对气候变化等多个方面的因素，特别针对其存在的问题，制定详细的解决方案、技术路径和应急计划。

4. 进一步明确核电技术发展的路线图，充分论证主流技术及乏燃料的处理方式

根据核电中长期规划部署，进一步明确核电技术发展的路线图，有序开展引进、消化后的研发、设计、制造和示范，力求尽早实现标准化生产。尽管有分析人士认为，应利用暂缓核电发展的机会，直接采用更先进的技术，但由于第三代核技术在世界上并没有建设先例，以及成本等方面的不确定性等原因，所以应采取相对稳妥的办法，聘请国际同行专家进行独立的评估和论证；在第三代核电技术实现自主化、国产化之前，尽快对“二代加”核电技术进行标准化规范，降低政治因素的可能影响；研发乏燃料的循环利用和安全地质储藏技术；吸取国际经验和教训，充分论证和研发包括新型快堆在内的第四代核能系统以及其他新型反应堆。

中国已经决定对核电站乏燃料进行后处理，采用封闭式的核燃料循环，并进行了长期的乏燃料后处理研究工作。乏燃料的后处理中间试验厂正在建设中。从目前情况看，这种做法不仅经济代价高，而且也不能最终解决高放核废料的处理问题。应该重新考虑乏燃料的处理路线，至少应该根据国际上已经证实的经验，考虑替代方案，例如，采用核燃料一次利用，然后选择适当的地点，对乏燃料进行长期贮存。

5. 采用核电的专业化运营管理方式

核技术及核安全的特殊性决定了核电建设及其运营管理的高度专业化。由于我国核电的快速发展，涉及多种堆型的安全管理需要专业的管理经验和大量专业人才。目前我国一些核电站的业主单位和运营管理单位同属一家，由于经验不足及人才缺乏，这样的管理方式难以保证核能安全。所以，建议制定相关规定，严格核电建设与运营管理企业的准入门槛，限期完成核电业主单位和运营管理单位的分离，以便于整合资源、提高专业化水平。可以聘请国内外专业的核电运营商（特别是国际公司）参与中国的核电运营管理，通过合作交流，提高我国的核电运营管理水平。

6. 完善信息披露和公众参与机制，加强与公众的交流沟通

国际经验表明，建立完善和有效的公众参与制度对核电发展十分关键。这包括核电知识的普及和宣传，树立监管机构的可信度，核电决策的公众参与程序的制定，核电事故应急预案和危机处理中的公众参与机制等。

国家核安全局2011年印发了《环境保护部（国家核安全局）核与辐射安全监管信息公开方案（试行）》和《关于加强核电厂核与辐射安全信息公开的通知》两个文件，但目前这两个文件都还没有同公众见面。因此，应制定相关程序，分步骤加快信息公开，同时结合相关的宣传，推进公众参与，不断提高公众对核电的认知度和接受度。

参　考　文　献

[1] 傅凯思，赵莎．核电安全的争议．科技导报，2002，(3)：61～64

[2] 核电发展战略研究编委会．核电发展战略研究（上卷）．北京：中国言实出版社，1999

[3] 金煜．核电 向左走？向右走？新京报，2011-07-03（B10版）

[4] 美国自然资源保护委员会等．日本福岛核电危机后的反思．国际核电安全研讨会．北京，2011

[5] 人民日报．温家宝在全国节能减排工作电视电话会议上强调把节能减排作为硬任务硬举措硬指标．人民日报，2011-09-28（第1，3版）

[6] 王毅．充满未知变数的核电发展之路．中国国情国力，2001，(10)：46～48

[7] 王毅．促进核电科学、有序、健康发展．科学与社会，2011（4）：37～42

[8] 温家宝．中国坚定走绿色和可持续发展道路——在世界未来能源峰会上的讲话（2012年1月16日，阿布扎比）．经济日报，2012-01-17（第3版）

[9] 薛进军，赵忠秀．中国低碳经济发展报告（2012）．北京：社会科学文献出版社，2011

[10] Ahearne J F. The Future of Nuclear Power. American Scientist, 1993, 81 (1): 24 ~ 35

[11] Bupp I, Derian J. Light Water: How the Nuclear Dream Dissolved. New York: Basic Books, 1978

[12] Chandler W, et al. China's Electric Power Options: An Analysis of Economic and Environmental Costs. Washington D C: Pacific Northwest National Laboratory, 1998

[13] Cohn S M. Too Cheap to Meter. New York: State University of New York Press, 1997

[14] IEA. World Energy Outlook 2011. France: OECD/IEA. 2011

[15] NEA/IEA. Projected Costs of Generating Electricity: Update 1998. France: OECD. 1998

On the Safety Development of Nuclear Energy in China

Wang Yi

(Institute of Policy and Management, CAS)

The nuclear accident in Fukushima, Japan has caused a world-wide nuclear alarm and concerns over the civilian nuclear safety. However, the reflections of the debate with regard to the Fukushima nuclear crisis are differing: some countries decided to abandon the use of nuclear energy, while others continue to perform nuclear power development plan and policies. This fully illustrates nuclear energy safety is not a technological problem, but rather a problem of politics economy and society.

This paper summarizes the responses of different places in the world to the Fukushima nuclear accident with conclusions: There will be no major impact on the overall trend of the global nuclear power development despite Germany's and other countries' decision to phase out nuclear power that may adversely affect the energy security of Europe. Other nations, such as China, have chosen to develop nuclear power continuously due to the limited availability of domestic high quality energy sources, rapid economic development, industrial interests, and the top-down decision making mechanism. They believe that the nuclear power is a strategic option for addressing future energy supply and its safety is within control. Nevertheless, the impact of the Fukushima nuclear accident on the nuclear safety policy is far-reaching.

This paper also reviews the international experience in nuclear power development and probes into the real causes of the slow development of nuclear power in most western countries since the 1980's, considering that the rising costs of nuclear power, long construction period, nuclear waste disposal dilemma, and public fear of nuclear accident and its uncertainty are among the main causes. The paper considers that China's nuclear power development will also face challenges of economic, management and resource risks as well as environmental and safety risks which will be increasingly severe with the fast increase of the size of new clear power.

To realize the safe development of nuclear energy and address the above-mentioned issues relating to nuclear safety in the context of rapid development, the author, based on the comprehensive analysis, considers that the following measures should be taken: speeding up the development of atomic energy-related laws and regulations; reforming the existing nuclear safety management system and establishing the unified nuclear energy regulatory authority; reviewing China's nuclear power development plan and developing technology roadmap of nuclear power and its implementation scheme, order and sustainability, and conducting full argumentation on the leading technology to be employed and the way of spent fuel disposal; employing a specialized operation and management model for nuclear power; establishing comprehensive information disclosure and public communication mechanisms, and facilitating the effective participation of the public.

第六章 专家论坛

6.1 国家自主创新能力建设若干问题思考

穆荣平　樊永刚

（中国科学院科技政策与管理科学研究所）

2006年，中国政府颁布实施《国家中长期科学和技术发展规划纲要（2006—2020年）》，提出到2020年进入创新型国家行列目标。此后，党的十七大报告进一步明确“提高自主创新能力、建设创新型国家”是国家发展战略的核心，是提高综合国力的关键。近年来，我国深入实施《国家中长期科学和技术发展规划纲要（2006—2020年）》及其配套政策和实施细则，大力推进科技进步和创新，自主创新能力和综合国力明显提升。面对大发展、大调整和大变革的国际新趋势，《中共中央关于制定国民经济和社会发展第十二个五年规划的建议》和《中华人民共和国国民经济和社会发展第十二个五年规划纲要》明确提出以科学发展为主题，以加快转变经济发展方式为主线，坚持把科技进步和创新作为加快转变经济发展方式的重要支撑，对自主创新和创新能力建设提出了更高、更紧迫的要求。本文从清晰界定创新和自主创新能力建设内涵外延出发，在分析国家创新能力建设面临的形势基础上，明确提出“十二五”时期我国自主创新能力建设原则、重点和政策措施。

一、国家自主创新能力建设内涵外延

100 年前，熊彼特提出创新概念，其定义涉及五种形式，可以归纳为今天经常提到的技术创新、组织创新和管理创新。长期以来，人们对创新的理解不断拓展，科学家通常认为创新就是创造新的知识，而熊彼特学派经济学家认为创新是从发明到其实现首次商业化的全过程。这种认识上的巨大差异，长期以来对科技与经济的结合在一定程度上产生了深远的负面影响。要根本解决科技与经济结合问题，必须拓展我们对创新的认识，将科学探索、技术开发、科技成果商业化和社会推广应用等活动作为一个价值创造、转换并增值循环的创新系统，从系统的角度认识各个子系统的效率、效益，从系统的角度研究子系统之间的耦合效率，避免以单一的经济指标评价各个子系统。事实上，科学探索和技术开发活动主要追求的是科学价值和技术价值，科技成果商业化和社会推广应用活动主要追求的是经济价值和社会价值。

本文认为，“创新是一个复杂的价值创造并实现增值循环的过程，包括科学价值、技术价值、经济价值、社会价值和文化价值的创造，涉及科学探索、技术开发、方法创新及其商业化应用与社会推广活动”。简而言之，创新是一个集聚整合创新要素创造价值并实现增值循环的过程，其效率和效益不仅取决于创新过程各个环节的效率和效益，也受到创新外部环境变化的影响。

目前国内外对创新能力的内涵外延至今没有达成共识。创新能力相关研究主要集中于创新能力测度及其与创新绩效、经济社会发展之间的关系，鲜有从国家角度探讨创新能力建设问题。有的学者从创新活动维度来认识创新能力，强调从事不同创新活动需要的不同能力，如 Forman 等学者以内生增长理论、产业竞争优势理论和国家创新系统理论为基础，将创新能力定义为一国长期获得的一系列创新性技术并将其商业化的能力[1]；有的学者从创新要素角度出发，分析创新人才、创新基础设施、创新文化等在创新中的作用，如 Freeman 的研究特别强调政府政策、企业、教育研究机构，以及产业结构等四方面因素对国家创新的作用[2]；还有一些学者从创新主体维度思考创新能力，强调企业、大学、科研院所、中介组织等不同创新主体的不同能力属性。

本文认为，国家自主创新能力是指一个国家在一定发展环境和条件下，从事科学发现、技术发明、工程化、商业化和社会扩散应用以促进发展的能力，是集聚整合创新资源并将其转化为财富的能力，其强弱取决于国家创新要素投入、创新主体能力、创新活动组织效率与效益[3]。

国家自主创新能力建设应该统筹考虑创新主体能力、创新要素配置能力和创新活动组织能力建设。从创新活动组织能力建设角度看，国家自主创新能力应贯穿科学探索、技术开发、工程化、商业化、规模市场化和社会推广应用等环节。从创新要素配置能力建设角度看，国家自主创新能力应体现在利用国内外人才、资金、技术、基础设施、制度文化等创新资源并将其转化为财富的能力。从创新主体能力建设角度看，企业、高等院校、科研院所、创新服务组织和社会自然人等在国家自主创新能力建设的过程中，应有明确的功能定位和空间布局。此外，国家自主创新能力建设还需要充分考虑全球创新体系和创新环境的影响。

二、我国自主创新能力建设面临形势

“十二五”时期是我国建设创新型国家的攻坚阶段，无论是从应对国际政治经济发展变局、把握重大科技突破和产业国际分工调整带来的历史机遇看，还是从支撑我国产业结构优化升级和转变经济发展方式以及全面建设小康社会的需要看，都对国家自主创新能力建设提出了更高、更紧迫的要求。

从国际看，世界科技、经济发展正处于范式转变时期，创新能力建设成为把握机遇的决定性因素。国际金融危机远未结束，肇始于希腊的主权债务危机继续在欧洲大陆扩大和蔓延，资源、能源、环境保护和金融安全等诸多问题进一步增加了未来发展的不确定性。国际贸易保护主义抬头，以知识产权、技术标准、绿色发展等为基础的发展理念对传统发展模式带来严峻挑战，主要国家都把创新作为决定国家竞争力的关键，创新发展成为未来发展道路的必然选择。世界进入依靠创新繁荣实体经济的深度调整期，科技和产业已进入空前的创新密集时代，新能源、新材料、信息通信、生物、环保领域正孕育一系列重大突破，新一轮科技革命及其引发的产业革命呼之欲出，代表着未来科技和产业发展方向的战略性新兴产业成为国际竞争的焦点。

从国内看，加快转变经济发展方式、优化升级产业结构、全面建设小康社会，对国家自主创新能力建设提出了新的更高要求。面对生产要素成本上升、人民币升值压力加大、资源环境制约日益凸显等多重压力，传统粗放发展空间将持续受到挤压，引进国外先进技术难度进一步加大，迫切需要从根本上改变我国传统的外延式增长模式，真正走依靠科技进步和提高劳动者素质的发展道路。扎实推进城镇化、缩小城乡差距、实现基本公共服务均等化，迫切要求加快公共教育、医疗卫生、公共安全和文化等重点领域自主创新能力建设，依靠自主创新建立“低成本、高质量和广覆盖”的基本公共服务体系。

面对新形势和新要求，我国企业整体创新能力不强、关键核心技术受制于人的局面仍没有从根本上得到改变，发展中不平衡、不协调、不可持续等问题依然严峻，社会领域创新发展能力薄弱等问题依然突出，制约创新主体充分发挥作用的体制机制和政策法律环境仍需进一步完善，迫切需要加强国家自主创新能力建设顶层设计和统筹布局，明确创新建设总体思路和重点，提高国家创新系统效率，支撑国家创新发展。

三、我国自主创新能力建设原则与重点

国家自主创新能力建设必须突出“支撑经济发展方式转变”这条主线，着力加强原始创新、集成创新和引进消化吸收再创新的物质技术基础建设，着力加强创新主体和人才队伍建设，着力优化自主创新能力建设的制度文化环境。国家自主创新能力建设应该统筹考虑创新主体能力、创新要素配置能力和创新活动组织能力建设。国家自主创新能力建设必须坚持四个“结合”原则。

（1）要体现科技进步和创新与经济社会发展的“统筹结合”，把增强自主创新能力作为发展科学技术的战略基点和调整产业结构、转变经济发展方式的中心环节，并贯穿到现代化建设各个方面，使自主创新能力建设与科技、经济、社会发展需求有机统一起来。

（2）要体现基础设施建设与制度文化环境建设的“软硬结合”，不仅要继续加强自主创新基础设施等“硬环境”的布局、建设、优化和提升，还要关注自主创新能力形成的制度文化环境和人才等“软环境”建设，进一步激发全社会的创新活力。

（3）要体现政府和市场作用的“两手结合”，既要发挥政府在重大科技设施建设、基础研究、创新环境建设方面的主导作用，也要充分发挥市场在配置资源方面的基础性作用，避免“市场失灵”和“政府失灵”。

（4）要体现整合利用国际国内创新资源的“内外结合”，处理好“开放创新”与“自主创新”的关系，把握创新方向和学习机会，全面提升自主创新能力。

国家自主创新能力建设必须涵盖自主创新全过程，统筹创新各个环节能力建设布局。“十二五”期间，我国自主创新能力建设应从强化创新主体能力、人才队伍和制度文化环境建设入手，重点加强支撑国家科技发展、经济发展、社会发展和区域发展的创新能力建设。建设重点包括以下7个方面。

（1）科技基础能力建设。科技基础能力建设是大幅度提升我国原始创新能力和建设世界科技强国的重要物质技术基础。主要包括大科学工程、大型科研设施和手段，以及技术基础体系建设和现代化，旨在缩小我国科技发展与世界先进水平的差距，抢占科技发展战略制高点和把握重大科技突破带来的新机遇。

（2）产业创新能力建设。产业创新能力建设是转变经济发展方式和引领可持续发展的关键。主要围绕制造业、战略性新兴产业、现代服务业、能源产业和综合交通运输业、现代农业等重点领域薄弱环节，统筹创新能力建设布局和资源整合共享，强化产业集成创新和引进消化吸收再创新能力，支撑产业创新发展。

（3）社会服务创新能力建设。社会服务创新能力建设是实现社会和谐发展的必要前提。主要围绕公共教育、医疗卫生、文化和公共安全等重点社会领域的薄弱环节，统筹社会服务领域创新能力建设，加快建立低成本、广覆盖、高质量的公共服务体系，促进基本公共服务均等化，为全面建设小康社会奠定坚实基础。

（4）区域创新能力建设。区域创新能力建设是区域经济可持续协调发展的可靠保障。主要围绕国家区域发展总体战略和主体功能区发展需要，支持跨区域技术创新服务平台建设，推进重点区域创新试点示范，促进中央和地方创新资源共享整合，建立跨区域创新协作机制，优化区域创新能力空间布局。

（5）创新主体能力建设。创新主体能力是自主创新能力的集中体现。重点加强高等院校、科研院所、企业、创新服务组织的能力建设，夯实产学研等创新主体协同创新的能力基础，构建创新主体功能定位清晰、创新能力特色鲜明、充满活力并开放合作的国家创新生态系统。

（6）创新人才队伍建设。创新人才队伍是自主创新能力的核心要素。主要围绕《国家中长期人才发展规划纲要（2010—2020 年）》和《国家中长期教育改革和发展规划纲要（2010—2020 年）》的要求，组织实施重大人才工程，加大科技创新领军人才、产业创新紧缺人才、创新创业服务人才培养开发力度，奠定国家自主创新能力的人才基础。

（7）创新制度文化环境建设。创新制度文化环境是自主创新能力建设的制度保障。重点面向创新资源整合共享、知识产权创造运用保护、创新主体开放合作创新、科学普及和创新文化等重大问题，构建国家创新发展体制和政策法律体系，激发全社会创新活力，增强国家自主创新能力。

四、国家自主创新能力建设的政策措施

国家自主创新能力建设涉及科学探索、技术开发、科技成果商业化和社会推广应用等创新活动的多元利益主体，需要发挥政府的主导作用，从制度建设、管理创新和市场培育等方面入手，明确国家自主创新能力建设的政策取向和支持重点。

（1）完善国家创新发展法律法规，全面推进创新型国家建设。组织制定“国家创新发展基本法”，规定国家创新发展宏观管理体制，规范科学探索、技术开发、科技

成果商业化和社会推广应用等活动主体行为准则，逐步形成以“国家创新发展基本法”为主体的创新发展法律法规体系，保障创新者合法权益，激发社会创新活力。

（2）完善规划实施监测评估制度，提升自主创新能力与水平。建立《国家自主创新能力建设规划》实施评估制度，定期监测规划实施进展，研究规划实施过程中出现的新情况和新问题，提出规划调整和完善的建议，协调解决规划实施过程中遇到的跨部门重大问题，有效保障国家自主创新能力建设。

（3）完善科技基础设施管理评估，推进公共平台开放与共享。完善国家重大科技基础设施建设运行标准规范和管理评估制度，统筹建设和运行管理评估，将开放共享程度和建设绩效纳入管理评估体系，加快推进创新资源优化配置、开放共享和高效利用，为社会各创新主体提供科技基础设施服务。

（4）完善产业创新能力建设模式，促进产业可持续创新发展。制定产业创新能力建设规划，加大对企业主导的产业技术创新和技术标准联盟的支持力度，引导企业加大创新条件平台等基础能力建设投入力度，探索有行业特色和优势的产业创新能力建设模式，支撑产业转型升级和创新发展。

（5）探索社会创新能力建设模式，支撑社会管理创新与发展。制定社会基本公共服务管理规范，发挥政府主导作用，降低公共服务领域准入门槛，引入市场竞争机制，支持新技术研究开发、试验示范和市场推广，集成政府管理创新、企业技术和商业模式创新的综合优势，提升公共教育、医疗卫生、公共安全、就业和社会保障等社会领域创新能力，促进社会和谐发展。

参 考 文 献

[1] Furman J L, Porter M E, Stern S. The Determinants of National Innovative Capacity. Research Policy, 2002, 6: 899 ~ 933

[2] Freeman C. Technology Policy and Economic Performance: Lessons from Japan. London: Pinter Publishers, 1987

[3] 中国科学院创新发展研究中心 . 2009 中国创新发展报告 . 北京：科学出版社，2009

Some Considerations on National Innovation Capacity Building

Mu Rongping, Fan Yonggang

(Institute of Policy and Management, CAS)

Beginning with a critical analysis on the definition of Schumpeterian innovation, this paper redefines innovation from the perspective of value creation. Then it summarizes current innovation literatures from the dimensions of innovation elements, innovations actors, and innovation activities, and defines national innovation capacity (NIC) as the ability of a country to conduct scientific discovery, technological innovation and related commercialization and social diffusion activities with certain institutional environment and infrastructure effectively.

Then this paper analyses the situation of NIC building in China from both the international and domestic perspectives, puts forward that NIC building in China should stick to the mainline of "supporting the growth pattern transition", and follows the principle of "four integration", namely the integration of S&T&I and social and economic development, the integration of physical infrastructure construction and institution and cultural environment building, the integration of government and market mechanism, and the integration of international cooperation and indigenous innovation.

At the third part, this paper proposes 7 major priority areas of NIC building, namely the construction of infrastructures for S&T and innovation, industrial innovation capacity building, capacity building for economic and social innovation, regional innovation capacity building, innovative human resources as well as the institutions and the culture for innovation.

At last, this paper presents five recommendations to strengthen NIC building, including strengthening the legislation on innovation development, implementing and evaluating the NIC Building Plan during the 12th five-year plan, strengthening the management and evaluation of S&T infrastructure, and promoting business model innovation in industrial innovation capacity building and social innovation capacity building.

6.2 “十二五”时期培育发展战略性新兴产业的主要任务

王昌林　姜　江

（国家发展和改革委员会产业经济与技术经济研究所）

加快培育战略性新兴产业，是党中央、国务院敏锐洞察世界经济和科技发展趋势，着眼我国经济社会可持续发展所作出的重大决策。“十二五”时期是我国战略性新兴产业发展的关键时期和重要战略机遇期，要明确发展目标、重点方向与任务，努力实现跨越发展。

一、我国战略性新兴产业重点选择

选择我国战略性新兴产业重点的主要原则有以下三方面：

（1）符合世界产业发展新方向，体现世界知识经济、循环经济、绿色经济发展潮流；

（2）对我国经济社会全局和长远发展具有重大引领带动作用；

（3）我国具有较好的产业基础和比较优势，有可能形成竞争优势。

按照上述原则，当前和今后一段时期，我国应“重点围绕四个方面、发展七大产业”。

1. 以解决国民经济发展的资源、环境瓶颈制约为重点，优先发展节能环保、新能源和新能源汽车产业

能源与环境问题是制约我国中长期经济社会发展的重大瓶颈。目前，发展绿色经济、循环经济已成为世界经济发展的重要趋势，美国、日本等许多发达国家纷纷采取措施，大力发展节能环保、新能源和新能源汽车等产业。一些国家利用其自身在节能环保方面的优势制造绿色壁垒，并已着手研究征收“碳税”、“碳关税”。面对日趋激烈的国际竞争和我国工业化、城镇化过程中日趋严峻的资源环境压力，我国必须大力发展节能环保、新能源和新能源汽车产业。

2. 以加速国民经济社会信息化、促进信息化与工业化融合为重点，大力发展新一代信息技术产业

20 世纪 50 年代以来，信息技术革命深刻改变了人类生产方式和生活方式，信息产业已成为世界经济的主导产业，有力地促进了世界经济的增长。当前，世界信息技术又在孕育新的重大突破。继集成电路、个人计算机、手机等产业蓬勃发展之后，新一代宽带网络、移动互联等一批新兴产业正在迅速崛起，为我国做大做强电子信息产业提供了难得的机遇。经过多年的发展，我国已成为世界电子信息产业的重要生产基地，产业规模位居世界第二，但大而不强。我们要抓住世界信息产业新一轮发展机遇，加快发展下一代网络、物联网等新技术和新业态，促进我国信息产业由大到强的转变。

3. 以提高人民健康水平和促进现代农业发展为重点，加快发展生物产业

人口与健康问题、农业问题是我国全面建设小康社会、实现现代化面临的重大挑战之一。生物技术对解决人类社会发展面临的健康、食品、资源环境等问题具有重大作用。当前，世界范围内生物科技创新正在孕育重大突破，生物医药、生物农业等快速发展，正在引发医药、农业、化工等领域的深刻变革，为我国解决健康、食品、资源环境等问题提供新的手段。我国要抓住生物科技革命的机遇，大力培育

发展生物产业，为保障人民健康安全、粮食安全、促进现代农业发展提供有力支撑。

4. 以突破关键薄弱环节、促进产业结构转型升级为重点，积极发展高端装备制造和新材料产业

装备制造业是为国民经济各行业提供技术装备的战略性产业，是各行业产业升级、技术进步的重要保障和国家综合实力的集中体现。材料工业是国民经济的基础产业。当前，我国产业结构不合理，突出表现在大量高端装备、关键材料依赖进口，成为制约产业结构优化升级的瓶颈。要把握世界制造业变革突破和新材料快速发展的机遇，积极发展高端装备制造和新材料产业，促进我国装备工业做大做强和原材料工业升级。

二、“十二五”时期我国战略性新兴产业发展思路与目标

未来 5 ~ 10 年我国战略性新兴产业发展的总体思路是：把培育和发展战略性新兴产业放在推进产业结构升级和发展方式转变的突出位置。抓住世界新科技革命和产业革命的历史机遇，面向经济社会发展的重大需求，以体制创新和科技创新为动力，以企业为主体，按照创新驱动、重点突破、市场主导、引领发展的总体要求，着力营造有利于新技术产业化和新兴企业成长的发展环境，推动战略性新兴产业跨越发展，努力抢占未来经济科技竞争制高点。

（1）必须坚持创新驱动，把提升自主发展能力与参与国际分工合作结合起来。要强化创新，使科技进步成为推动战略性新兴产业发展的主要动力。既要大力推进自主创新，加强技术集成和联合攻关，掌握一批关键核心技术，造就高素质人才队伍，增强自主发展能力。同时，也要加强国际合作，充分利用全球创新资源，走国际化发展道路。

（2）必须坚持重点突破，把整体推进与实现重点方向的跨越发展结合起来。要有所为有所不为，既要对战略性新兴产业相关领域发展进行全面部署，促进协调发展。同时，也要选择最有基础、最有条件的重点方向作为切入点和突破口，集中优势资源重点推进。要优化空间布局，培育产业集群，促进优势区域率先发展。

（3）必须坚持市场主导，把充分发挥市场机制的基础性作用和充分发挥社会主义制度集中力量办大事的优越性结合起来。主要运用市场供求机制、价格机制等促进战略性新兴产业发展，充分调动市场主体的积极性。但对关系国家经济、社会、国防安全的战略性领域和战略性新兴产业的关键环节，要发挥强有力的宏观规划指导、政策激励引导及必要的组织协调作用，集中力量办大事。

（4）必须坚持引领发展，把促进可持续发展与支撑当前发展结合起来。要把握科技和产业发展新方向，着眼长远，对重大前沿性领域及早部署，积极培育先导产业，为实现可持续发展夯实基础。同时，也要立足当前，推进对缓解经济社会发展瓶颈制约具有重大作用的相关产业较快发展，带动传统产业转型升级，加快形成支柱产业。

到 2015 年，我国要努力实现以下目标。

（1）支撑引领作用增强。产值年均增长 20% 以上；增加值占国内生产总值（GDP）比重由 2009 年的 4% 提高到 2015 年的 8% 左右，对节能减排、促进就业的贡献大幅上升。

（2）产业结构明显优化。形成一批具有自主知识产权和知名品牌的高速成长企业，一批创新创业环境较好、产业链条较为完善、特色鲜明的战略性新兴产业集聚地。国际分工地位明显提高。

（3）创新能力大幅提升。建成一批具有世界先进水平的技术创新平台；突破并掌握产业发展的一批关键核心技术，在局部领域技术创新水平达到世界领先地位，科技成果转化率大幅提高；战略性新兴产业研究开发投入占销售收入的比重达到 5% 以上，主要领域国际专利数量跻身世界前列。

（4）发展环境显著改善。在制度建设、机制创新上有较大突破，形成有利于战略性新兴产业发展的标准、政策、法规和体制环境；基本建立有利于战略性新兴产业发展的市场准入、税收激励和投融资政策体系。

在此基础上，力争再通过 10 年左右的努力，使战略性新兴产业成为国民经济和社会发展的重要推动力量，增加值占 GDP 的比重达到 15% 左右，部分产业和关键技术跻身国际先进水平，使我国成为世界重要的战略性新兴产业科技创新中心和制造基地。

三、“十二五”时期我国战略性新兴产业发展重点与主要任务

实现我国战略性新兴产业发展目标，是一项长期的艰巨任务，要明确重点方向和阶段性目标任务，制定重点发展领域路线图。

（一）节能环保产业

节能环保产业是一个典型的政策引导型产业。“十一五”以来，我国政府大力推进节能减排，发展循环经济，加速两型社会建设，为节能环保产业发展创造了有利条件，节能环保产业发展加速，目前已粗具规模。但与发达国家相比，创新能力

不强、龙头企业缺乏、市场不规范、政策监管体制不健全、服务体系不完善等问题仍然比较突出。“十二五”期间，要以重点工程建设为依托，着力提高技术装备、产品、服务水平，增强节能环保产业竞争力，加快形成新兴支柱产业，为节能减排、发展绿色经济和循环经济提供支撑。到2015年，节能环保产业总产值将达4.2万亿元，形成一批拥有自主知识产权和自主品牌、具有核心竞争力的节能环保装备和产品，部分关键共性技术达到国际先进水平。

1. 高效节能

重点发展高效节能锅炉窑炉、电机及拖动设备、余热余压利用设备、节能监测技术和装备；大力发展节能建筑；推进高效节能家用和商用电器、照明器具、建材产品和低碳节能交通装备等的产业化和大规模应用；大力推广合同能源管理。

2. 先进环保

重点推动高性能、低成本的污水、固体废物、烟气处理技术和装备的大规模应用；推进持久性有机污染物替代产品、膜材料、高性能防渗材料、脱硝催化剂、固废处理固化剂和稳定剂等研发和产业化；大力推进环境服务业发展。

3. 资源循环利用

重点发展共伴生矿产资源、工业固体废物综合利用，汽车零部件及机电产品再制造，再生资源回收利用、餐厨废弃物、建筑废弃物、道路沥青和农林废弃物资源化利用，推动生产过程协同资源化处理废弃物。

（二）新一代信息技术产业

当前，以云计算、物联网、高性能集成电路、新型显示等为代表的新一代信息技术快速发展，推进全球电子信息产业进入升级换代阶段。目前，我国成为电子信息产业大国，但关键核心技术不掌握，大而不强。“十二五”期间，要把握新一代信息技术、新业态快速发展的机遇，加快建设宽带、融合、安全、泛在下一代信息网络，突破超高速光纤与无线通信、云计算、智能传感、先进半导体和新型显示等新一代信息技术，推进信息技术创新、新兴应用拓展和网络建设的互动结合，创新产业组织模式，提高新型装备保障水平，培育新兴服务业态，增强国际竞争能力，带动我国信息产业实现由大到强的转变。到2015年，新一代信息技术产业销售收入年均增长25%以上。

1. 下一代信息网络

加快统筹构建下一代信息网络基础设施，全面掌握下一代信息网络关键核心技术，及时推动下一代信息网络向农村和偏远地区的延伸覆盖，强化网络与信息安全能力和应急通信能力建设。

2. 电子信息核心基础产业

大力组织实施核心电子器件、高端通用芯片及基础软件产品等科技重大专项，提升高性能集成电路技术水平，发展大尺寸薄膜晶体管液晶显示器（TFT-LCD）、等离子显示（PDP）面板产业，大力推进有机发光二极管（OLED）、3D 等新一代显示技术研发。

3. 新兴信息服务

把握新一代信息技术开发应用和下一代信息网络发展演进的契机，加强自主创新，推进网络信息服务体系变革转型，积极培育基于下一代信息网络的新兴服务业态，加强核心基础软件开发。

（三）生物产业

生物产业对解决人类社会发展面临的食品、健康、资源与环境等问题具有重大作用。当前，世界生物技术发展进入大规模产业化阶段，正在引发医学、医药、农业、工业等领域的深刻变革。“十一五”以来，我国生物医药产业加速发展，生物农业、生物制造产业化取得重要突破，生物产业规模迅速扩大，存在的主要问题是创新能力不足。“十二五”时期是我国生物产业加快发展、迎头赶上的关键时期和重要战略机遇期，要面向健康、农业、资源环境等经济社会发展重大需求，着力提升生物医药创新能力，大力发展生物农业，积极培育壮大生物制造，构建现代生物产业体系。到 2015 年，生物产业规模力争达到 4 万亿元左右，自主创新能力显著增强。

1. 生物医药

以提升生物医药自主创新能力为主线，大力推进新药大品种开发，加强产学研创新联盟建设，构建以企业为主体的创新体系；积极发展生物技术药物、疫苗和诊断试剂，提高化学新药发展水平，大力发展现代中药；推进企业兼并重组，加速国际化发展步伐，促进我国医药产业突破与质变。

2. 生物医学工程

提高中低端医疗器械市场占有率。突破高性能大型诊断设备、生物医用材料等核心部件和关键技术，大力推进彩色 B 超、高场强核磁共振（MRI）、高通量免疫分析仪器等高性能医疗设备、人工器官和组织工程产品、介入治疗产品、高端康复和监护设备实现规模化生产。支持家庭及康复类器械开发。加大公共卫生与应急求援设备研发力度。

3. 生物农业

围绕促进现代农业发展和保障粮食安全，加快动植物新品种开发，完善产业链，着力提升种业竞争力。积极推广生物农药、生物肥料等绿色农用投入品，支持兽用疫苗等发展，使生物农业整体创新能力跻身世界先进水平。

4. 生物制造

围绕替代石油化工原料、化学工艺和大宗发酵产业升级，加快培育壮大生物化工醇、二元酸等大宗生物基化工原料产业，积极发展生物塑料、生物纤维等新材料产业。提升抗生素、维生素、有机酸、氨基酸、酶制剂等大宗发酵产品的技术水平，推动生物技术在造纸、纺织、制革、采矿等领域的应用。

（四）高端装备制造产业

高端装备制造业是资金、技术密集的产业，是产业竞争的制高点，是体现一个国家综合实力的重要标志。当前，我国装备制造业已经形成门类齐全、具备相当规模的产业体系，为高端装备产业的发展奠定了坚实的基础。“十二五”期间，要面向产业转型升级和战略性新兴产业发展的迫切需求，大力发展智能制造和绿色制造，做大做强航空装备和卫星及应用产业，提升轨道交通装备水平，加快发展海洋工程装备，把高端装备制造业培育成为国民经济的支柱产业，促进我国装备制造业由大到强的转变。

1. 航空装备

坚持军民结合，统筹航空技术研发、产业化、市场开发与服务发展，加快大飞机研制，推进支线飞机产业化。大力发展通用飞机，构建通用航空产业体系。开展航空发动机的研制生产。支持航空设备、航空维修和服务以及转包生产发展。

2. 卫星及应用

坚持军民结合，加强航天运输系统、应用卫星系统和卫星地面与应用系统建设，推进临近空间资源开发，提高卫星制造能力，推进卫星在国土、农业、水利、环保、通信、广播等行业部门以及区域发展中的应用，构建卫星制造、发射服务、地面设备和制造、地面应用产业链，建立我国空间基础设施基本框架。

3. 轨道交通装备

依托国家高速重载铁路建设和城市轨道交通工程建设，大力发展“高速、重载、节能、环保、安全”的先进高速列车和轨道交通装备及其运输系统，建立健全研发、试验验证、标准体系，大力开拓国际市场，使我国轨道交通装备进入世界领先水平。

4. 海洋工程装备

围绕提高海洋监测和海洋资源开发能力，积极发展调查与勘测装备、钻探与开发装备、储存与运输装备、海上工程作业装备与大型浮式结构物和关键系统及配套设备，着力提高设计能力、制造和配套能力以及建造能力，建设海洋工程装备强国。

5. 智能制造装备

结合重大工程实施，加强技术攻关，完善首台套政策，着力提升装备设计、制造和集成能力。重点发展高档数控机床与基础制造装备、自动化成套生产线、智能控制系统、精密和智能仪器仪表与试验设备、关键基础零部件、元器件及通用部件。基本实现高档数控机床、工作母机、重大成套技术装备、关键材料与关键零部件的自主设计制造。

（五）新能源产业

新能源技术发展和产业化是解决能源危机、优化能源结构的重要途径。近年来，我国在新能源产业发展的诸多领域已经形成了国际竞争优势，但是新能源总体开发利用规模对改善能源结构的贡献还比较弱，作为一个新兴产业，还普遍存在着开发利用成本高、技术创新能力不强、产业体系薄弱等问题。“十二五”期间，要加快发展核电、风电、生物质发电、太阳能热利用、沼气等技术成熟、市场竞争力强的新能源，积极推进技术基本成熟、开发潜力大的太阳能发电、生物燃料等可再生能源技术的产业化，建立健全新能源技术创新体系，完善产业链。力争到 2015 年，非化石能源在能源消费中的比例提高到13%。

1. 新一代核电技术

加快三代核电技术的消化吸收和再创新，实现核电发展自主化，抓紧研究快堆等核电新技术，适时开展示范工程建设。加快第四代核反应堆的研发。

2. 风能产业

建设“三北地区”（东北、西北和华北北部）和沿海地区的八大千万千瓦级风电基地。在内陆地区山地、河谷、湖泊等风能资源相对丰富地区，因地制宜进行适度规模的风电开发。开展海上风电示范项目建设。加强风电装备技术研究开发，突破轴承、变流器和控制系统制造技术、并网和远距离输电技术。

3. 太阳能产业

启动多元化的太阳能发电市场，提高太阳能电池转化效率，降低成本，加速光伏发电发展；大规模推广太阳能热水器应用，开展太阳能海水淡化和其他太阳能工业应用项目示范；建设太阳能城市，全面开展太阳能示范应用。力争通过5～10年的努力，使我国在太阳能领域成为世界领先国家。

4. 生物质能

开展重点地区资源详查评价。鼓励利用边际性土地种植能源作物。推进兆瓦级生物质燃气内燃发电机组、大型沼气厌氧发酵成套设备、高温高压生物质直燃发电锅炉、大型生物质气化与净化成套设备、生物质成型燃料加工设备及使用设备等产业化。加强下一代生物燃料技术开发，推进纤维素制乙醇、微藻生物柴油产业化示范。

（六）新材料产业

新材料产业是国民经济各行业特别是战略性新兴产业发展的重要基础，也是长期以来制约我国制造业发展的瓶颈。近年来，我国新材料产业规模不断扩大，超硬材料、人工晶体、超大规模集成电路关键材料等生产技术已达到或接近国际先进水平。但是，核心技术和关键装备受制于人、企业创新能力弱、产业小散乱局面没有得到改善等问题仍没有得到解决。“十二五”期间，要紧紧围绕战略性新兴产业、国家重大建设工程和传统产业结构调整升级需求，大力发展新型功能材料、先进结构材料、高性能纤维及其复合材料，加强纳米、超导、智能等前沿新材料研究。

1. 新型功能材料

以信息电子材料、储能材料、医用材料为重点，推进高纯硅材料、新型半导体用材、金属靶材等金属功能材料的产业化，促进电池正极材料、新型储能材料、薄膜电池材料等的规模化发展，积极开发新型陶瓷绝缘材料、基板材料、封装材料、电容材料、压电材料、衬底材料等无机非金属功能材料；提供特种橡胶、高性能膜材料、低辐射镀膜玻璃、导电玻璃、光纤预制棒、高端石墨材料等产业化水平。

2. 先进结构材料

加快发展高性能铝合金、镁合金、钛合金、高温合金材料及大规格中空型材、管材、特种铸锻件等，满足我国大型飞机、汽车、动车组等高端运输装备制造对高强度、轻量化新材料的需求。发展高性能和专用特种优质钢材、耐热耐磨轻质高强工程塑料等高分子结构材料、高端通用树脂，满足我国高速与重载铁路、海洋资源开发平台建设等重大工程需求。

3. 高性能复合材料

以树脂基和碳碳陶瓷基、金属基复合材料为主导，加快推进高性能复合材料低成本化、高端品种产业化和应用技术装备自主化，加快推广高性能复合材料在航空航天、风电设备、汽车制造、轨道交通等领域应用技术及其装备的开发。

（七）新能源汽车产业

新能源汽车产业是全球汽车行业升级转型的重要方向。近年来，我国新能源汽车产业“三纵三横”发展路线的部署和实施，为产业持续快速发展奠定了良好的基础，自主创新取得重要进展，关键零部件配套体系基本形成，产业链条布局逐步完善，产业化进程有序推进。但总体上看，目前产业仍处于发展初期，产品价格偏高、性能不稳定、市场配套设施不完善等问题仍然是制约产业化的主要瓶颈。“十二五”期间，要以插电式混合动力、纯电驱动为技术发展主导方向，重点突破动力电池、电机、电控等关键零部件核心技术，研究开发电动汽车专用平台，大幅度提高动力电池性能，降低成本；重点建设国家级新能源汽车及零部件研究试验基地，构建产业技术创新联盟，推进相关基础设施建设，初步形成较为完善的产业化体系。同时，要开展燃料电池汽车相关前沿技术的研发，大力推进高能效、低排放节能汽车发展。

参 考 文 献

[1] 国家发展和改革委员会产业经济与技术经济研究所．中国产业发展报告（2010 年）．北京：经济管理出版社．2010

[2] 国家发展和改革委员会产业经济与技术经济研究所．“十二五”时期培育发展战略性新兴产业的对策研究．北京：经济管理出版社，2011

Tasks on Accelerating the Development of the Strategic Emerging Industries During the Period of the Twelfth Five-Year Plan

Wang Changlin, Jiang Jiang

(Institute of Industrial Economy and Technological Economy, National Development and Reform Commission)

The choice of appropriate industries is the key to the development of the strategic emerging industries during the period of the twelfth Five-year plan in China. According to principles of solving the problems concerning resource and environment, accelerating the informationizing process, improving the people's healthy level, transforming and upgrading industrial structure, it is important to confirm the following industries are the appropriate strategic emerging industries for China during the next five years: energy saving and environmental protection industry, new generation of information technology industry, biotechnology industry, advanced equipment manufacturing industry, new energy industry, new materials industry and new energy motor industry, etc.

6.3 依靠科技创新 推动工业转型升级

毕开春
（工业和信息化部电子科技情报研究所）

一、"十一五"工业转型升级取得的重大成就

"十一五"时期，我国工业经受住了国际金融危机、汶川地震等一系列严峻考验，成为国民经济企稳回升的主要推动力量。在全面应对国际金融危机和全力"保增长"过程中，通过实施重点产业振兴规划和技术改造等措施，我国工业整体素质明显提高，转型升级取得了阶段性成果。

1. 产业结构不断优化升级

产业升级是"十一五"期间我国工业的重要任务，取得了较大的成就。2010年，高技术产业实现工业总产值 76 156 亿元，是"十一五"期初的 2.2 倍。2010年，我国装备制造业增加值占规模以上工业增加值的 29.6%，总量规模上升到世界第二位。从出口来看，2010 年，我国机电产品、高技术产品出口占总出口的比重分别由"十一五"初期的 56.0% 和 28.6% 提高到 59.2% 和 31.2%。汽车、船舶、飞机等技术含量和附加值较高的产品成为新的出口增长主体，电力、通信、铁路等大型成套设备竞争优势日益明显，对机电产品出口增长的贡献超过 30%（图 1）。

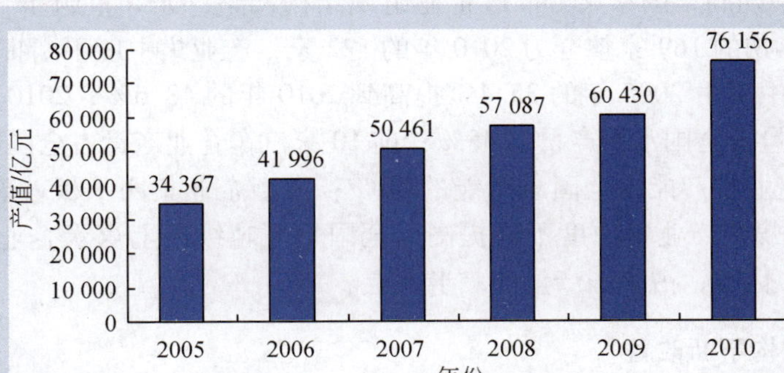

图 1 2005～2010 年我国高新技术产业产值情况

2. 技术创新取得可喜成果

目前，我国机械工业主要产品中约有40%的产品质量接近或达到国际先进水平。“十一五”期间，我国涌现出一大批有着深远影响的重大科技成果。载人航天、探月工程、新支线飞机、大型液化天然气船、高速轨道交通、TD-SCDMA、高性能计算机等领域取得一批重大自主创新成果。这些成果带动重大技术装备自主化水平显著提高：特高压输变电设备、百万吨乙烯成套装备等重大技术装备实现自主制造，大型露天矿及大型施工机械基本实现自主化；宝钢、武钢自主研发的高磁感取向硅钢已基本替代进口，部分领域装备产品技术水平已跃居世界前列；采用国产化新型膜极距离子膜法替代原隔膜法烧碱工艺，有力促进了氯碱行业节能减排和技术升级。

3. 节能减排、淘汰落后产能成效显著

节能减排和淘汰落后产能是工业转型升级的两大重要抓手。在节能减排方面，“十一五”期间，我国吨水泥综合能耗下降28.6%，原油加工单位综合能耗下降28.4%，吨钢综合能耗下降12.1%，单位电解铝综合能耗下降12.0%。污染物排放总量逐步得到控制，2010年全国化学需氧量排放量比2005年下降12%左右，二氧化硫排放量下降14%左右。在淘汰落后产能方面，“十一五”期间全国共淘汰落后炼铁产能1.1亿吨，炼钢产能6800多万吨，水泥产能3.3亿吨，焦炭产能1亿吨，煤炭淘汰落后产能4.5亿吨/年。

4. 企业兼并重组步伐加快

“十一五”期间，国家大力推进企业组织结构调整，兼并重组步伐加快，中央企业由2006年初的169家整合为2010年的122家，产业集中度不断提高。前10家钢铁企业的集中度由2005年的35.4%提高到2010年的48.6%；2010年前20家水泥企业集团产量占全国水泥产量的45%；前10家汽车企业产量占全国产量的86%；前35家化纤企业年产能占全国总产能的50%；大型企业集团平板玻璃产量占全国总量的73%；煤炭产业集中度不断提高，全国千万吨级以上煤炭企业集团达到50家，产量17.3亿吨，占全国产量的一半以上。

5. 区域结构不断改善

“十一五”期间，国家相继出台多项支持中西部发展的政策，中西部及东北地区工业后劲勃发。2010年，中部地区规模以上工业增加值增长13.6%，西部地区增长14.5%，改变了长期以来我国工业增长“东高、中中、西低”的区域格局。中部

和西部地区工业增加值所占比重分别为21.9%和15%，比2005年上升了3.1个和2.7个百分点；东部地区所占比重为63.1%，下降了5.8个百分点（表1）。

表1 2001～2010年东、中、西部工业增速对比 （单位:%）

年份	东部工业增加值增速	中部工业增加值增速	西部工业增加值增速
2001年	0.36	0.54	-0.33
2002年	1.63	-0.52	0.23
2003年	7.69	4.77	4.60
2004年	11.20	11.45	12.58
2005年	9.14	13.14	8.12
2006年	5.15	7.50	11.22
2007年	3.16	7.81	6.45
2008年	7.30	14.65	14.15
2009年	-4.26	-0.77	0.88
2010年	5.81	13.60	14.51

总之，经过五年的不平凡发展，我国已经跻身世界工业大国行列，规模从“十一五”初期的世界排名第四跃升至第二。同时，工业也逐步开始从总量型向效益型转变，为“十二五”乃至更长时期转型升级的深化发展奠定了良好基础。

二、“十二五”工业转型升级面临的主要形势

展望未来五年，我国总体上仍处于可以大有作为的重要战略机遇期，经济社会发展长期向好的基本态势没有发生根本改变，但我国工业发展面临的形势十分复杂，机遇与挑战并存，现实矛盾与长期问题交织，国内因素和国际因素相互影响。

从国际来看，一是正在孕育新的科技革命。当前，以生物、新材料、新能源、航天技术为代表的新一轮科技革命正在不断酝酿中，世界科技处于新旧革命的交替期。美国、德国、日本等发达国家纷纷加紧制定和实施节能环保、新能源等科技领域的发展战略，力图占据新兴产业的制高点。我国如能及时进行战略部署，就有可能在新一轮国际产业竞争中赢得优势。二是世界经济正在缓慢复苏，但不稳定性和不确定性也在加大。当前，发达经济体和新兴经济体经济增速都出现回落，对世界

工业发展将产生较大影响，一方面对我国工业转型升级形成“倒逼机制”，但另一方面也为我国拓展外部发展空间提供了新的机遇。三是发达国家和跨国公司仍然主导国际产业价值链的利益分配。跨国公司凭借资本实力和技术优势，牢牢掌控着产业价值链的高端环节，发展中国家往往被锁定在低端环节。但与此同时，全球化、信息化条件下的国际竞争新格局，也为我国利用全球创新和要素资源，加快培育国际竞争新优势创造了条件。

从国内来看，我国工业发展面临的环境主要体现在两方面。一方面是城镇化、信息化、市场化和国际化加速发展为工业提供了广阔的发展空间。“十二五”期间，我国城镇化率将超过50%，内需主导、消费驱动的政策取向将为我国工业持续发展提供有力支撑。信息化与工业化日益深度融合，市场配置资源的深度和广度不断拓展，对外经济技术交流合作日益扩大，这都为我国工业的发展提供了强有力的支撑。另一方面，能源资源约束强化对工业发展带来严峻挑战。近年来，我国节能减排力度不断加大，但工业粗放式发展、能源资源消耗过大、环境污染严重等状况没有得到根本改变。在“十二五”期间甚至更长时期内，我国能源资源不足与经济发展的矛盾将会更加突出，对工业的长期稳定发展形成明显约束。

总体上看，我国工业发展环境正在发生深刻变化，过度依赖能源资源消耗和低成本要素投入、过度依赖投资拉动和产能扩张的状况已难以持续，必须坚定不移地推进发展方式转变，加快转型升级势在必行、刻不容缓。

三、“十二五”工业转型升级的主要任务

“十二五”期间，中国工业发展要以质量和效益为中心，由主要依赖传统生产要素向更多依靠科技进步、劳动者素质提高和管理创新转变，促进工业结构的整体优化提升。工业转型升级的重点任务有以下六个方面。

1. 加快提升自主创新能力

围绕有战略意义的关键产业、关键工艺、关键产品实施创新，在重大关键技术、战略性技术、前沿技术、下一代技术的原始创新和集成创新，以及产业共性高端技术供给方面实现重大突破。运用各种手段增强优势工业企业的原始创新能力、集成创新能力、全球创新资源整合能力，提升产业高端共性技术自主供给能力和国家创新能力。力争“十二五”时期，技术进步对工业增长的贡献率明显提高，重大技术装备和关键材料、零部件、元器件保障水平进一步提升。

2. 培育发展战略性新兴产业

“十二五”期间，围绕节能环保、新一代信息技术、生物等战略性新兴产业，加快突破一批关键核心技术，形成一批自主知识产权，促进重大技术成果的工程化和产业化。加强物联网、新能源汽车、三网融合、云计算等标准总体架构研究和重要标准制订，加强规划、政策、标准的协调配合，形成推动新兴产业发展的合力。政府应加强对地方战略性新兴产业发展的规划和政策引导，指导各地根据本地科技和产业基础，发展一批各具优势的战略性新兴产业示范基地，避免重复建设、一哄而上。

3. 推进信息化和工业化深度融合

大力发展“两化”融合的支撑技术和产品，提升工业产品和装备的智能化水平。紧紧围绕开发品种、提升质量、节能降耗、清洁生产、安全生产等重点，通过不断推广和采用新技术、新工艺、新流程、新装备、新材料，对现有企业生产设施、装备、生产工艺条件进行改造。以重点行业、重大项目、重大工程为切入点，推进信息化从单项业务应用向多业务综合集成转变，从企业信息应用向业务流程优化再造转变，从单一企业应用向产业链上下游协同应用转变。

4. 促进节约清洁安全发展

大力发展节能环保产业，加强工业固体废物资源综合利用和循环经济发展，大力推进工业节约用水。加快淘汰落后产能，积极探索推进节能降耗、减排治污的新机制新模式。开发应用源头减量、循环利用、再制造、零排放和产业链接技术，推进循环经济典型模式。力争到 2015 年，单位工业增加值能耗和二氧化碳排放量比“十一五”末均降低 16% 左右，单位工业增加值用水量降低 25% 左右，工业固体废物综合利用率提高到 76% 左右。

5. 着力优化产业组织结构

一方面，推动优势企业强强联合、跨地区兼并重组、境外并购和投资合作，在汽车、钢铁、水泥、船舶、机械、电子信息等重点行业培育一批核心竞争力强、具有国际竞争力的大型企业集团。另一方面，支持中小企业采用先进技术、工艺和设备，走“专、精、特、新”发展道路，充实和完善面向中小企业的公共服务平台。鼓励中小企业融资性担保机构发展，健全多层次中小企业信用担保体系，多途径、多渠道缓解中小企业担保难、融资难问题。

6. 促进生产性服务业加快发展，提升对工业转型升级的服务支撑能力

一方面，大力发展面向工业生产的现代服务业。着力培育发展工业设计及研发服务、现代物流服务及电子商务、信息服务及外包、节能环保和安全生产服务等生产性服务业。另一方面，大力推进制造业服务化。“十二五”期间，应支持大型装备企业开展总集成总承包服务，引导制造企业围绕产品功能拓展，发展故障诊断、远程咨询、专业维修、在线商店、位置服务等新型服务形态，发展社会化专业服务，提高专业服务在产品价值中的比重。

四、“十二五”推进工业转型升级的政策取向

未来五年是工业转型升级的攻坚期，制定和实施符合工业转型发展趋势的政策是确保这一战略任务的重要手段。围绕转型升级的具体战略任务，建议从以下六方面加强政策引导。

1. 实施促进科技创新的政策

“十一五”期间，为应对金融危机，我国主要采取了实施产业振兴规划和技术改造等措施，使得产业的技术水平和核心竞争力得到了一定程度的提升。从“十二五”和更长期来看，工业要形成创新驱动、内生增长的发展机制，必须依靠科技创新。因此，从“十二五”时期开始，鼓励科技创新将是一个非常明确的政策取向。

2. 实施改造和提升传统产业的政策

传统产业是我国国民经济和工业赖以发展的重要基础，在今后相当长的时期仍是我国工业的主体。当前，我国传统产业总体技术水平不高、面临的节能环保压力较大，因此，改造和提升传统产业仍是我国工业转型升级的重要内容。“十二五”期间，国家应制定政策鼓励企业积极应用信息技术和先进适用技术，改造和提升传统产业。

3. 实施促进绿色低碳发展的政策

绿色低碳是经济和社会发展的大趋势，我国要缓解资源环境压力，在很大程度要依靠节能减排等措施。“十二五”期间，我国应继续出台鼓励节能减排的政策措施，积极探索合同能源管理、节能自愿协议、碳交易、排污权交易等节能新机制和新模式；进一步健全相关的法律法规及政策体系，形成有利于产业转型升级的体制

机制。

4. 实施保障和促进中小企业发展的政策

中小企业占工业企业的绝大部分，是工业发展活力不断增强的重要力量。面对近年来中小企业发展环境不佳的总体境况，“十二五”期间，我国应继续落实支持中小企业发展的金融、财税等政策，进一步加强对中小企业发展的政策支持，如引导民间投资进入公共事业领域，支持中小企业技术创新，采用新技术、新材料、新工艺等。

5. 实施鼓励新兴产业发展的政策

新兴产业代表了产业未来发展方向。“十二五”时期，面对国际新兴产业竞争加剧的态势，我国应出台相关政策措施，通过资金支持、财税政策等手段，一方面鼓励战略性新兴产业的发展，另一方面加大对生产性服务业的支持力度，引导制造业服务化发展。

6. 实施重点领域的体制改革

工业转型升级需要多方面政策措施和体制改革形成合力。“十二五”期间，我国应围绕转型升级进行财税制度、金融体制、垄断行业、资源价格形成机制等领域的体制改革。例如，破除垄断，鼓励和支持民间资本进入基础设施、公共事业、金融服务和社会事业等领域；又如在资源价格形成机制改革方面，应逐步提高要素价格的市场化水平，建立资源开发补偿机制等。

总之，只要我们始终坚持科学发展观，大力推进自主创新和技术改造、节能降耗，抑制部分行业产能过剩，形成以科技创新为核心的政策体系，我国工业在“十二五”时期就一定会有更大的发展，并在转变发展方式、调整结构方面取得更大的进展。

Promote the Transformation and Upgrade of Industry Relying on S&T Innovation

Bi Kaichun

(Electronic Technology Information Research Institute, MIIT)

The transformation and upgrade is the core task of industry development in the coming five years in

China. This paper gives a comprehensive overview on the achievements of the transformation and upgrade of the past five years, and lookouts the situations that we will face in the next five years. Furthermore, we systematically analyze the main tasks during the 12th Five-Year, and firmly convinced that science and technology innovation is the key factor in the transformation and upgrade of industry. Based on this, we also discuss the policy orientation of the 12th Five-Year period.

6.4 国家信息化发展的形势和任务

周宏仁
(国家信息化专家咨询委员会)

“十一五”期间，我国信息基础设施水平取得长足进步，信息化与工业化融合取得显著成效，信息化对推动经济社会发展发挥了不可替代的作用。但与主要发达国家相比，我国信息化发展水平还存在较大差距。“十二五”规划将“全面提高信息化水平”作为“十二五”时期的主要任务之一，未来 5～10 年，我国信息化建设的重点将围绕这一战略目标而展开。

一、发展形势

过去 10 年，我国的信息化飞速发展，与信息化相关的主要指标均大幅增长。2000～2010 年，我国移动电话用户数由 8526 万个增加至 8.59 亿个，计算机拥有量由 2200 万台增加至 2.6 亿台，农村居民家庭电脑拥有量也增加了约 10 倍，计算机向农村普及的趋势十分明显。部分互联网相关指标增幅在 20 倍以上，如互联网网民数由 2250 万人增加至 4.57 亿人，互联网普及率上升至 34.3%；IPv4 地址数由 1100 万个增加至 2.78 亿个，成为全球第二大 IPv4 地址拥有国；域名数由 12.2 万个增加至 866 万个，10 年间增长了约 70 倍。2010 年年底，我国国际出口带宽达到 1099Gbps，比 2001 年年初增长了约 392 倍。自 2003 年起，我国的网页数量基本保持每年翻番的增长态势，2010 年网页数量达到 600 亿个。信息化的发展使现实生活不断向虚拟世界延伸，社交网站用户规模迅速增长，年均增长率超过 30%。网络游戏和视频服务规模年均增长率在 40% 左右，使用率则在 60% 以上。

信息化的飞速发展对国民经济和社会发展做出了难以估量的贡献[1]。通过大规模开发应用不同类型和规模的信息系统，金融、电信、民航等传统产业变身为真正的信息时代产业，信息和信息技术也正在成为制造业、政府公共服务、教育等领域发展的基本支柱。信息化的发展还催生了许多新兴产业，特别是与网络经济、电子商务和信息服务相关的现代服务业的蓬勃发展。可以说，信息化带来了一场人类发展历史上最为深刻的经济社会转型和产业结构变革。

然而，我国信息化发展也面临区域间发展不平衡等问题。对全国 31 个省、自治区和直辖市 2002～2009 年信息化水平的测度表明[2]，这期间我国信息化整体水平大幅提高，全国信息化水平指数从 0.6487 增长到 1.5458，年均增长率达到 13.21%，高于同期 GDP 年均增长率（10.99%）。与此同时，我国区域间的数字鸿沟指数则在 2002～2009 年大幅上升，由 0.21 增长到 0.57，年均增长率达到 15.05%。经济发达地区赶超国际先进水平的步伐很快，而一些经济欠发达地区的信息化水平提升速度则相对缓慢。

过去 10 年的发展经验表明，信息化仍然是 21 世纪主要的时代特征，仍然是全球范围内推动经济和社会变革的主要力量，仍然是国家竞争力的战略重点和制高点。世界各国，特别是发达国家，纷纷根据信息技术和信息革命发展的新趋势，不断调整国家信息化的方向、战略和政策。全球信息化正在向高端发展，其主要特征可以归纳为可视化、泛在化、智能化。世界各国都面临着持续提高信息化水平的问题。无论哪一个国家，如果沉溺于已经取得的信息化成就，不致力于提高信息化的水平，就很有可能在激烈的全球竞争中落败。

多项国际权威机构研究表明，当前我国的信息化发展情况不容乐观。在国际电信联盟（ITU）发布的信息通信技术发展指数（IDI）全球排名中，我国从 2002 年的第 90 位上升至 2007 年的第 73 位之后，近年来呈逐年下滑态势。2008 年位列第 79 位，2010 年则下降至第 80 位，居俄罗斯、巴西之后。在联合国经济与社会事务部发表的电子政务发展指数（EGDI）中，中国排名也呈先升后降的态势，由 2003 年的第 74 位上升到 2005 年的第 57 位，之后即呈下滑态势，2008 年为第 65 位，2010 年更是下降至第 72 位，也在巴西、俄罗斯之后。在世界经济论坛推出的网络化就绪指数（NRI）中，我国由 2007 年的第 57 位上升到 2011 年的第 36 位，但年度上升幅度则呈逐年递减趋势。

总的来看，我国在信息化的可接入性和可使用性方面是全球进步最快的国家之一，但信息化的应用水平仍远远落后于发达国家，发展速度也落后于许多国家[3]，全面提高信息化水平的任务紧迫而艰巨。

二、构建新一代信息基础设施

构建新一代信息基础设施是全面提高信息化水平最重要、最基本的任务，其重点是宽带化、移动化，以及 IPv6 的应用。

宽带化是信息化向高端发展的必要物质基础。目前，包括美国、韩国、德国、澳大利亚、芬兰、日本在内的许多发达国家，都将下行带宽 100Mbps、上行带宽 50 Mbps作为 2020 年宽带化目标。我国虽然已经建成了广泛采用 SDH 和 DWDM 等先进技术、覆盖全国的全球最大的传输网络，但互联网络平均连接速度仅为 100. 9Kbps，与上述目标相去甚远，远远不能满足用户需求。本文认为，“十二五”时期末城市下行带宽达到 20Mbps、农村地区下行带宽达到 4Mbps 是较为合理的发展目标，而北京、上海、深圳等经济发达地区，则有可能实现下行带宽 100Mbps、上行带宽 50Mbps 的宽带化发展目标。

移动化（无线化）是信息技术发展的重要方向。因为没有移动化就没有泛在化，移动宽带、移动互联网也因而成为移动化发展的重要问题。2008 年，全球手机接入互联网数量首次超过台式机接入数量，成为固定互联网向移动互联网发展的里程碑。2010 年，全球手机的数据通信量首次超过语言通信量，凸显了移动互联网在人们工作、学习和生活中越来越重要的地位。2010 年年底，我国手机网民达 3. 03 亿人，但尚未超过以台式机接入互联网的人数[4]。

移动终端的普及方面，我国仍较为落后。2010 年年底，全球移动用户总数超过 50 亿个，许多国家移动终端普及率超过 100%。其中，移动宽带用户超过 5 亿个。2011 年 3 月，我国移动终端用户超过 8. 75 亿个，普及率为 64. 4%，低于印度的 68. 0%，也远低于俄罗斯的 151. 9%、巴西的 110. 4% 和南非的 82. 9%。因此，中国移动终端和移动化的发展还有巨大空间。

加快推进下一代互联网（包括 IPv6）的研究和商用部署。包括物联网在内的各种网络应用的快速发展，将大大增加对互联网地址的需求。2010 年 12 月，中国 IPv4 地址数量达到 2. 78 亿个，成为仅次于美国的全球第二大 IPv4 地址拥有国。2011 年 2 月，IPv4 地址最终分发完毕，由 IPv4 向 IPv6 的全面转换已经现实而紧迫地被提上日程。谷歌在 2008 年 11 月发表的一项研究报告[5]中指出，IPv6 使用率最高的国家是俄罗斯（0. 76%），其次为法国（0. 65%）、乌克兰（0. 64%）、挪威（0. 49%）和美国（0. 45%），我国的使用率仅为 0. 24%，并未走在前列。此外，作为全球网民最多的国家，截至 2010 年，我国分配到的 IPv6 地址数仅 63 块（每块为 2 的 96 次方），排名全球第 18 位，尚不及巴西（6. 5 万块）的 1/1000，美国（1. 5

万块）的1/238，德国（9800多块）的1/155，日本（8300多块）的1/131。因此，加快推进下一代互联网的研究和商用部署任重而道远。

三、经济领域信息化

传统工业的转型升级，不仅是中国现代化进程中遇到的最为关键、最为困难的问题，也是一个受到广泛关注的全球性问题。近年来，许多发达国家（如美国）都提出了再工业化（reindustrialization）问题，目的是组织国家资源，改造提升过时产业，变衰退的或高污染的产业为新兴产业或绿色产业。当前我国正在大力推进的信息化与工业化的融合，实际上也是一个再工业化的进程。我国经济的转型升级，经济发展方式的转变，国家核心竞争力的提升，都有赖于各工业部门的信息化改造，有赖于信息化与工业化的深度融合。

根据IHS Global Insight公司发表的报告[6]，2010年我国制造业产值为1.955万亿美元，在全球制造业总产值中所占的比重为19.8%，同年美国制造业产值为1.952万亿美元，在全球制造业总产值中所占的比重为19.4%。就制造业产值而言，我国已经超越美国成为全球制造业第一大国。但报告同时也指出，从制造业人均产值衡量，我国仅为美国的约1/8。美国1150万名制造业工人创造的价值与中国1亿名制造业工人创造的价值相当，这表明我国的劳动生产率依然处于较低的水平。当然，从历史纵向比较的角度看，我国推进两化融合还是取得了很大的成就。2004年国家信息化专家咨询委员会进行的一项研究表明，21世纪初我国第二产业的全员劳动生产率大约只相当于美国的约1/30。

本文认为，未来5~10年，我国的两化深度融合必须以“重点行业、关键装备、核心技术”为引领，突出战略重点，力争在赶超世界先进制造业水平方面有所突破，实现制造业由大到强的转变。换言之，要从制造业中选出那些能够显著提升国家软、硬实力，加快提升国家比较优势，迅速强化国家竞争力的产业作为推进两化深度融合的战略重点，动员全社会力量使其尽快实现转型升级，进而带动其他行业两化融合水平的提升。

三农问题仍然是我国信息化推进的战略重点之一，是全面提高信息化水平的另一个重要而紧迫的任务。过去10年，农业、农村信息化发展对改变农村面貌发挥了重要作用，取得了许多值得总结和推广的经验。“十二五”期间，面对新的发展形势和要求，推进农业、农村、农民信息化的发展需要有新的思路，提升到一个新的高度。在“面”上继续普及推广农村信息技术应用，利用农业、农村信息化的推进帮助农民增产增收，利用电子商务扩大销路的同时，更需要将重点转向利用信息化促进农业生产方式转变，加快农村经济社会转型和城镇化发展。具体包括促进农村生产合作组织和各种农民协会发展；引导家庭生产经营向集约化、订单化方向发展；培育发展专业化、市场化、信息化的农业社会化服务体系；在加强农村公共服务能力建设，改进教育培训、医疗卫生、公共文化服务等方面，也需要有新的突破。

四、社会领域信息化

过去 10 年间，我国信息化工作对经济领域关注较多、投入较大，而对于社会领域，特别是充分利用信息化提供的各种手段，协助解决与老百姓切身利益相关的就业、医疗、社保、教育、住房等民生问题，则显得力度不够。利用信息化手段解决和缓解这些问题和矛盾，不仅对维护社会稳定、促进社会和谐意义重大，而且可以刺激新兴的信息产业发展、创造就业岗位、产生巨大的经济效益。

“十二五”期间，应将发展以改善民生为重点的信息化公益性社会服务，提高社会管理和服务的能力和水平作为全面提高我国信息化水平的重要任务之一。针对社会发展、社会管理和民生领域的突出问题，全面推进社会信息化，特别是加强公共服务、社会保障、就业服务、医疗卫生、食品药品管理、全民教育等领域的信息化发展，从根本上改善我国社会建设和管理现状。加强社会领域信息化发展是“十二五”信息化规划区别于“十一五”信息化规划的重要特征之一，其中医疗和社会保障信息化的任务最为突出。

医疗信息化的最终目标是建设一个全国一体化的医疗管理信息系统，使患者可以在全国任何一个医院或诊所就诊、检查和治疗，而病历可以在全国范围内根据病患需要调用。过去 10 年，我国的医疗信息化有了很大发展，许多医院都建立了自己的管理信息系统，病历也在逐步实现数字化。但各地、各医院信息系统的标准、规范极不统一，医疗信息，特别是病历信息不能共享是建设一体化的全国医疗管理信息系统的巨大障碍。因此，尽快完成一体化的全国医疗管理信息系统总体设计方案，制定和完善各种医疗信息化标准和规范迫在眉睫。

在社会保障系统中，当前最为重要和紧迫的是建设一个有效的医疗保障系统，杜绝或减少冒名顶替、营私舞弊、浪费资源、欺保骗保等问题，最大限度地提高医疗资源使用效率，降低医疗成本。实际上，医疗和医保信息化的成功与否完全不是技术问题，而是取决于医疗体制改革的成功与否，即医疗和医保业务流程的改造是否成功。其中，核心之一是切断就诊、医检（化验、检验）和治疗（含药房）三个环节之间的利益关联或利益输送。解决的办法不是仰赖医生或医院的社会道德和责任，而是要从体制机制上予以制止。另一个核心问题是使病患、医生（医院）、医检、治疗四者通过医保部门形成一个完整的医疗保险体系，确立医保部门作为“裁判员”和“监管者”的地位和功能。

五、电子政务

自2002年7月《国家信息化领导小组关于我国电子政务建设指导意见》决定将电子政务建设作为一个时期我国信息化工作的重点以来，我国以政府核心业务为主线的电子政务系统建设取得了巨大成功，发挥了显著的经济和社会效益，涌现出一批具有国际先进水平的重大信息系统。在电子政务系统建设和运行过程中，中央和地方各级政府开发和积累了海量数字信息资源，对支持中央和地方政府各部门业务活动开展，协助其更好地履行管理职能，起到不可替代的作用。目前，这些信息资源的潜能还远远没有得到充分释放。进一步开发和利用这些信息资源，为各级领导机关和决策部门服务，显著地提高政府决策能力，是今后一段时期我国电子政务发展的重要方向之一。

过去10年，电子政务网络已经覆盖了全国所有的省（自治区、直辖市）、90%以上的地级市和80%以上的县，中央和省级政府网站普及率达到100%，地市级政府网站普及率达到99.1%，区县级超过85%。电子政务网络和政府门户网站的建设，为促进政府与群众互动、方便群众参与公共管理、发展社会主义民主政治创造了很好的条件，提供了新的手段和机会。网站论坛成为反映民意民智最集中最直接的渠道，而近年来快速发展的微博更进一步拓展了民众的表达方式。政府的政策出台之前可以广泛征求、准确把握民意，出台之后可以及时获得执行情况反馈，适时地进行再调整。这样，政府治国理政的过程就由一个开环的、政府下达指令的过程变为一个闭环的、民众不断反馈的过程，成为一个民众与政府的互动、民众参与治国理政的过程，成为发展社会主义民主政治的一个重要方面。

我国电子政务下一阶段的发展方向之一，就是要以促进政府与民众的互动、方便居民参与公共管理、发展社会主义民主政治为己任，不断探索和形成适合我国国情、公民积极表达和参与、政府重视和吸纳民意的规范化、制度化的体制机制。

六、推动信息化向高端发展

推动我国信息化向高端发展，对于赶上全球信息化发展浪潮，全面提升信息化水平具有重要意义。“十二五”期间，我国需要大力发展传感网、物联网、云计算、智慧地球、泛在计算等信息化高端应用技术，在智能电网、智能交通、气象预报、地震监测、国土资源、水资源、环境监测、地理信息、现代物流等领域，充分开发利用各类信息资源，为提高国民经济和社会发展的智能化水平服务。

信息化向高端发展必须与行业科技进步互为促进。当前，无论哪一个行业的信息化向高端发展，都离不开对该行业科学技术前沿的掌握，并与我国该行业的科学技术发展水平密切相关。因此，只有将行业前沿科学技术成果信息化，才有可能促进行业信息化向高端发展。很多信息化的高端应用实质上就是行业科学技术前沿成果的信息化表现。这种信息化的表现又可以作为工具，反过来促进行业的科学技术水平的提升和发展。因此，提高科学技术水平与促进两化深度融合、提高创新能力等，最后殊途同归，互为依存。

事实上，为了加快经济发展方式的转变，加快中国经济社会发展和中国现代化进程，中国的各行各业都需要有一个新的思路，认真研究自身全面提高信息化水平的方方面面，在“十二五”期间将各行各业的信息化提升到一个新的高度。

参 考 文 献

[1] 周宏仁. 全面提高信息化水平，中国信息化蓝皮书. 北京：社会科学文献出版社，2011

[2] 张彬，李潇. 中国信息化发展的区域比较研究，中国信息化蓝皮书. 北京：社会科学文献出版社，2011

[3] 工业和信息化部电子科学技术情报研究所. 我国国际信息化发展测评指数排名变化的原因分析. 国家信息化专家咨询委员会研究报告. 2011

[4] 周宏仁. 中国信息化蓝皮书. 北京：社会科学文献出版社，2011

[5] Lorenzo Colitti. Global IPv6 Statistics：Measuring the current state of IPv6 for ordinary users. RIPE 57. 2008

[6] IHS. IHS Global Insight：Country & Industry Forecasting. [2011] http：//www. ihs. com/products/global-insight/country-analysis [2012-02-09]

Situation and Tasks of China's Informatization Development

Zhou Hongren
(The Advisory Committee for State Informatization)

China's informatization has experienced a rapid development over the last ten years. The progresses made in various areas are briefed and the major issues to be concerned within the next 5 to 10 years are presented. It is expected that China's informatization will be further advanced within the period of the 12th

Five-Year Plan. In order to rise the overall level of China's informatization, the primary tasks in various fields are introduced and discussed, including information infrastructure, economic and social domains, e-government, as well as the development towards the high-end applications of information technology.

6.5 关于我国社会服务创新能力建设的若干问题思考

穆荣平 康小明 樊永刚
（中国科学院创新发展研究中心）

城市化是人类生产、生活方式由乡村型向城市型转变的历史过程，是人才、技术和资金等创新要素集聚和高级化过程，奠定了人类社会现代化坚实基础。当前，我国正处于城市化和工业化加速发展时期，社会结构正在发生深刻变动，利益格局正在发生深刻调整，思想观念正在发生深刻变化，人民群众对公共服务的需求与日俱增。在人口总量众多、人均收入相对较低、人口老龄化日渐突出、社会矛盾不断增多、城乡地区发展不平衡的情况下，建立起符合国情、比较完整、覆盖城乡、可持续的基本公共服务体系，要求我们创新服务模式、完善服务手段和丰富服务内容，顺应各族人民过上更好生活的新期待，走出一条中国特色社会创新发展新路子。

一、社会服务创新能力建设面临的形势

受发展水平低、历史欠账多、人口基数大、支撑能力弱等因素影响，我国社会服务能力和水平总体还不能满足广大人民群众的需求，公共服务供需矛盾日益突出，迫切需要加强社会服务创新能力建设，支撑和谐社会发展。

1. 人民群众社会服务需求与日俱增

我国人民对公共服务的需求呈现爆炸式增长态势。当前我国正在经历人类历史上最大规模的城市化过程。2011 年，我国城镇化率达到 51.3%，比 2000 年增加了 15 个百分点，当年新增城市人口 2100 多万人。农村人口大量涌向城市，带来了亿万人民生活方式的巨大改变，城乡居民对基本公共服务的服务质量、品种、覆盖范围提出了巨大需求。此外，老龄人口等特殊人群的服务需求逐步显现，如“十二

五”期间全国 60 岁以上老年人预计将由 1. 78 亿人增加到 2. 21 亿人，庞大的老龄人群对医疗卫生、社会保障、养老服务等社会公共服务提出了新的更高要求。面对 13 亿城乡居民日益增长的巨大公共服务需求，我们只有依靠科技进步和创新提供更多更好的公共服务和产品，才能满足人民群众对医疗卫生、公共安全、教育、就业等方面的服务需要。

2. 人民群众社会服务需求日趋多元

随着生活水平提高，人民群众对公共服务的品种和质量提出了越来越多的要求。例如，在饮食方面，人们不仅要求依靠现代科技创造出大量的优质产品，改善膳食品种，保障食品供应，而且要求政府提供从育种、流通到餐桌全流程监测检测手段，防止“地沟油”、“三聚氰胺”等事件发生，确保饮食安全。在健康方面，人们不仅要求依靠现代科技创造出安全、高效和副作用小的医药和医疗手段，而且要求政府将疾病治疗前移，提供大量的健康预防和疾病预测服务，减少患病风险。在人居环境方面，随着人们环保意识的增强，人们不断要求政府提供可靠、全天候、及时的环境监测预报方案，杜绝“PM2. 5 风波”、“镉污染”和“渤海湾油田溢油”等恶性事件发生，满足居民对生存环境安全的需要。要满足人民群众对社会服务多样化需求，必须加强社会服务创新能力建设，提供更高质量、更多种类的公共服务。

3. 依靠创新改进社会服务已经成为全球共识

近年来，世界主要国家越来越重视通过科技进步和创新来满足人民群众的社会服务需求。美国奥巴马政府发布的《美国创新战略：确保经济增长和繁荣》，将医疗卫生、食品安全和教育等领域关键技术突破作为国家优先领域，期望依靠技术创新与社会服务融合带来社会服务模式的革命性变化。《欧洲 2020 战略》（*EUROPE 2020*）提出了“欧洲数字化议程”，希望通过数字社会建设降低公共服务成本和提升公共服务水平。日本《2015 中长期信息技术发展战略》（*i-Japan Strategy 2015*）明确提出要发展电子政府和电子地方自治体，推动医疗、健康和教育电子化，进一步提升社会服务能力。韩国和新加坡等新兴工业化国家强化科技创新对社会服务供给的支撑作用，实施大批民生科技计划，构建覆盖城乡、保障多样的社会服务体系。印度着力构建覆盖广、成本低、重公平的社会服务体系，依靠模式创新和广泛采用信息技术，构建全民免费公共医疗卫生体系。总之，科技进步和创新正在以前所未有的速度改变着社会服务内容、方式及居民生活。

4. 加强我国社会服务领域创新能力建设刻不容缓

近年来，我国社会服务体系建设成效显著，社会服务覆盖面不断扩大，公共安全体系日趋完善，义务教育全面实施，公共就业服务体系与就业援助制度、城乡社会保障体系、社会救助体系和社会福利体系建设取得重要进展，社会服务质量日益提升，长期困扰人民群众的教育、医疗、就业等难点问题得到了一定程度的缓解。2011 年，我国人均 GDP 跨过 5000 美元大关，在人民群众生活得到极大改善的同时，整个社会也进入到“矛盾凸显期”。国际经验表明，在这一重要社会发展阶段，人民群众对基本公共服务的需求和意识将大大增强，对高品质、多元化的社会服务期待更高，必须采取有效措施才能确保社会和谐稳定。要从根本上化解我国社会服务供需矛盾，必须借鉴国内外成功经验，加强社会服务创新能力建设，大幅度扩大社会服务范围，降低社会服务成本，提升社会服务质量。

二、我国社会服务创新能力建设总体思路和重点任务

我国社会服务创新能力建设总体思路是：以支撑社会和谐发展为目标，坚持“政府主导、创新引领、统筹城乡、开放合作”原则，把技术创新作为提升社会服务能力的主攻方向，把政府管理创新作为优化社会服务环境的根本保障，把商业模式创新作为社会服务体系建设的重要突破口，充分发挥政府主导作用和市场配置资源的基础性作用，调动社会力量广泛参与，加强公共教育、公共卫生、公共安全、社会保障和就业服务等领域创新能力建设，构建中国特色的低成本、广覆盖、高质量、多层次社会服务体系，提升社会服务效能，为全面建设小康社会奠定坚实基础。

政府主导就是要发挥政府在社会服务创新能力建设中的主导作用，承担社会服务提供者的责任，组织协调社会服务不同利益相关者需求，依靠创新建设高效服务型政府。创新引领就是要集成技术创新、管理创新和商业模式创新，加强社会服务创新能力建设，提高服务质量，降低服务成本，拓宽覆盖范围，引领服务方向。统筹城乡就是要兼顾社会服务成本、质量和覆盖范围等要素，既要满足量大面广的基本公共服务需求，也要考虑满足社会公众的多层次、个性化服务需求。开放合作就是要加强国际国内合作，借鉴国外先进经验，建立政府、企业合作伙伴关系，加强公共服务创新能力建设，提升公共服务供给能力和管理水平。

综合考虑我国中长期发展目标和当前经济社会发展阶段以及主要国家社会服务体系发展经验，本文认为，“十二五”期间我国应重点加强公共教育、医疗卫生、公共安全、社会保障和就业服务等领域社会服务创新能力建设。

1. 公共教育

教育是民族振兴、社会进步的基石，是提高国民素质、促进人的全面发展的根本途径。加强公共教育领域创新能力建设，就是要加强教育技术创新、政府教育管理创新，推进教育信息化，形成惠及全民、优质公平的教育体系，提升教育服务能力和水平。一是要加强教育内容、教学手段和方法等技术创新平台建设，推进数字图书馆、虚拟实验室和优质教学资源数据库等建设，完善教育信息化的物质技术基础。二是加强政府与企业合作，开发低成本、高质量、广覆盖的现代远程教育网络系统，构筑面向广大农村、边远和民族地区、开放灵活的公共教育服务平台，促进优质教育资源的普及共享，加快缩小城乡、区域间教育服务能力差距。三是加快教育管理体制机制改革步伐，不断创新人才培养体制、办学体制、教育管理体制，推进优质公共教育资源开放，支持社会力量创新教育服务模式，满足经济社会发展对多层次、高质量的公共教育服务需求。

2. 医疗卫生

医疗卫生服务能力是国民健康的根本保障。加强公共卫生领域创新能力建设，就是要加强医疗卫生技术创新和政府管理创新，构建低成本、高质量、广惠及的医疗卫生服务体系。一是加强重点领域医疗技术产品、重大疾病和突发传染病防治等关系国民健康的关键技术创新，为保障全民健康提供强有力技术支撑。二是加强医疗卫生管理创新，推进医疗卫生信息化，整合城乡医疗卫生资源，完善医疗保障、疾病预防控制、卫生监督、计划生育等专业服务网络，构建以县级医院为龙头、乡镇卫生院和村卫生室为基础的农村医疗卫生服务体系，推进优质医疗卫生资源共享，提升医疗卫生服务能力。三是建设国家电子健康档案、电子病历基本架构和数据标准，构建国民健康信息系统，建设临床资源库与信息数据库，建立和完善公共卫生、流行病监测预警体系。

3. 公共安全

公共安全是和谐社会建设的重要保障，是国民生活的基本需求。加强公共安全领域创新能力建设，就是要加强公共安全领域技术创新和政府管理创新，优化创新能力建设布局，增强公共安全保障能力。一是加强地质灾害、生态环境灾害等监测预报平台建设，提高自然灾害监测预警能力。二是完善食品安全、突发传染病、动物疫情和职业危害等公共卫生事件信息收集与处理平台，提高对公共卫生事件的应急响应能力。三是建设群体性事件、社会治安、刑事犯罪、恐怖袭击、涉外突发事件和网络虚拟安全事件等社会安全监测技术支撑平台，形成功能齐全、反应灵敏、运转高效的预警网络。四是依托物联网等新兴技术，完善水利、电网、油气管线、交通运输、重大工程等监测预警平台，提升公共安全技术和装备的供给能力，提高重大工程和公共基础设施防灾减灾能力。

4. 社会保障

社会保障是民安所在，是建设和谐社会的根本。社会保障服务创新能力建设，就是要加强社会保障领域技术创新，推进社会保障体系信息化、网络化和专业化建设，全面提升社会保障服务能力。一是要加强社会保障领域信息基础设施建设，建设统一、高效、安全的社会保障服务信息平台，构建覆盖全国、城乡一体的社会保障信息网络。二是加强政府社会保障管理创新，建设标准统一、全国联网的社会保障管理信息平台，实现社会保障信息跨部门、跨区域互联互通，推行全国统一的社会保障卡。三是加强社会保障机构网络化建设，发挥县（市）社会保障机构辐射作用，推动社会保障服务平台向街道（社区）和乡镇（行政村）延伸，健全基层社会保障公共服务平台网络化建设。四是加强社会保障机构服务能力建设，创新社会保障模式，推进社会保障服务规范化、标准化和信息化，完善服务项目和流程，提高服务效率和质量。

5. 就业服务

就业是民生之本，是保障和改善民生的重要前提。加强就业服务创新能力建设，就是要加强社会就业管理创新和信息化，为创造平等就业机会、提高就业质量、实现充分就业提供有效支撑。一是加强社会就业服务基础设施建设，加强就业信息采集和数据中心建设，建立人力资源和就业信息监测与决策支持系统，支撑政府就业管理决策。二是构建县（市）、乡镇（街道、社区）公共就业服务机构和场所组成的全国公共就业服务网络，制定就业服务信息管理规范和技术标准，促进就业信息互联互通。三是构建岗位需求信息和就业人员需求信息综合管理平台，创新就业服务模式，发挥民间就业信息网站和新兴网络媒体在就业服务中的积极作用。四是强化公共就业服务就业培训的多媒体、网络技术等新技术支撑，建设各具特色的远程就业培训平台，构建多层次、开放共享的远程就业培训体系。

三、加强我国社会服务创新能力建设的政策措施

我国社会服务创新能力建设是一项惠及全国 13 亿多人的宏大工程，服务内容广

泛，涉及政府部门众多，政府、企业和个人等利益相关者之间关系错综复杂，迫切需要从完善制度保障、加强科技支撑和鼓励社会广泛参与等角度，思考国家社会创新服务能力建设。为此，本文提出四点建议。

1. 完善社会服务创新能力建设相关法律法规

制定社会公共服务创新条例，明确政府提供公共服务职责，完善社会服务领域创新能力建设公共财政投入机制，充分调动社会资本提供社会服务的积极性，放开适合社会资本进入的公共服务领域；提高相关领域政策法规权威性和可操作性，保障公众依法享受的基本社会服务的质量和数量；完善社会服务质量评价和行政问责机制，全面提升社会服务绩效。

2. 加强社会服务创新能力建设的科技支撑

国家科技计划、科技人才计划应把社会服务创新作为重点领域，加大支持力度，建设一支高水平社会服务创新人才队伍。国家科技基础条件平台建设计划应将社会服务创新基础能力作为优先支持领域，加快国家工程实验室、工程中心和企业技术中心布局建设，支持在社会服务领域开展重大科技创新成果示范工程和社会推广应用。

3. 构建社会服务创新能力建设多元化投入体制

根据社会服务领域特点设立社会服务创新专项基金，引导社会资金投入，构建多元化社会服务创新能力建设投入体制。要强化政府在公共安全、公共教育、社会保障等基本社会服务供给中的主导作用；要强化政府对就业服务、教育培训等非基本社会服务的监管，鼓励企业、社会组织等参与社会服务创新能力建设，提供多层次、高质量、专业化的社会服务，满足日益多样的社会服务需求。

4. 加强特色区域社会服务创新能力建设试点示范

社会服务事关人民群众的根本利益，具有服务量大、惠及面广、政策性强、敏感度高、区域差异大和相关利益主体之间关系错综复杂等特点，迫切需要发挥国家创新型城市、国家自主创新示范区、国家综合配套改革实验区等特色区域先行先试的政策优势，探索社会服务创新能力建设新政策、新模式和新思路，引领管理创新、技术创新和模式创新方向，支撑社会和谐、创新发展。

参　考　文　献

［1］国家统计局. 2011 年我国人口总量及结构变化情况. 2012. http：//www. stats. gov. cn/tjfx/jdfx/t20120118_ 402779722. htm［2012-01-18］

［2］国务院. 国务院关于印发中国老龄事业发展“十二五”规划的通知. 国发〔2011〕28 号. 2011. http：//www. gov. cn/zwgk/2011 – 09/23/content_ 1954782. htm［2011-09-17］

［3］European Commission. EUROPE 2020. 2010. http：//eunec. vlor. be/detail_ bestanden/doc014%20Europe%202020. pdf［2010-03-03］

［4］Japan IT Strategic Headquarters. i-Japan Strategy 2015. 2009. http：//www. kantei. go. jp/foreign/policy/it/i – JapanStrategy2015_ full. pdf［2009-06-06］

Key Issues on Capacity-building for Social Service Innovation in China

Mu Rongping, Kang Xiaoming, Fan Yonggang

(The Center for Innovation and Development, CAS)

Social service capacity is a key mark of national comprehensive development level. Capacity-building for social service innovation is essential for continuous improvement of social service capacity.

First of all, this paper analyzes current situation and tasks of capacity building for social service innovation. China is experiencing the largest-scale and rapid urbanization in the human history, and facing severe challenges results from the gap between supply and demand. Major countries pay great attention to development of social service capacity by integrating technological and innovation with management innovation and business model innovation.

Secondly, the paper puts forward the general clue to build up innovation capacity for social service in China, and 5 key fields concerning innovation capacity for social service, including the public education, the medical and health care, the public safety, the social security, and the employment service.

Finally, the paper addresses four recommendations for the capacity building of social innovation service, including: (1) to improve relevant laws and regulations system; (2) to enhance science & technology support; (3) to build up diversified investment system, and (4) to accelerate the pilot projects and demonstration concerning capacity building for service innovation in selected regions.